石元春全集

COMPLETE WORKS OF SHI YUANCHUN

生物质文集卷

石元春◎著

中国农业大学出版社
China Agricultural University Press
·北京·

内 容 简 介

《石元春全集·生物质文集卷》集中了作者近十年关注的生物质能源科技和产业发展的主要文章，并有作者主持中国工程院“我国可再生能源发展战略研究”重大咨询项目（2005—2007年）中生物质能源部分所撰写的综合报告。此十年中，我国生物质能源发展经历了启动、低潮和转暖三个阶段，作者亦将本卷分为启蒙篇、遇冷篇和迎春篇三篇，共收集文章报告39篇。本卷既是作者的精彩写作，也是这十年生物质能源在我国发展的一段鲜活记录。

图书在版编目（CIP）数据

石元春全集. 生物质文集卷 / 石元春著. --北京：中国农业大学出版社，2021.12

ISBN 978-7-5655-2692-3

Ⅰ.①石… Ⅱ.①石… Ⅲ.①石元春－全集②生物质－文集 Ⅳ.①N53 ②TK62-53

中国版本图书馆CIP数据核字（2021）第264079号

书　名 石元春全集·生物质文集卷

作　者 石元春　著

总 策 划 席　清　丛晓红　　**责任编辑** 田树君

策划编辑 田树君　　**封面设计** 李尘工作室

出版发行 中国农业大学出版社

社　址 北京市海淀区圆明园西路2号　　**邮政编码** 100193

电　话 发行部 010-62818525，8625　　读者服务部 010-62732336

编辑部 010-62732617，2618　　出　版　部 010-62733440

网　址 http://www.cau.edu.cn/caup　　**E-mail** cbsszs@cau.edu.cn

经　销 新华书店

印　刷 涿州市星河印刷有限公司

版　次 2022年2月第1版　2022年2月第1次印刷

规　格 170 mm×240 mm　16开本　23.5印张　460千字　插页　2

定　价 220.00元

滴水粒沙集

——代全集序

科教生涯快 70 年了。

前 40 年主要从事土壤地理科教工作。参加过中国科学院黄河中游水土保持综合考察和新疆综合科学考察；参加过土壤地理教学；“文革”后参加黄淮海平原旱涝盐碱综合治理达 20 年之久。

世纪之交，参加过国家高技术研究发展计划（863 计划）、国家重点基础研究发展计划（973 计划）以及国家中长期科学和技术发展规划等三次国家重大科技发展战略的研究。

学术生涯的最后一站，是年过古稀还满怀激情地投入到一个全新领域，倡导生物质科技与产业化。

20 世纪八九十年代，担任过 8 年北京农业大学校长。

自研究生学习以来，养成了一种“随做随总随写”的勤于笔耕习惯。为庆祝中国工程院成立 20 周年，不到一年时间就编撰出版了 280 多万字五卷册《石元春文集》。当了 8 年校长，秘书没为我起草过一篇文稿。因勤于笔耕，70 年积淀了一大箩筐的陈年旧纸。

2016 年夏得短暂性脑缺血症，即小中风，体能明显衰退，毕竟已是 85 岁的人了。于是减少外勤学术活动，增加室内写作，启动了整理编撰《全集》计划。

《全集》包括：文集类 6 卷册，《土壤文集卷》《农业文集卷》《教育文集卷》《生物质文集卷》《杂文文集卷》和《研究报告文集卷》；专著类 4 卷册，《黄淮海平原水盐运动卷》《战役记卷》《决胜生物质卷》《决胜生物质Ⅱ卷》，其中《决胜生物质卷》上一版出版后，美国和韩国的两家出版社又分别出版了英文版和韩文版，此次一并纳入《全集》中；其他类 5 卷册，《PPT 选辑卷》《视频选辑卷》《自传卷》《影像生平卷》和《全集总览卷》。《全集》中的部分卷册是新编的，部分卷册之前出版过，此次在原有版本基础上稍做修改补充，尽量保持原貌。作为科技与教育成果，《全集》内容与资料都已经过时了，但却留下了一些时代印痕。《全集》工程，打算2023年底收官。

感谢一生中鼓励、支持和帮助我的贵人；感谢我的老伴李韵珠教授；感谢中国农业大学出版社席清社长和丛晓红总编辑等同志为出版《全集》所做的巨量工作；感谢王崧老师在《全集》出版过程中提供的种种帮助。

我是新中国培养的知识分子。通过《全集》，将自己一生工作做一番清理，像整理打扫一间老旧住房一样。也想以此作为一种交代，对培养我的祖国与人民的一个交代与感恩，对辛勤一生的自己的一个交代与慰藉。

科学是一条流淌不息的长河，科技工作者是一滴水；科学是一座巍峨雄伟的大山，科技工作者是一粒沙。科技工作者的岗位就是做好滴水粒沙工作。

石元春

识于北京燕园，2021年末

序

一个偶然机会，让我闯入了一个全新领域，时年已 72 岁。

那是因为参加 2003 年国务院组织的国家中长期科学与技术发展规划制订工作，并担任农业科技发展战略研究组组长这件事引起的。

干了大半辈子农业，后来常想“中国农业何处去？”“中国农村怎么办？”“中国农民如何富？”之类的问题。答案中，对延长农业生产链条、农工结合、城乡一体等想得最多。

工业社会阶段的农业，在于以生物资源为对象分散地从事初级农产品生产，工业则是依靠先进科技、装备和资本从事社会化大生产，二者的社会分工很清晰。随着科技和市场经济的进步与发展，特别是到了高度发达的近现代，工农业界线则渐趋模糊了，城乡界线也在模糊着。正如马克思说的：“乡村农业人口的分散和大城市人口的集中只是工农业发展水平还不够高的表现”；“最先进的国家采取的方法是把工业同农业结合起来，促使城乡之间的差别逐步消灭。”

20 世纪后期的农业，有两种发展模式。美国、加拿大、澳大利亚等拥有丰富土地和农业资源的国家，凭借资源优势，依托先进的生物技术、信息技术、机械化技术，以及现代装备与经营管理，进行现代化和规模化的生产与经营的资源型现代农业模式；而非资源型国家，如荷兰等欧洲国家、以色列、日本、韩国等，多依托高度发达的市场经济，向着延长农产品生产链条，发挥综合生产与经营优势，走工业与农业、城市与乡村一体化发展道路的集约型现代农业模式发展。中国是非资源型国家，只能走集约型现代农业道路。

故我接受国家中长期农业科技发展规划战略研究任务之初，除邀请一批有造诣和见地的农业专家参加工作外，还十分注重加强农产品加工领域的专家队伍。

我们这些参加制订中长期科技发展规划的主要研究人员和专家是在集中和封闭状况下工作的，有充分的时间和条件收集阅读材料，思考问题。此间，一位华裔美国学者从美国来驻地看我，谈到美国生物质产业最新发展，还留下一份克林顿 1999 年 9 月签署的第 13134 号总统执行令“开发和推进生物基产品和生物能源”。

克林顿的这份总统令顿时将我吸引住了，好像在我的房间里突然推开了另一扇未知的窗户，发现窗外是另一个世界，另一番景象，明亮、灿烂，像大海般的没有边际，当时我的兴奋与喜悦心情难以言表。

但是，当我在小组组长汇报会上向领导组汇报时谈到生物质和生物质科技，得到的反应却是诧异与不解：生物质是什么？农业组怎么出来了能源？后来，生物质科技被纳入了农业的中长期科技发展规划，从此我就踏上了倡导生物质事业的艰难历程，至今已有十年。

十年里，就发展生物质产业，参加过许多学术会议，做过近百场讲演，写过几十篇文章，出版过专著《决胜生物质》，参加过中国工程院的重大咨询研究项目，向政府递过不少建议，接触过大大小小的生物质企业家，还组织成立了“生物质专业委员会”，举办过展览，上过央视。每看到生物质事业取得进展就高兴激动，每有歧见就据理力争，每遇不妥事就出手抨击。积极推进生物质科技和产业在我国的发展成为我晚年最大的追求与梦想。

这十年，生物质事业在中国走过了由启蒙到遇冷又到转暖的历程，我的心绪也随之起伏跳动，在一般性专业杂志和报端发表文章 50 余篇。入选本卷的文章（报告）39 篇，按时间顺序，分为启蒙篇（2005—2007 年）、遇冷篇（2008—2010 年）和迎春篇（2011—2014 年）三个部分。

每篇文章都有“写作背景”和发表该文的图像，以助于读者对该文的了解。为保持文章的系统与完整，对文中偶有的重复未做处理，请读者谅宥。卷末附有央视《大家》栏目（2006 年）与《对话》栏目（2011 年）的现场录像资料光盘。

《石元春全集》之《生物质文集卷》是我关注和推动生物质事业十年的一份记载与汇报。

卷中诸文内容皆一家之言，难免偏颇，以致因知识所限而出错，恳请读者赐教与指正。此外，书中多为个人定稿时的文稿，可能与正式刊出文章稍有出入。

石元春

2014 年春节于海南

地球上能量的终极来源，除形成之初集聚的核能与地热外，与我们关系最为密切的是地球形成后持续来自太阳的辐射。绿色植物出现前，辐射能尽散失于大气，唯绿色植物可利用日光能将它吸收的二氧化碳和水合成为有机物——碳水化合物，将光能转化为化学能并贮存下来。绿色植物是光能转换器和能源之源，碳水化合物是光能储藏库，生物质是光能循环转化的载体，连煤炭、石油和天然气也是地质时代的绿色植物在地质作用影响下转化而成的。

——石元春．发展生物质产业．科技日报，2005-03-02.

目 录

CONTENTS

启蒙篇

遇冷篇

迎春篇

启蒙篇

（2005—2007年）

这里是指作者进入一个全新领域的启蒙阶段，在一定程度上也反映了生物质事业在中国全面开启的状况。启蒙，是一种萌发、冲动、欣喜和成长，一切都是新的开始。2005年2月发表第一篇文章《发展生物质产业》后，由于这个新兴产业自身的极强生命力，很快就得到媒体和社会的积极响应。仅两三年，作者就不断展开这个概念，在不同媒体上发表多篇论述。此间共收录了12篇文章和1份研究报告，能反映启蒙期作者的心情与作为以及媒体与社会的反响。

启蒙篇目录

1 发展生物质产业

【写作背景】

2004年8月，正式上报了“国家中长期科学与技术发展规划”农业组的农业科技发展战略研究报告。

为了“宣传群众”，作者以生物质产业为题撰写了此文，发表于2005年3月2日的《科技日报》。这是在国内首次提出“生物质产业”概念和较系统介绍国内外进展。文中的“种出一个绿色大庆”理念与提法在国内影响至今。此文是作者在生物质科技和产业化方面发表的第一篇文章，启蒙之作。

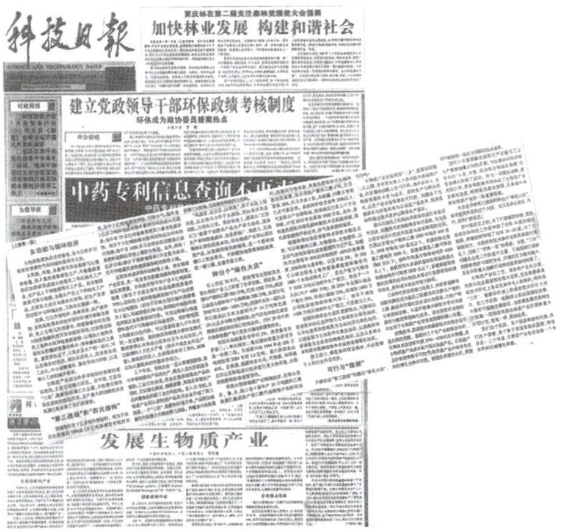
科技日报
加快林业发展 构建和谐社会
建立党政领导干部环保政绩考核制度
发展生物质产业

地球上能量的终极来源，除形成之初集聚的核能与地热外，与我们关系最为密切的是地球形成后持续来自太阳的辐射。绿色植物出现前，辐射能尽散失于大气，唯绿色植物可利用日光能将它吸收的二氧化碳和水合成为有机物——碳水化合物，将光能转化为化学能并贮存下来。绿色植物是光能转换器和能源之源，碳水化合物是光能储藏库，生物质是光能循环转化的载体，连煤炭、石油和天然气也是地质时代的绿色植物在地质作用影响下转化而成的。

1.1 古老的新兴产业

1万多年前，人类开始驯养野生动植物和发端了从事生物质生产的农业，使人类从渔猎采集和穴居走到丰美的平原，过上耕耘养殖、丰衣足食的田园生活，开创了五千年辉煌的农业文明。“民以食为天”，植物是人类生存繁衍所需能量和营养，以及燃料的根本来源，生物质生产是最古老和全面意义上的“能源产业”。

自进入工业社会，传统的生物质燃料已不能满足大量和集中供能的需要，19世纪的煤炭和20世纪的石油天然气成为人类社会生产和生活的主要能量来源，支撑了辉煌的工业文明。但好景不长，一二百年的强度开采与消费，这些非再生的化石能源资源渐趋枯竭，及其对环境的沉重压力引起国际社会的极大忧虑。自20世纪90年代，“登博斯宣言”“21世纪议程”“京都议定书”等相继问世，“可持续发展”成为时代的最强音。

当人们将目光聚焦到可再生的清洁能源时，生物质能源重新受到关注，成为可再生能源中烁烁闪光的一个亮点，当然不会是简单地燃烧，而是基于现代技术的高效地利用。早在20世纪70年代的全球石油危机中，美国和巴西以玉米和甘蔗生产的燃料乙醇崭露头角；欧洲以油菜生产生物柴油，以林业废弃物固化成型燃料，以及在沼气发电方面等都取得了成功，为古老的生物质产业洞开了一个新的替代性能源窗口，窥视到一片生机盎然的绚丽前景。

现代的或狭义的生物质产业概念，是指利用可再生和循环的有机物质，包括农作物、树木和其他植物及其残体、畜禽粪便、有机废弃物，以及利用边际性土地和水面种植能源植物为原料，通过工业性加工转化，进行生物基产品（biobased products）和生物质能源（bioenergy）生产的一种新兴产业。

1.2 国家战略行动

自20世纪末，化石能源渐趋枯竭，温室气体导致全球变暖，以及环境恶化的危机感和紧迫感，使国际社会由理性呼吁和国际协议，发展到制定国家战略和采取对策行动。

1997年，美国将生物质能源研究经费由1.96亿美元增加到4.42亿美元；继而再追加2.4亿美元和提出未来十年减免税收21亿美元的政策；2000年国会通过了“生物质研发法案”；2002年提出了《发展和推进生物基产品和生物能源》报告和《生物质技术路线图》，成立了“生物质项目办公室”和生物质技术咨询委员会。

美国计划2020年使生物能源和生物质基产品较2000年增加10倍，达到能源总消费量的25%（2050年达到50%），每年减少碳排放量1亿吨和增加农民收入200亿美元的宏大目标。《生物质技术路线图》指出：这份报告预示了一个充满活力的新行业将在美国出现，它将提高我们的能源安全、环境质量和农村经济，它将生产我们国家相当大一部分的电力、燃料、化学品和其他关键性产品。

欧盟委员会提出，到2020年，运输燃料的20%将用燃料乙醇等生物燃料替代；日本有“阳光计划”；印度有“绿色能源工程计划”；加拿大惊呼本国生物质行业落后于美欧和日本，正大力调整政策，欲迎头赶上。世界经合组织（OCED）的最新研究报告（2004 年 9 月）指出：各国政府应大力支持和鼓励生物质能源领域的技术创新，减小它与传统原油及天然气产品的价格差距，以最终达到替代的结果。

1.3 企业竞占先机

“春江水暖鸭先知”，对新产品发展趋势的高度敏感是企业成功之道。

英荷皇家壳牌石油公司估计，21 世纪的前 50 年，生物质将提供世界化学品和燃料的 30%，世界市场份额达到 1 500 亿美元；英国石油公司 / 美国国际石油公司等也开始了对生物质能源产品的投资。化工巨人巴斯福公司 2003 年宣布，将以可再生的生物质资源作为化学品生产的主要原料；杜邦公司剥离石油资产，购买了生物技术公司和组织农业综合企业，将 2010 年销售额的 25%定位于生物质产品；美国的森林工业已开始与电力、石油、化工公司合作，利用林木废弃物生产能源及化工产品。难怪《今日美国》2001 年 2 月 1 日的一篇文章中说：农田作物有可能逐渐取代石油成为获得从燃料到塑料的所有物质的来源，“黑金”也许会被“绿金”所取代。

丰田公司用白薯淀粉基塑料制成了汽车配件；富士通公司用玉米淀粉基塑料替代了计算机的塑料外壳；杜邦公司用玉米生产 1，3- 丙二醇（POD）的成本比化学法降低了 25%。卡杰尔 · 道氏公司用玉米淀粉发酵生产了聚乳酸（PLA）和其他多种聚合物塑料后，美国生物工程技术协会宣称：我们开始看到以玉米淀粉为原料的 PLA 生物材料在制造业的所有部门中得到应用，这可能会彻底改造旧经济。用转基因作物和家畜改变了农业，现在它正在改造工业。

1.4 多功能与循环经济

生物质能源如此受到重视，是与它的多功能和对资源的节约和循环利用有关的。太阳能、风能、水能等可再生能源可以提供能量，但不能形成物质性生产；不能像煤炭和石油那样形成庞大的煤化工和石油化工产业，生产出上千种能源等化工产品。而生物质既是可再生能源，也能生产出上千种的化工产品，且因其主成分为碳水化合物，在生产及使用过程中与环境友好，又胜化石能源一筹。

再则，它以作物秸秆、畜禽粪便、林业剩余物、有机垃圾等农林废弃物和环境污染物为原料，使之无害化和资源化，将植物蓄存的光能与物质资源深度开发和循环利用；它利用边际性土地和水面种植能源植物，以增加土地和水面对太阳辐射能量的吸存，堪称循环经济之典范。重要的还在于，它是农业生产的一部分，可以发展农村经济，增加农民收入，促进农业的工业化、中小城镇建设、富余劳动力转移，以及缩小工农和城乡差别。

生物质产业的这种多功能和对资源的循环利用，正是它的魅力所在。在中国，它直扣“三农”、能源和环境三大主题，并起着全局性和实质性的推动作用。这个重大的战略性历史机遇已经来到了我们的面前。

1.5 “第三战场”和“四元结构”

我国每年有 7 亿多吨作物秸秆，相当于农田生物量的 70% 或 3.5 亿吨标煤没有很好地利用，其中 2 亿吨被露地焚烧，污染大气；每年有 2 亿多吨林地废弃物未被利用而构成林区火灾隐患；每年有 25 余亿吨畜禽粪便及大量有机废弃物，相当于 3 亿吨标煤未能利用而成为水体的污染源；每年有 1 000 多万公顷农田因覆盖石油基塑料地膜而导致土壤肥力衰退。此外，尚有 1 亿多公顷（稍少于现耕地面积）不宜垦为农田，但可种植高抗逆性能源植物的边际性土地等。

这些农林废弃物和边际性土地，对生物质产业而言，是一笔宝贵的能量资源和物质财富。就总资源量，农林废弃物可年产出 8 亿吨标煤能量；边际性土地种植能源植物可年产出或替代 6 亿吨燃油（相当于目前全国石油年消费量的 1 倍）；可减排数亿吨 CO_2 和消除作物秸秆就地焚烧及畜禽粪便的污染；可用全降解生物基塑料替代不可降解的石油基塑料，保护耕地肥力和根治白色污染；可以显著改善几千年来农民一直过着的、能效极低和烟熏火燎的直燃式能源消费生活以及 6 500 万偏远山区农村至今无电状况；可以新增约 3 万亿元产值（相当于现农业年总产值），提高农民收入，全面推进农村工业化、城镇化和大量吸纳农村富余劳动力。

几千年来，传统农业一直从事着稻麦棉、猪牛羊等初级农产品的生产，满足人类生活的基本需要；工业化社会里，农业在提供初级农产品的同时，又以棉毛麻丝、烟酒糖茶、果菜皮革等农产品向着食品和轻工业方向延伸。进入 21 世纪，生物质产业则从原料到产品再为农业开创了第三战场，一个“三农”、能源和环境并举，产品附加值高和市场潜力无限的“第三战场”。种植业不再是粮经饲三元结构，而是粮经饲能四元结构。

“凡战者，以正合，以奇胜”，孙子兵法上说的是，以正面兵力布于主战场，而以奇兵突击制胜，乃用兵之道。用在农业上，就是以“正面兵力”部署于初级农产品生产的主战场，提高生产率和降低成本，这是涉面广、难度大、见效慢和长期性的基本功。而生物质产业则从原料到产品，从资源到环境另辟蹊径地在一个新的突破口上发出奇兵，干净明快地取得制胜战果，收一箭三雕、全盘尽活之效。

1.6 种出个“绿色大庆”

自20世纪70年代，美欧等发达国家在发展生物质产业上已积累了许多经验。现况是，美国年产燃料乙醇500万吨，巴西1 300万吨；欧洲以油菜为原料年产生物柴油200万吨，法国计划2010年达800万～1 000万吨；美国卡杰尔·道氏公司以玉米为原料年产14万吨聚乳酸（PLA）及多种聚合物树脂；沼气发电和固化成型燃料在德国和北欧已经商品化。历时30余年的生物质能源产业已是星火遍地和蓄势待发。

我国石油储量是世界的2%，消费量是世界第二；二氧化硫和二氧化碳的排量分居世界第一和第二位。石油进口由1994年的300万吨增加到2004年的1.4亿吨，进口依存度达46%。在我国，能源的多元化、可持续、与环境友好以及降低进口依存度已是大势所趋，生物质能源将扮演重要角色。

我国生物质能源产业刚刚起步，但势头很好。豫、吉、皖、黑四省的四套年产30万吨燃料乙醇装置已建成投产和乙醇汽油销售开始封闭运行；我国自行培育的，具高抗逆性和可全国种植的甜高粱，每公顷能产燃料乙醇6吨，比甘蔗高30%，比玉米高3倍，在新疆、内蒙古等地已有可喜进展。麻疯树籽粒含油率50%以上，可直接生产生物柴油，西南地区已有近10万亩种植，计划2010年发展到1 000万亩。此外，淀粉基热塑性和聚乳酸树脂技术正酝酿突破，固化成型燃料开始应用，沼气是我国的强项。

根据我国生物质资源特点和技术潜在优势，可以将燃料乙醇、生物柴油、生物塑料，以及沼气发电和固化成型燃料作为主产品。如能利用全国每年50%的作物秸秆、40%的畜禽粪便、30%的林业废弃物，以及开发5%约550万公顷边际性土地种植能源植物和建设约1 000个生物质转化工厂，其生产能力可相当于5 000万吨石油的年生产能力，相当于一个大庆（年产4 800万吨），或2004年全国石油总产量的29%，净进口量的35%。每增加1 000万公顷能源植物的种植与加工，相当于增加4 500万吨石油的年生产能力，可见潜力之大。

根据我国农业生态区资源特点，可建设以甜高粱和林区废弃物为主体的东北绿色油田、以旱生灌草和甜高粱为主体的西北绿色油田、以甜高粱为主体的华北绿色油田、以麻疯树和甜高粱为主体的西南绿色油田，以及以多种木本和草本能源植物为主体的东南绿色油田。较之进口，绿色油田安全稳定，可少受制于人和付出外交代价。

1.7 可行性与“瓶颈”

开辟农业“第三战场”和种出一个“绿色大庆”，可行吗?

生物质产业直面我国“三农”、能源和环境三大主题，是世界发展之大势和新兴的朝阳产业，在宏观和战略上是可行的。战术层面上，生物质资源的丰度与成本，原料生产与转化技术，以及产品市场等都是可行的。问题在于当前成本与价格尚难与石油基产品竞争，“瓶颈”是如何通过技术进步以降低生产成本。

煤与石油化工的烃技术体系形成已有近百年历史，而糖技术发展晚得多且不成熟，但也因此而有相当大的技术改进与成本降低的空间。巴西以甘蔗生产的燃料乙醇 1980 年吨价 849 美元，1998 年降到 300 美元以下。我国的陈化粮基乙醇吨价 3 800 元，而甜高粱基乙醇可降到 2 800 元以下；油料作物基生物柴油吨价 4 000 元上下，麻疯树等木本油料基和垃圾油脂基生物柴油吨价可降到 3 000 元以下。新能源植物资源的发现和应用生物技术等进行能源植物的遗传改良，原料成本还会有较大降低。

工业转化技改的潜力也很大，如将普通酵母间歇发酵改进为基因工程菌连续发酵生产燃料乙醇、酶法和非催化法合成生物柴油、在线产物分离连续发酵、木质纤维素水解技术等的突破都将大幅度降低转化成本。发达国家对生物技术应用于生物质产业有很高预期和精心布置。

成熟技术、改进技术和高新技术的联合运用是共同的策略。根据对几个主产品的综合分析，仅靠技术改进即可获 25%～40%的成本降幅，使生物基产品成本低于现石油基产品。石油基产品价格涨势势不可挡，生物基产品价格竞争优势的增长也势不可挡。根据技术现状分析，我国有可能取得一批自主创新的技术成果。

国外十分重视解决原料生产分散与工业生产需要规模之间的矛盾，与发展农村经济相结合的“小型、分散、统分结合和适度规模”的经营模式取得了成功。作为一项国家战略，政府的引导、资金和政策支持决定了生物质产业发展的速度，特别是在成长初期，这是国外发展生物质产业的一条重要经验。

为农业开辟“第三战场”和种出个“绿色大庆”，似乎匪夷所思和过于大胆，但又是那么现实、可行，离我们那么近。

1.8 展望

新中国成立之初，为了打破橡胶封锁，国家组织农林科技工作者冲破了北纬10°的地理极限，将橡胶树种到了北纬18°～24°；为了打破核讹诈，在经济和技术条件还极其薄弱的情况下，创造了“两弹一星”的奇迹。当前，“三农”问题是全党工作的重中之重，石油短缺已威胁到国家经济与国防安全，环境的压力越来越大，是该采取重大战略行动和创造奇迹的时候了。

生物质产业的工艺、设备和产业化方面，我国与发达国家间有较大差距，但在资源和某些技术研究上具有令人鼓舞的优势，特别是“三农”、能源和环境三股强劲需求的巨大拉力，使中国几乎在同一起跑线上的这项国际竞赛中有可能跑在最前面。当前最急需的是制定和实施一项推进我国生物质产业的国家重大专项计划，登高一呼，推动全局。

我们这个民族，是个创造奇迹的民族；我们这个国家，是个敢于创造奇迹的国家，相信在近一二十年里，生物质产业也会创造一个令世界刮目相看的奇迹。

2 抓住机遇，大力发展我国的生物质产业

【写作背景】

《发展生物质产业》一文发表后媒体响应者众。首先是《科技导报》就生物质产业主题约写“卷首寄语”，故成此短文，载于该刊 2005 年第 5 期。互联网传播更快，如维普资讯 http://www.cqvip.com 专家论坛栏以“开辟‘第三战场’，种出一个‘绿色大庆’”为题摘转等，均未选入全集。

1 万多年前，人类开始驯养野生动植物，发端了从事生物质生产的农业，开创了五千年辉煌的农业文明。“民以食为天”，植物是人类生存繁衍所需能量和营养以至燃料的根本来源，生物质生产是最古老和全面意义上的“能源产业”。

自进入工业社会，传统的生物质燃料已不能满足大量和集中供能的需要，19 世纪的煤炭和 20 世纪的石油、天然气成为人类社会生产和生活的主要能量来源，支撑辉煌的工业文明。但好景不长，200 多年来高强度的开采与消费，使非再生的化石能源资源渐趋枯竭，且对生态环境已造成沉重的压力。这引起了国际社会极大的忧虑。自 20 世纪 90 年代以来，“可持续发展”成为时代的最强音。

当人们将目光聚焦到可再生的清洁能源时，生物质能源重新受到关注，成为可再生能源中烁烁闪光的亮点。到了 20 世纪末，生物质被作为一个专门概念提出，但是，在提出的角度、概念和内涵上不尽一致。一般认为，生物质（biomass）主要是指可再生或循环的有机物质，包括农作物、树木和其他植物及其残体（residues）；也有从资源的高效利用和循环经济效益考虑，对农林废弃生物质资源给予更多重视，提出生物质以非食物用木质纤维素类物质（non-food-plant）为主；也有“生物基工业”（biobased industry）的提法，除生物能源、生物燃料外，该概念涵盖了整个生物化工产品，甚至基因工程制药。我们这里提出的是狭义性

的生物质产业概念，是指利用可再生或循环的有机物质，包括农作物、林木和其他植物及其残体、畜禽粪便、有机废弃物，以及利用边际性土地和水面种植能源植物为原料，通过工业性加工转化，进行生物基产品（biobased products）、生物燃料（biofuels）和生物能源（bioenergy）生产的一种新兴产业。

当前，为应对化石能源渐趋枯竭、温室效应导致全球变暖，以及所造成的生态环境日益恶化的问题，世界各国纷纷制订国家战略并采取对策行动，积极推动生物质的研究和产业化发展。1997 年，美国将生物质能源研究经费由 1.96 亿美元增加到 4.42 亿美元，继而再追加 2.4 亿美元并提出了未来 10 年减免税收 21 亿美元的政策；2000 年，美国国会通过了《生物质研发法案》；2002 年制订了《生物质技术路线图》，并成立了生物质项目办公室及生物质技术咨询委员会。美国计划 2020 年使生物质能源和生物质产品较 2000 年增加 10 倍，达到全国能源总消费量的 25%（2050 年达到 50%），每年减少碳排放量 1 亿吨，增加农民收入 200 亿美元。

欧盟委员会提出，到 2020 年运输燃料的 20%将用燃料乙醇等生物燃料替代；日本有“阳光计划”；印度有“绿色能源工程计划”；加拿大惊呼本国生物质行业落后于美欧和日本，正大力调整政策，欲迎头赶上。世界经合组织（OCED）的最新研究报告（2004 年 9 月）指出：各国政府应大力支持和鼓励生物质能源领域的技术创新，减小它与传统原油及天然气产品的价格差距，以最终达到替代的结果。

在我国，能源的多元化、可持续、与环境友好以及降低进口依存度已是大势所趋，生物质能源为此将扮演重要角色。我国的生物质能源产业刚刚起步，在生物质产业的工艺、设备和产业化诸方面与发达国家间有较大差距，但发展的势头很好，在资源和某些技术研究上具有令人鼓舞的优势，特别是“三农”、能源和环境三股强劲需求的巨大拉力，使中国几乎在同一起跑线上的这项国际竞赛有可能跑在前面。当前最急需的是要抓住机遇，将生物质能源作为一项国家战略，制订和实施一项推进我国生物质产业发展的国家重大专项计划，以此登高一呼，推动全局。

我们这个民族，是个能够创造奇迹的民族；我们这个国家，是个敢于创造奇迹的国家。新中国成立之初，为了打破橡胶封锁，国家组织农林科技工作者冲破了北纬 10° 的地理极限，将橡胶树种到了北纬 18° ～ 24°；为了打破核讹诈，在经济和技术条件还极其薄弱的情况下，创造了“两弹一星”的辉煌成就。我们有理由相信，在政府积极引导和组织协调下，经过科技工作者顽强拼搏，在近一二十年里，我国的生物质产业也会创造一个令世界刮目相看的奇迹。

3 与院士对话
种出一个“绿色大庆”
——对话中国科学院和中国工程院院士石元春

【写作背景】

“种出一个‘绿色大庆’”是媒体的一个重要关注点，在此收录的是经济日报记者陈建辉写的一篇采访稿，以上、下两篇分别发表在《经济日报》2005 年 7 月 6 日和 13 日的“今日导刊”版。此稿是作者在本卷首文基础上的发挥，这种对话式文体比较活泼，对一些问题能阐述得更加直接与明快。

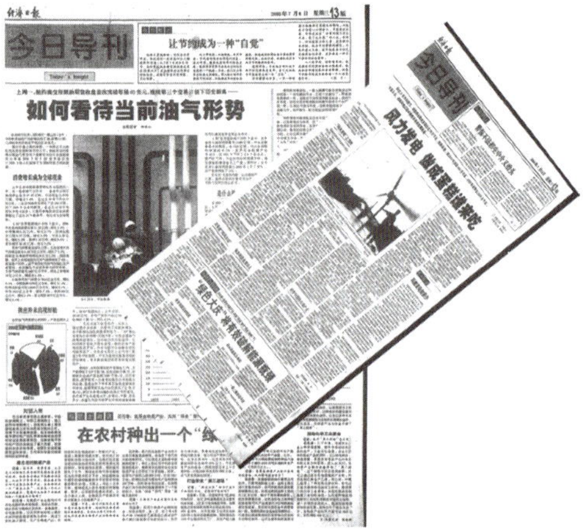

今日导刊

让节约成为一种“自觉”

如何看待当前油气形势

今日导刊

在农村种出一个“绿

记者：近年来，能源紧张，尤其是石油短缺已成为制约我国经济发展的“瓶颈”，社会各方都在寻找解决良策。从去年下半年开始，您在很多场合呼吁发展生物质产业，以及种出一个“绿色大庆”。这真是一个让人激动的建议，您能对生物质产业给我们做一简要介绍吗？

石元春：生物质产业是指利用可再生或循环的有机物质，包括农作物、树木和其他植物及其残体、畜禽粪便、有机废弃物，以及利用边际性土地和水面种植的能源植物为原料，通过工业性加工转化，生产生物基产品、生物燃料和生物能源的一种新兴产业。地球上能量的终极来源，除形成之初集聚的核能与地热外，与我们关系最为密切的是地球形成后持续来自太阳的辐射。绿色植物出现前，辐射能尽散失于大气，唯绿色植物可利用日光能将它吸收的二氧化碳和水合成为有机物——碳水化合物，将光能转化为化学能并贮存下来，生物质是光能循环转化的载体，绿色植物每年捕获的辐射能量相当于目前全球能量消费的 10 倍。实际上，石油以及煤炭和天然气等能源都是地质时代的绿色植物在地质作用影响下转化而成的。早在 1 万多年前，植物就是人类生存繁衍所需能量和营养，以至燃料的根本来源，生物质生产是最古老和全面意义上的“能源产业”。

记者：可是，由于不能满足大量和集中供能的需要，传统的生物质燃料后来被煤炭、石油和天然气所取代，这也许是重提生物质产业面临的首要问题。

石元春：现代的生物质产业当然不会是简单地直接燃烧，而是基于现代技术的高效利用，可以满足大量和集中供能的需要了。早在20世纪70年代的全球能源危机中，美欧等发达国家在发展生物质产业上已积累了许多经验。目前，美国年产燃料乙醇500万吨，巴西1 300万吨；欧洲以油菜为原料年产生物柴油200万吨；沼气发电和固化成型燃料在德国和北欧已经商品化。历时30余年的发展，生物质产业已为寻找替代性能源洞开了一个新的窗口，实施“绿金”替代“黑金”战略正逢其时。至于生物质的能源密度低和原料分散问题，目前也有了较好的解决途径。

记者：生物质产业在我国的发展现状如何？

石元春：我国生物质能源产业刚刚起步，但势头很好。豫、吉、皖三省4套年产30万吨燃料乙醇装置已建成投产和乙醇汽油销售开始封闭运行；我国自行培育的、具有高抗逆性和可全国种植的甜高粱，每公顷能产燃料乙醇6吨，比甘蔗高30%，比玉米高3倍，在新疆、内蒙古等地已有可喜进展。麻疯树籽粒含油率50%以上，可直接生产生物柴油，西南地区已有上十万亩种植，计划2010年发展到1 000万亩。此外，淀粉基热塑性和聚乳酸树脂技术正酝酿突破，固化成型燃料开始应用，沼气更是我国的强项。

记者：“绿色大庆”相当于每年产油5 000万吨，有这种可能性吗？

石元春：目前，我国每年有7亿多吨作物秸秆、25余亿吨畜禽粪便及大量有机废弃物以及2亿多万吨林地废弃物，如果能使这些资源的利用率分别达到50%、40%及30%，再开发550万公顷左右的边际性土地种植能源植物，同时建设约1 000个生物质转化工厂，其生产能力就可以相当于5 000万吨石油的年生产能力，这是一个大庆的年产油量，或者是2004年全国石油总产量的29%，净进口量的35%。此外，每增加1 000万公顷能源植物的种植与加工，相当于增加4 500万吨石油的年生产能力，可见潜力之大。

记者：发展生物质产业会不会与种粮争地，从而影响粮食安全？

石元春：发展能源植物不需要占用粮田，只需用边际性土地种植能源植物及农林和城市有机废弃物即可。边际性土地是指不宜垦为农田，但可种植高抗逆性的能源植物的土地。目前在我国这种土地尚有1亿多公顷，稍少于现耕地面积。就总资源量来说，这些边际性土地种植能源植物可年产出或替代6亿吨燃油的潜在资源量，是目前全国石油年消费量的1倍。根据我国农业生态区资源特点，可建设以甜高粱和林区废弃物为主体的东北绿色油田、以旱生灌草和甜高粱为主体的西北绿色油田、以甜高粱为主体的华北绿色油田、以麻疯树和甜高粱为主体的西南绿色油田，以及以多种木本和草本能源植物为主体的东南绿色油田。显而易见，生物质产业为农业开辟了“第三战场”。

记者：“第三战场”怎么说？

石元春：几千年来，传统农业一直从事着稻麦棉、猪牛羊等初级农产品的生产，满足人类生活的基本需要；工业化社会里，农业在提供初级农产品的同时，又以棉毛麻丝、烟酒茶糖、果菜皮革等农产品向着食品和轻工业方向延伸。进入21世纪，生物质产业则从原料到产品为农业开创第三战场。这个战场不仅仅提供能源，还可以通过延长生物质能的产业链，利用生物乙醇生产乙烯、聚乙烯、环氧乙烷等上千种生物化学材料，替代以石油为原料的石油化工材料，推动第三次化学工业革命，大幅度提高生物能源工业的附加值，从而变种植业的粮经饲三元结构为粮经饲能四元结构，进一步增加农民收入，推动国民经济持续快速发展。按种出个“绿色大庆”计，生物质产业的年产值可达3 500亿元，农民增收400亿元。

记者：您刚才给我们算的是经济账，能不能算算“环保账”？

石元春：目前，我国二氧化碳的排放总量仅次于美国而居世界第二位，减排压力将越来越大。发展生物质产业是从根本上解决矿物质能源消费导致大气环境温室效应的最有效途径之一。因为生物质能不但在使用过程中不会大量产生二氧化碳，而且绿色植物在进行光合作用时还要吸收大量二氧化碳，从而大幅度减少二氧化碳的排放量。还是按种出个“绿色大庆”计，在我国发展生物质产业可减排1.6亿吨二氧化碳。

发展生物质产业还能有效减少农业废弃物的污染。农业废弃物现已成为我国当前最大的污染源之一，对环境的压力越来越大。畜禽粪便造成了严重的环境污染和疾病传播隐患；每年有约2亿吨作物秸秆被遗弃在田间地头和就地焚烧，污染大气。此外，广大农村还可用全降解生物基塑料替代不可降解的石油基塑料，保护耕地肥力，并根治白色污染；生物质产业还可以显著改善几千年来农民一直过着的、能效极低和烟熏火燎的直燃式能源消费生活，以及偏远山区农村至今无电状况。

记者：石油紧张不仅仅困扰我们中国，许多国家都面临这一问题，生物质产业在其他国家的发展情况如何？

石元春：自20世纪末，化石能源渐趋枯竭，温室气体导致全球变暖，以及环境恶化的危机感和紧迫感，使国际社会由理性呼吁和国际协议，发展到制订国家战略和采取对策行动。

1997年，美国将生物质能源研究经费由1.96亿美元增加到4.42亿美元；继而再追加2.4亿美元，并提出未来十年减免税收21亿美元的政策；2000年国会通过了《生物质研发法案》；2002年提出了《发展和推进生物基产品和生物能源》报告和《生物质技术路线图》，成立了生物质项目办公室和生物质技术咨询委员会。美国计划2020年使生物质能源和生物基产品较2000年增加20倍，达到能源总消费量的25%，每年减少碳排放量1亿吨，增加农民收入200亿美元的宏大目标。

欧盟委员会提出，到2020年运输燃料的20%将用燃料乙醇等生物燃料替代；日本有“阳光计划”；印度有“绿色能源工程计划”；加拿大惊呼本国生物质行业落后于美欧和日本，大力调整政策和迎头赶上。

记者：生物质产业优势明显，当前面临的最大问题是什么？

石元春：最大的问题就是当前生物基产品的成本与价格尚难与石油基产品竞争，科学家们正致力于这方面的研究，他们普遍认为，通过成熟技术、改进技术和高新技术的联合运用完全可以使生物基产品成本低于现在的石油基产品。因为煤与石油化工的技术基础是已有近百年历史的烃技术，而生物质产业依赖的糖技术的发展要晚得多，还不成熟。这种不成熟也意味着有相当大的技术改进与成本降低空间。巴西以甘蔗生产燃料乙醇1980年每立方米849美元，1998年降到200美元。在我国，陈化粮基乙醇吨价3 800元，而甜高粱基乙醇可降到2 800元以下；油料作物基生物柴油吨价4 000元上下，麻疯树等木本油料基和垃圾油脂基生物柴油吨价可降到3 000元以下。新能源植物资源的发现和应用生物技术等进行能源植物的遗传改良，原料成本还会有较大降低。

记者：您认为我国发展生物质产业的关键是什么？

石元春：我认为，我国应该把发展生物质产业作为一项国家战略，政府要加强引导，并给予资金和政策支持，此外企业还要积极参与。关于企业的话题我还想多说几句。对新产品发展趋势的高度敏感是企业成功之道，目前国际上许多大公司已经开始涉足生物质产业。英国石油公司、美国国际石油公司等已开始对生物质能源产品投资；化工巨人巴斯福公司2003年宣布，将以可再生的生物质资源作为化学品生产的主要原料；杜邦公司剥离石油资产，购买了生物技术公司和组织农业综合企业，将2010年销售额的25%定位于生物质产品；美国的森林工业已开始与电力、石油、化工公司合作，利用林木废弃物生产能源及化工产品；丰田公司用白薯淀粉基塑料制成了汽车配件。中国企业赶快行动吧！

4 关于“建设各年产 5000 万吨的绿色油田和绿色煤田：2020”的建议

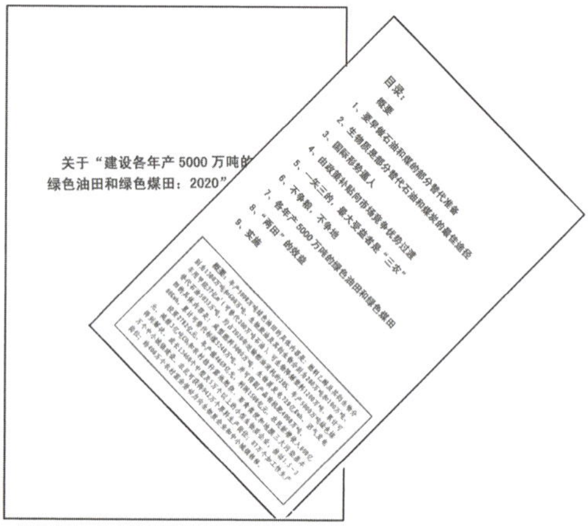

【写作背景】

2005 年是实施国民经济建设“十五”规划的最后一年，也是制订“十一五”规划的一年。为了使生物质能源能纳入“十一五”规划，特撰写了此份建议，于 2005 年 11 月递交到国家发改委“十一五”规划编制组，以及《可再生能源中长期发展规划》编写组，以供参考。

报告概要

年产 5 000 万吨绿色油田的具体内容是：燃料乙醇及其衍生物分别为 1 300 万吨和 600 万吨、生物柴油及其衍生物分别为 200 万吨和 100 万吨、车用甲烷 37 亿米^3（可替代 571 万吨石油）、可生物降解塑料 1 200 万吨，累计可替代石油 5 033 万吨，约占 2020 年运输燃油消耗的 20%。年产 5 000 万吨绿色煤田的具体内容是：成型燃料 5 000 万吨、生物质发电 720 亿千瓦 · 时、沼气发电 80 千瓦 · 时，累计可替代标煤 5 540 万吨，并可得副产品有机肥 4 000 万吨。

投资 2 782 亿元，年产值 4 669 亿元，利润 1 508 亿元，农民新增收入 600 亿元。减排 3 亿吨 CO_2 和农村秸秆露地燃烧、畜禽粪便及地膜三大污染基本得到解决。成长 13 460 个中型及 5 万个以上的小型生物质企业，推动 1.5 万～2 万个中小城镇建设。农民可获得 942 万个原料生产岗位，87 万个加工性生产岗位，约 400 万个农村富余劳动力向生物质企业和中小城镇转移。

2004 年 6 月，我代表农业组向总理汇报国家中长期科技发展规划战略研究时，提出了发展生物质产业和建设绿色油田问题；今年 3 月份发表了开辟农业第三战场和建设绿色（大庆）油田的文章。半年多来，这方面形势发展很快，认识也在进步，谨提出到2020年建设成各年产5 000万吨的绿色油田和绿色煤田的建议，作为国家制订“十一五”规划和可再生能源中长期发展规划的参考。

4.1 要早做石油和煤炭部分替代的准备

2003年我国能源消费结构中，煤炭占71%，石油占24%，可见二者的地位。我国可用煤储量1 145亿～1 892亿吨，按2004年用量计，可用60～100年；石油可采资源量150亿吨（王干生，2005），可用35年。自1993年我国成为石油净进口国后，2004年进口依存度达到43%，预计2020年要超过55%。我国的能源紧张一是石油紧缺，二是为改善能源消费结构和减排CO_2而寻求对煤的替代。

国际形势大抵如此。世界石油探明储量是1 730亿吨（2003年），只能用40年。目前美国56%的石油靠进口，2020年要达到70%以上。石油价格飙升和上千种石油基产品的相应涨价，越来越大地冲击着世界经济，这最后一杯石油羹的激烈争夺情势可想而知。

减排CO_2是全球性任务，《京都议定书》已经给发达国家制订和分派了减排任务。一些发达国家开始在中国寻求生产生物柴油和购买减排指标。减排任务迟早也会落在中国这个排放大国头上，要早做准备，寻求替代，未雨绸缪。

4.2 生物质是部分替代石油和煤炭的最佳途径

其实，石油和煤也是地质时代的生物质转化而成的。唯有太阳辐射可以为地球持续提供能量，唯有绿色植物可以将太阳辐射能转化为化学能，生物质就是载体，每年约捕获2 000亿吨标煤的辐射能。石油和煤炭不可再生和污染大气，生物质能源可以再生和与环境友好。

生物质能不同于风能、太阳能、核能、氢能等其他可再生能源和新能源之处，是它除具清洁能源功能外，还可以像石油化工一样进行物质性生产（生物化工产品）；可以使农林废弃物无害化和资源化；可以发展农村经济和增加农民收入，这三条是其他可再生能源做不到的。2003年我国2.5亿吨原油消费中，石油加工和塑料化纤等石化制品占84%，只能靠生物质替代。

1999年，克林顿发布的“开发和推进生物基产品和生物能源”总统执行令中说：目前生物基产品和生物能源技术有潜力将可再生农林业资源转换成能满足人类需求的电能、燃料、化学物质、药物及其他物质的主要来源。这些领域的技术进步能在美国乡村给农民、林业者、牧场主和商人带来大量新的、鼓舞人心的商业和雇佣机会；为农林业废弃物建立新的市场；给未被充分利用的土地带来经济机会；以及减少我国对进口石油的依赖和温室气体的排放，改善空气和水的质量。（详见附件 1）

生物能源和生物基产品生产是涉及农村经济、能源和环保的一种多功能、多目标和多产品的综合性产业，所以不能将它与单一能源功能的风能、太阳能、核能、氢能等相混同，更不能等同。这种简单化的误解是不利于生物质产业发展的。

4.3 国际形势逼人

美国总统令中提出了“生物基产品和能源到 2010 年增加 3 倍，2020 年增加 10 倍；每年为农民和乡村经济新增 200 亿美元的收入，同时减少 1 亿吨碳排放量”的宏大目标，制订和采取了一系列紧急、具体和操作性很强的措施（详见附件 2 和 3）。在美国制订的路线图中提出：要像阿波罗登月计划那样，整合这个行业是一项意义深远的挑战，需要大胆的想象力，在多个科技前沿领域同时取得进展，在基础设施和市场开发上大量投资，提供政策和教育上的大力支持。路线图的制订者相信，成功的回报将是巨大的，它将是未来人类事业的基础。

欧盟委员会提出到 2020 年运输燃料中的 20% 将用燃料乙醇等生物燃料替代；英国计划到 2010 年可再生能源发电量将占到全国总发电量的 10%；生物质成型燃料供热发电和车用甲烷在瑞典等欧洲国家已经商业化运作；日本制订了“阳光计划”；印度制订了“绿色能源工程计划”。近三五年，发达国家在超常地发展生物质产业，我们不应该太久地观望，要加快加大推进力度。

4.4 由政策补贴向市场竞争优势过渡

多年来，发展生物质能源是靠政策性补贴维持的，美国生产 1 吨燃料乙醇要补贴 150 ～ 170 美元，我国补贴 1 200 ～ 1 600 元。去年 9 月份世界经合组织的研究报告还指出：各国政府应大力支持和鼓励生物质能源领域的技术创新，减小它与传统原油及天然气产品的价格差距，以最终达到替代的结果。

今年形势发生重要转折。除石油价格飙升外，随着技术进步，燃料乙醇的吨成本降到了具有市场竞争力的拐点：巴西成本由 1980 年的 530 美元降到了 160 美元；美国吨价由 1979 年的 1 100 美元降到了 380 美元。今年 7 月份美国芝加哥期货交易所燃料乙醇的牌价是每加仑 1.22 美元，而汽油是 2.47 美元（2005 年 9 月 5 日美国纽约商业交易所）。如果把《京都议定书》规定的温室气体减排指标及其国际市场价格（每吨 30 欧元），以及木质纤维素水解技术得到突破（能以作物秸秆和林木废弃物为原料）这两个因素考虑进去，生物能源和生物基产品的市场竞争优势还会进一步发挥。

难怪近年来美国、欧盟、巴西等国生产燃料乙醇等生物能源的热情骤涨，图 1 就很能说明这个问题。生物能源开始由政策补贴阶段进入市场竞争并逐渐取得优势的阶段，当然，目前它还需要许多的政策性扶持和技术上的进步。我国在发展生物质产业方面，要注意迅变中的形势，勿停留于“缺乏市场竞争力”的过时观念上。

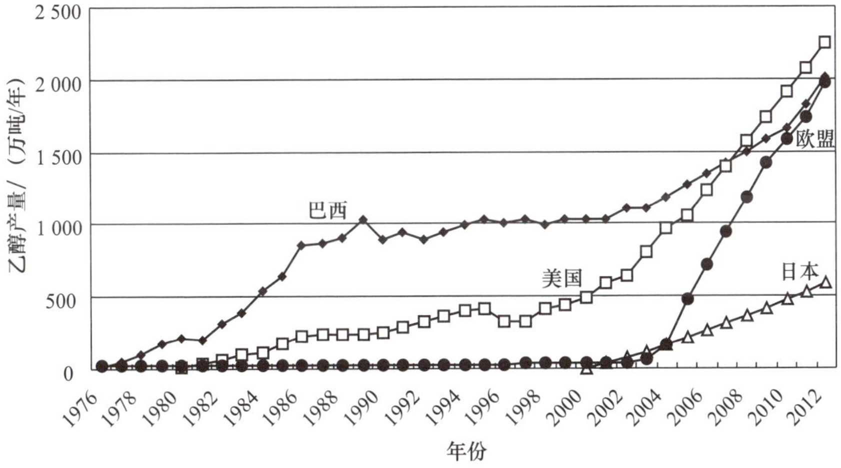

图 1　美国、欧盟、巴西等国家和地区燃料乙醇产量

4.5 一矢三的，最大受益者是“三农”

发展生物质产业对我国太重要了，它一矢三的：“三农”、能源和环保，直指当今我国发展中的三大难点和主题，而受益最大者是“三农”。

生物质产业的基础是农业，它可以帮助“三农”以作物秸秆、林木残体、畜禽粪便等农林废弃物和利用不能耕种的边际性土地生产能源植物作为原料，生产高附加值和市场需求旺盛的生物质能源和生物基产品；它可以帮助“三农”解决露地燃烧秸秆、畜禽粪便污染水源和石油基地膜破坏土壤肥力的三大环境问题；它可以帮助“三农”发展一批中小型生物质企业，建设一批中小城镇，转移一批富余劳动力。这是资源节约、循环利用和保护环境的范例，是“以工促农，以城带乡”，缩小工农差距和城乡差距的一条重要途径。

4.6 不争粮，不争地

发展生物质产业的原料主要是两种，一是农林废弃物；二是利用边际性土地种植能源 / 材料植物。

我国 2001 年产生的农林废弃物资源实物量（干重）14.35 亿吨，相当于 7.37 亿吨标煤；除还田和饲用外，可用于生物质产业开发的实物量为 9.5 亿吨，相当于 4.79 亿吨标煤。其中作物秸秆、薪柴 / 林地残积物和畜禽粪便分别占 46%、33% 和 13%。预计 2020 年实物量将达到 19.5 亿吨，可开发量 11.8 亿吨，相当于 8.3 亿吨标煤（表 1）。

表 1　我国农林废弃物资源现况表

种类	实物量 / 标煤	可用率 /%	可用量 / 标煤	所占比例 /%	备注
作物秸秆	6.05/3.65	60	3.6/2.2	45.9	按 1998 年资料
畜禽粪便	3.20/1.1	55	1.8/0.6	12.5	按 2000 年资料
林地残积物	2.0/1.26	50	1.0/0.63	13.2	待新数据
薪炭林	0.63/0.26	100	0.63/0.26	5.4	面积 292 万千米 ^{2} 的年蓄积量
薪柴	1.7/0.7	100	1.7/0.7	14.6	按 1998 年资料
工业废弃物	0.77/0.4	100	0.77/0.4	8.4	指木材及粮食加工废弃物
累计	14.35/7.37		9.5/4.79	100.0	

我国能源植物的种类丰富，不乏抗逆性强、可规模化生产的植物种类和优良品种，如甜高粱、木薯和甘蔗，每公顷可产燃料乙醇 5 ～ 8 吨，是玉米的 1 ～ 3 倍，木本油料、旱生灌木、冬闲地种油菜等也都有很好的生产潜力。大家关注的是，在土地资源短缺的我国，能有多少边际性土地可用？其实，短缺的主要是耕地，那些不宜农垦但能生长绿色植物的边际性土地资源是比较丰富的，过去因难以利用而被人们忽视了。

据国土资源部 1999 年资料，我国 10.6 亿亩后备土地资源中，有荒草地（“树木郁闭度低于 10%，表层为土质，生长杂草”）7.39 亿亩（详见附件 4），盐碱地（“表层盐碱积聚，只生长天然耐盐植物”）1.53 亿亩（详见附件 5），累计 8.92 亿亩。据国家林业局 2003 年资料，我国有用材林 8.48 亿亩、薪炭林 0.67 亿亩、灌木林 6.8 亿亩，累计 15.95 亿亩（详见附件 6）。以上二者合计 24.9 亿亩，若 60% 能用于生物质能源 / 材料生产，有约 15 亿亩，与现耕地面积差不太多。

4.7 建设各年产 5 000 万吨的绿色油田和绿色煤田的框架计划

根据技术成熟度和我国资源状况，我们提出的 2020 年建成年产 5 000 万吨的绿色油田具体内容是：燃料乙醇及其衍生物分别为 1 300 万吨和 600 万吨、生物柴油及其衍生物分别为 200 万吨和 100 万吨、车用甲烷 37 亿米^3（相当于 571 万吨石油，详见附件 7）、可生物降解塑料 1 200 万吨，累计可替代石油 5 033 万吨，约占 2020 年运输燃油消耗的 20%。本项投资 1 882 亿元，其中工业性投资 1 657 亿元，农业性投资 225 亿元。

年产 5 000 万吨的绿色煤田具体内容是：成型燃料 5 000 万吨、生物质发电 720 亿千瓦・时、沼气发电 80 千瓦・时，累计可替代标煤 5 540 万吨，并可得副产品有机肥 4 000 万吨，本项投资 900 亿元。

以上两项投资合计 2 782 亿元，形成年产值 4 669 亿元、利润 1 508 亿元。建设的框架计划可参见附件 8。

“十一五”前期（2006—2008 年）应以示范为主，后期（2009—2010 年）做好后十年的布局。2010 年将达到年产 700 万吨乙醇及衍生物、150 万吨可生物降解塑料、4.5 亿米^{3}车用甲烷（可替代 50 万吨汽油）、50 万吨生物柴油、500 万吨生物质成型燃料和 1 000 兆瓦生物质发电能力，实现替代 1 000 万吨原油、550 万吨标煤和减排 4 745 万吨 CO_2 的目标。“十一五”期间投资 421.9 亿元，形成年产值 763.75 亿元，利税 235.15 亿元。

目前，国内不少省市和企业发展生物质能源产业的热情正快速升温，广西和新疆正在制订利用本地资源优势大规模发展液体生物燃料的计划。

4.8 “两田”效益

“绿色油田”和“绿色煤田”的经济、社会和生态效益为：

1. 一个展现在中国农村大地上的、由太阳辐射和绿色植物构成的、清洁、安全和永续的、相当于年产 5 033 万吨石油的绿色油田和 5 540 万吨标煤的绿色煤田，并将为我国减排 3 亿吨 CO_2。

2. 农村三大污染基本得到解决，即每年约 2 亿吨的作物秸秆不再露地燃烧、规模化养殖场畜禽粪便不再污染水源、塑料地膜全部被降解的生物塑料地膜取代而土壤肥力不再受到它的威胁。此外，城市厨余垃圾和有机垃圾也将部分被无害化和资源化。

3. 按现不变价格计，年总产值 4 669 亿元，利税 1 507 亿元，节约外汇 175

亿美元，农民新增收入 600 亿元。

4. 成长 13 460 个中型及 5 万个以上的小型生物质企业，推动 1.5 万～2 万个中小城镇建设。

5. 农民可获得 942 万个原料生产就业岗位和 87 万个加工性生产岗位，约 1 000 万个农村富余劳动力将向生物质企业和中小城镇转移。

6. 显著提高 3 000 万农户，约 1.5 亿农民的生活用能质量，热效率由 10% 左右提高到 30% 以上。

4.9 关于实施

实施方面的建议有：

1. 制订和实施一个“中国发展生物质产业”的国家重大建设专项计划（2006—2020 年），以及“十一五”期间在不同地区部署一批各种类型的生物质产业示范工程。

2. 参考国内外有关政策和经验，实施资金投入、贴息贷款、免征产品增值税、“绿色”油价和电价等优惠政策，扶持和建设一大批大中小型的生物质龙头企业。

3. 鼓励和扶持农民开发利用农林废弃物、开发边际性土地种植能源植物、大中型养殖场综合能源开发、中小型生物质供热发电、沼气的工业化开发、使用全生物降解塑料膜等，并提供优惠的资金和贷款支持。

4. 征收化石能源及其产品的资源 / 生态税、石油基塑料的环保税。

5. 在加大国家对生物质产业投资力度的同时，大量吸收民间资本和鼓励外商投资。

6. 充分利用 CDM 政策，在 2008—2012 年间我国没有减排义务的机会，加强 CO_2 减排指标交易工作。仅“十一五”期间减排的 4 745 万吨 CO_2 指标即可收益 140 亿元人民币。

附　件

附件 1：1999 年 8 月美国总统 13134 号执行令：开发和推进生物基产品和生物能源（略）

附件 2：1999 年 8 月美国总统写给农业部部长、能源部部长、财政部部长、环保署署长的备忘录主题：生物基产品和生物能源（略）

附件 3：2002 年 2 月美国能源部和农业部给美国总统的回应报告（略）

附件 4：各地荒草地分布图（部分图略）

附件 5：各地盐碱地分布图（部分图略）

附件 6：中国重点地区速生丰产用材林基地建设工程及薪炭林分布图（略）

附件 7：车用甲烷

最新研究成果和国外的成功经验表明，在中国发展工业化沼气用于运输燃料和发电是比生物柴油更实际、更有效的措施。因为我国有几十年的沼气经验，在此基础上借鉴国外的经验进行规模化生产沼气，再进一步开发利用，如发电或净化除去 CO_2 及硫化物后用做运输燃料。如瑞典利用有机废弃物生产沼气（biogas），净化后得到甲烷，再经压缩至 200 千克 / 厘米 ^{2} 作为汽车、火车燃料，在南部的 Linkoping 市 76% 的公交车、70% 的出租车使用沼气，全国使用沼气的轿车已超过 5 000 辆，建设加气站 70 多个，斯德哥尔摩至海滨的火车也使用沼气作为燃料；斯德哥尔摩市的居民全部使用沼气作为生活用气。瑞典没有化石燃料资源，缺油少气，沼气已先于燃料乙醇进入了运输燃油系统，目前瑞典的汽油价格为 12 克朗 / 升，而由沼气生产的甲烷（97%）售价仅为 8.64 克朗 / 标准米 ^{3}，相当于油价 7. 8 5 克朗 / 升，而甲烷气的成本小于 4 克朗 / 标准米 ^{3}，同时还副产优质有机肥料。我国每年有几十亿吨的有机废弃物，通过厌氧发酵处理既解决了环境污染问题，又得到清洁燃料。目前面临的禽流感危机，主要是分散禽类养殖户（场）养殖方式落后、粪便等污染物处理不当引起的，而在采用大型养殖场的欧洲禽流感发生的概率就比较低，这也是为何禽流感总是起源于亚洲的原因。如果把这些污染物通过厌氧消化处理生产沼气，可谓一举两得。所以确定发展 90 亿标准米 ^{3} 沼气 / 年计划，其中 56 亿标准米 ^{3} 生产 37 亿标准米 ^{3} 甲烷（97%），相当于 400 万吨运输燃油，34 亿标准米 ^{3} 发电 80 亿千瓦·时。而生物柴油原料在我国很缺乏，我国每年还需要进口数百万吨的食用油（如 2003 年进口 436.4 万吨），通过系统研究，目前只有棉籽油有可能成为生物柴油的原料，加上发展木本油料植物，到 2020 年可达到年产 300 万吨生物柴油能力。

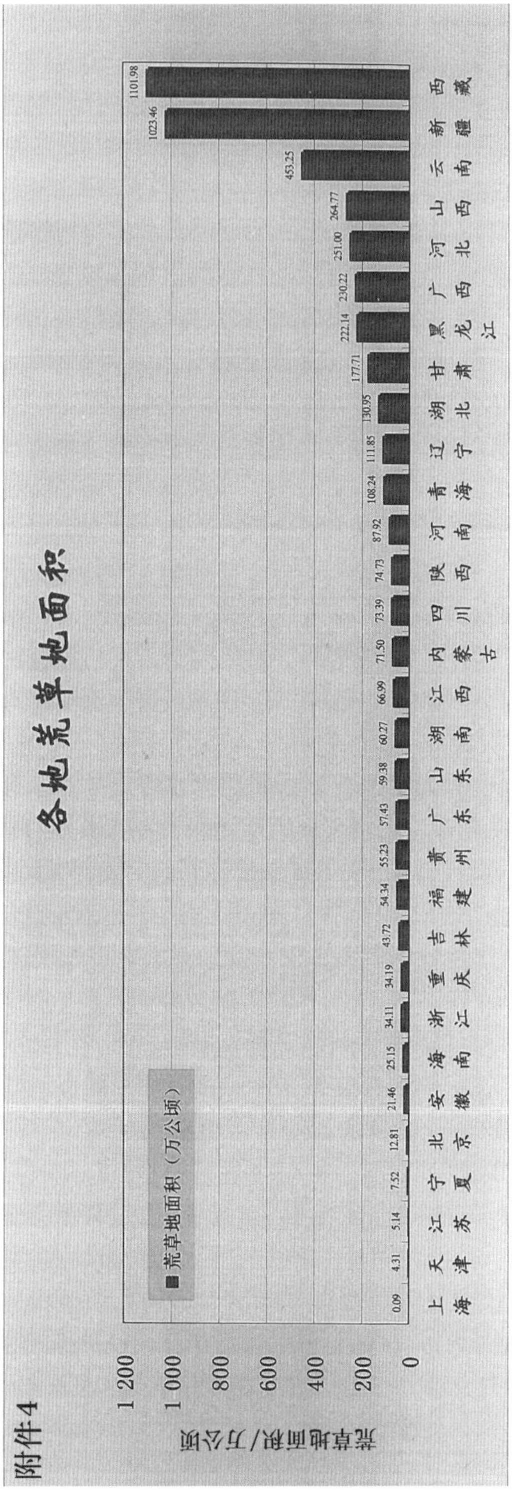
附件4
各地荒草地面积
荒草地面积（万公顷）
荒草地面积/万公顷
1 200
1 000
800
600
400
200
0
1101.98 西藏
1023.46 新疆
453.25 云南
264.77 山西
251.00 河北
230.22 广西
222.14 黑龙江
177.71 甘肃
130.95 湖北
111.85 辽宁
108.24 青海
87.92 河南
74.73 陕西
73.39 四川
71.50 内蒙古
66.99 江西
60.27 湖南
59.38 山东
57.43 广东
55.23 贵州
54.34 福建
43.72 吉林
34.19 重庆
34.11 浙江
25.15 海南
21.46 安徽
12.81 北京
7.52 宁夏
5.14 江苏
4.31 天津
0.09 上海

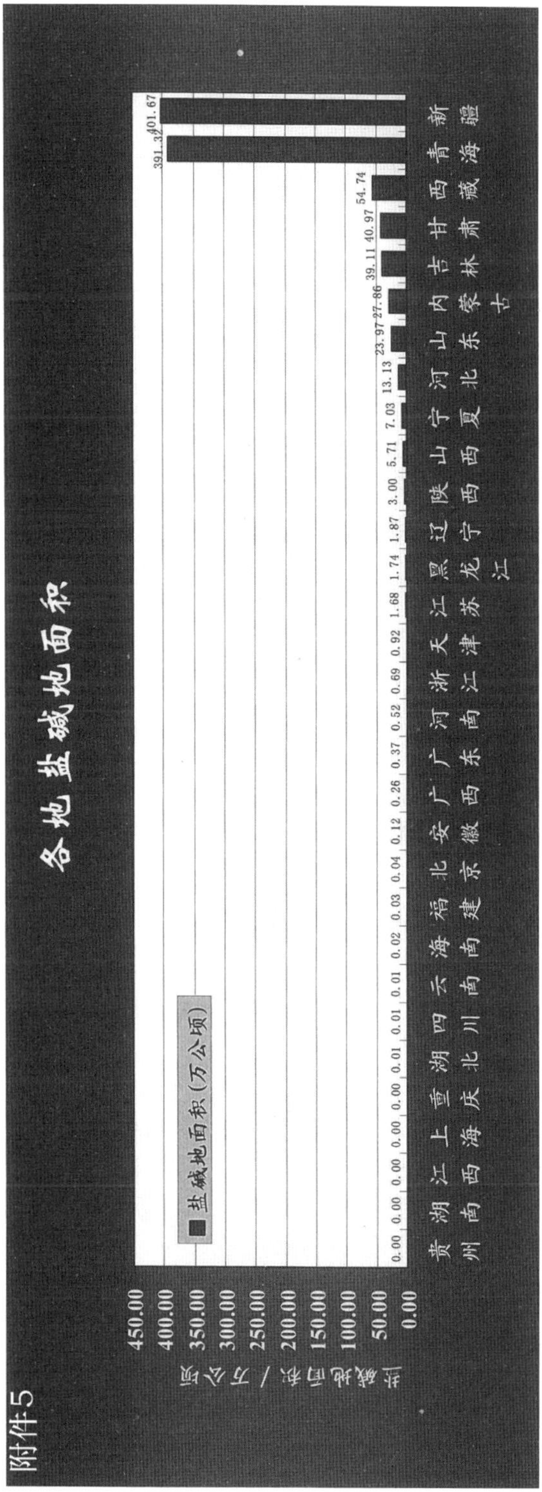
附件5
各地盐碱地面积
盐碱地面积(万公顷)
盐碱地面积/万公顷
450.00
400.00
350.00
300.00
250.00
200.00
150.00
100.00
50.00
0.00
新疆 401.67
青海 391.32
西藏 54.74
甘肃 40.97
吉林 39.11
内蒙古 27.86
山东 23.97
河北 13.13
宁夏 7.03
山西 5.71
陕西 3.00
辽宁 1.87
黑龙江 1.74
江苏 1.68
天津 0.92
浙江 0.69
河南 0.52
广东 0.37
广西 0.26
安徽 0.12
北京 0.04
福建 0.03
海南 0.02
云南 0.01
四川 0.01
湖北 0.01
重庆 0.00
上海 0.00
江西 0.00
湖南 0.00
贵州 0.00

附件 8：绿色油田和绿色煤田建设计划表（2006—2020 年）（附件 8: 表 1 至表 4）

附件 8：表 1　绿色油田和绿色煤田的产值与利润估算

绿色油田	数量 / 万吨	替代石油 / 万吨	成本 /（元 / 吨）	价格 /（元 / 吨）	产值 / 亿元	利润 / 亿元
燃料乙醇	1 300	1 857	3 600	4 600	598	130
乙醇衍生物	600	857	7 000	10 000	600	180
车用甲烷	37 亿米 ^{3}	571	2.5 元 / 米 ^{3}	3.5 元 / 米 ^{3}	130	37
生物柴油	200	285	3 900	4 300	86	8
关联产品	100	143	5 000	8 000	80	30
生物降解塑料	1 200	1 320	9 500	12 000	1 440	300
小计		5 033			2 934	685
绿色煤田	**数量 / 万吨**	**替代标煤 / 万吨**	**成本 /（元 / 吨）**	**价格 /（元 / 吨）**	**产值 / 亿元**	**利润 / 亿元**
成型燃料	5 000	2 500	300	360	150	30
生物质发电	720 亿千瓦 · 时	2 736	0.3 元 /（千瓦 · 时）	0.5 元 /（千瓦 · 时）	360	144
沼气发电	80 亿千瓦 · 时	304	0.18 元 /（千瓦 · 时）		40	26
有机肥料	4 000		400	1 080	432	272
小计		5 540			982	472
总计					3 916	1 157

说明：1 吨原油生产 0.7 吨汽油，1 吨原油生产 0.7 吨柴油，1 吨原油生产 0.909 吨塑料；
1 米 ^{3} 甲烷气体相当于 1.1 升汽油，或 1.57 升原油；
1 吨标煤可发电 2 632 千瓦 · 时；1 吨生物质成型燃料相当于 0.5 吨标煤或 0.37 吨原油。

附件 8：表 2　生物质原料产值与利润

项目	数量 / 万吨	成本 /（元 / 吨）	价格 /（元 / 吨）	产值 / 亿元	利润 / 亿元
秸秆（包括林地废弃物）	20 500	40（收集成本）	150	307.5	225.5
其中用于乙醇生产 [1]	5 000				
热电生产 [2]	10 000				
成型燃料	5 000				
乳酸生产	500				

续附件 8：表 2

项目		数量 / 万吨	成本 /（元 / 吨）	价格 /（元 / 吨）	产值 / 亿元	利润 / 亿元
淀粉（共混或发酵乳酸用）		800	1 700	2 000	160	24
乙醇原料	甜高粱[3]	7 700	73.7	150	115.5	58.8
	木薯[4]	2 100	140	300	63	33.6
柴油原料	棉籽油	150	3 400	3 600	54	3
	其他植物油	100	3 800	4 000	40	2
	垃圾油	50	2 000	2 500	12.5	2.5
总计					752.5	349.4

说明：1. 4 ～ 6 吨秸秆生产 1 吨乙醇；

2. 1 万～ 1.1 万吨秸秆可保证 1 兆瓦的发电能力，1 米^3 沼气可发电 2 千瓦·时以上；

3. 14 吨甜高粱生产 1 吨乙醇；

4. 7 吨鲜木薯生产 1 吨乙醇。

附件 8：表 3　生物质产业为农业创造的就业机会

项目	数量	单位就业机会	总就业数 / 万个	备注
边际性土地开发[1]	500 万公顷	个 /0.8 公顷	625	现 0.4 公顷耕地可产生 1 个农业就业机会
秸秆类	20 500 万吨	个 /100 吨	205	指收集、运输，为加工厂供应原料
甜高粱	7 700 万吨	个 /100 吨	77	指收集、运输，为加工厂供应原料
木薯	2 100 万吨	个 /100 吨	21	指收集、运输，为加工厂供应原料
淀粉	800 万吨	个 /100 吨	8	指收集、运输，为加工厂供应原料
生物柴油原料[2]	300 万吨	个 /50 吨	6	指收集、运输，为加工厂供应原料
合计			942	

说明：1. 甜高粱种植面积 256 万公顷边际土地，产量 30 吨 / 公顷；木薯种植面积 140 万公顷边际土地，产量 15 吨 / 公顷；其他植物种植面积 106 万公顷边际土地，产量 1 吨 / 公顷；

2. 生物柴油原料主要指木本油料、垃圾油的收集、运输，因相对农作物的收集、运输更加困难，每 50 吨需 1 人。

附件 8：表 4　生物质产业投资与创造的工业就业机会

项目	数量 / 万吨	规模 /（万吨 / 年）	就业岗位 /（个 / 厂）	投资 /（亿元 / 厂）	工厂数 / 个	总投资 / 亿元	总岗位数 / 万个
燃料乙醇	1 300	5	300	2	260	520	8.4
乙醇衍生物	600	4	450	4.5	150	675	6.75
车用甲烷	37 亿米 ^{3}	500 万米 ^{3}/ 年	100	0.3	740	222	7.4
生物柴油	200	5	100	0.6	40	24	0.4
关联产品	100	3 ～ 3.5	100	0.8	30	24	0.3
可生物降解塑料	1 200	5	550	0.8	240	192	13.2
成型燃料	5 000	0.5	30	0.02	10 000	200	30
生物质发电 [1]	800 亿千瓦·时	5 兆瓦	100	0.35	2 000	700	20
有机肥料 [2]	4 000	5	—	—	—	—	—
总计						2 557	86.45

说明：1. 相当于全国 2 000 个县（县级市）每县建一个 5 兆瓦生物质发电厂；

2. 有机肥料为沼气副产品，各项指标已包括在甲烷厂和沼气发电厂（占生物质发电 10%）之内。

5 谈发展生物质产业中的几个问题

【写作背景】

自2005年3月发表《发展生物质产业》一文后国内外形势发展很快，各方信息多了，思考的问题也多了。年末中国基础科学杂志社约稿时，即就生物质产业发展中存在的几个问题成文，发表于该杂志2005年第6期上。文中讨论了生物质产业发展中的定位、资源、农工一体化、成本、技术和前景等6个问题。此文资源部分是最早的计算量，与以后的专项研究结果（如以后的文章13）有不同处皆以后者为据。

年初，我发表了《发展生物质产业》一文[1]，至今已半年有余，这方面情况有了许多变化。国际原油价格由每桶40多美元飚升到60多美元，美国总统签署了“美国能源法案”，我国能源形势愈趋严峻，以及生物质产业开始在我国引起更多的社会关注等。本文拟就其中的几个问题再谈些意见。

5.1 定位问题

近一段时间，媒体上对生物质产业的报道多了起来，这是好事。从报道的标题到内容，从提法到视角，各式各样，如“从植物里可提取清洁柴油”“用两吨玉米换一吨石油是否合算？”等等，有人认为发展生物质产业是国家大计，也有人认为不过是“小菜一碟”等，这些都反映了生物质产业在我国还很新，还在启蒙中。

现代生物质产业及其概念是在新一轮全球石油危机中美国首先提出来的。1999年，克林顿发布的“开发和推进生物基产品和生物能源”总统执行令[2]中说：目前生物基产品和生物能源技术有潜力将可再生农林业资源转换成能满足人类需求的电能、燃料、化学物质、药物及其他物质的主要来源。这些领域的技术进步能在美国乡村给农民、林业者、牧场主和商人带来大量新的、鼓舞人心的商业和雇佣机会；为农林业废弃物建立新的市场；给未被充分利用的土地带来经济机会；以及减少我国对进口石油的依赖和温室气体的排放，改善空气和水的质量。还提出了“生物基产品和能源到2010年增加3倍，2020年增加10倍；每年为农民和乡村经济新增200亿美元的收入，同时减少1亿吨碳排放量”的宏大目标。发展生物质产业是个涉及促进农村经济、缓解能源紧张、有利于环境保护和可以进行物质性生产的多目标系统，不能与风能、太阳能、核能等其他可再生能源做简单类比。它在解决我国“三农”问题中的贡献是其他任何能源都无法比拟的。

该总统令中还有这样的表述：生物质是指可再生和可循环的有机物质（不含成熟木材），包含以能源为目的的农作物、树木、粮食和饲料作物的残体，水生植物，树木和树木残体，动物粪便和其他废弃物。生物基产品是指利用生物产品或可再生的农业种／养殖原料（包括植物、动物和海洋生物）或林业原料得到的商业性或工业性产品（不包括食物和饲料）。生物能源是指由生物质产生的能源，包括电能，液态、固态和气态燃料，热能。

以上界定是广义性和普适性的，而不同地域和国家在原料和产品的定位不尽相同。美国盛产玉米，又有玉米加工的传统，故一直以玉米作为生产燃料乙醇的原料。但现在年产已过千万吨，2012年要到2 200万吨，以玉米为原料不仅用量太大，成本也太高，正寻觅他途。终端产品上，美国和巴西以燃料乙醇为主，欧洲则多生物柴油、成型燃料和沼气供热发电，美国还十分重视生物塑料的研发。

在我国发展生物质产业的定位中，首要的是不能与农业争粮争地，还要考虑到我国地域辽阔、自然条件复杂和农业生产还相当落后的国情。我们对生物质产业的表述是：主要以农作物秸秆、林木残体、畜禽粪便、有机废弃物等农林废弃物，以及利用边际性土地种植的能源／材料植物为原料，进行生物能源和生物基产品生产的，可促进农村经济、缓解能源和保护环境的一种新兴产业。

根据原料充足、技术可能、成本可行和市场急需的原则，主要的终端产品宜为：燃料乙醇、生物柴油、生物塑料、沼气供热发电、固化成型燃料，以及相应的一些生物化工、有机肥料等衍生产品。

5.2 资源问题

生物质原料种类多、分布广、地域性强、年际变化大。我国尚未有生物质资源的专门性调查和资料，只能从一些分散的有关资料中抽集汇合，得出一个大致的量的概念，专门性工作有待于以后解决。

参考袁振宏等的资料[3]，经整理和统一折算（表 1），我国年产生的农林废弃物资源实物量（干重）为 14.35 亿吨，相当于 7.37 亿吨标煤；可用于生物质产业开发的实物量为 9.5 亿吨，相当于 4.79 亿吨标煤。在可用资源量中，作物秸秆占 46%，薪柴、薪炭林和林地残积物占 33%，畜禽粪便占 12.5%，三者合占 90%以上。根据对农林业的 2020 年发展预测，估计届时农林废弃物的实物量为 19.5 亿吨，可开发量为 11.8 亿吨，相当于 8.3 亿吨标煤，资源潜力是很大的。

表 1　部分生物质原料的资源状况表　　亿吨

种类	实物量 / 标煤	可用率 /%	可用量 / 标煤	所占比例 /%	备注
作物秸秆	6.05/3.65	60	3.6/2.2	45.9	按 1998 年资料
畜禽粪便	3.20/1.1	55	1.8/0.6	12.5	按 2000 年资料
林地残积物	2.0/1.26	50	1.0/0.63	13.2	待新数据
薪炭林	0.63/0.26	100	0.63/0.26	5.4	面积 292 万千米 ^{2} 的年蓄积量
薪柴	1.7/0.7	100	1.7/0.7	14.6	按 1998 年资料
工业废弃物	0.77/0.4	100	0.77/0.4	8.4	指木材及粮食加工废弃物
累计	14.35/7.37		9.5/4.79	100.0	

袁振宏等[3]的作物秸秆资料（1998 年）比较系统，即总量 6.05 亿吨，可获得量 5.13 亿吨，其中水稻、玉米和小麦秸秆占到 84.3%。秸秆的消费流向是：15%还田，24%饲用，2.3%用于工业，近 60%用于薪材或被露地燃烧。

生物质产业的另一类资源是利用边际性土地种植能源 / 材料植物。不少人有这样的疑虑，我国土地本来就少，哪有那么些边际性土地去种能源 / 材料植物？其实，紧缺的是耕地，而那些不能垦为农田但又能生长绿色植物的边际性土地并不少。据国土资源部全国土地资源调查办公室 1999 年的资料[4]，在我国 10.6 亿亩后备土地资源中，有荒草地（树木郁闭度低于 10%，表层为土质，生长杂草）7.39 亿亩，盐碱地（表层盐碱积聚，只生长天然耐盐植物）1.53 亿亩。此外，我国有用材林 8.48 亿亩、薪炭林 0.67 亿亩[5]（国家林业局调查设计院，2003 年）、灌木林6.8亿亩（中国森林资源报告，2005）。以上累计24.9亿亩，若60%能用于生物质能源/材料生产，就有15亿亩之多，接近于耕地面积。

我国能源植物的种类十分丰富，在一年生草本、多年生灌木和速生乔木上都不乏已具规模化生产的种类和品种，主要有甜高粱、木薯、甘蔗、木本油料、旱生灌木、冬闲地种油菜等。由我国自行培育的甜高粱[6]每公顷每天合成的碳水化合物可产出48升乙醇（玉米只有15升），年产6吨乙醇，比甘蔗还高30%。甜高粱耐旱、耐涝、耐盐、耐瘠薄，需水量只是甘蔗的1/3，生育期4～6个月，全国皆能种植，南方可一年两茬。

生长在我国南方的、有“穷人庄稼”之称的木薯光合效率高，抗逆性强，耐瘠薄，旱坡地每公顷可产鲜薯30～50吨，高者80吨以上，即每公顷可产乙醇4～7吨，是我国南方缺少灌溉条件的干旱山区和干热河谷的一种很有潜力的能源植物。我国现种植木薯面积44万公顷，有发展到200万公顷的潜力。

甘蔗是大家熟知的优良的能源植物，每公顷产蔗60～80吨，可生产乙醇3～5吨。甘蔗种植于南亚热带诸省，年种蔗面积120万公顷，总产8 000万吨左右。我国宜蔗面积有约200万公顷，具年产5 000万吨甘蔗和生产400万吨乙醇的潜力。甘蔗制糖后的废糖蜜亦可用于生产乙醇。

多年生灌木不仅生长快、生物量大和具有良好的生态功能，也是一种能质较好的能源植物。我国西北地区的柠条、沙枣、山杏、沙棘、柽柳等，既能防风固沙和充作饲料，平茬的大量枝条（指成年灌木必须每两三年将地上部枝条砍除，否则生长不旺或枯死）也是良好的能材。灌木林如形成规模和产业，大大有利于生态保护、能源生产和农民增收。西北广大半干旱地区每公顷年产生物量5～7吨，相当于4～5吨标煤。

我国有100多种籽实含油量在40%以上的木本植物，能规模化种植和作为良种供应基地的木本油料植物有10种左右，如黄连木、文冠果、续随子、麻疯树等。麻疯树籽实含油率50%以上，耐干旱和恶劣自然条件，可作水土保持树种，是优良的生物柴油原料，西南地区已种植十多万亩，计划2010年发展到1 000万亩。

我国的生物质资源丰富多样，潜力很大，具有年约15亿吨标煤的可开发量，相当于现今全国一次性能源的年消费量。

5.3 农工一体化问题

不同于烟叶加工成卷烟，棉花纺织成布匹，甘蔗或甜菜炼制成食糖，生物质产业则是用多种原料加工生产多种产品，它既不能用传统的农业思维和工作模式，也不能用传统的工业思维和工作模式，而要用一种将生物质（原料）生产和转化加工融为一体的新型思维和工作模式。

首先，生物质原料成本占总成本的60%～80%，原料生产成本降不下来，产品就失去了市场竞争力；其次，原料生产的分散性和季节性与工业化加工的集中性和连续性之间的矛盾只有在系统设计和统一部署下才能解决；其三，原料的运输、储藏和预处理是原料生产与转化加工间的重要中间环节，必须统筹安排；最后，也是最重要的，它不是小型和局部性的某种产品生产，而是市场需求面大且广的产品的规模化生产。

生物质产业是否能够顺利推进和取得预想的成功，关键不在转化加工，因为工业化生产的可控程度和稳定性高，而原料生产则受地理和气候条件的影响大，可控程度和稳定性低。因此，必须在一开始就要进行周密的系统设计，即在资源调查和综合评价的基础上，对原料生产（主辅原料的选择、保障连续性工业加工供应的种植制度、劳动组织方式等）、储运和预处理（方式、技术、设备等）、转化加工（主产品和衍生产品的选择、技术路线等）、产品与市场（市场取向、供应方式、政策保障等）进行全程的和整体性的系统设计。“工农两张皮”的传统观念和做法一定会坏事，要不得的。

5.4 成本问题

成本是个众所关注的问题。生物质产业是个新兴产业，技术还不够成熟，规模化程度不高，成本多高于石油基的同类产品，一直依赖于政府的政策性补贴。2004 年 9 月世界经合组织的研究报告中还指出：各国政府应大力支持和鼓励生物质能源领域的技术创新，减小它与传统原油及天然气产品的价格差距，以最终达到替代的结果。

目前美国燃料乙醇的推广，每加仑补贴 36 ～ 50 美分。据专家测算，以当前石油价格，燃料乙醇的成本如能降到每加仑 1.25 美元（折合每升人民币 2.7 元）即具有较大的市场竞争力。2005 年 7 月美国芝加哥期货交易所已挂出燃料乙醇每加仑 1.22 美元的牌价。如木质纤维素水解技术得以突破，能以作物秸秆和林木废弃物等为原料，成本还可大幅下降。巴西以其优势资源甘蔗为原料生产的燃料乙醇价格在每加仑 0.8 美元左右，产品大量出口美、日、韩等国。我国用玉米生产的燃料乙醇约为 1.55 美元 / 加仑，吨补 1 500 ～ 2 000 元。

生物柴油成本目前主要受原料油脂成本的制约。石油基柴油市场吨价在 4 800 元左右，而我国以大豆、油菜等油料作物生产食用油的吨价在 5 000 元左右，故必须寻求价位在 4 000 元以下的原料油脂来源，如木本油料、冬闲地油菜籽油、地沟油等。

以淀粉为原料生产的PLA生物材料是替代石油基塑料的重要途径，但目前价格高于现塑料近1倍。我国利用淀粉基热塑化技术生产的生物塑料成本已接近于石油基塑料。沼气发电的综合成本0.16～0.18元/（千瓦·时），售价在0.5元/（千瓦·时）左右。成型燃料－热电联产的经济效益较高，欧洲已商业化运行。

石油价格的上涨可以提高生物燃油和生物基产品的市场竞争力，但根本还在于通过提高技术和工艺水平降低成本。巴西生产燃料乙醇的吨成本由1980年的530美元降到了1998年的158美元，美国燃料乙醇每加仑价格由1979年的3.6美元降到了目前的1.22美元。难怪美国、欧盟和巴西等国正以超常速度推进燃料乙醇的生产。

在降低企业的综合成本和扩大利润空间上的另一个重要潜力，是在进行燃料乙醇、生物柴油等主产品生产的同时，生产某些高附加值的衍生物，如乙醇的衍生物乙烯、环氧乙烷、苯乙烯等，生物柴油的衍生物甘油、1,3－丙二醇、甘油多元酯等。此外，如果考虑到《京都议定书》规定的温室气体减排指标，生物质能源的优势就更加明显了。

我国具有生物质资源和劳动力优势，如能因地制宜地组织好原料生产和采用先进转化加工技术，生物能源和材料的市场竞争力是毋庸置疑的。

5.5 技术问题

煤化工与石油化工形成的以碳氢化合物为主体的烃技术体系已有百年历史和积累，而生物质产业的以碳水化合物为主体的糖技术的发展要晚得多，积累少得多。但事物的另一方面是，生物质生产技术的发展空间和潜力却大得很。从技术发展的现状与趋势看，有一个战略重点——生物技术和三个主攻方向：木质纤维素水解技术、发掘和培育高抗逆性和高光能转化效率的植物品种，以及高速、高效和高收率的生物转化技术。

目前的原料主要是生物质的淀粉类和易水解糖类，而占植物生物量1/2～2/3的纤维素类原料（作物秸秆和林业/区废弃物等）则因其分子对生物转化的抗性构成了一道技术屏障，至今未能进行深加工利用。随着生物质产业进入大发展时期，获取充足而廉价的原料具有重要意义，克服木质纤维素对生物转化的抗性，开发利用作物秸秆和林业废材资源成为当今世界科技攻关的热点。一方面是改变其表面性状；一方面是开发高效纤维素降解酶，构建高效代谢五碳糖的基因工程菌，以及优化降解木质纤维素的微生物菌群等。

第二个技术主攻方向是发掘、筛选以及利用生物技术与常规育种技术的结合，培育适应于不同生态区的、抗逆性强、生物量大、光合效率高、转化加工性能好的能源/材料植物，这方面的潜力很大。

第三个技术主攻方向是改进现有转化技术，如克服微生物代谢产物对菌体自身抑制作用的一体式膜生物反应器连续发酵技术、低温蒸煮糖化淀粉技术、加压汽化合成柴油技术、沼气净化压缩技术等。

在整体技术和装备水平上，我国与发达国家间尚有较大差距，但在某些关键性转化技术以及能源植物选育上也具有一定优势，如组建微生物酶菌群降解木质纤维素、构建可利用木糖产乙醇的基因工程细菌、在线产物分离的一体式膜生物反应器连续发酵技术等。资金投入和研发工作到位，我国有可能在不太长的时间里，生物质生产技术有望走在世界前列。

5.6 前景问题

根据 T.E.Gradel 的资料，以 1 500 年的全球 GDP 为 1，1820 年、1900 年、1950 年和 1998 年分别为 3、8、22 和 135。20 世纪，特别是 20 世纪后半叶的全球 GDP 急剧增长。以 GDP 为标志的全球经济总量的高速增长，要有相应的巨大物质原料和能源消耗的支撑，由此也为 21 世纪带来了物质生产高速发展和物质能量资源日趋匮乏的困境。

不可再生又不可循环的化石能源将在 21 世纪渐趋枯竭；不可再生但可循环的金属和非金属矿产，在循环一次少一次的减量循环中（我国多数矿产只有 30%的再循环能力）变得越来越匮缺；可以再生而又可以作增量循环的只有生物质，它不仅提供能量和有利于环保，还能进行物质性生产。从这个意义上讲，生物质产业是 21 世纪的朝阳产业，说 21 世纪将是生物经济世纪并不为过。

美国科学院给总统的报告[7]中提出：生物基产品最终能满足大于 90%的美国有机化学消耗和达到 50%的液体燃料需要。也就是说，美国的有机化工原料几乎将全部转移到生物原料上来。我查了一下，2002 年美国化学工业原料市场中烃类占 71%，生物质、非金属、金属和煤炭分别占 14%、8%、5%和 2%。如果将烃原料替代了，难怪生物原料要占到 90%以上。从长远和战略上看，生物质原料、生物基产品和能源在社会物质生产构成中的分量将越来越大，地位越来越重要，这已成大势。

生物质产业既不是传统意义上的能源工业，又不是传统意义上的农业和农产品加工业，它是跨学科、跨部门、跨行业的一种新兴的新型产业，需要相关部门、行业和学科的联合与协同，如农业、能源、石油化工、生物化工、生物材料等。正如美国《生物质技术路线图》[8]提出的：要像阿波罗登月计划那样，整合这个行业是一项意义深远的挑战，需要大胆的想象力，在多个科技前沿领域同时取得进展。

“三农”、能源、环境以及资源的节约和循环利用对生物质产业都有着强劲需求，资源丰富而不与农业争粮争地，技术基本成熟而产品的市场竞争力在增强，所以发展生物质产业不仅战略意义和潜力巨大，而且是现实可行的。现在最需要的是国家的推动，只要国家“登高一呼”，千百万农民和企业家就会“燎原星火”。

参考文献

[1] 石元春 . 发展生物质产业 . 科技日报，2005-03-02.

[2] Developing and Promoting Biomased Products and Bioenergy, EXECUTIVE ORDER, THEWHITE HOUSE, UNITED STATES. August 12, 1999.

[3] 袁振宏，等 . 生物质能利用原理与技术 . 北京：化学工业出版社，2005.

[4] 刘育成 . 中国土地资源调查数据集（内部资料）. 全国土地资源调查办公室，2000.

[5] 江泽慧 . 中国可持续发展林业战略研究（战略卷）. 北京：中国林业出版社，2003.

[6] 黎大爵 . 发展甜高粱酒精燃料产业缓解中国能源问题，中国生物质产业的先声 . 中国农业大学生物质工程中心汇编，2004，10：41-48.

[7] Biobased Industrial Products: Research and Commercialization Priorities. NAS, UNITED STATES，1999.

[8] Biomass Research and Development Technical Advisory Committee, Rordmap for Biomass Technologies in the United States, December，2002.

6 能源农业呼之欲出

——摘自《农业的三个战场》第 3 节

【写作背景】

2005 年 3 月发表《发展生物质产业》后的 5 月，作者参加中组部组织的院士河南省考察咨询活动。其间给省及市县级以上的农林系统干部做了一场关于发展现代农业的报告，题目是《农业的三个战场》。这是首次正式提出基础农业、加工农业和能源农业的“农业三个战场”概念。因适应当时国内农业发展形势需要，媒体多有报道与转载，后刊登在中共中央机关刊物《求是》2006 年第 10 期上。全文收录于《石元春全集 · 农业文集卷》，此处仅摘录了其中的“能源农业”内容，其他三部分略。

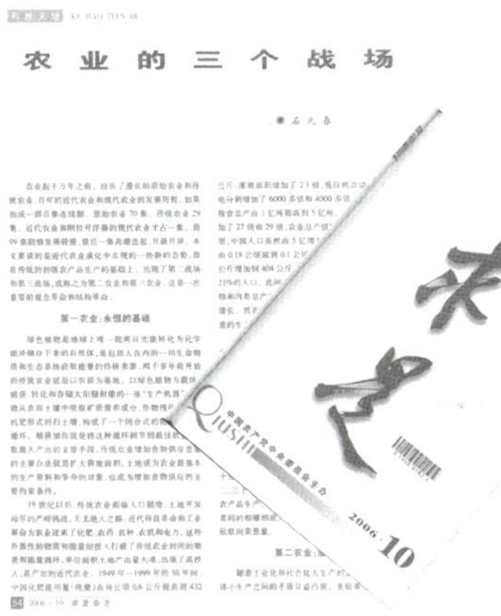
农业的三个战场

石元春

第一农业：永恒的基础

求是

2006 10

农业起于万年之前，经历了漫长的原始农业和传统农业，百年的近代农业和现代农业，如果拍成一部百集连续剧，原始农业 70 集，传统农业 29 集，近代农业和刚拉开序幕的现代农业才占 1 集。前 99 集剧情发展较慢，最后一集高潮迭起，日新月异。

在近代农业初显端倪的 19 世纪末，德国经济学家李斯特就提出了农业发展的三阶段论，20 世纪 30 年代苏联卡西亚诺夫提出农业纵向一体观，以及 20 世纪 50 年代美国戴维斯又提出市场经济条件下的农业企业化（agribusiness）理论，农业是有其自身发展规律和路径的。

本文要谈的是近代农业演化中出现的一些新的态势，即在传统的初级农产品生产基础上，出现了第二战场和第三战场，或称之为第二农业和第三农业，这是一次重要的观念革命和结构革命。

6.1 第一农业：永恒的基础（略）

6.2 第二农业：潜力巨大（略）

6.3 第三农业：呼之欲出

随着可持续发展和能源换代概念的提出，第三农业或能源农业呼之欲出。

农业社会，人类使用的能源主要是薪柴，工业社会先是煤炭，到20世纪，主要是石油和天然气。人们发现：按现生产量，预计石油供应可持续50年，天然气也只够50年使用（Bartlett，1997）。化石能源的渐趋枯竭，21世纪将逐渐成为可再生能源的世纪，而“可再生能源家族中现实可行的是生物能源”（N.E. Bassam）。太阳能、风能、水能等可再生能源以及核能、氢能等只能提供能量，而生物质在提供能量的同时，还能像煤和石油那样生产出千种相关的化工产品，且在生产及使用过程中有利于资源循环利用、保护环境和推进农村经济发展。

20世纪70年代全球能源危机中，美国以玉米、巴西以甘蔗为原料成功生产了燃料乙醇，均已达年产千万吨以上水平；日本丰田公司用白薯淀粉基塑料制成汽车配件；富士通公司用玉米淀粉基塑料制成电脑机壳和其他配件；美国卡基道尔公司建成由玉米糖发酵年产14万吨聚乳酸的工厂开发生物塑料等产品。《华盛顿邮报》曾发文：我们开始看到以玉米淀粉为原料的PLA生物材料在制造业的所有部门中得到应用，这可能会彻底改造旧经济。《今日美国》文章也提出：农田作物有可能逐渐取代石油成为获得从燃料到塑料的所有物质的来源，“黑金”也许会被“绿金”所取代。

1999年美国总统发布的“发展生物基产品和生物能源执行令”中写道：目前生物基产品和生物能源技术有潜力将可再生农林业资源转换成能满足人类需求的电能、燃料、化学物质、药物及其他物质的主要来源。这些领域的技术进步能给美国农民、林业者、牧场主和商人带来大量新的、鼓舞人心的商业和雇佣机会；为农林业废弃物建立新的市场；给未被充分利用的土地带来经济机会；以及减少我国对进口石油的依赖和温室气体的排放，改善空气和水的质量。还提出了“2010年的生物质能源较2000年增加3倍，2020年增加10倍，2050年占到当时能源总消费量的50%”的国家战略计划，预言“一个充满活力的新行业将在美国出现”。

欧盟委员会也提出到2020年运输燃料的20%将用燃料乙醇等生物燃料替代；日本制订了“阳光计划”；印度制订了“绿色能源工程计划”。世界经济合作与发展组织在2004年9月公布的一份最新研究报告建议：各国政府应大力支持和鼓励生物质能源领域的技术创新，减小它与传统原油及天然气产品的价格差距，以最终达到替代的结果。

21世纪，能源换代的世纪，现代生物质产业正在异军突起，农业迎来了一个新的极佳历史机遇。它是以农林废弃物和利用边际性土地种植高抗逆性能源植物为原料，生产生物能源和生物基产品（biobased products），从原料到产品均非传统的农产品生产与加工，故称之为“农业的第三战场”或“第三农业”，它为农民展示了又一个新的广阔发展空间和增收渠道。

我国的生物质资源十分丰富，农林废弃物资源实物量14.35亿吨（干重，2001年），可用于生物质产业开发的9.5亿吨，相当于4.79亿吨标煤，其中作物秸秆、薪柴/林地残积物和畜禽粪便分别占46%、33%和13%。我国能源植物种类繁多，如甜高粱、木薯和甘蔗，每公顷可产燃料乙醇5～8吨，是玉米的1～3倍，木本油料、旱生灌木、冬闲地种油菜等的潜力也很大。

边际性土地是指不宜垦为农田但又能生长绿色植物的土地。据国土资源部1999年资料，我国10.6亿亩后备土地资源中，有荒草地7.39亿亩，盐碱地1.53亿亩；据国家林业局2003年资料，我国有用材林8.48亿亩，薪炭林0.67亿亩，灌木林6.8亿亩。以上累计24.9亿亩，若60%能用于生物质能源/材料生产，有约15亿亩，接近现耕地面积。

经测算，若动用我国一半的农林废弃物和7 500万亩的边际性土地，可建成年产各5 000万吨的绿色油田和绿色煤田（按标油和标煤计），产值4 669亿元，农民新增收入600亿元。它可以减排3亿吨CO_2；可以使农村约2亿吨作物秸秆的露地燃烧以及养殖场的畜禽粪便无害化和资源化；可以用降解地膜替代现塑料地膜，免除对土壤肥力的破坏和防治白色污染；可以扶持起约6万个中小型生物质企业和为农民提供942万个原料生产岗位和87万个加工性生产岗位；可以使1 000多万个农村富余劳动力向生物质及相关企业转移；可以促进上千个中小城镇的建设；可以提高3 000万农户，约1.5亿农民的生活用能质量。

第一农业是基础，利润与农民增收空间很小；第二农业的成长性和增值空间较大，但产品容易出现市场饱和；而第三农业的生物能源和生物基产品则具有高成长性、高附加值和高市场容量，是21世纪经济和社会发展中的一个生命力极旺和持续不衰的生长点。

6.4 观念革命与产业革命（略）

7 我国生物质能源发展战略与目标

【写作背景】

2006 年 8 月 19 日，国家发展和改革委员会在北京召开了“全国生物质能开发利用工作会议”，本《全集》作者做会议主题报告，题目是“关于我国生物质能源的发展战略与目标”。报告中提出了“一矢三的，重在三农；不争粮地，可以持续；多元发展，因地制宜；突出重点，带动一般”，以及在国家层面上定位的五大战略产品主要是（按重要性排序）：燃料乙醇、成型燃料、工业沼气、生物塑料和生物柴油。本文是该报告（PPT）的文字缩写稿。

生物质能源是以农林等有机废弃物，以及利用边际性土地种植的能源植物为原料生产的一种可再生清洁能源。

在化石能源渐趋枯竭，环境压力日益沉重，需求和油价持续上升，以及世界能源资源争夺愈演愈烈的时代背景下，寻求可再生清洁能源和能源的多元化已成世界发展之大势。在众多可再生能源和新能源中，生物质能源能够脱颖而出，在于它的现实性和可以大规模对化石能源替代；在于它除具能源功能外，还可以从事上千种的材料和生物化工产品生产；可以使农林等有机废弃物无害化、资源化和使尚无经济价值的边际性土地成为能源基地；可以发展农村经济、增加农民收入，推进农村工业化、城镇化和新农村建设。所有这些，都是风能、太阳能、核能等做不到的。

1999 年 8 月，美国发布了关于“开发和推进生物基产品和生物能源”的总统令，提出“目前生物基产品和生物能源技术有潜力将可再生农林业资源转换成能满足人类需求的电能、燃料、化学物质、药物及其他物质的主要来源。这些领域的技术进步能在美国乡村给农民、林业者、牧场主和商人带来大量新的、鼓舞人心的商业和雇佣机会；为农林业废弃物建立新的市场；给未被充分利用的土地带来经济机会；以及减少我国对进口石油的依赖和温室气体的排放，改善空气和水的质量”。还提出了“到 2010 年生物基产品和生物能源增加 3 倍，2020 年增加 10 倍，以及每年为农民和乡村经济新增 200 亿美元的收入和减少 1 亿吨碳排放量”的宏大目标。

一时间，生物质能源在美国和世界许多国家兴起，美国国会通过了“生物质研发法案”“生物质技术路线图”，成立了生物质项目办公室及生物质技术咨询委员会。“路线图”预言“这份报告预示了一个充满活力的新行业将在美国出现，它将提高我们的能源安全、环境质量和农村经济，它将生产我们国家相当大一部分的电力、燃料、化学品和其他关键性产品”；要像阿波罗登月计划那样，整合这个行业是一项意义深远的挑战，路线图的制订者相信，成功的回报将是巨大的，它将是未来人类事业的基础。2004 年燃料乙醇突破了 1 000 万吨，2005 年达到 1 270 万吨。

2006 年 1 月布什在国情咨文中提出：当前我们存在的一个严重问题就是使用石油像吸毒一样地“上瘾”，最好的办法就是依靠技术进步去打破这种对石油的过分依赖，摆脱石油经济，让依赖中东石油成为历史，我们的一个伟大目标是到 2025 年，替代 75% 的中东石油进口。在 2005 年 8 月通过的《能源法》中要求 2012 年必须在汽油中加入 2 243 万吨 / 年燃料乙醇，将原计划又调高了 38%。美国科学院在给美国总统的报告中说：生物基产品最终能满足大于 90% 的美国有机化学消耗和达到 50% 的液体燃料需要。

欧盟规定生物柴油在柴油中的添加比例由 2005 年的 2% 提高到 2010 年的 5.75%，需求量由 2005 年的 490 万吨将增加到 2010 年的 1 400 万吨，5 年增长近 2 倍；燃料乙醇由 2005 年的 100 万吨提高到 2012 年的 2 000 万吨左右；将生物燃油替代车用汽油的原计划指标（2010 年）由 5% 调高到 10%。

巴西是生物乙醇生产大国，2005 年产量 1 250 万吨，出口 205 万吨，全国只供应 E85 和 E20 乙醇汽油而不供应纯汽油，计划 2025 年产量为 7 200 万吨，远景是 3.2 亿吨。印度和日本也于今年在全国实行使用 E5 乙醇汽油的强制性政策。

正如德国可再生能源委员会总协调人 N.E. Bassam 指出“在可再生能源家族中现实可行的能源是生物质能源”，在于它可以直接和大规模地对化石液体燃料的替代。在我国发展生物质能源，不仅能缓解能源紧张和减轻环境压力，具有特殊意义的是对解决我国“三农”问题可以起着实质性的推动作用。

我国的生物质资源十分丰富，根据我们的最新研究，我国的农林等有机废弃物年产出实物量为 20.29 亿吨，其中可用于生物质生产的实物量为 13.24 亿吨，折算为 3.82 亿吨标煤，即可用量是实物量的 65%。据国土资源部 2002 年的调查资料，我国后备土地资源面积 8 874 万公顷，去掉难度较大及保护性土地，可用于能源生产的面积为 6 432 万公顷，年能量产出是 2.38 亿吨标煤。据国家林业局 2005 年发布的资料，我国薪炭林、木本油料林和能源灌木林面积分别为 303 万公顷、343 万公顷和 4 530 万公顷，即现有能源林地面积 5 176 万公顷，可年产能量 1.76 亿吨标煤。以上两项合计面积 11 608 万公顷（与现耕地面积相当），年产能潜力为 4.15 亿吨。目前我国已经拥有了一批可以产业化生产的能源植物，如南方的薯类和甘蔗，北方的甜高粱和旱生灌木，以及在我国广大地区可以发展的木本油料等油料植物。

根据我们的最新研究，在现有资料基础上，基本搞清楚了我国生物质能源生产的资源状况，详情可参见最近报给中国工程院的《中国生物质资源与产业化战略研究报告》。

根据我国的实际情况和借鉴国外经验，我国发展生物质能源的战略思路和原则是：一矢三的，重在三农；不争粮地，可以持续；多元发展，因地制宜；突出重点，带动一般。据此，在国家层次上，定位的五大战略产品是（按重要性排序）：燃料乙醇、成型燃料、工业沼气、生物塑料和生物柴油。

燃料乙醇已有 30 多年发展历史，全球有近 3 000 万吨生产规模，预计 2010 年将达到 5 000 万吨。不仅技术成熟度高，且有 E85 的汽油乙醇和已经上路的 600 万辆“灵活燃料汽车”FFVs 与之相配合，商业化运行系统已趋完善，是目前最现实和可以大规模替代化石能源的一种产品，也是美国、欧盟和巴西等国家今后重点发展和快速增长的一种产品。我国生产燃料乙醇的资源（木薯、甘蔗、甜高粱等）十分丰富，技术成熟，有一定工作基础。还能以燃料乙醇为原料生产生物乙烯等一系列下游生物化工产品。

成型燃料在欧洲一些国家已大规模生产和商业化运作，技术和设备成熟，广泛用于家庭、小区和工业锅炉的供热和发电，瑞典的成型燃料已占到全国集中供热的 20%，热电联产（CHP）能效可在 90% 以上。成型燃料的技术和设备相对简单，投资少成本低，见效快效益好，宜于分散和农村中小规模生产和农民增收，特别适合我国国情。我国生活和工业用普通锅炉的煤炭年消费量约 8 亿吨，热效率低，污染严重，零星分散，是成型燃料替代的重要对象。工业沼气是指规模化和工业化生产的商品性沼气，如供热发电，纯化压缩后作为车用燃料或管输灌装替代液化天然气。从沼气的规模化生产到产品加工的技术和设备成熟，经济可行，并已进入商业化运作。瑞典 Linkoping 市 70% 以上的公交车和出租车使用沼气，全国使用沼气的轿车已超过 5 000 辆，斯德哥尔摩至海滨的火车和全市居民使用的都是工业沼气。我国能规模化生产沼气的畜禽粪便仅为总量的 12%，约折 900 万吨标煤，工业有机废弃物资源量达 3 500 万吨标煤。

生物塑料是指以生物为原料能完全降解的新型材料。石油基塑料 300 年也不能被降解而导致“白色污染”，我国每年有 1.5 亿亩农田使用石油基地膜覆盖并导致土壤肥力下降。我国 2004 年消费塑料 1 847 万吨，耗用 2 000 万吨原油，生物塑料可减少原油消费，防制“白色污染”和农田退化。美国 Cargill 公司和 Dupont 公司生产的玉米基塑料成本已接近于石油基塑料，我国采用淀粉与合成降解材料复合的技术路线已取得突破性进展，将逐步取代石油基塑料制品。

生物柴油是一种优质清洁柴油，2005 年欧盟生产了 300 万吨油菜柴油，美国生产了 25 万吨大豆柴油。影响生物柴油大规模发展的主要制约是油脂原料缺，价格高。目前我国有可能作为原料油脂的有棉区的棉籽油、木本油料植物、城市垃圾油脂、利用南方冬闲田种植油菜等。目前国内外正在攻克以木质纤维素为原料，汽化后经 FT 合成生物柴油（FT 柴油）以及热裂解（TDP）或催化裂解（CDP）得到生物柴油的技术。

我们提出我国发展生物质能源的中期（2020 年）目标建议是：2 300 万吨生物乙醇（含下游产品 600 万吨）、生物柴油及共生产品 500 万吨、车用甲烷 60 亿米^3（相当于 700 万吨标油）、生物塑料 1 200 万吨，四者可年替代石油 5 983 万吨。另外，成型燃料 8 000 万吨和沼气 / 生物质供热发电 360 亿千瓦·时，可年替代煤炭 5 891 万吨。二者合计 10 166 万吨油当量，故可称之为“年产 1 亿吨的生物质油田”方案，它相当于 2020 年我国预计石油产量的 45%，或当年消费量的 22%，进口量的 35%。

我们从资源保障度、技术成熟度、成本竞争力和市场空间四个方面对此五个产品的目标逐一进行了可行性分析。结论之一是资源动用量占可用总资源量的 1/7，各分项资源量的动用率在 10%～20%之间，故资源保障度高。结论之二是燃料乙醇、工业沼气和成型燃料的产业化技术成熟度及商业化运作程度高，生物塑料即将取得技术突破，二代技术正在攻克中。结论之三是只要完成了生物乙醇、成型燃料和生物塑料三项产品指标，也就完成了总指标的 77%。结论之四是可直接替代车用液体燃料的指标是 2 800 万吨，其中 1 700 万吨燃料乙醇，只是美国和巴西 2008 年前后的产量水平，在国内，除已有 100 万吨年生产能力外，仅广西壮族自治区提出的 2010 年生产乙醇 200 万吨和 2015 达到 600 万吨的目标，即相当于本方案 2020 年目标的 1/4。结论之五是成本竞争力较强和市场空间极大。

2005 年通过的《中华人民共和国可再生能源法》，提出“国家鼓励清洁、高效地开发利用生物质燃料，鼓励发展能源作物”。国家“十一五”规划纲要提出“加快开发生物质能，扩大生物质固体成型燃料、燃料乙醇和生物柴油生产能力”。国家发改委、财政部、农业部、科技部、林业局等国家部委局都十分重视和正在制订实施计划。中石油、中石化、中海油、中粮等大型国有公司和一些民营企业积极响应和正在组织行动。生物质资源丰富的广西、新疆、山东等地已经或正在制订发展计划。

2006 年 4 月，总理在国家能源领导小组会议上就发展可再生能源和生物质能源时说："在这个问题上，我们应当早觉悟，早行动。"在发展我国生物质能源上，当前最需要的是在国家战略层面上，有一个"登高一呼"的国家计划和全面而有力的实际推动。

我国以化石能源为主的能源结构向着多元化和可持续的优化结构转换是一个长期而艰巨的过程，在大力节约能源的基础上，核能、水能、生物质能、风能、太阳能等各种可再生和新能源都是能源大家庭中的新成员，都要非排他性地积极推进，多做贡献，快做贡献。可再生能源和新能源在我国还是刚刚起步的新事物，要积极，又要稳妥，借鉴先行的发达国家经验特别重要，可以使我们少走弯路。

"谋而后动"，希望"谋"中发扬民主，广泛听取意见；基本成熟则"当断则断"，大力采取行动，加快推进。

8 石元春：一个土壤学家的能源梦

【写作背景】

生物质能源和种出一个“绿色大庆”的概念本身就是一个新闻点，一位土壤学家谈能源是又一个新闻点，中央电视台《大家》栏目邀本《全集》作者就此做期节目。通过编导的多次约谈，2006 年夏末的一天下午在摄影棚录制，9 月 7 日在“央视”《大家》栏目播出。以下是根据栏目播出后的录像光盘整理的文字稿。

开场白：（央视著名节目主持人曲向东）

今天我们要为您介绍的是一位特殊的“大家”，一位土壤学家要跟我们谈能源问题。他是一位 75 岁的老人，但是他并不愿意谈自己的过去，而愿意为我们规划未来。他为我们描述了一个梦想，但是这个梦想却实实在在地扎根在他热爱了一生的土地里。

解说：（播放影像视频）

2006 年 8 月 19 日清晨，土壤学家石元春起得很早，今天他要去参加一个重要的会议。

石元春是国内知名的农业专家，早在 20 世纪 90 年代初，就获得了中国科学院和中国工程院院士的荣誉，在中国的农学界享有极高威望。然而与他的农学大家身份不太相符的是，今天他要参加的这个会议却是一个全国生物质能源会议。而这个领域是石元春在他 72 岁的时候才刚刚涉足的。

访谈：

主持人：您自己是不是也意识到，在您这个年纪，从事这样一个领域，这种情况不是很多的。

石元春：这也是一个机会，正好我赶上了这个机会。过去人们常说：“人到七十不学艺。”我 72 岁才开始涉足于这个领域。所以我觉得也算有幸吧，给了我这个机会。

主持人：在这个转折的瞬间，您的心情也好，心态也好，有没有什么变化？

石元春：我突然感到了一阵惊喜，又有一个新的天地给我了。

解说：（播放影像视频）

石元春的这份惊喜，来源于三年前，在他参加《国家中长期科技发展规划》制定期间，当时担任农业组组长的石元春，负责制定中国农业科技的未来发展战略。为此他查阅了大量文献资料，在一次偶然的查阅中，美国前总统克林顿 1999 年发布的一份总统令，引起了石元春的极大兴趣。这份总统令的内容就是关于开发生物质能源的，其中提到美国将在 2020 年生物质能源增加 10 倍，替代全国石油产品的 25%。

凭借着科学家特有的敏锐，石元春意识到这个领域，或许就是中国未来农业新的发展方向之一。

访谈：

石元春：当时我想到的这个问题，跟有些人谈，他们都觉得我很奇怪。“你怎么会想这事儿呢？”有一天又碰到另外一位能源专家，是搞煤炭发电的，也是一位院士，跟我还特别熟，两人经常在一块说说笑笑。他说：“石校长，听说你想搞什么生物质能源？”我说：“我不是搞，我是现在对这事儿有兴趣。”“我劝你别弄这玩意儿，它是没有前途的。小打小闹还可以，搞大了不行。”后来我把他的话领会为，生物质能源在能源大宴上只能是小菜一碟，或是根本上不了席的一碟小菜。

主持人：是一件谈不上的事儿？

石元春：对！这位院士几次碰到我都说：“听说你还在鼓吹什么生物质能源？”我说：“是啊，正在鼓吹。”“哎呀，你鼓吹它能有什么结果呢？”令我高兴的是，后来居然他也鼓吹了起来，挺有意思的。

主持人：那您觉得当时劝您不要搞这个事儿，原因和根据是什么？

石元春：煤炭、石油、天然气等传统能源发展了一二百年，有它一套非常完善的技术、装备、储运销售系统，而生物质能源，例如沼气，不过是在农民家里点点灯，炒个菜什么的。至于说用生物质生产能替代石油和煤炭的新能源，那是太匪夷所思了。

解说：（播放影像视频）

简单地讲，以农林业的有机废弃物和能源植物为原料，生产出来的一种清洁能源产品，就叫生物质能源。燃料乙醇、成型燃料、工业沼气、生物塑料和生物柴油等，都属于生物质能源产品。20 世纪 70 年代，巴西利用甘蔗，美国利用玉米分别生产出了燃料乙醇，并在国内大力推行这种乙醇和汽油混用的液体燃料

“乙醇汽油”。作为最先使用乙醇汽油的国家之一，巴西是目前世界上唯一不供应纯汽油的国家。目前燃料乙醇成为各国发展生物质能源的一种重点产品。

访谈：

石元春：实际上我们现在说的乙醇，也叫酒精。我们喝的酒，二锅头有60%，如果提纯到98%叫精馏，这套技术要复杂一些。如果用甘蔗做乙醇，是先把茎秆里的那个汁榨出来，然后放入酒精发酵的酵母菌进行酒精发酵，这叫液体发酵。现在也可以用甜高粱做固体发酵，是清华大学的一位教授研究成功的，即将一种新的发酵菌种直接投入经过粉碎的甜高粱秆中拌匀，使之发酵。一般的酒精发酵需要用7～9天甚至于10天，这种方法2天就够了，经过精馏，就是可以驱动汽车的乙醇了。

解说：（播放影像视频）

尽管国外的成功案例比比皆是，但是当石元春刚开始呼吁在国内大力发展生物质能源的时候，质疑的声音还是高过了支持的声音。最大的质疑就是粮食安全，对于一个有着十几亿人口的国家来说，填饱肚子是首要问题。曾几何时，美国人布朗的那份《谁来养活中国》的报告，像一枚重磅炸弹，引起了全世界对于中国粮食的关注。那么人们不禁要问：发展中国的生物质能源，原料用什么呢？

访谈：

石元春：我们国家粮食很紧张，对于搞农业的我更加明白。所以，当时在我的报告和给领导的汇报中，提出了一条红线，中国发展生物质能源必须是不与民争粮、不与农争地。就是既不争粮，也不争地。

主持人：在这个前提下面来发展生物质能源？

石元春：是的，只要一提用粮，就该被枪毙。

主持人：您从一开始就提出这样？

石元春：是一开始，就是从2003年的10月份，我就提出“不争粮、不争地”。

主持人：这是基于您作为一个农学家，本身对我们的农业很了解的这种基础之上的。

石元春：没错，因为我那时候正在做农业宏观战略规划，我知道“以粮换能”是不可能的，但是不依靠粮食也可以发展生物质能源。主要用两种原料，一是农林业以及城市和加工业的有机废弃物；二是利用边际性土地种植能源植物。

解说：（播放影像视频）

按照石元春“不争粮、不争地”的原则，制造生物质能源的原料既可以采用我们常说的农作物秸秆、畜禽粪便、加工业有机废弃物等，也可以用甜高粱、木薯、甘蔗、灌木、木本油料植物等。而这些能源植物又都可以种在那些自然条件较差，不能种出粮食却可以生长能源植物的边际性土地上。据统计，我国有边际性土地1.34亿公顷，比现有耕地1.3亿公顷，还要多出一点，有着广阔的前景。

8月中旬的一天，我们跟随石元春来到了位于北京郊区的甜高粱育种基地，甜高粱是制造燃料乙醇的重要原料，也是北方最主要的能源作物，1公顷甜高粱可以生产4～5吨燃料乙醇。

从1993年起，我国就成为石油净进口国，2004年的进口量达到了1.3亿多吨，中国已经成为继美国之后的世界第二大石油消费国。近年来，国际油价的不断攀升，让人们越来越意识到石油对于未来中国经济发展的巨大压力。

从2003年起河南、吉林、黑龙江等省的汽车，就已经开始使用这种带有英文字母E标志的汽油，这就是含有10%乙醇的汽油。但是随着车用E10标准乙醇汽油的推广，准入标准成为燃料乙醇商业流通中的主要问题，而这也正是石元春所担心的。

访谈：

石元春：这是一个更难的事情，这需要国家来做。今年春天我到广西去看了一些燃料乙醇生产厂，我们都很高兴，农民收入也增加了，但老板说“石院士，你要积极到中央呼吁呀。要让我们的产品进入消费市场，我们生产才有意义。否则，我们生产出来的乙醇喝也喝不得，那我怎么办？”

主持人：没有地儿销售？

石元春：是的。

解说：（播放影像视频）

2006年1月，美国总统布什的一份国情咨文讲话，再一次引起了石元春的关注。

访谈：

石元春：布什总统在1月31号发表了2006年的国情咨文。我想国情咨文嘛，他谈的当然是什么外交啊、内政啊，很多东西。但是没想到他在国情咨文中，把能源作为一个重要主题来讲，其中有很大一块，讲的就是生物质能源。他说：“当前我们美国存在一个很严重的问题，就是我们对于使用石油，就像一个吸毒者上瘾了一样。”

主持人：有毒瘾。

石元春：他接着说，“而这些石油又是从不稳定地区进口来的，所以我们现在唯一的出路，就是要依靠科技，摆脱石油对我们的束缚，离开石油经济。我们应当把依赖中东石油，让它成为历史”。后来他又讲了一句话“我们有一个伟大的计划，就是在2025年”，你看，都有时间计划的。“2025年我们要用我们的科技来自己解决，替代75%的中东石油”。真是雄心勃勃，3/4的石油让生物质能源替代了。

评论：假如到2050年中国人口总数为16亿，接近美国2003年人均能源消费水平，则中国能源消费总量为400亿吨标准煤，我国最大生物质能为8亿吨标准煤／年。合计可再生能源14亿吨标准煤／年（包括水电、风、地热、海浪，直接光伏能源除外），能源远远不能满足需要。

主持人：这比克林顿当初那个计划，还又提前了一步。

石元春：而且我跟你举出具体的数字来，克林顿当时在那个计划里，那已经相当先进了，提出到2012生产1 250万吨。现在布什加码到2 270万吨，比1999年又提速了。

主持人：又提速了？

石元春：所以我给领导汇报时说，美国正在紧锣密鼓，一浪高过一浪地在推进这个事情。可是我们还是在犹豫、观望、徘徊，起步很艰难啊！我要是不知道这个事儿也就罢了，知道了这些情况，多着急啊！

解说：（播放影像视频）

对中国生物质能源发展前景忧心忡忡的石元春，在2004年6月的一天，终于得到了一个机会，这一天他向国务院总理温家宝做了工作汇报。

访谈：

主持人：您在广西的时候，很多人会跟您讲说，让您去做一做高层的工作？

石元春：是的。

主持人：我相信您会这么做。

石元春：绝对，绝对要做。我在2004年6月代表农业组汇报国家《中长期科技发展规划》的时候，给总理汇报了这一段，温总理对于我汇报这部分内容，他是非常高兴的。里面有很多插话，插话还非常精彩。

主持人：您记得他主要是谈一些什么呢？

石元春：在汇报中我提到生物质能源在美国和欧洲发展得很快，我们还没有起步。我是6月15号给总理汇报的，正好他刚出访欧洲回国不久。他说：过去我们对沼气的印象是农户用来点灯烧饭，这次我到德国看到了工业化生产沼气，几个村子共用一个沼气发电站，可以供热，可以发电，没有说是一家一户的呀。这个技术我看他们是相当成熟了。

解说：（播放影像视频）

2005年3月，石元春等四位院士联名给总理写了一封信，详细介绍了国家建设年产5 000万吨绿色油田的建议，不久便得到了温总理的批复，交由发改委负责此事。也正是在这一年，石元春注意到了另外一支对生物质能源发展能产生重大影响的力量。

访谈：

石元春：我说最后解决问题的是企业，我必须要把企业动员起来。过去企业来找我，一般不太愿意跟他们接触，现在企业找我，我挺高兴。

主持人：您是一个学者。

石元春：我是做学问，不是做生意的。

主持人：现在要做生意？

石元春：不是自己做，而是大力支持企业做生物质能源产业。后来有些企业找到我，我就很热情接待，跟他介绍宣传等等。

主持人：您觉得企业会是一个带动这种变革的很有力的力量？

石元春：不仅是一个很有力的力量，我是这么来形容的，我说“要在中国推进生物质能源产业，就要按照毛主席的教导：一手抓笔杆子，一手抓枪杆子。”

主持人：您觉得企业是枪杆子？

石元春：对，企业是枪杆子。笔杆子我可以跟中央写信，我可以写文章，我可以做报告。我差不多一年要做一二十场报告，做报告、写文章、宣传等等。但最后要让它实现，要出来乙醇，出来生物柴油，那要靠企业。所以我说企业是枪杆子，真正出政权的是枪杆子。所以我就对企业突然热情起来了，不是我自己做企业，而是支持企业家做好做大生物质产业。

主持人：我想，企业家对这种变革是会非常敏感的。

石元春：是的，企业对新兴的产业是最敏感的，“春江水暖鸭先知”嘛！

9 当前我国发展生物质能源的瓶颈在哪里？

【写作背景】

在首篇生物质文章发表1年后的2006年春天，本《全集》作者撰写此文以表达其急切心情。文中说："国外在发展生物质能源上，已是紧锣密鼓，声势和行动一浪高过一浪。在我国却是疑虑重重，犹豫不决，全局性动作迟缓。当前，需要战略眼光和观念创新，需要尽早出台一个'国家生物质能源发展计划'。"2007年国务院出台了专项引导计划和海南省制定了《生物质能源发展规划》；2010年黑龙江省正式发布《生物质能源发展规划》；2013年1月国务院发布了国家《生物产业发展规划》。本文电子版写作工整，但未查到所载刊物，故作未刊稿选入。

摘　要

国外在发展生物质能源上，已是紧锣密鼓，声势和行动一浪高过一浪。在我国却是疑虑重重，犹豫不决，全局性动作迟缓。当前，需要战略眼光和观念创新，需要尽早出台一个"国家生物质能源发展计划"。21世纪是能源转型的世纪，21世纪的前20年是能源急剧转型期，谁看得远些，抓得狠些，转得快些，谁就会成为21世纪中叶的强者和赢家。

9.1 国外最新动态

1999年，克林顿签署了"开发和推进生物基产品和生物能源"的总统执行令，提出"到2010年生物基产品和生物能源增加3倍，2020年增加10倍，以及每年为农民和乡村经济新增200亿美元收入和减少1亿吨碳排放量"的宏大目标，并为此成立了国家生物质项目办公室及技术咨询委员会。

2005年，美国《能源法》制订的乙醇训令中"要求燃料制造商到2012年必须在汽油中加入2 250万吨/年乙醇，可使美国每天减少8万桶原油的消耗"。这就将原克林顿制定的指标提高了38%。今年1月布什又在国情咨文中提出：当前我们存在的一个严重问题就是使用石油像吸毒一样地“上瘾”，最好的办法就是依靠技术进步去打破这种对石油的过分依赖，摆脱石油经济，让依赖中东石油成为历史，我们的一个伟大目标是到2025年，替代75%的中东石油进口。还大幅增加研究经费和要求6年内突破纤维素乙醇技术的产业化。

2004年美国有95家乙醇厂，2005年投产、新建和扩建43家，总产达到1 200万吨；2006年再新建扩建41家，新增540万吨的生产能力。美国的重要战略突破点是E85（85%乙醇+15%汽油）燃料和FFVs灵活燃料汽车，2005年已有550万辆FFVs上路和在37个州设置了E85加油站。

《京都议定书》给了欧盟减排$CO_2$8%的指标，欧盟规定2010年生物柴油在柴油中的添加比例将由2005年的2%提高到5.75%，其需求量将相应从2005年的490万吨提高到2010年的1 400万吨。欧盟制订的替代车用汽油的目标是：在2005年2%的基础上，2010年和2020年分别达到5%和15%。由于资源不足，2005年从马来西亚进口的棕榈油增长了63%，奥地利已在我国山东建年产27万吨的生物柴油厂。瑞典的能源结构中生物质能源已占到16.5%，颗粒燃料占全国集中供热的20%，有5 000多辆沼气汽车行驶，今年还宣布将用15年时间，成为全球首个完全不依靠石油的国家。

巴西是发展使用生物乙醇的先驱，年生产能力已达1 500万吨，内需和出口的比例为5 ∶ 1。使用乙醇汽油燃料的汽车1 900万辆，FFVs汽车220万辆，是世界上唯一不供应纯汽油的国家。巴西乙醇出口美、日、英、瑞士等国，还大力向国外出口酒精技术和成套设备。日本制订和实施了“阳光计划”，印度有“绿色能源计划”。

当前世界生物质能源发展形势可以用“紧锣密鼓”和“一浪高过一浪”来概括。

9.2 国内形势的喜与忧

国内形势喜的是，近两年生物质能源受到越来越多的关注，一些省市和企业的热度很高和开始组织行动；忧的是决策/参谋层犹豫不决，全局性动作迟缓。

犹豫不决的原因，早先是担心成本高和补贴负担重，随着生物质能源成本的下降和国际油价飙升，这个问题渐渐淡化了；后又担心以玉米为原料会冲击粮食安全，当明确原料来源主要是农林废弃物和利用不能垦为农田的低质地种植强抗逆性能源植物，以及坚持“不争粮、不争地”的原则使这种担心渐渐少了。现在还有两个疑虑：有那么多资源可用吗？有机质能源化会不会造成生态失衡和恶化？

我国可用于生物质能源的资源状况是：农林废弃物中作物秸秆和畜禽粪便的

实物量（干重）分别是 6.1 亿吨和 3.2 亿吨，可用量分别是 3.6 亿吨和 1.8 亿吨，相当于 2.8 亿吨标煤（2001 年资料）；林木采伐更新剩余物 16.2 亿吨，可用量 7.0 亿吨，相当于 4.4 亿吨标煤（2005 年资料）；工业有机废弃物实物量 0.77 亿吨，可用量 0.65 亿吨，相当 0.36 亿吨标煤，以上累计实物量 26.3 亿吨，可用量 13.1 亿吨，相当于 7.6 亿吨标煤。

根据国土资源部 1999 年正式出版的资料：在我国 10.6 亿亩后备土地资源中，有荒草地（“树木郁闭度低于 10%，表层为土质，生长杂草”——原注）7.39 亿亩；盐碱地（“表层盐碱积聚，只生长天然耐盐植物”——原注）1.53 亿亩，二者合计 8.92 亿亩。另据国家林业局 2003 年资料：我国有用材林 8.48 亿亩、薪炭林 0.67 亿亩、灌木林 6.8 亿亩，累计 15.95 亿亩。以上二者共计 24.9 亿亩，若 50% 能用于生物质能源 / 材料生产，相当于 12.5 亿亩。这是长期被忽视的一笔现今可用的、极为宝贵的国家资源和财富，具有年产生物能源 10 亿吨标煤的资源潜力。作为宏观决策，以上数据和相应的详细资料（另详）应当是够用的。

关于有机质能源化会不会造成生态失衡和恶化问题。有机物被燃烧或生产乙醇，畜禽粪便生产沼气等都只是将有机碳的能量利用了，其残渣仍聚积成植物所需的营养物质，多以肥料形式回归于土壤。就 1998 年全国的 6.05 亿吨秸秆而言，用于还田、饲料和工业原料的分别占 15%、24% 和 2%，其余的 59% 作为薪柴或被露地烧掉。所以将 60% 左右的秸秆作为能源资源只是维持使用现状，不会产生新的生态失衡。

只要做好水土保持和合理施肥，低质地种植能源植物只会使单位面积的生物产出量更大，从太阳获取的能量更多，土壤会越种越好。以生物为中心的能量和物质循环系统，自然态下是一个增能衡物的循环过程，科学的人工干预下，可以继续扩大“增能”和物质平衡规模。种了几千年的农田，为人类社会输出了几千年的能量和物质，土壤肥力不是并未枯竭吗？

9.3 当前发展生物质能源的瓶颈何在？

发展生物质能源是 21 世纪初才在全球范围内兴起的，各国同在一条起跑线上。五年过去了，一些国家紧锣密鼓，全速推进，为何我国犹豫不决，全局性动作迟缓？

去年曾向有关方面提交过一份“两田计划：2020”的设想，也就是利用我国一半的农林废弃物和 1/10 的低质地种植能源植物，可建成相当于年产 5 000 万吨的绿色油田和 5 000 万吨的煤田，形成木薯 − 乙醇、甜高粱 − 乙醇、木本 / 草本油料 − 生物柴油、淀粉 − 生物塑料、有机废弃物 − 沼气以及木质纤维素 − 综合能源 6 个产业链。经匡算，总投资约 2 800 亿元（民间资金占大头），年产值约 4 700 亿元。实施这个计划，可以生产 1 亿吨生物质能源，减排 3.2 亿吨 CO_2 和基本解除畜禽粪便、秸秆和塑料地膜的农村三大污染；可以提供 1 000 万～ 1 200 万个岗位转移农村富余劳动力；可以使农民年新增收入 600 亿元和明显提高 3 000 万农户的能源消费质量。发展生物能源是工业反哺农业，城市带动农村的重要途径和建设社会主义新农村的重要内容。

也许有人认为这个设想是匪夷所思。其实，其中燃料乙醇指标是巴西的现在水平，生物柴油是欧盟的现在水平，难道 15 年后中国还达不到吗？我刚从广西回来，他们能掰着手指头算出 2010 年即能生产出 150 万吨燃料乙醇，新疆、山东等一些省份和大中型企业都在采取行动。可是，“十一五”规划的 2010 年的全国燃料乙醇指标只是 200 万吨，是对形势估计不足还是对发展生物能源缺乏信心？

石油起家的布什竟然提出“美国在使用石油上像吸毒一样地‘上瘾’”和“美国要摆脱石油经济，让依赖中东石油成为历史，2025 年达到替代 75% 中东石油进口的目标。”老牌工业化国家在醒悟，我们这个后起的能源 / 石油消费大国，是否还要走他们 20 世纪曾走过的老路，继续沉溺于化石能源（暂时还会占主要位置），宁以重资到海外建石油基地，争夺“最后一杯羹”（现在是有必要），而忽视在国内建设自己的绿色油田 / 煤田基地？

当前形势下，最需要的是战略眼光和远见，观念创新和胆识；最需要的是尽早出台一个“国家生物能源发展计划”，登高一呼，地方、企业和农民必将群起响应，“资金会有的”，“能源也会有的”。

21 世纪是能源转型的世纪，21 世纪的前二三十年是能源急剧转型期，任何一个欲自立于世界民族之林的国家，都在谋划本国的能源未来。谁看得远些，抓得狠些，转得快些，谁就会成为 21 世纪中叶的强者和赢家。

10 生物质能源前景无限

【写作背景】

报刊对本《全集》作者的生物质能源和“种出一个‘绿色大庆’”等方面文章的转载转引较多，本文即《新农业》杂志2007年第1期刊载，以原作者署名的摘引重组文章。本不拟选入《全集》，但此文反映了当时媒体与社会对生物质能源的关注与态度，在中国知网上有近千次的下载，故亦被选入了本《全集》。

紧扣“三农”，农工一体。我认为这是生物质能源工程的核心问题和基础所在。农业在已知的生物质能源中占据了原料来源的70%左右，从农业与国民经济发展的现阶段客观分析，推进国家生物质能源工程一定要以“非粮”原料为主，玉米乙醇不是我国发展方向。我们要充分认识“原料的多元化”与“产品的多元化”是生物质能源的重要特征，当前要解决的是如何选择最佳的原料和工艺，直至产品进入市场。目前在木薯、甜高粱、能源甘蔗等许多原料的收集上，还存在不少问题。首先要把原料选好，这是重点更是难点，一些企业虽工业化程度很高，但对农业、农村、农民了解得不多。面对组织化程度低、较为松散的农民兄弟，如何在原料收集供应的环节摆脱被动局面，如何有组织和有计划地把原料收上来是当前的一个“难点”，而“亮点”也在这里。搞农工一体化是方向，是好办法。例如，广东湛江大华集团公司由过去简单的收甘蔗榨糖，向组织好农民种植良种甘蔗、扩大生产形成原料供应一条龙转变，接着又与福建农林科技大学衔接，选择最好的品种扩大种植面积，拉大利润空间。目前这个企业年销售额已达到3.3亿元，成为同行中的佼佼者。还是这个企业，吸引农民入股，农民成为企业的员工，生活质量提高，新农村建设得以快速发展。他们实现了从原料→工艺→组织→产品

→市场的良性循环体系。我是搞农业的，对农业、农村、农民了解得多一点。我们的工业从农村获得了前进与发展的支撑点，广大农民兄弟为国家贡献 6 000 多个亿的经济基础，但他们中的许多人还在受穷。一个国家的经济发展到一定阶段，工业反哺农业是必需的，是缩小工农业剪刀差的需要，是缩小贫富差距的需要，是保持工业发展的需要。

多元发展，技术先行。原料应遵循多元化发展，而在技术上要高起点。当今世界日新月异的各种先进技术，我们必须主动捕捉、引进。例如，在成型燃料、秸秆燃料、燃料乙醇等方面如何产业化？不能光停留在实验室里，技术上的先进与否不能吹牛皮，其实许多问题并没有解决。我们要高度重视海藻、水藻的生物柴油技术。有些海藻可以有 50%的产油量，成熟的技术，将成为下一步生物质能源的主要发展动力。

于国于己，生态环保。我们要走生态环保的道路，绝不能“先破坏、后环保”，绝不能以牺牲环境为代价去发展生物质能源。目前，木薯每出 1 吨乙醇要消耗 12 吨水，甘蔗更是耗水巨大。现在不少地方正在进行的项目存在着“花钱不少、费劲不小、成效不大”的问题。环保要先行，这是于国于己都必须重视的大问题。

激流勇进，献身事业。在全国范围内，生物质能源的大趋势已经形成，政府、专家、企业都看清楚了。我们要投身到这一伟大的事业中去，我坚信，我们的生物质能源在今后几年一定会飞速发展，更会有一批优秀人才涌现出来，更会有一批企业涌现出来。从事中国生物质能源事业的众多英雄将屹立于中华大地，为世人所瞩目。

除以上几句话之外，我再讲几句：我们的生物质能源在目前仅仅是初期阶段，也可以说是刚刚起步。政府开始重视这项工作也才仅仅一年多的时间，目前许多环节不规范，存在许多问题，对此，我们要有充分的认识。大家说政策“不配套”“不完善”，这就是初期阶段的必然。我们更应该看到，许多成功的事情，恰恰是在抓住机遇的时候，依靠锲而不舍的努力而成功的。洛克菲勒如此，比尔·盖茨也是一样，他们是看准方向，抓住机遇的楷模。

我们不能在小视野、小圈子里无序竞争。“一个人只有献身社会时，才能在短暂的生命和充满风险的历程中勇往直前”，这是爱因斯坦的名言。我们应该努力培养从事生物质能源的专业人才，不断壮大这支队伍，持续发展要靠更多的专业人才，使更多的人投身到国家生物质能源事业中来，建设和发展中国的绿色油田、绿色煤田。

11 生物质能源破解中国“世纪难题”

——发展生物质能源产业将能为中国缓解“三农”、环保及能源问题

【写作背景】

2006年末，瞭望杂志社向本《全集》作者约稿，希望重点放在缓解“三农”、环保及能源问题上，编辑还过于夸张地选用了这个题目。本文发表在《瞭望》2007年2月26日的第8～9期上。

生物质能源
破解中国“世纪难题”

发展生物质能源，直指中国三大世纪难题：“三农”、环保、能源问题。我国发展生物质能源和生物质产业可做到不争粮、不争地，在缓解中国能源紧张和环境压力的同时，拉动农村经济、促进农民增收、推进新农村建设，发展潜力巨大。

生物质能源是以农林等有机废弃物和利用边际性土地种植能源植物为原料，以及以农作物淀粉油脂作为调剂，生产的可再生清洁能源及相关化工产品。是一种对环境友好，可再生的能源，如多种燃料乙醇、生物柴油和沼气等。

生物质能源战略已成为美欧等发达国家的重要能源战略。在化石能源渐趋枯竭、环境压力日益沉重、需求和油价持续上涨及世界能源资源争夺战愈演愈烈的情况下，寻求可再生清洁能源和能源的多元化已成为世界发展大势。由于生物质能源既具能源功能，又能从事生物化工产品等物质性生产；既能使农林等有机废物无害化和再利用，又能将尚无经济价值的边际性土地建成能源基地，在众多可再生能源和新能源中，生物质能源脱颖而出。

20世纪末，美欧等发达国家就已经开始大力发展生物质能源，目前生物质能源战略已成为许多发达国家的重要能源战略。2005年全球燃料乙醇的产量已超过3 000万吨，生物质供热发电、成型燃料等已经商业化运行。

2006年，布什给美国生物质能源定下了一个目标：到2025年，用其替代

75% 的中东石油进口。欧盟、日本、德国、瑞典等国都制定了加快生物质能源开发利用的时间进程表。

发展生物质能源产业将能为中国缓解“三农”、环保及能源问题。作为一个纯石油进口国，中国发展生物质能源意义重大。我国应依靠农林业的废弃物（包括城市工业的有机废弃物）和边际性土地种植能源植物解决生物质能源的原料来源问题。

第一个是农林业的废弃物。中国每年产生包括秸秆在内的农林废弃物约 15 亿吨，可生产 3.7 亿吨乙醇，另外还有农业生产中的畜禽粪便，森林中的枯枝腐叶等；在城市有堆积如山的工业有机废弃物，城市生活中废弃的厨余垃圾、剩余倒掉的泔水等，所有的有机物质都可以转化为生物能源。

第二个是在很难种出粮食的边际性土地种植能源植物，如木薯、灌木、甘蔗以及木本油料植物等。

我国有 11 608 万公顷边际性土地可种植甜甘蔗、木薯、旱生灌木等能源植物，年产能源潜力极大。

另外，大量的有机废弃物也是生物质能源的主要原料，我国每年产出实物量 20.29 亿吨，相当于 3.82 亿吨的标准煤。

生物质能源产业的规模化将有助于缓解能源压力，推动农村工业化、城镇化，增加农业收益，增加农民的就业机会，提高农民收入，促进农村经济的发展，在一定程度上缓解目前的“三农”难题、城乡差异过大等我国面临的一些主要问题，另外还可基本解决秸秆露地焚烧、畜禽粪便和塑料地膜等污染源的无害化和资源化。

我国资源十分丰富，同时具有国际领先水平的生物柴油合成技术。生物质能源技术和设备成熟而又比较简单，投资少成本低，见效快效益好，宜于分散生产和农村中小规模生产，很适合中国国情。

我国生物质能源发展需向规模化、产业化的非粮食原料转型。“十五”期间，我国在部分地区试点推广燃料乙醇已取得良好的社会效益和生态环境效益，液体生物燃料产业已经取得阶段性成果。

目前我国生物质能源产业的发展需要从以粮食为主原料向以非粮食能源植物为主要原料进行转型，同时还应该大力引导生物质能源的规模化、产业化。21 世纪初，国务院决定在吉林、安徽、河南等省以陈化粮为原料进行燃料乙醇的规模化生产，生产能力 73 万吨，历经 5 年的发展，2005 年中国燃料乙醇产量为 102 万吨，居世界第三。吉林、河南、安徽等省的试点燃料乙醇取得成功，其主要原料是玉米，其余原料为小麦和木薯。

这些原料乙醇成本较高，需要国家财政给予燃料乙醇厂一定的补贴，2006 年每吨补贴标准为 1 373 元。因此，应积极调整原料供应结构，积极向非粮食原料的燃料乙醇、生物柴油和纤维素乙醇等生物质能源的生产进行转型。

当今形势下生物质新技术犹如雨后春笋，产业化突飞猛进，相关计划与政策陆续出台，生物质能源产业正处在一个即将蓬勃发展的时期。中粮、中石油、中石化、中海油等大型企业及大量中小型企业已积极投入生物质能源的开发，生物质能源的开发利用将在“十一五”期间显见成效。

12 一个年产亿吨的生物质油田设想

【写作背景】

2007 年夏天，“科学中国人”杂志社约稿，决定就“生物质油田”问题撰写一篇通俗性文章，由对政府建议走向社会与公众。此文是第 4 篇，即 2006 年的《建设各年产 5 000 万吨的绿色油田和绿色煤田：2020 的建议》的普及版或公众版，发表在《科学中国人》杂志 2007 年第 4 期。

一个年产亿吨的生物质油田设想

石元春

12.1 一石激起千层浪

工业社会已经高度发达，而惊回首，推动它发展和运行的动力与“血液”要出问题。20 世纪末，就不断有化石能源还能用多久的文章，2005 年美国能源信息署（IEO2005）又发布了剩余可采储量、储量增长潜量以及待发现资源量之和，全球石油还可用 53 年，天然气可用 63 年，煤炭可用 90 年。此外，化石能源导致全球变暖和环境恶化的消息也是频频传来。整个人类社会都在反思、忧虑和寻求对策。

20 世纪 70 年代全球性石油危机中，巴西和美国开发了能够替代车用燃油的甘蔗乙醇和玉米乙醇，瑞典发展了生物质燃烧发电，德国建设了第一座工业化生产沼气工程。1983 年，瑞典开始对 9 种燃料车做了十多年的替代汽油车试验，最终选择了沼气车和乙醇车，现已广泛使用，运行良好。也是在 80 年代，美国开始以甲醇作为燃料的甲醇汽车试验，1996 年发展到 1.3 万辆，但因使用过程中出现的种种问题而被迫停止。

2001 年，布什的《国家能源政策报告》中提出发展氢能，2003 年《国情咨文》又说：让今天诞生的婴儿成为未来驾驶第一辆氢动力无污染汽车的人。21世纪初曾在全球掀起过一阵氢能和“氢经济”热，可是2006年的布什《国情咨文》却改了口：这不是近期的解决办法，也不是中期的解决办法，而是远期的解决办法。

水中的氢、海里的氘（1升海水中的氘经热核反应后可释放相当于300升石油的能量）、月球上的氦3（每千克可获6×10^8兆焦能量），人类都想到了，而且依据十足，信誓旦旦。只要假以时日和加大投入，人类大可不必为未来的能源发愁。该发愁的倒是“青黄不接”的近三五十年里，如何面对化石能源的渐趋枯竭，全球变暖的日益沉重，以及油价的居高不下。能解此燃眉之急，比较现实的还是风能、太阳能、生物质能和核能等可再生能源和新能源。

12.2 脱颖而出的生物质能源

众多的可再生能源和新能源中，生物质能源脱颖而出了。

1999年8月美国发布的《开发和推进生物基产品和生物能源》总统令提出：到2010年，生物基产品和生物能源要增加3倍，2020年增加10倍，以此替代全国燃油消费量的10%（2050年达50%）和石化原料制成材料的25%，以此减少7 000万辆汽车的碳排放量（1亿吨）和每年为农民增加200亿美元的收入。2005年在《能源法案》中“要求燃料制造商到2012年，在汽油中必须加入2 250万吨生物乙醇”，这就将原克林顿制定的燃料乙醇生产指标调高了37%。布什在他2006年的国情咨文演说中说：美国在使用石油上，像吸毒一样地“上瘾”，而这些石油是从世界上不稳定地区进口的。最好的办法就是依靠美国人的才智和技术进步，打破对石油的这种过分依赖，改善我们的环境、摆脱石油经济。我们的一个伟大目标是到2025年，替代75%的中东石油进口。布什采取的主要办法就是发展乙醇等生物质液体燃料。20世纪的一二十年里，美国燃料乙醇的年生产量一直徘徊在四五百万吨，2000年后迎来大发展，2006年达到1 600万吨。

世界也兴起生物质能源热。1997年，欧盟发布的《欧盟战略和行动白皮书》，提出可再生能源在总能源消费中的比例要由1997年的6%提高到2010年的12%，其中生物质能源要达到2亿吨标煤；2003年又提出，汽车燃料消费中生物液体燃料的比例要由2005年的2%提高到2010年的5.57%和2001年的8%。中国于2001年在吉林等四省兴建了年生产能力为73万吨的陈化粮燃料乙醇工厂；日本于2002年内阁会议通过了《日本生物质综合战略》；印度于2003年开始在9个邦推广使用E5乙醇汽油；世界经合组织（OCED）于2004年发布：各国政府应大力支持和鼓励生物质能源领域的技术创新，减小它与传统原油及天然气产品的价格差距，以最终达到替代的结果。短短的三五年里，生物质产业在世界范围形成了一股磅礴发展之势。

12.3 生物质能源的多功能性

作为一种替代能源，生物质能源具备可再生、清洁、能效高、技术 / 经济可行、能大规模生产等各种条件，而且还有它独到的多功能性。它不仅有能源功能，还有其他风能、太阳能、核能等做不到的地方。首先，它可以进行生物基的物质生产，和石油一样生产千百种化工产品；其次它可以利用污染环境的有机废弃物为原料，做到资源的循环利用和保护环境；还可以发展农村经济，增加农民收入，推进农村工业化、城镇化和社会主义新农村建设，可以使尚无现实经济价值的边际性土地“点土成金”地成为生物质能源生产基地。这些功能对发达国家很重要，对中国等发展中国家更加重要。

上述美国总统令的第一节就开宗明义地提出：目前生物基产品和生物能源技术有潜力将可再生农林业资源转换成能满足人类需求的电能、燃料、化学物质、药物及其他物质的主要来源。这些领域的技术进步能在美国乡村给农民、林业者、牧场主和商人带来大量新的、鼓舞人心的商业和雇佣机会；为农林业废弃物建立新的市场；给未被充分利用的土地带来经济机会；以及减少我国对进口石油的依赖和温室气体的排放，改善空气和水的质量。说的也是生物质能源的多功能性。

什么是生物质能源产业？它是以种植、养殖、加工和生活等有机废弃物，以及利用边际性土地种植的能源植物为原料，从事生物质能源和生物基产品生产的产业，是资源可以再生和循环利用，可以持续发展和保护环境的一种新兴产业。

12.4 生物质能源的主要产品

生产燃料乙醇的原料资源丰富多样，技术成熟，需求量大，是发展生物质能源的首选产品，2006 年全球产量已超过 3 000 万吨。与之相匹配的是从 5% 到 100% 配比的乙醇汽油（E5 到 E100）和灵活燃料汽车（FFVs）。生物柴油是另一重要液体生物燃料，大规模发展的主要制约是油脂原料较缺乏和价格较高，目前国内外正在攻克以木质纤维素为原料，汽化后经 FT 合成（FT 柴油）以及热裂解（TDP）或催化裂解（CDP）生产生物柴油的技术。

沼气的生产利用技术有很大进展。以大型养殖场和加工业的大宗有机废弃物为原料进行规模化沼气生产，可以供热发电，可以经净化压缩后作为车用及罐装灌输生活/生产用燃料，以替代天然气。

生物质成型燃料是将各种农林废弃物粉碎成型的燃料，能效可以提高3～5倍，甚至更高。在欧洲已广泛用于家庭、小区和工业锅炉的供热和发电，瑞典的成型燃料已占到全国集中供热的20%。成型燃料的原料资源十分丰富，技术和设备成熟而又比较简单，投资少成本低，见效快效益好，宜于分散和农村中小规模生产，特别适合我国国情。我国生活和工业用普通锅炉的煤炭年消费量约7亿吨，热效率低（60%左右），污染严重，零星分散，是成型燃料替代的重要对象。

生物塑料是另一重要产品，以替代石油基塑料，消除“白色污染”。美国已规模化生产以淀粉为原料的聚乳酸（PLA），我国已拥有用淀粉与合成降解材料复合生产生物塑料的技术。以生物质为原料可以生产各种生物化工产品，如乙醇的下游产品有乙烯（成本已低于石油基乙烯）、环氧乙烷、醋酸、乙醛、1，2-丙二醇、丙烯等数十种。

12.5 生物质能源与中国

我国的一次能源消费结构中，化石能源占90%以上（煤炭67.1%，石油天然气25.5%，2003年）。据专家估算，我国的煤炭资源可用60～100年，石油约能用到2040年（王干生，2005）。当前我国能源的紧张，突出表现在石油上，储量仅占世界总量的5%，而消费量是世界第二。自1993年成为石油净进口国后，2004年的进口量就达到1.4亿吨，对外依存度46%，预计2020年将超过55%。进口依存度越高，国家能源安全度就越低，我国进口石油的80%来自中东，需要经过马六甲海峡，受国际政治形势影响很大。难怪美国兰德公司说：中共石油进口的咽喉掌握在美国海军手上。

能源是我国经济高速发展的基础。石油价格的飙升对我国经济的冲击很大，由于国际原油价格屡创新高，我国全年多支付外汇达数十亿美元，长此以往，越来越多的企业将不堪重负，国家将不堪重负。（陈自立，2005）

以化石能源为主的能源消费结构对我国造成了很大的环境压力，二氧化碳和二氧化硫的排放量已分居世界第二位和第一位，酸雨区已经占到国土面积的1/3，2 000多万辆汽车排放的尾气已占到大城市污染源的一半以上。我国是《京都议定书》的签约国，温室气体减排的压力很大。

显然，生物质能源可以缓解上述我国能源紧张形势，减轻环境污染压力，还可以为“三农”做出重要贡献。

生物质能源以农林及其加工生产的有机废弃物，以及利用低质土地种植的能源植物为原料生产生物能源和生物基产品，既拓展了农业生产领域，增加了农民增收渠道，又可以使作物秸秆、畜禽粪便、加工业及生活的污染源无害化和资源化，促进资源节约和循环利用，提高农村的能源消费质量。通过发展农村生物能源工业，还可以加速农业和农村的工业化、城镇化和社会主义新农村建设的进程，是“工业反哺农业”，“以工促农，以城带乡”的一条可操作的现实途径。

生物质能源直接面对我国的“三农”“能源”和“环境”三大主题，发展生物质能源可谓是“一石三鸟”。

12.6 我国的原料资源状况如何？

我国水土资源短缺，人吃的粮食都紧张，哪有什么资源去发展生物质能源？这是大家最关心的。

美国生产乙醇用的是玉米，我国第一批燃料乙醇厂用的陈化粮主要也是玉米，这就产生了车与人争粮的“第一印象”。其实，这只是在发展初期，现在美国为适应大发展，也要由“玉米乙醇”转向“纤维素乙醇”了。我国船小好掉头，更不必担心会影响粮食安全。在我国发展生物质能源有一条“红线”，就是“不与人争粮，不与农争地”，发展生物质能源用的原料主要是农林等有机废弃物和低质土地种植抗逆性强的能源植物。

那么，我国生物质能源的原料资源状况如何呢？通过专题研究，我国的有机废弃物原料主要有农作物秸秆、畜禽粪便、林业剩余物、工业有机废弃物和城市有机垃圾五大类，合计年产出实物量 20.29 亿吨，其中可用于生物质能源生产的实物量是 13.24 亿吨，折算能量为 3.82 亿吨标煤，其中农业废弃物占 70.9%，林业剩余物和薪柴占 18.6%，工业和城市有机废弃物占 10.5%。

根据国土资源部及国家林业局正式发布的资料，我国有后备性土地 8 254 万公顷，现有能源林地 5 176 万公顷。如不计条件差的，约 22%的后备性土地，即具能源开发潜力的边际性土地面积为 11 608 万公顷，经过综合产能评估，年总产能潜力为 4.15 亿吨标煤。

我国是个植物资源非常丰富的国家，南方的木薯和甘蔗，北方的甜高粱和菊芋，还有其他薯类、油料作物、木本油料植物、能源灌木等都是很优秀和可规模化开发的能源植物，以后还会有更多的发现。

有机废弃物和能源植物（边际性土地）二者产能之和约为 8 亿吨，相当于现年能源消费量的 45%左右。如能开发利用现资源量的 1/4，就是 2 亿吨，这将对缓解我国能源紧张形势，减轻环境压力和发展农村经济起着重要作用。

12.7 年产亿吨的生物质油田

2005 年我曾提出“种出一个大庆”，后经专题研究，提出了年产 1 亿吨的生物质油田（2020 年）的设想。

内容之一是年替代石油 5 983 万吨。含燃料乙醇及其下游产品 2 300 万吨、生物柴油及其共生产品 500 万吨、车用甲烷 60 亿米^3、生物塑料 1 200 万吨，以及生物质化工产品 150 万吨五类产品。其中可直接替代车用液体燃料的是 2 800 万吨。

内容之二是年替代煤炭 5 891 万吨。含成型燃料 8 000 万吨、沼气 / 生物质供热发电 360 亿千瓦 · 时两类产品。可替代 7% 的工业及生活低效锅炉用煤，年减排二氧化碳 1.5 亿吨。

内容之三是实现本方案需要动用的生物质原料资源是：作物秸秆 5 300 万吨，畜禽粪便及工业 / 城市有机废弃物 1.37 亿吨（干重），边际性土地 2 000 万公顷（含 300 万公顷现有薯田），三者分别占本类型可用资源量的 10.3%、19.2% 和 14.6%。

内容之四是本方案实施后，可以使工农业和城乡有机污染物无害化和资源化；可以使 2 000 万亩尚无经济价值的土地成为生物质产业的原料生产基地；可以吸纳 7 000 万农村劳动力从事能源农业；可以创建 1.4 万个生物质企业，提供 120 万个加工业岗位；可以使农民年新增收入 750 亿元；可以显著提高约 3 000 万农户的能源消费质量和热效率；可以推动农村工业化、城镇化、富余劳动力转移和社会主义新农村建设。

替代石油 5 983 万吨和煤炭 5 891 万吨，合计折原油 10 166 万吨，故简称“年产 1 亿吨的生物质油田”，相当于一个大庆油田和三个开滦煤矿。

这个方案是否切合实际？经论证，资源保障度高（资源动用量占可用总量的 1/7，各分项资源量的动用率也在 10%～20% 之间）、技术成熟、市场竞争力较强和社会需求极大。瓶颈之一是国家的战略部署和政策引导 / 扶持的外环境；之二是提高自身技术和经营水平，降低成本。

12.8 早觉悟，早起步

21 世纪初，我国就开始了以陈化粮为原料规模化生产燃料乙醇；2005 年通过的《中华人民共和国可再生能源法》提出，“国家鼓励清洁、高效地开发利用生物质燃料，鼓励发展能源作物”；国家“十一五”规划纲要也提出“加快开发生物质能，扩大生物质固体成型燃料、燃料乙醇和生物柴油生产能力”。2006 年 8 月，国家发改委、农业部、林业局联合召开了“全国生物质能源开发利用工作会议”，在全国部署发展生物质能源；11 月财政部、国家发改委等五部委联合发布了《关于发展生物能源和生物化工财税扶持政策的实施意见》。发展生物质能源，国家在行动，中石油、中石化、中海油、中粮等大型国有公司和许多民营企业在行动，广西、海南、新疆、山东等生物质资源大省在行动，学界在行动。2006 年 4 月，总理在国家能源领导小组会议上就发展可再生能源和生物质能源时说：“在这个问题上，我们要早觉悟，早行动。”

13 生物质能源发展战略咨询报告

【写作背景】

作者2005—2006年主持中国工程院农业学部咨询项目“中国生物质资源与产业化战略研究”；2006—2007年又主持中国工程院“可再生能源重大咨询项目”中的“生物质能源发展战略研究”，两次咨询项目研究中，先后有十多位院士和专家参加。选入本书的是2007年6月向中国工程院可再生能源重大咨询项目组提交的，由作者执笔的综合报告。此报告是当时国内对生物质能源比较系统和全面的一项研究成果，虽篇幅较大，仍全部录入，稍有删节。

报告目录

前言：全球能源危机与解决方案

一、生物质能源产业的国外发展动向

1. 标志性事件

2. 产业现状（美国、巴西、欧盟、瑞典、印度）

3. 质疑与答疑（能效问题、影响粮食安全问题、生态安全问题）（删节）

二、主要产品与技术前沿

1. 固体生物燃料（直燃与混燃、压缩成型燃料、热电联产）

2. 液体生物燃料：燃料乙醇（原料选择、加工工艺）

3. 液体生物燃料：生物柴油

4. 第二代液体生物燃料（纤维素乙醇、汽化生产FT柴油、液化生产生物柴油、燃料丁醇）

5. 气体生物燃料（沼气替代天然气、生物质汽化、生物质制氢）
6. 可生物降解塑料
7. 生物质化工产品（生物质制烯烃 BtO、糠醛及替代 C4 化工产品）

三、我国的生物质原料资源

1. 生物质原料资源研究概述
2. 我国生物质原料资源研究思路与方法
3. 有机废弃物原料资源（农作物秸秆、畜禽粪便、林业剩余物、工业有机废弃物、城市有机生活垃圾、资源汇总及评价）
4. 边际性土地资源（边际性土地、可利用而尚未利用的土地、可垦后备土地、宜林后备土地、现能源林地、边际性农地、资源总汇及评价）
5. 能源植物资源（甜高粱、甘薯、木薯、甘蔗、油料作物、木本油料植物、木本能源植物、灌木能源植物、资源汇总及评价）
6. 资源总汇及评价

四、我国生物质能源发展战略与目标

1. 三大战略需求（能源、环保、“三农”）
2. 发展思路与原则
3. 战略产品定位
4. 战略目标（中期、近期、远期）

五、产业发展技术路线图

1. 燃料乙醇
2. 成型燃料
3. 沼气与 CBG
4. 可生物降解塑料
5. 生物柴油
6. 生物质化工产品

六、政策性建议

附件：主要参考文献（生物质原料资源部分）

前言：全球能源危机与生物质能源

能源是人类赖以生存和发展的物质基础。几千年的农业社会，是以农产品为食物和以薪柴为能源的传统生物质经济（biomass economy）时代；19 世纪以后的工业社会，是以煤炭和继之以石油和天然气为主要能源的烃经济（hydrocarbon economy）时代。随着化石能源的渐趋枯竭，又将迎来碳水化合物的糖经济时代，一个现代的生物质经济时代。

一二百年的工业化进程中，对化石能源的强劲需求以及科技进步带来的强度开采，到 20 世纪八九十年代，不断传出化石能源资源渐趋枯竭，使用化石能源对环境的严重危害的警讯，以及进入 21 世纪后的油价飙升。

石油除用于能源外，塑料、合成纤维、合成橡胶、合成氨等 2 500 多种人类必需的化工产品也来自石油中的 C1（甲烷）、C2（乙烯）、C3（丙烯）、C4（正丁烷、异丁烯）组分。油价的飙升带来整个石油化工产品价格的上涨和对全球经济的重大冲击。尽管如此，全球经济的发展对石油等化石能源的需求仍在急剧增长。据美国联邦能源情报机构（EIA）预测，到 2025 年发展中国家石油需求将增加 2 250 万桶 / 天，发达国家是 1 400 万桶 / 天（2004 年全球石油产量和消费量为 8 000 万桶 / 天）。

石油与天然气资源警讯仍不断传来。据美国能源信息署 2005 年发布的资料（IEO2005），预测 2002—2025 年的世界石油和天然气消费量的年均增速分别为 1.9% 和 2.3%，以此年均增速推算，全球石油仅可用 53 年，天然气可用 63 年。2007 年 5 月英国 BP 发布的《世界能源统计评估》报告指出，“按照目前的消费速度，全球探明储量依然足够使用 40 年”。

大量使用化石能源导致全球气候变暖给人类带来越来越大的威胁，以及减排呼声阵阵紧急。1994 年《联合国气候变化框架公约》要求将大气中温室气体浓度稳定在一个安全水平；1997 年的《京都议定书》对二氧化碳等 6 种温室气体做出了具体减排要求，规定了 38 个工业化国家从 2008 年到 2012 年必须完成比 1990 年减排 5.2% 的目标。2007 年 5 月 IPCC（联合国政府间气候变化专门委员会）发布了对全球气候变暖的第四次评估报告以及在 6 月 G8+5 会议上达成的应对全球气候变化协议，同意“认真考虑”到 2050 年全球温室气体排放量比 1990 年降低 50% 的建议。会前，中国政府发布了《中国应对气候变化国家方案》。

诺贝尔化学奖得主，美国南加州大学的 George A. Olah 教授早在 1994 年就指出“大多数工业上重要的合成化学品由石油资源衍生而来。世界上每天的石油用量已超过 1 000 万吨（7 000 万桶 / 天），而世界人口在不断增加，日益增加的能耗和有限的不可再生的化石燃料资源的日趋减少不可避免地产生矛盾。在 21 世纪我们必须拿出新的解决方案来维持工业化国家现已达到的水平和不发达国家将要努力达到的水平”。1998 年朱清时院士也指出：近百年来煤和石油是主要能源和有机化工原料，它们给人类社会带来了繁荣，也造成了严重的环境污染。无论污染问题是否可以最终解决，人类迟早需要重新依靠可再生的生物质中储存的太阳能，但不是过去那样简单地燃烧它们，而是寻找高效地利用它们的新方法。

在寻求替代化石运输燃料的解决方案中，20 世纪 80 年代，欧美进行了较大规模地用煤基（或天然气）甲醇替代运输燃油的试验，但都因能效低、环境污染严重以及在使用过程中的毒性、储存和腐蚀问题而先后放弃。2001年美国在《国家能源政策报告》中提出发展氢能问题，曾在美国和世界掀起一阵氢能和氢经济热，但布什在2006年的《国情咨文》中又改口说：这不是近期的解决办法，也不是中期的解决办法，而是远期的解决办法。远期解决方案中还有如核聚变、氘、氦3等。

从世界范围看，能源换代的中近期解决方案，除核能外，众所关注和认同的是风能、太阳能、生物质能、水能等可再生的清洁能源，这是一种现实和可行的选择。而在此众多的可再生能源中，生物质能源又脱颖而出，成为首选。

早在20世纪70年代的石油危机中，巴西和美国就率先在生物乙醇替代汽油上取得了成功；1999年美国颁布了“发展生物基产品和生物能源”的总统令，生物能源作为一项国家战略和计划在美国和世界启动了。2005年美国《能源法案》中明确要求燃料制造商到2012年必须每年在汽油中加入2 250万吨燃料乙醇。欧盟也提出到2010年实现以生物燃油替代石油的10%，2050年替代50%的目标。中国、日本、印度等也都将发展生物质能源作为一项国家战略和计划，积极推进。

世界经合组织于2004年9月6日公布的研究报告中建议：各国政府应大力支持和鼓励生物质能源领域的技术创新，减小它与传统原油及天然气产品的价格差距，以最终达到替代的结果。国际能源组织（IEA）在生物运输燃料（biofuels for transport）的报告中指出，工业化国家已有固定的石油供应渠道，发展中国家应加强通过开发可再生的生物质能源解决石油短缺问题。2006年5月在柏林举行的“面向21世纪的生物燃料”国际会议也认为，发展中国家应加强通过发展生物燃料满足能源增长需求，促进农村经济发展，并向发达国家出口生物燃料。

生物能源之所以能在众多的可再生能源中脱颖而出，除了可再生和清洁外，它是目前唯一可以直接大规模生产和替代运输燃料的能源产品；它兼有提供能量和物质性生产（生物基产品）的功能；还能以有机废弃物或污染物为原料，实现资源的循环利用和与保护环境相结合；最后，也是十分重要的一条，它可以促进农村经济发展，所有这些都是其他可再生和新能源难以做到的。

历史的钟摆从传统生物质经济时代摆向了碳氢化合物的烃经济时代，现在又开始偏向碳水化合物的糖经济时代，但这不是简单的轮回，而是在人类文明进步、生物科学与工程技术迅猛发展基础上产生的一次次质的飞跃。人类将迎来新的生物质经济时代。

13.1 生物质能源产业发展的动向

现代生物质能源产业起于1973年，为应对石油危机，巴西大规模地以甘蔗乙醇替代汽油，而大发展于 1999 年美国颁布的“发展生物基产品和生物能源”总统令。生物能源产业已经在全球性范围蓬勃兴起了。据联合国环境项目（UN environment programme）统计，2006 年全球在可再生能源方面的投资是 1 000 亿美元，其中在生物运输燃料方面的投资是 260 亿美元。

13.1.1 标志性事件

30 余年的发展中，发生过以下的标志性事件。

标志性事件 1 1973 年的石油危机中，巴西为进口石油而多支付了 40 亿美元，沉重打击了巴西经济。1975 年巴西政府启动了“生物能源计划”和“全国实施发展燃料乙醇生产计划”，号召并以法律形式在全国强制推行使用添加乙醇的“爱国汽油”。1990—2000 年间，巴西的甘蔗乙醇年产一直稳定在 1 000 万吨左右，2006 年达到 1 350 万吨。巴西生产的甘蔗乙醇 1/5 用于出口美国、日本和印度，正拟进军中国市场。巴西是世界上唯一不使用纯汽油和出口燃料乙醇的国家。

标志性事件 2 1999 年 8 月，美国颁布了“发展生物基产品和生物能源”的总统令，制定了生物基产品和生物质能源到 2010 年增加 3 倍、2020 年增加 10 倍；生物燃油取代全国燃油消费量的 10%（2050 年达 50%）；取代全国石化原料制成材料的 25%；减少相当于 7 000 万辆汽车的碳排放量（1 亿吨），以及为农民增收 200 亿美元 / 年的战略目标。2002 年美国能源部和农业部联合发布的《美国生物质技术路线图》指出：这份报告预示了一个充满活力的新行业将在美国出现，它将提高我们的能源安全、环境质量和农村经济，它将生产我们国家相当大一部分的电力、燃料和化学品。同年美国农业部提交了《一个更具活力的美国农村》的发展能源农业的报告。

标志性事件 3 1997 年，欧盟发布了《欧盟战略和行动白皮书》，提出可再生能源在总能源消费中的比例要由 1997 年的 6% 提高到 2010 年的 12%，其中要求生物质能达到 2 亿吨标煤。2003 年欧盟又发布了《欧盟交通部门替代汽车燃料使用指导政策》，提出在汽车燃料消费中添加生物柴油的比例指标分别是：2005 年 2%、2010 年 5.57% 和 2020 年 8%。

标志性事件 4 中国国务院批准生物燃料乙醇生产及车用乙醇汽油使用试点工程，作为“十五”期间十大重点工程之一。2001 年开始建设了 4 个以陈化粮为原料的燃料乙醇生产试点项目（年生产能力 102 万吨）和达到年混配 1 020 万吨乙醇汽油的能力，并先后在 5 省 27 个地市实现了封闭推广乙醇汽油。试点地区乙醇汽油市场平均覆盖率达到 90% 以上，乙醇汽油的消费量占全国汽油消费量的 29.4%。

标志性事件 5 2002 年，日本内阁会议正式审议通过了《日本生物质综合战略》。该文件提出重新推进可再生生物质资源的开发利用的原因是：防止全球变暖、形成循环型社会、促进有竞争性的新兴产业成长以及搞活农林渔业。2010年的目标是开发利用废弃物类生物质的含碳量达到80%以上，开发未利用生物质（林地剩余物和作物秸秆糠麸）的含碳量达到25%以上；建设500个示范性的市、町和村。还提出“化石能源日本”将向“生物能源日本”发展。

标志性事件6 2004年全球燃料乙醇年产超过3 000万吨，2006年达到4 050万吨（其中美国1 680万吨、巴西1 350万吨、中国130万吨），且发展势头强劲。图1是1976—2006年巴西、美国、欧盟和中国燃料乙醇发展的实况和至2012年的计划。

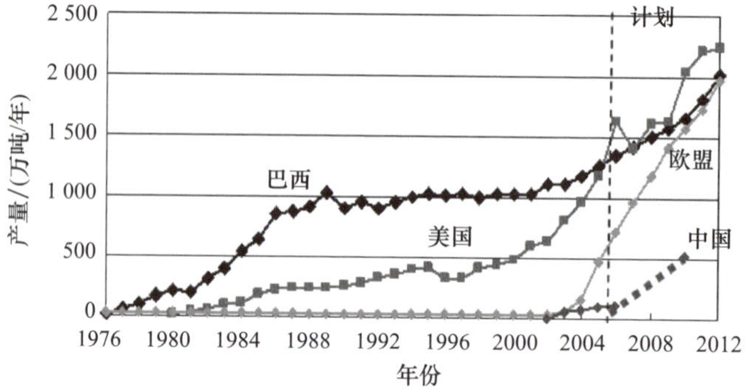

图1 世界几个主要国家和地区的燃料乙醇发展情况和趋势（1976—2012年）

标志性事件7 2005年8月美国发布的《能源法案》中的乙醇训令要求到2012年，燃料制造商必须在汽油中加入乙醇2 243万吨，将2002年乙醇的生产指标（1 635万吨/年）提高了38%。布什又在2006年的国情咨文中说：美国要保持领先地位就必须有足够的能源，当前我们存在的一个严重问题就是使用石油像吸毒一样地“上瘾”，而这些石油是从世界上不稳定地区进口的。最好的办法就是依靠技术进步去打破这种对石油的过分依赖，摆脱石油经济，让依赖中东石油成为历史。我们的一个伟大目标是：到2025年，替代75%的中东石油进口。

标志性事件8 2006年6月，世界生物能源大会在瑞典召开，瑞典首相佩尔森宣布生物质能源已能满足目前瑞典25%的能源需求，2020年瑞典将成为世界上第一个不依赖石油的国家。

13.1.2 产业现状（美国、巴西、欧盟、瑞典、印度）

对生物质能源产业的时空概览是，近三四十年主要是近十年发展起来的一个新兴产业。产业发展中逐渐形成了三个板块或“军团”，一是以生物乙醇为代表产品的美、巴板块，领跑在前；二是突出环保和产品多元化的欧洲板块，紧紧跟上；三是起步较晚的跟进板块，有中国、日本、印度等。在产品上，领跑的是生物乙醇，随后是固体燃料、沼气、生物柴油和生物塑料。产业化技术的主体是已有的成熟技术，而改进技术陆续亮相，前沿和高新的第二代技术正在加紧研究。下面就几个主要国家的产业现状分别加以叙述。

美国 2006 年美国生产了 1 680 万吨燃料乙醇，替代巴西成为世界最大的燃料乙醇生产国。共和、民主两党在发展生物燃料方面达成共识，提出到 2025 年用 25% 的生物燃油替代 25% 的石油，规划到 2020 年化工产品有 20% 来自生物质。美国已把燃料乙醇工业视作恢复经济发展的催化剂（the catalyst for economy comeback），2005 年美国以其 16% 的玉米生产了 1 200 万吨燃料乙醇，为 GDP 贡献了 177 亿美元，创造了 153 725 个就业机会，为美国家庭增加收入 57 亿美元，为联邦政府增加 19 亿美元和为地方州政府增加 16 亿美元的税收，还减少进口原油 1.7 亿桶和节省了 87 亿美元的购油款。美国 65% 的原油需要进口，是贸易赤字的主要成分，燃料乙醇产业减少了石油进口和贸易赤字。预计到 2015 年乙醇工业对美国国民经济的贡献将是 460 亿元，并在 2005—2015 年间减少 37 亿桶进口原油，平均每年减少进口原油 3.7 亿桶。

美国联邦政府给予燃料乙醇 0.51 美元 / 加仑的补贴外（补给乙醇汽油销售商），各州政府亦相应补贴约 5 美分 / 加仑，补贴期限 10 年。乙醇成本约 1.2 美元 / 加仑，而销售价格为 2.2 ～ 2.3 美元 / 加仑，再加上地方政府的补贴，乙醇生产商获得的利益非常高，因此促进了燃料乙醇工业飞速发展。2005 年《能源法案》中规定到 2012 年在运输燃料中掺入 2 250 万吨 / 年生物燃料的指标（表 1），以及 2005—2015 年间燃料乙醇的计划生产能力和产量如表 2 所示。而实际增速比计划快得多，美国可再生燃料协会预计，2007 年乙醇产量为 2 400 万吨，到 2008 年 7 月在建的 78 家乙醇厂全部投产后，乙醇产量将达到 3 300 万吨。

表 1　美国新《能源法案》中规定的乙醇替代汽油量

项目		2006	2007	2008	2009	2010	2011	2012
乙醇替代汽油量	/（亿加仑 / 年）	40	47	54	61	68	74	75
	/（万吨 / 年）	1 200	1 410	1 620	1 830	2 040	2 220	2 250

表 2　美国 2005—2015 年间燃料乙醇生产能力和产量

年份	ETOH Capacity /MGY	Net New Capacity /MGY	Capacity Utilization /Pct	ETOH Production /MGY	Corn Share /%	Other Feedstocks /MGY	Ethanol Yield /（Gal/Bu）	Crop Year Corn Use for ETOH /Mil Bu
2005	4.286	686	93	4.003	90.0	600	2.750	1.586
2006	5.911	1.625	95	5.615	90.0	562	2.765	2.196

续表 2

年份	ETOH Capacity /MGY	Net New Capacity /MGY	Capacity Utilization /Pct	ETOH Production /MGY	Corn Share /%	Other Feedstocks /MGY	Ethanol Yield /（Gal/Bu）	Crop Year Corn Use for ETOH /Mil Bu
2007	7.611	1.700	95	7.230	90.0	723	2.780	2.502
2008	8.361	750	95	7.943	90.0	794	2.795	2.643
2009	8.761	400	95	8.323	90.0	832	2.810	2.751
2010	9.161	400	95	8.703	89.0	957	2.825	2.805
2011	9.461	300	95	8.988	88.5	1.034	2.840	2.853
2012	9.711	250	95	9.225	88.0	1.107	2.855	2.895
2013	9.961	250	95	9.463	87.5	1.183	2.870	2.926
2014	10.161	200	95	9.653	87.0	1.255	2.885	2.951
2015	10.361	200	95	9.843	86.5	1.329	2.900	2.976

巴西　巴西是世界上最早和最大的甘蔗乙醇生产和使用国，2006 年产量是 1 250 万吨，仅次于美国。巴西 84% 的乙醇供国内使用，所有加油站都可以提供纯乙醇、E85 和 E20 乙醇汽油、天然气等燃料，唯独不提供纯汽油。目前国内销售的汽车 70% 以上是可以使用从纯乙醇到纯汽油的灵活燃料汽车 AVS（alternative fuel vehicles），巴西生产着世界一半以上的这种 AVS 车。

2006 年在瑞典召开的 2006 年生物质能源国际会议上，巴西代表在发言中说，巴西发展甘蔗乙醇的潜力很大，现甘蔗种植面积只是耕地面积的 6%，2005 年甘蔗乙醇的产量是 1 240 万吨，计划 2025 年将达到 7 200 万吨，远期规划是 3.2 亿吨。除国内消费外，主要出口美国、日本和印度等国。

鉴于甘蔗主要为大农场生产，为使更多的农民得惠于生物燃料产业，巴西又发展以蓖麻籽、大豆为原料的生物柴油产业，计划到 2008 年柴油替代 2% 的化石柴油（70 万吨），到 2013 年替代 5%。目前巴西有超过一半的机动车为柴油车，柴油消费量为 3 500 万吨 / 年。

欧盟　油菜生物柴油是欧盟国家发展的重点，2004 年产量 224 万吨，远高于美国。德、法、意、比等主产国的年产量都在 25 万～ 45 万吨水平。为完成柴油中添加生物柴油的比例由 2005 年的 2% 提高到 2010 年的 5.75%，生物柴油的需求量将由 2005 年的 490 万吨剧增到 2010 年的 1 400 万吨。为弥补欧洲自身资源与生产能力的不足，2005 年从马来西亚进口的棕榈油增长了 63%；奥地利碧路生物能源生产贸易公司在我国江苏南通兴建的年产 27 万吨的油菜生物柴油厂即将投产，意大利、冰岛等国也在谈判中。欧盟以前一直以生物柴油为主替代运输燃油，近几年也把燃料乙醇作为主要替代能源，瑞典、丹麦等国的纤维素乙醇技术研究也走在世界前列。

欧洲在生物质燃烧发电和沼气供热发电上领先于世界，2004 年欧盟 15 国的生物质发电量达到了 550 亿千瓦·时。瑞典、意大利、德国等在生物质供热发电和热电联产上取得了巨大成功，开发了适合村镇使用的小型生物质发电（village power plant）和中型生物质供热发电系统。

瑞典 对瑞典作专门介绍是因为在生物质能源产业发展上有其出色和独到之处。瑞典地处北欧，一年中有 9 个月以上取暖时间，1973 年全球石油危机中 50% 的进口石油都用在了供热上。20 世纪 70 年代末，开始以其丰富的森林资源及加工剩余物生产颗粒燃料，替代石油供热取暖。近年已逐渐形成相当成熟的热电联产技术、装备和商业化运行系统，热效率可达 90% 以上。小型锅炉和发电机组约 100 千瓦，多为户用，大型锅炉和发电机组可为居民区供热发电。到 2003 年底，生物能源产量达 103 太瓦·时 / 年，占全国能源总消耗的 16.5%；生物能源集中供热量 38.5 太瓦·时，占全国集中供热的 68.5%；工业生产中使用的生物能源为 51.2 太瓦·时，而油和煤仅为 22.4 太瓦·时和 16.6 太瓦·时。

瑞典在生物质能源产业上的另一突出成就是车用沼气的产业化生产与应用。主要是利用屠宰场下脚料、畜禽粪便、秸秆等有机废弃物厌氧发酵生产沼气，经净化和压缩后作为车用，以替代液化天然气。目前，全国有 5 000 多辆汽车和一列斯德哥尔摩至海滨的火车都是使用这种沼气车用燃料。

印度 印度从 2003 年起实行燃料乙醇试点，10 个邦推广使用含 5% 乙醇的汽油（E5），到 2006 年全国强制性使用 E5 汽油，共有 11 538 个乙醇汽油加油站。计划 2010 年以后，将比例提高到 10%，到 2020 年达到 20%。虽然印度糖产量接近巴西，但能用于燃料乙醇生产的远少于巴西，生产乙醇的原料主要是甘蔗制糖的副产品糖蜜。由于资源有限，拟大力开发甜高粱乙醇。

印度有 3 920 万公顷土地适合种植麻疯树，印度政府计划到 2020 年生产麻疯树生物柴油 5 000 万吨 / 年。目前已在铁路沿线种植 740 万公顷麻疯树，计划到 2007 年用 240 万公顷麻疯树果实生产 234 万吨生物柴油，替代 5% 的化石柴油。英国 BP 公司已在印度投资 940 万美元种植 8000 公顷麻疯树，计划每年生产 7 000 吨生物柴油。

13.1.3 质疑与答疑（删节）

13.2 主要产品与技术前沿

生物质能源产品有固体类（成型技术、直燃和与煤混烧）、液体类（燃料乙醇、生物柴油）及气体类（沼气、生物质汽化、生物质制氢）。生物基产品是以生物质为原料生产的替代石油基原料生产的生物材料和生物质化工产品。

13.2.1 固体生物燃料

固体生物质燃料是指以生物质原态直接燃烧或与煤混燃，也可以压缩加工为成型燃料。压缩成型燃料和“热电联产”是当今发展趋势。

1. 直接燃烧和与煤混燃

生物质直接燃烧有炉灶燃烧和锅炉燃烧。炉灶燃烧是最传统和最普通的利用方法，但热效率只有 15% ～ 20%，农村推广的省柴灶也只有 20% ～ 30%。锅炉燃烧有木材炉、薪柴炉、秸秆炉、垃圾焚烧炉等，一般用以产生蒸汽，驱动蒸汽轮机，带动发动机发电。由于燃烧技术的改进，生物质直接燃烧的能效已提高到 30% 左右，与煤不相上下。如丹麦 Energy2 电厂年消耗秸秆 40 600 吨，秸秆热值 14.5 吉焦 / 吨，燃烧秸秆产生蒸汽发电 / 供热，全年工作 4 990 小时，每年开车 5 次，年产电 49 吉瓦 · 时（占秸秆总能量的 29.9%），产热 360 太焦（占秸秆总能量的 61.1%）。最近，国能公司引进丹麦秸秆直燃发电技术与设备建设 24 兆瓦生物质直燃发电厂。由于我国的农业不是像发达国家那样的农场化经营，电厂的原料供应比较困难，电厂规模以 10 兆瓦以下为宜。

生物质燃料与煤的混合燃烧是比较现实的技术，可提高生物质燃料的利用率和降低燃煤电厂 NOx 的排放。从 20 世纪 90 年代起，丹麦、奥地利等欧洲国家开始对生物质能发电技术进行开发和研究，已研制出用于木屑、秸秆、谷壳等发电的锅炉。在美国，有 300 多家发电厂采用生物质与煤炭混合燃烧技术，装机容量达 6 000 兆瓦。国内已有多家锅炉厂家生产生物质和煤混烧的链条炉和流化床炉，分别在东南亚国家和国内运行。

2. 成型燃料

生物质成型燃料是把生物质粉碎和压缩成型后，作为燃料用于稍加改进的炉具。成型燃料可将低品位的生物质燃料转化为易储存、易运输、能量密度高的高品位的生物质颗粒状（pellets）或块状（briquettes）燃料，热利用效率可以提高到 45%。欧洲在生物质成型燃料方面起步较早，900 万人口的瑞典颗粒燃料年使用量为 150 万吨，约 25% 的集中供热是生物质颗粒燃料完成的；600 万人口的丹麦年消费成型燃料 70 万吨。瑞典还开发了生物质与固体垃圾共成型燃烧技术，解决了垃圾燃烧有害气体二噁英（dioxin）超标问题。一般生物质成型必须在加热条件下进行，能量消耗相对较高，我国开发了不经蒸汽加热的直接成型技术。

3. **“热电联产”**

无论是成型和未成型生物质燃料均可通过专用的燃烧炉发电，同时充分利用余热，即“热电联产”（combined heat power，CHP），热效率可以达到 90% 以上，是当今最先进和在欧洲广为应用的一种技术。小型的热电联产设备可供家庭取暖发电（数十千瓦），大型的可为较大地区（district）供热发电。瑞典的 Kraft 热电工厂在世界上首先开发热、电和颗粒燃料联产技术并投入商业化生产，能效高达 86%。意大利还开发了适合村镇使用的小型生物质发电（village power plant）技术，使用成型燃料或秸秆木屑，锅炉中的介质是油，通过油加热有机硅产生蒸汽驱动透平机发电，该系统热能利用率比普通系统高 5% 以上，已在德国使用。

13.2.2 液体生物燃料：燃料乙醇

燃料乙醇是目前世界上使用量最大、最现实可行的替代石油的生物燃料，最具吸引力的是它是目前唯一能替代运输用化石液体燃料的可再生清洁能源产品。其原料多种多样，有玉米、薯类等淀粉类的，有甘蔗、糖蜜、甜菜等糖类的，也有纤维素类的。加工工艺是通过微生物对葡萄糖作酒精发酵而得乙醇。

1. **原料选择**

燃料乙醇的原料，各国各地有各自不同的优势作物和不同的选择，如美国的玉米乙醇、巴西的甘蔗乙醇、欧洲的小麦乙醇，但都与粮、饲、糖的现用途有不同程度的竞争。美国 2006 年用 16% 的玉米生产燃料乙醇引起玉米和饲料价格上涨。由于美国盛产玉米，目前仍以玉米为主，逐渐向玉米与纤维素原料并重，进而以纤维素为主的发展趋势；巴西继续以其气候和土地资源优势，仍将以甘蔗为首选原料；菲律宾的甘蔗除满足本国食糖供应外，富余不多，故鼓励甜高粱乙醇的生产；印度的甘蔗仍以糖用为主，仅以废糖蜜作为燃料乙醇生产的原料。

我国以陈化粮开始燃料乙醇试点，但为保障粮食安全，于 2007 年 6 月“叫停”了以粮食为原料，鼓励非粮乙醇生产，主要是薯类和甜高粱。目前广西新天德、杨森等公司已建成年产 10 万吨以上的木薯乙醇厂，中粮集团和中石油在建年产 30 万吨的薯类乙醇厂。薯类乙醇生产要解决两个问题，一是提高薯类单产，二是解决高 COD 值废水的综合利用问题，将环保与提高经济效益结合起来。甜高粱是一种非常理想的绿色能源作物，可以在低质土地上种植，不争粮、不争地。欧洲共同体所进行过的试验表明，甜高粱的能量投入与产出比为 1∶5，因而被认为是未来能源的希望所在。中国和美国都有每公顷甜高粱产乙醇 6 吨左右的记录，印度等一些国家也都看好甜高粱。

资源最丰富，成本最低廉，燃料能效（FER）最高的理想原料是纤维素。但目前还存在技术屏障，未能实现商业化生产。2006 年布什在《国情咨文》中提出美国要用6年时间攻克技术关，实现商业化，并计划在2017年生产的1.05亿吨乙醇的目标中有6 000万吨纤维素乙醇。

2. **加工工艺**

在用淀粉质原料生产乙醇过程中，为了加速蒸煮、糖化、发酵的反应速度，需要采用湿法或干法做前处理。湿法是将原料中的淀粉与蛋白质、纤维、脂肪等其他成分分离，再将淀粉发酵为乙醇等产品，同时产生玉米油、蛋白饲料、玉米谷朊粉等副产品，副产品的收入可占到玉米自身费用的60%左右。湿法的缺点是用水量大和污水处理量大。干法是将玉米转化为乙醇的同时将残渣加工为饲料，副产品收入占玉米费用的45%左右，美国采用的主要是干法工艺。我国丰原集团公司开发了“半干法”兼有干、湿二法的优点。

蒸煮、液化、糖化　蒸煮、液化、糖化过程通常采用连续工艺，蒸煮温度大于100℃。近来在德国和美国开发了低温蒸煮技术和同步糖化发酵技术：蒸煮温度仅50℃，同步糖化发酵取消了单独的糖化过程，使糖化和发酵同步进行，可以节省糖化设备，降低染菌概率，以及减少高糖度对酵母菌的抑止作用。低温蒸煮、同步糖化发酵是目前先进的乙醇生产技术。

发酵　乙醇发酵工艺有间歇发酵和连续发酵两种。目前，世界上多采用间歇发酵法，因连续发酵工艺虽可提高发酵设备利用率、减少乙醇对菌体的抑制作用，但易导致大面积的杂菌污染和原料淀粉利用率低。我国大连理工大学开发的自絮凝酵母连续发酵技术缩短了发酵时间（30小时以下），使废水中污染负荷降低了50%，并且70%的废水可以在生产过程中回用，已在1万吨/年装置上运行成功，正在建设20万吨/年装置。

利用甜高粱茎秆生产乙醇中也有液态发酵和固态发酵两种方法。榨汁液态发酵法不能很好地解决甜高粱的季节性与乙醇生产周年性的问题，且压榨、汁液浓缩储存成本较高。清华大学筛选到适合甜高粱固态发酵的优良菌种，开发了可以实现工业化生产、自动化控制的发酵装置，发酵时间44小时，转化率95%，乙醇收率达到理论值的94%以上。固态发酵工艺不存在废水处理问题，还省去淀粉质原料生产乙醇所需的蒸煮、糖化过程，节能降耗，可降低成本20%左右。

在提高薯类乙醇经济性上有两项工艺改进是值得提倡的。一是要在相对较短的生产时间内获得足够高的乙醇浓度及初始糖浓度，因而需要有耐高浓度乙醇、耐高渗性能和高乙醇发酵速度的发酵菌种，以及探索无蒸煮、低温淀粉糖化工艺，降低能耗；二是在糖化过程加入纤维素酶，在多酶协同糖化过程中，同时实现纤维素成分的酶法水解，进一步提高原料利用率，降低生产成本。

蒸馏　蒸馏是当前乙醇工业从发酵液中回收乙醇所采用的唯一方法。节能蒸馏技术是研究的重点，各种类型的节能蒸馏流程和非蒸馏法回收乙醇方法近年不断出现，除少数节能型蒸馏工艺外，其他方法均尚处于试验室或扩大试验阶段。

蒸馏后的釜液一般采用 DDGS（distillers dried grains with solubles）工艺，虽然能耗较高，但可以回收釜液中残余的固体成分，如纤维、酵母、水溶性蛋白质等。

脱水 乙醇共沸点时的质量含量不大于 95.57%，需要对乙醇进行特殊的脱水处理（乙醇含量大于 99.5%）才能作为燃料乙醇使用。常用的脱水方法有生石灰法、盐脱水法、萃取蒸馏法、分子筛脱水、真空蒸馏法、淀粉吸附法、蒸馏和膜脱水结合法、离子交换柱脱水法、恒沸精馏法等，目前应用最广的是分子筛脱水法。

13.2.3 液体生物燃料：生物柴油

生物柴油是以动植物油脂为原料生产的一种长链脂肪酸的单烷基酯。在工业应用上主要是脂肪酸甲酯，其分子质量可降低到与柴油的接近，十六烷值高，润滑性能好，是一种优质清洁柴油。生物柴油一般以 20% 的比例混掺到柴油中，称 B20 柴油，欧洲用于替代化石运输燃油的生物燃料 80% 是生物柴油。目前生物柴油主要是用化学法生产，即用动物和植物油脂与甲醇或乙醇等低碳醇在酸或碱性催化剂和高温（230 ～ 250℃）条件下进行转酯化反应，生成相应的脂肪酸甲酯或乙酯，再经洗涤干燥即得生物柴油。2006 年世界生物柴油产量约 500 万吨，其中欧洲油菜籽柴油 400 万吨，美国大豆柴油 30 万吨。生物柴油加工技术的发展趋势是降低生物柴油生产装置的投资和生产成本，减少污水对环境的污染，扩大工艺对原料的适应性。以下推荐几项目前在这方面的世界先进技术。

互溶剂的强化酯交换技术 促进油脂和甲醇的互溶性是强化反应的一种手段。最近，加拿大多伦多大学的 Boocock 等开发成功了 BIOX 工艺，此工艺通过在酯交换反应中引入了惰性的助溶剂，使油脂和甲醇在反应初始阶段就成为一相，大大加快了反应的速度。BIOX 工艺包含了酸催化和碱催化两个过程，可以处理高酸值的动植物油，油脂中游离脂肪酸的含量可以高达 30%。其原料来源广泛，包括废弃的动植物油、地沟油等。

超临界反应的强化酯交换技术 加压和提高反应温度也是强化反应的重要手段。随着温度进一步升高，反应体系接近甲醇的临界点时，反应物之间的传质和反应特性得到很明显的强化，即使没有催化剂存在酯交换反应还是能够顺利进行。日本住友化学公司开发成功了超临界甲醇醇解工艺，在高温（超过 350℃）、高压（超过 30 兆帕）和无催化剂存在下，在极短的时间内使油脂发生醇解，能达到很高的转化率。此工艺可加工高酸值原料，而且由于不使用催化剂，后处理简单且无三废排放。中国石油化工科学研究院开发的高压醇解工艺，酯交换反应在超临界和亚临界状态下进行，压力小于 10 兆帕，温度小于 300℃。此法原料预处理简单，只需脱除胶质等非皂化有机物；原料适应性强，能加工高酸值、高水油料；采用多种原料时，切换容易；不使用催化剂，简化后处理工艺，无污水；联产甘油浓度高等。

固体碱（酸）催化酯交换技术 传统的液碱催化的常压酯交换具有工艺流程复杂、三废排放污染环境、副产物甘油浓度低等缺点。固体碱催化剂代表着近年来研究发展的重要方向，可以解决产物与催化剂分离的问题，使用固体碱催化剂，可减少三废排放。

酶催化酯交换技术 酶催化剂是另一类重要的酯交换催化剂，近年来研究很多。酶催化的优点是：甘油三酯的酯交换反应和游离脂肪酸的酯化反应同时进行，可加工高酸值原料；副产物甘油浓度高；催化剂可以重复利用；反应温度较为温和。缺点是：酶催化剂的成本高、容易失活、寿命短，距工业化生产还有一定距离。国内正在努力开发价格较低且寿命较长的酶催化剂和可以多次循环使用酶技术，降低生物柴油生产成本。

13.2.4 第二代生物燃料

谈到第二代生物燃料，无论是专家、企业家和政治家不约而同地把目光聚焦到原料上，主要是木质纤维素，它在自然界太普通、太丰富、太低廉，但是也太难被水解。正因为此，激发科学家去攻克这个“世界难题”，企业家去追求最廉价的原料，政治家去追求最好的社会效应。难怪布什下决心和限时间地要求解决纤维素乙醇的技术难题和商业化问题。第二代生物燃料不仅是纤维素乙醇，还有生物质汽化生产的 FT 柴油、生物质热裂解或催化裂解生产的生物柴油，以及燃料丁醇等。其中最接近于商业化生产的是纤维素乙醇，其经济性和市场竞争性也好。

1. 纤维素乙醇

原料预处理方法很多，目前以稀酸或汽爆法应用最为广泛。工艺中的技术关键和难点是对纤维素的水解，主要有酸水解法和酶水解法。在高温酸性条件下水解纤维素对设备要求很高，加之所产生抑制因子多以及废水的处理问题等，目前已逐渐转向条件温和、环境友好的酶水解法。发酵方法主要有酶水解同步糖化（共）发酵 SSF 法或 SSCF 法（图 2），以及酶水解分离发酵 SHF 法等（图 3）。

图 2 酶水解同步糖化发酵 SSF 或 SSCF 工艺（美国可再生能源实验室）

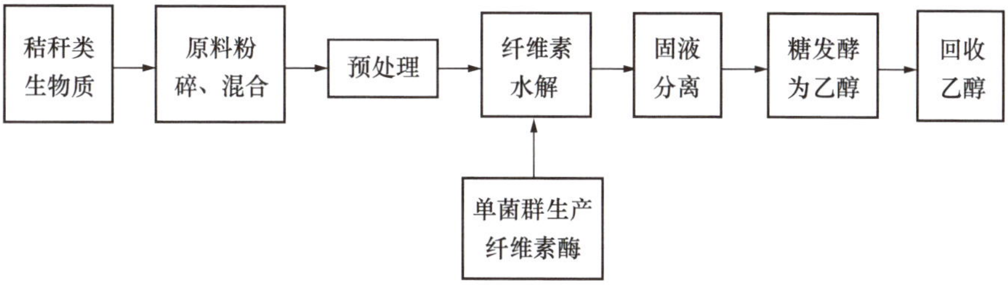

图 3　酶水解分离发酵 SHF 工艺（加拿大 Iogen 公司）

进入 21 世纪以来，世界上两大酶生产公司 Novozymes 和 Genencor 各得到美国政府 1 500 万美元的资助用以研究降低纤维素酶在乙醇生产中的成本，目前酶成本已降至 0.2 美元 / 加仑乙醇。美国 Purdue 大学构建的共利用戊糖、已糖的基因工程酵母菌利用木糖产乙醇浓度为 7% ～ 8%；瑞典 Lund 大学以木屑为原料，采用 SSF 工艺工程酵母菌发酵，时间 72 小时，乙醇浓度 4% ～ 4.5%，纤维素、半纤维素转化为可发酵糖的比例大于 90%，可发酵糖转化为乙醇达到理论值的 80% 以上。加拿大 Iogen 公司是专业生产纤维素酶的公司，采用纤维素酶水解纤维素，固液分离水解糖（木糖、葡萄糖），工程酵母菌发酵生产乙醇的 SHF 工艺（separate hydrolysis and fermentation）。2004 年年底，该公司与 Petro-Canada（加拿大石油）共同投资 4 500 万加元建立的世界上第一座木质纤维素乙醇中间试验工厂（年产燃料乙醇 3 000 吨）在加拿大渥太华（Ottawa）建成投产，日处理 40 吨麦秸，每吨麦秸可产乙醇 300 升，乙醇成本约 0.53 美元 / 升。

目前纤维素乙醇生产的经济性还比较差，美国国家能源政策委员会 2004 年 12 月的报告中预计到 2020 年秸秆乙醇的成本能降到 0.21 美元 / 升。2006 年 1 月 31 日美国总统 Bush 发誓要在 6 年内实现纤维素乙醇的商业化生产，2006 年 8 月美国能源部长宣布投资 2.5 亿美元建立 2 个纤维素乙醇研究中心，2007 年美国能源部用 3.85 亿美元资助 6 个纤维素乙醇示范厂建设。

目前，利用木质纤维素生产乙醇主要需要克服三个技术障碍：简捷高效的预处理技术、降低纤维素酶成本、戊糖与已糖共发酵生产乙醇。清华大学借鉴当前纤维素乙醇研究成果，与英国牛津大学合作，高起点地开展纤维素乙醇的研究工作，在国内第一次系统地从木质纤维素预处理、纤维素酶制造、纤维素水解、共代谢戊糖、已糖工程菌构建，到乙醇发酵和乙醇分离纯化新工艺，对纤维素乙醇技术进行研究，开发了分子振动辅助预处理、微生物菌群同步产纤维素酶水解纤维素、在线分离可发酵糖、工程细菌共发酵戊糖与已糖生产纤维素乙醇技术，即同步多菌产酶水解分离发酵 SMEHTF 工艺（simultaneous multi-enzyme synthesis and hydrolysis separate fermentation）（图 4），克服了 SHF 法和 SSF 法的缺点，使纤维素乙醇成本显著降低，技术已居国际领先水平。国内企业亦未雨绸缪地开展纤维素乙醇中间试验研究，中粮黑龙江肇东酒精有限公司、安徽丰原集团、山东龙力科技有限公司等建立了千吨级纤维素乙醇中间试验装置。

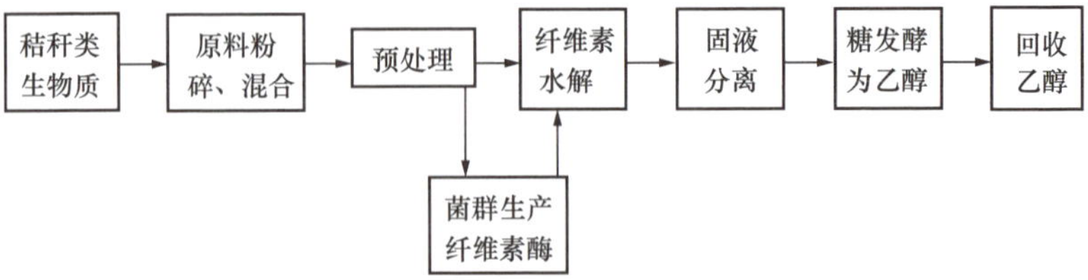

图 4　同步多菌产酶水解发酵 SMEHTF 工艺（清华大学）

2. 生物质汽化生产 FT 柴油

柴油是一种优质和用途很广的液体燃料，但因生物油脂原料资源少和价格高而制约了生物柴油的应用。为了缓解原料制约，第二代生物柴油的研究重点是扩大油脂资源的应用范围，如木质纤维素、动物内脏、城市固体废物、污水以及旧轮胎等，关键是研究出新的转化技术。欧美等正在研究开发的，如应用化学法从生物质中生产生物柴油，包括生物质汽化再经 FT（fischer-tropsch，FT）合成生物柴油、生物质热分解 TDP（thermal depolymerization，TDP）生产生物柴油技术、生物质催化裂解 CDP（catalytic depolymeriza-tion，CDP）生产生物柴油。

FT 合成生物柴油技术是先将生物质在高温、高压条件下汽化得到合成气，再经 FT（费托）合成得到清洁柴油或化工产品，所得柴油十六烷值可高达 85，性能优于石油基柴油，是最具前途的生产生物柴油技术之一。德国 CHOREN 公司成功开发了该技术，并于 2002 年开始进行年产 200 吨合成柴油的中间试验示范装置的运行、考核，目前已开始建设年产量达 1.5 万吨工业示范工程；德国鲁奇公司也拥有类似的技术。

生物质汽化 /FT 合成生物柴油技术与类似的煤汽化循环利用（integrated gasification combined cycle，IGCC）技术相同，但生物质的成分比煤更复杂，并且过程设备和前期投资巨大，目前从秸秆类生物质制得的生物柴油成本要比利用生化技术生产的燃料乙醇高 40% ～ 50%，尚需通过技术创新进一步提高产品的经济效益。

3. 生物质液化生产生物柴油

DTP 技术是将生物质通过快速热解生产液体燃料的技术，一般包括预处理、热解、分离和收集三个过程，技术关键是热解过程，该过程必须严格控制反应温度及原料的滞留时间，以确保在极快的加热和热传导速率下原料能迅速转变为热解蒸汽。利用该技术可以将生物质变为清洁燃料——生物柴油。美国已经在 Philadelphia（费城）建立了一个采用 TDP 技术利用有机废弃物生产生物柴油的中间试验厂，最近又在密苏里州（Missouri）的Carthage投资2 000万美元建设了一座采用TDP技术日处理200吨火鸡加工废弃物产274桶柴油的工厂。

在2006年世界生物能源大会上，生物质催化裂解技术CDP（catalytic depolymeriza-tion，CDP）亮相，这是改良的TDP技术。由于使用催化剂，生物质液化反应温度、压力都显著降低，在催化剂的作用下更容易控制油品组分，柴油质量更好。但正处于中试阶段。

由于液体产物收率低、成分复杂，加之成本较高等原因使该技术在推广上尚有难度。一般认为裂解法生产生物柴油可能将在FT生物柴油之后实现商业化生产。

4. 燃料丁醇

丁醇同乙醇一样，是利用微生物发酵技术生产的可再生燃料，含有4个碳原子。丁醇除可作为优质燃料外，还是一种重要的有机化工原料，用途非常广泛。我国的丁醇主要用于生产醋酸丁酯、丙烯酸丁酯、邻苯二甲酸二丁酯及医药中间体等，用量较大的是醋酸丁酯、丙烯酸丁酯和邻苯二甲酸二丁酯（DBP），分别占我国丁醇消费总量的32.7%、15.3%和9%。

2006年6月，英国石油公司BP和美国Dupont公司联合推出燃料丁醇，与现有的生物燃料相比，其能与汽、柴油任意混合，腐蚀性较小，无需对车辆进行改造，而且混合燃料的经济性更高，环境效益更显著。丁醇还是一种高能量生物燃料，与传统燃料相比，每加仑（1加仑约合4.5升）可支持汽车多走10%的路程，与乙醇相比，可多走30%的路程。英国政府计划加速丁醇和其他生物燃料的生产，使生物燃料销售份额到2010年占所有燃料的5%，到2015年占10%。英国第一个丁醇燃料工厂正由英国联合食品有限公司建造，设计年生产能力为7 000万升，2007年年底开始试生产。到2010年，丁醇燃料可在1 250个英国石油公司加油站销售。

生物丁醇是以甘蔗、甜菜、小麦、木薯，也可以用速生能源植物的纤维素为原料，其生产工艺与乙醇相似，乙醇生产设施经过改造可转而生产生物丁醇。丁醇可以通过丙酮－丁醇发酵得到，利用丙酮－丁醇梭菌（*Clostridium acetobutylicum*）以淀粉质、糖质和纤维质为培养基，在严格嫌气条件下进行的一种发酵过程。丙酮－丁醇发酵可用分批或连续发酵法进行，大规模工业生产大都采用连续发酵。成熟发酵醪经多塔精馏，分别得到丙酮、正丁醇、乙醇和杂醇油。丙酮、正丁醇、乙醇质量比约为3∶6∶1，每吨总溶剂可得CO_2、H_2等气体1.7吨，其质量比为H_2占2.7%，CO_2占97.3%，因原料、菌种不同，溶剂比和废气比也有所变化。

生物燃料丁醇的出现和广为应用无疑将加快生物燃料对化石运输燃油的替代进程。

13.2.5 气体生物燃料

气体生物燃料包括沼气、生物质汽化、生物质制氢等，工业化生产沼气以及沼气净化后作为运输燃料是近期内发展气体生物燃料的现实可行技术。

1. 沼气替代天然气

沼气是有机物质在厌氧环境中，在一定的温度、湿度、酸碱度的条件下，通过微生物发酵作用产生的一种可燃气体。沼气是一种混合气体，它的主要成分是甲烷，还有二氧化碳、硫化氢（H_2S）、氮及其他气体。甲烷含量为 55% ～ 70%、二氧化碳含量为 28% ～ 44%、硫化氢平均含量为 0.034%。石油供应紧张，使人们把注意力转向天然气。沼气与天然气有异曲同工之处，不过是将厌氧消化过程由上亿年缩短到几十天或几天。甲烷作为燃料燃烧过程释放出的温室气体量最低，而以甲烷为主要成分的沼气生产又是消除环境中污染物的清洁过程。压缩净化后的沼气（compressed biogas，CBG）就是生物合成的天然气，可以用作运输燃料或民用燃气。沼气的原料来源主要是畜禽养殖场、工业有机废水和垃圾填埋场。在天然气资源缺乏的国家，如瑞典、瑞士已用沼气代替天然气作为运输燃料，获得巨大成功。目前，全球有近 500 万辆压缩甲烷汽车，8 500 座加油（气）站。

沼气发酵有户用沼气池型和工业沼气型。20 世纪 70 年代，农村户用沼气在我国就有了很好的发展，联合国粮农组织曾向发展中国家广为传播。2006 年已有 2 200 万座户用沼气池和 3 764 座大中型沼气工程，年产气约 80 亿米^3。工业性集中厌氧消化系统（CAD）代表了目前欧洲沼气工程的发展趋势，即将一定区域内相邻的农场畜禽粪便和其他有机废物收集、运输到一处沼气站集中处理，集中厌氧消化装置的优点是具有规模经济效益、可采用较先进的厌氧消化处理工艺和装置设备从而处理效率更高，装置由当地农民合作协会或社区投资和经营。集中厌氧消化系统是沼气技术顺应环境可持续行动的结果，将更有利于对有机废物的管理和循环利用，此系统发展较快的欧洲国家主要是丹麦、德国、英国和瑞典。

工业化国家正在开发工业化生产沼气技术，把沼气用于运输燃料或与天然气并网，瑞典和瑞士两个国家在此方面走在世界前列。瑞典在沼气开发与利用方面独具特色，利用动物加工副产品、动物粪便、食物废弃物生产沼气，还专门培育了用于产沼气的麦类植物，产气率达 300 升 / 千克底物，沼气中含甲烷 64% 以上；麦类植物用于生产沼气，除沼气被用作运输燃料外，所产生的沼肥又被用于种植。瑞典 Lund 大学开发了“二步法”秸秆类生物质制沼气技术，并已进行中间试验；还开发了低温高产沼气技术，可于 10℃条件下产气，产气率大于 200 升 / 千克底物。

沼气通常采用水洗、Selexol（聚乙二醇二甲醚）、碳酸丙烯酯吸收、分子筛或活性炭吸附等物理方法，或化学法如碱溶液吸收等技术净化去除 CO_2、H_2S 等杂质，使甲烷纯度达到 97% ～ 98%，用化学法净化沼气得到的甲烷纯度最高，可达 99%。净化后的甲烷再经压缩就得到车用甲烷供甲烷汽车、拖拉机、火车使用，1 标准米 ^{3} 的车用甲烷相当于 1.1 升汽油，或作为民用燃料。甲烷作为运输燃料最环保，与汽油、柴油、乙醇相比释放出的温室气体最低，瑞典的车用甲烷标准如表 3 所示。作为燃料的车用甲烷通常采取如下三种途径被输送到加油（气）站：直接用管路输送；借助于天然气管道，用压力容器运送；以新罐更换气体用完的旧罐。

表 3　瑞典的车用甲烷标准

组分	单位	标准 A	标准 B
甲烷（CH_4）	体积分数 /%	96 ～ 98	95 ～ 99
水	毫克 / 米 ^{3}	<32	<32
氧（O_2）	体积分数 /%	<1	<1
总硫	毫克 / 米 ^{3}	<23	<23

在对环境影响方面，沼气的生产原料主要是畜禽粪便、农林废弃物以及工业和生活垃圾、废水。通过沼气建设项目的实施，可以改变农村粪便、垃圾任意堆放的情况，减少污染物排放量，保护水源，改善农业生产环境和居民生活环境，减少疾病传播，减少 CO_2 排放。

2. 生物质汽化

生物质汽化技术已有 100 多年的历史。1883 年诞生了最早的汽化反应器，它以木炭为原料，汽化后的燃气驱动内燃机，推动早期的汽车和农业排灌机械产业的发展。

生物质汽化过程简单、对设备要求不高，但是能量转化率低（所产生气体的能量一般为生物质所含能量的 60% ～ 70%，最高为 75%）、燃气热值低（4 ～ 6 兆焦 / 米 ^{3}）、焦油含量高且燃气被焦油和颗粒污染，亦缺乏有效的净化技术，不能灵活使用热值不同的多样化生物质原料，并且汽化过程还需要能量。所以随着生物质（或成型）直燃技术的提高，国外主要采用生物质直接燃烧供热 / 发电或成型后燃烧供热 / 发电，生物质汽化生产煤气技术已经被淘汰。国际上在生物质汽化方面的发展趋势则是在汽化得到合成气（syngas）的基础上，再经 FT（Fischer-Tropsch）合成得到生物柴油或化工产品，仅利用 FT 合成过程的废气驱动燃气透平发电，而不是专门把汽化气用于发电；或者是将合成气甲烷化后利用天然气管道输送，利用废气驱动燃气透平发电。

3. 生物质制氢

氢气是一种可再生、高热值的清洁能源，在燃烧时只产生水而不产生氮氧化物、硫化物和颗粒等大气污染物或二氧化碳等温室气体。近年来随着氢气贮存技术（如氢化物合金）和燃料电池技术的迅速发展，氢气的制取和利用日益受到重视，被认为是一种最有潜力的替代能源。

通常的制氢方法如水电解法、水煤气转化法、甲烷裂解法等都需大量耗能，相对而言，生物法制氢成本低廉，克服了其他制氢方法高能耗的弊端，还能以污染物为原料进行生产，去除污染。世界各国都对生物制氢研究有较大的投入，美国能源部于1997年开始资助微生物产氢的研究工作，2005年8月美国《能源法案》批准37亿美元用于氢和燃料电池的研究和基础设施建设，支持氢能汽车，期限为5年。目前的研究基本上都集中在利用光合细菌制取氢气，厌氧发酵细菌将有机物转化为氢气、二氧化碳和有机酸，不需光源和生长条件而成本较低，但有产氢效率低和可控性差的缺点。国外利用厌氧发酵细菌产氢主要集中在纯种产氢细菌的固定化技术、纯种产氢细菌及包埋剂的选择上，可是由于制氢原料（如废弃物）本身的复杂性，使用纯种细菌无法实现工业化规模的生物制氢。另外，需要考虑的是葡萄糖转化为氢的生物合成反应，1摩尔葡萄糖最多可产6摩尔氢气，但是如果按质量计算，160克葡萄糖仅产生12克氢，经济可行性问题值得进一步研究。

生物产氢的重要发展方向是以生物质为原料制取氢气。该项技术的应用不仅局限于产生高浓度有机废水的食品加工、发酵等行业，而且还可以城市污水处理厂的剩余污泥、生活垃圾等其他有机废弃物为原料生产氢气。意大利ETA公司等开发了秸秆类生物质直接汽化制氢技术，过程简单、产氢速度快，显示出巨大潜力，成本显著低于生物质发电再电解制氢、乙醇制氢等，欧洲正在积极推进这项技术的开发。

尽管氢被炒得很热，但是“氢经济”的始作俑者美国却始终保持着清醒的头脑，根据美国能源政策委员会2004年的年终报告，通过对氢的原料可供给性、CO_2减排性、与现有基础设施的相容性、到2020年与汽油的竞争性等四项指标的比较，认为氢还不具备竞争优势。据美国科学院预测，氢需要再经过50年的全力研发后才能显示出其优越性。

13.2.6 可生物降解塑料

人类对石油的依赖不仅是以其作为运输燃料，还用其生产人类必需的化学品。美国石油5%以上被用于生产化工产品，其中塑料是最大宗的产品，2 000年美国的塑料消费量为4 500万吨，其中包装材料就高达965万吨。我国已成为世界石化产品消费最大的国家，约22%的石油用于生产化工产品，2005年塑料产量约1 836.5万吨，有740万吨被用作包装材料。目前世界上每年主要以石油为原料生产约1.57亿吨的高分子聚合物，同时产生约8 000万吨的塑料废弃物，美国、日本等国的塑料垃圾占垃圾体积总量的70%以上。塑料废弃物数百年也不能降解，对环境的危害日趋严重。我国是季风性气候国家，特殊的气候条件每年需要150万吨地膜（年补充量约75万吨），而不可降解的石油基地膜严重污染土壤，目前据新疆生产建设兵团的数据，土壤中的残留地膜含量已高达30千克/亩，若超过40千克/亩，土壤就不能再耕种。因此从减少石油消耗、保护环境和支持农业可持续发展的角度出发，我国要发展可降解的生物质塑料。

生物质塑料是由生物可再生（biorenewable）塑料的深入研究开发逐渐演变过来的。人们逐渐认识到只有充分利用自然界生成的、可循环再生的植物资源来研发生物质塑料才是实现经济可持续发展的可靠出路。美国的生物质塑料已能大规模生产，Cargill公司出售用玉米基塑料生产的塑料容器、餐具、包装品等；Dupont公司生产的Sorona塑料可以替代聚酯和合成纤维；2005年Wal-Mart宣布其将只使用生物质塑料作为包装。化学合成的聚己内酯虽然属生物可降解材料，但仍然是利用石化资源生产，不应算作生物质塑料。近30年乃至半个世纪以来，世界各国都在关注并投入大量人力、物力研究生物质塑料。经历了从减量使用石油基塑料的填充型共混塑料，到二氧化碳与环氧化合物合成塑料、以淀粉为原料通过生物合成技术生产生物质塑料、淀粉与合成可生物降解高分子材料共混的发展过程。

可生物降解高分子材料可以通过发酵直接得到（如聚羟基丁酸酯类），或生物合成单体后再通过化学聚合而得到（如聚乳酸）。在发达国家，目前产业化的可完全降解高分子材料，主要有聚乳酸（又名聚丙交酯，PLA）、聚己内酯（PCL）、聚羟基丁酸酯（PHB）、聚羟基戊酸酯（PHV）、二氧化碳与环氧化合物的共聚物（PPC）等。美国正在建设一座年产5万吨PHA的工厂；宁波天安生物有限公司年产量1 000吨，由于产品加工性能稍差且价格昂贵，无法在我国大量推广应用。目前，各国科学家正在进行改用各种碳源以降低成本的研究。二氧化碳与环氧化合物合成塑料产业化的势头很快，国内外都有报道，许多公司都在进行中试研究，且已进入产业化阶段，如内蒙古的蒙西公司，开始批量生产二氧化碳共聚物产品，原料依托的是附近的二氧化碳气田。但这两类聚合物成本很高，主要应用在医药、电子等附加值较高的行业。

目前价格比较低的只有聚乳酸，是近年来世界上开发研究最活跃的降解高分子材料之一。具有良好的生物可降解性，6～12个月可完成自动降解；有良好的机械性能及物理性能，适用于吹塑、热塑等各种加工方法，加工方便；是一种低能耗产品，比以石油为原料生产产品能耗低30%～50%。聚乳酸可用于加工工程材料、包装材料、日用器具、农用地膜和医药医疗领域，市场潜力巨大。美国Cargill公司已建成年产14万吨的聚乳酸生产装置。我国的安徽丰原集团公司与比利时格拉特公司合作，生产*L*-乳酸的成本最低，正在筹建年产1万吨聚乳酸厂。

美国 Cargill 公司的聚乳酸售价已从高于 1 美元 / 磅降低到 63 美分 / 磅（11 250 元 / 吨），比石油基塑料 40 美分 / 磅的价格高 50%。我们国家人均购买力较低，这些材料只能少量应用于包装材料和医用材料，根本无法在地膜和包装领域推广应用。我国在“十五”期间加大了开发淀粉与以聚乳酸为代表的可生物降解高分子材料共混全降解塑料的研究力度，意在突破塑料性能与成本两个“瓶颈”。现在已经取得突破性进展，证明了采用淀粉与可生物降解材料复合这条技术路线的先进性和合理性。利用这种方法生产的地膜和包装材料，可以采用吹塑工艺成型，成本较低，能逐步取代现行的地膜和包装材料，推广前景十分广泛，代表着近期生物质塑料产业发展的方向。以淀粉为原料生产生物质塑料，包括全淀粉塑料、以聚乳酸为代表的脂肪族聚酯及淀粉其混炼材料，是近年来刚形成的产业，国内已自主研制出专用生产生物质塑料的双螺杆挤出机、磁振荡吹膜机及相匹配的检测设备。目前，国内有十几条年生产能力在千吨以上的生产线，生产一次性餐盒、包装材料、酒店用品等，产品主要出口日本、韩国、东南亚等国。随着技术的日益成熟和人们环保意识的逐渐提高，以及石油能源的逐渐枯竭，生物质塑料的成本将大幅度降低而石油基塑料的成本会持续上升，国内市场也会明显扩大，生物质塑料将逐渐替代不可降解的石油基塑料。

13.2.7 生物质化工产品

生物质化工产品是指以生物质为原料生产的化工产品，主要替代石油中的 C2、C3 和 C4 组分。在石油未被大规模应用以前，烯烃都是由生物质原料制造。目前石油价格持续攀升、环境日益恶化以及可持续发展的需要，人类不得不再次把目光聚焦在生物质原料上。因此，本报告首次提出生物质制烯烃，即 BtO（biomass to olefin），如用乙醇能替代石脑油生产生物基乙烯（C2 馏分），用动植物油脂催化热裂解生产丙烯（C3 馏分）；糠醛替代正丁烷、异丁烯（C4 馏分）生产生物基顺酐、呋喃、氨纶等。

1. **生物质制烯烃 BtO**

生物质制烯烃包括乙醇脱水生产乙烯和生物油制丙烯。

乙醇制乙烯　乙烯是世界上最重要的石化基础原料，是用途最广泛的基本有机原料。全球乙烯工业经历了约 70 年发展历史，以乙烯生产为核心带动了基本有机化工原料的生产，一般多以乙烯的生产水平来衡量一个国家石化工业的发展水平。乙烯主要用来生产聚乙烯，氯乙烯、环氧乙烷 / 乙二醇、乙苯 / 苯乙烯、醋酸、醋酸乙烯、α- 烯烃、乙醛等，乙烯的各种衍生物可以加工成合成塑料（聚乙烯、聚氯乙烯、聚苯乙烯）、合成纤维（涤纶）、合成橡胶（乙丙橡胶）等合成材料，以及多种有机原料等，而广泛用于各工业、农业以及日常生活等领域。

乙醇脱去一个分子的水就得到乙烯，在石油未被大规模应用以前，乙烯都是由此工艺生产。新中国成立初期“一五”期间，苏联就在兰州援建了乙醇脱水制乙烯工厂。目前国内有安徽丰原生化股份公司（1.7 万吨乙烯 / 年）和中石化四川维尼纶厂（0.8 万吨 / 年）均有固定床乙醇脱水制造乙烯装置。采用流化床工艺比固定床工艺具有优点。国外采用硅铝催化剂 6 万吨乙烯 / 年装置的总固定投资，固定床为 2 540 万美元，而流化床仅为 1 930 万美元；生产 1 千克乙烯的 95% 乙醇消耗量，固定床为 1.86 千克，而流化床仅为 1.76 千克；固定床生产的乙烯纯度较低，仅为 95.0%，含有较多的乙烷和丙烷等杂质，而流化床生产的乙烯纯度高，达到 99.3%，杂质少，可直接作为合成基本有机化工产品的原料，但要做聚乙烯还需要进一步精制。目前国内外均在开发分子筛类型催化剂以降低反应温度，清华大学开发的新型分子筛催化剂已使乙醇脱水温度从 330℃降低到 250℃以下，乙烯成本显著下降。

石脑油生产的乙烯成本已高于 7 000 元 / 吨，而乙醇脱水制得的乙烯成本在 7 000 元 / 吨以下。7 000 元 / 吨已成为石油基乙烯和生物基乙烯的成本价格分水岭，这就为以生物质为原料生产基本有机化工产品，特别是开发乙醇下游产品提供了机遇，能创造更高的价值。乙醇可以脱水生成乙烯及乙烯衍生物，也可以羰基化生成丙酸，丙酸作为防腐剂和精细化工原料；乙醇可以氧化生成乙醛和醋酸，基于醋酸能开发一系列衍生物。

生物油制烯烃　在石油化学工业中，重油制烯烃的 DCC 技术非常成熟，中石化石油化工科学研究院开发的催化热裂解（catalytic pyrolysis process）已成功地应用于工业生产。我国每年有大量废弃的动植物油脂，采用催化裂解技术可以生产以丙烯为代表的烯烃，不仅得到宝贵的烯烃，还解决了废弃油脂造成环境污染问题。

2. **糠醛及替代 C4 化工产品**

利用半纤维素水解生产大宗化工产品在我国已形成一定规模产业，主要是糠醛、糠醇、四氢呋喃、呋喃树脂、四氢呋喃聚醚。秸秆类生物质中半纤维素水解得到的主要产品是糠醛、木糖及其衍生物，未水解的纤维素可以生产乙醇，剩余的木质素可以用来发电。

C4 化工是石油化学工业的重要组成部分，以 C4 馏分为原料四氢呋喃、顺酐、1，4- 丁二醇等大宗化工产品和下游产品，如氨纶、聚酯等。利用糠醛可以代替石油的 C4 馏分上述产品，目前用 C4 馏分生产的四氢呋喃成本在 1.3 万～ 1.4 万元 / 吨，而用糠醛法成本仅为 1.17 万元 / 吨，并且降低的潜力还很大。目前，糠醛以玉米芯为原料生产，但原料成本高，且资源有限（玉米：玉米芯 =1 ： 0.2），全国每年产量仅 2 000 多万吨。清华大学开发了秸秆生产糠醛技术和半纤维素水解制木糖、木糖脱水制糠醛的“二步法”工艺，提高糠醛收率

10% 以上，使糠醛成本降低 20%，拓宽了糠醛原料资源，为发展 C4 化工奠定了基础。

13.3 我国生物质原料资源

生物质是由生物体所产生的有机物质。所有生物质都可以作为生物质能源产业的原料，但必须具有可获得性与经济性，即兼具自然属性与经济属性才能作为产业化开发的潜在原料资源。由于生物质原料的多样性和地域性，不同国情和域情的差异很大，都必要对原料资源作具体的分析和估算。

13.3.1 生物质原料资源研究概述

生物质能源产业是个新兴产业，生物质原料及其资源的系统研究不多。全球性生物质原料资源潜力的研究，较早有 Lashof & Tirpak（1990）、Hall（1993）和 Sorensen（1999），以后有 Fisher & Schratten holzer（2001）以及 Yamamoto.H.（2001）[1]、Hoowijk,M.A.（2003）[2] 等。2004 年，荷兰乌德勒支大学的 Edward Smeets，Andre Faaij 等[3] 对 2050 年全球生物质原料资源潜力预测做了系统研究。研究中的生物质原料包括专用能源作物、农业废弃物、农林加工工业剩余物、畜禽粪便及城市有机废弃物四类，并按生产力及生物质原料产出水平，由低到高地设计了四种情景，采用的是 IMAGE 模型。

在此全球性超大尺度的研究中，不可能对过多细节进行研究，而是突出其所设定的主要因素。该研究突出了技术进步和生产经营方式改进所产生的农林牧产品增量，在满足人口和需求增长后所多余的土地，以及以此生产生物质原料的潜力。按模型设计的四种情景，得出的全球生物质能源的年产出潜力预测结果分别是（按标煤计）93.26 亿吨、175.26 亿吨、401.76 亿吨和 502.54 亿吨，这四种情景相当于 2005 年世界石油消费量（38.37 亿吨）的 1.7 ～ 9.1 倍，即全球生物质原料具有替代世界石油以至化石能源的足够资源潜力。

另一项研究是 2005 年美国能源部和农业部于 2005 年提交的“为生物能源和生物基产品生产年供应 10 亿吨生物质原料的技术可行性研究”报告[4]。报告主要是回答美国国会提出的，为完成 2030 年生物质燃料替代现石油消费总量 30% 的目标的原料支撑状况。该报告的研究结论是：实现这个目标，需要每年提供 10 亿千吨生物质原料，研究结果是具有 13.66 亿吨的潜力，其中 3.68 亿吨来自林业土地，9.98 亿吨来自农业土地。而且说：“这不是潜力的上限，只是根据一些合理假定得出的一种方案，能源部和农业部的科学家正探索更多的方案，以期进一步提高用于生产生物能源和生物基产品的生物质原料的数量。”

该报告的研究方法分农、林两大板块，按不同种类的生物质原料逐项研究可获得的年产出量，前提是保证国家对食物、饲料和出口的正常需要。从表 4 中列出的 14 类生物质原料的产出中可以看出，73% 来自农业，65% 来自有机废弃物，9.9% 来自传统农作物而 27.6% 来自专用能源植物。从中还可以看到，美国在生物质原料的取向上，一是重视作物秸秆等农林有机废弃物的利用，一是拟大力开发多年生能源植物，而玉米等谷类籽粒的比重只占 6.4%。

以上两项研究的结论都显示了生物质原料资源的丰富性以及对石油和化石能源的很强替代潜力。在研究方法上，全球性超大尺度研究采用了“主要素分析法”，国家尺度研究采用了“分要素分析法”。

表 4　美国生物质原料资源状况及年产出潜力（干重）　　100 万吨 / 年

来自农业的生物质原料	产出量	所占比例 /%	来自林业的生物质原料	产出量	所占比例 /%
玉米秸秆等	256	18.8	采伐残余物	64	4.7
其他作物秸秆	124	9.1	加工残余物	60	4.4
CRP 生物质	18	1.3	城市木质残余物	47	3.4
畜禽粪便	44	3.2	林产加工残余物	70	5.1
加工等有机废弃物	44	3.2	纸浆黑液	74	5.4
玉米等谷物籽粒	87	6.4	薪炭木材	52	3.8
大豆	48	3.5			
多年生能源植物	377	27.6			
累计	998	73.1	累计	367	26.8

13.3.2　我国生物质原料资源的研究思路和方法

同在国家尺度上，同是幅员和农业大国，我国的生物质原料资源研究可以参考美国的“分要素分析法”。但美国是资源和农产品出口大国，而中国在耕地、水和粮食人均占有量上远远不及。因而在生物质原料资源的选择与来源上都会有中国自身的特点与重点。

1. 思路与原则

下面是本专题对中国生物质原料资源研究和测算上的思路和原则。

保护耕地与粮食安全，在中国十分重要和敏感，提到了国家战略和政治高度。因而设置了一条红线，即“不与人争粮（含油与糖），不与农争地”。

中国是个农业大国，谷类总产和猪、鸡存栏都居世界首位，分别占世界总量的 1/5、1/2 和 1/4；薪炭林面积居世界第二位，农林产品加工业也较发达。农林及加工产品的这种大体量，带来丰富的有机废弃物，一种重要的生物质原料资源。

中国耕地十分紧缺，但在尚未利用的土地中有大面积的宜林和宜农荒地，以及农田中大面积的非粮低产田为种植结构调整提供了空间。而具有比传统农作物抗逆性高得多的能源作物正适合利用这些边际性土地，它将会在生物质原料生产中扮演重要角色。

中国地域辽阔，自然条件丰富多样，可供开发的能源植物种类很多，有可在全国广大地区种植的甜高粱和薯类；有适宜南方种植的木薯和甘蔗；有麻疯树、黄连木等木本油料植物；有大面积的薪炭林和灌木林；有适合在水面繁殖的能源藻类。所以，能源植物绝非只是玉米和甘蔗，而是有更加宽阔的天地与精华，原料植物的品种和生物量在我国具有很大的开发潜力。

2. **工作方法与路线**

作为生物质原料，必须具有可获得性和经济性，为此，要梳理清楚三条界线和做好一个“整合”。三条界线是：有机废弃物与具有获得性和经济性的有机废弃物原料的界线；可利用而尚未利用的土地与能作为生物质原料用地之间的界线；非粮低产农田与可在种植结构调整中用于能源作物生产的边际性农田之间的界线。一个“整合”，就是各类边际性土地与各种能源植物之间的整合，以更加结合实际地估算生物质原料的资源量，工作路线见图5。

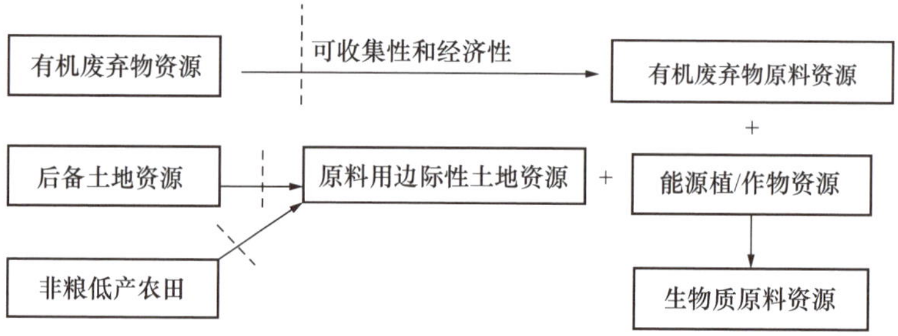

图5　工作路线图

本节所用资料主要来源于国家业务主管部门正式发布的权威性报告，基础资料和数据具有较高的质量和可信度。测算中采用了从产源到产量，从产量到可用实物量，从可用实物量到统一的热值——标煤的换算，力求产源数据准确、参数选择和三条界线定位恰当。

13.3.3　有机废弃物资源

以下就我国的农作物秸秆、畜禽粪便、林业剩余物、工业有机废弃物以及城市有机垃圾五类有机废弃物分别加以资源分析和测算。

1. **农作物秸秆**

农作物秸秆的数量（干重，下同）是农作物产量乘以谷草系数推算出来的，然后按不同作物秸秆的热值分别折算为统一的单位——标煤，准确性相当高。2004 年中国全国的作物秸秆总量是 7.2 亿吨，其中 8 大作物的秸秆总量是 6.49 亿吨，排在前四位的玉米、小麦、稻谷和油料，分别为 2.61 亿吨、1.26 亿吨、1.12 亿吨和 0.61 亿吨。按各作物秸秆热值折算的标煤，总量是 3.27 亿吨，其中玉米、小麦、稻谷和油料分别为 1.38 亿吨、0.63 亿吨、0.48 亿吨和 0.32 亿吨，详见表 5。玉米秸秆的产能要占 8 大作物秸秆产能总量的 42%。

表 5　2004 年中国主要农作物秸秆产量及折标煤

农作物	产量 / 万吨	谷草比	秸秆量 / 万吨	秸秆量 /%	折标煤系数	折标煤	
						/ 万吨	/%
稻谷	17 909	1 ： 0.623	11 157.1	17.2	0.429	4 786.4	14.6
小麦	9 195	1 ： 1.366	12 560.6	19.4	0.5	6 280.3	19.2
玉米	13 029	1 ： 2.0	26 057.4	40.2	0.529	13 784.4	42.1
其他杂粮	1 025	1 ： 1	1 024.5	1.6	0.50	512.2	1.6
豆类	2 232	1 ： 1.5	3 348.1	5.2	0.543	1 818.0	5.6
薯类	3 558	1 ： 0.5	1 778.8	2.7	0.486	864.5	2.6
油料	3 066	1 ： 2.0	6 131.8	9.5	0.529	3 243.7	9.9
棉花	632.3	1 ： 3.0	1 897.0	2.9	0.543	1 030.1	3.1
甘蔗	8 984.9	1 ： 0.1	898.4	1.4	0.441	396.2	1.2
合计	—	—	64 853.9	100.0	—	32 715.9	100.0

资料来源：作物产量引自《中国农业年鉴，2005》[5]；甘蔗仅为叶部。
标煤系数取自李京京等 1998 的《中国生物质资源可获得性评价》。

现作物秸秆有五个去处，造肥还田、饲料、工业原料、薪柴以及露地燃烧，重点是要找出它们的比例。在还田造肥上，李京京等 1998 年的研究报告提出，全国多年农作物秸秆造肥还田及收集中的损耗约占秸秆总量的 15%。秸秆的饲用主要是农区养牛，每头牛年均消耗作物秸秆 1 274 千克（中国农科院畜牧所），按 2003 年全国牛存栏 13 467.2 万头（其中农区 11 146.5 万头）计，约用作物秸秆 1.42 亿吨，占当年秸秆总量的 24.2%。工业用途主要是麦秸造纸，2003 年占纸浆总量的 21.3%，相当于消耗当年秸秆总量的 3%。还有一个去处是薪柴，按王海波 2006 年文，2004 年农民以秸秆为薪柴的总量是 3.4 亿吨和有 1.1 亿吨秸秆被露地焚烧掉了[6]。

下面的另一组数据可为此佐证。中国农业部与美国能源部项目专家组于 20 世纪 90 年代对中国生物质资源可获得性进行了评价，对 2010 年预测是：中国粮食产量 5.6 亿吨，秸秆总量 7.2 亿吨，除 2 800 万吨用于造纸，1.13 亿吨用于饲料，还田 1.089 亿吨（分别占 3.9%、15.7%和 15.1%，合计占总量的 34.7%）外，可作能源利用的秸秆为 4.701 亿吨（65.3%）。

在作物秸秆的用途和比例上，以上两组数据比较接近，主要用途和比例大体是：造肥还田 15%、饲料用 24%、工业原料用 3%、薪柴用 43%、露地焚烧约 15%。按此参数推算，2004 年中国 8 大作物的 64 854 万吨（折标煤 32 706 万吨）秸秆中，造肥还田 9 728 万吨，饲用 15 565 万吨，造纸用 1 946 万吨，薪柴用 27 887 万吨（折标煤 14 063 万吨），露地焚烧 9 728 万吨（折标煤 4 906 万吨）。即在保证秸秆还田、饲用和工业用途外，有 60% 约 3.89 亿吨可用于生物质原料，相当于 1.96 亿吨标煤。

作物秸秆的集中产区与主要粮食产区是一致的，按省份的排序是（前十位）：山东、河南、吉林、河北、江苏、黑龙江、内蒙古、安徽、辽宁和新疆，此十省份的秸秆资源量之和占全国总量的 69.3%（2004 年），这是中国的能源用秸秆资源的重点开发地区。

以上是我国 2004 年农作物生产和秸秆产出的实有量，随着技术和作物产量水平的提高，秸秆产出也会相应增长。我们没有采用上述 Edward Smeets 及美国能源部和农业部所使用的“情景设计预测法”，而是直接以国家权威机构的预测资料推算，这样更加简明和接近实际。2000 年国家发展改革委员会副主任刘江主编了《21 世纪初中国农业发展战略》，书中刘江的“农产品供求总量平衡研究”一文对我国 2030 年谷物需求和产量做出了相当详细的分析和预测[7]。限于该文是 2030 年预测资料，我们以 2004 年 8 类谷物及秸秆产出为基数，在与 2030 年预测数的对比中求得增量。因 2030 年只有稻麦、玉米和大豆三类作物的预测资料，故数值要比实际数低。2005 年的谷类秸秆产出是 5.35 亿吨，2030 年是 7.99 亿吨，增长率是 60%。折成标煤，2005 年与 2030 年分别是 2.68 亿吨和 4.27 亿吨。详细资料参见表 6。

表 6　谷类秸秆产出及产能的 2005 年实况和 2030 年预测

谷物		产量 / 万吨	谷草比	秸秆量 / 万吨	折标煤系数	折标煤 / 万吨	标煤增长率 /%
稻谷	2005 年	18 059	1 : 0.623	11 251	0.429	4 827	63.0
	2030 年	20 273		12 630		7 869	
小麦	2005 年	9 745	1 : 1.366	13 312	0.5	6 656	68.9
	2030 年	16 460		22 484		11 242	
玉米	2005 年	13 937	1 : 2.0	27 874	0.529	14 745	51.4
	2030 年	21 096		42 192		22 320	
其他谷物	2005 年	1 037	1 : 1	1 037	0.50	519	152.8
	2030 年	2 624		2 624		1 312	

续表 6

谷物		产量 / 万吨	谷草比	秸秆量 / 万吨	折标煤系数	折标煤 / 万吨	标煤增长率 /%
谷类合计	2005 年	42 778	—	53 474	—	26 747	59.8
	2030 年	60 453		79 930		42 743	
粮食总产	2005 年	48 400	1∶1.7	82 280	0.52	42 786	28.1
	2030 年	62 000		105 400		54 808	

注：2030 年的“其他谷物”数据引自吕飞杰，2000[7]。

2. 畜禽粪便

畜禽粪便主要来自圈养的牛、猪和鸡三类畜禽。粪便产出的估算是按不同月龄的牛、猪和鸡的日排粪量及存栏数，得出实物量，再按粪便收集系数（牛与鸡为 0.6，猪为 0.9）得到可开发量。依此算法，2003 年的实物量为 14.67 亿吨，可开发量为 10.23 亿吨，其中牛、猪、鸡分别为 5.90、3.55 和 0.77 亿吨。不同畜禽粪便的产热量不同，牛、猪、鸡分别为 3 300、3 000 和 4 500（千卡 / 千克）（1 千卡＝4.184 千焦），分别折算的年产能是 4 990 万吨、2 752 万吨和 2 668 万吨标煤，合计为 1.04 亿吨标煤，详见表 7。畜禽粪便资源量最丰富的 8 个省份排序是豫、川、鲁、湘、冀、桂、滇及粤，合计折标煤 4 663.76 万吨，占全国畜禽粪便产出能源总量的 43.5%。

畜禽粪便的可收集量直接决定了生物质原料的资源量。中国农业以家庭为基础，户用沼气是对散养畜禽粪便收集和利用的最好方式。2005 年年底为 1 800 万户，沼气利用量达到 70 亿米^3。在地区分布上，西南、西北、东南丘陵和黄淮海平原分别占 36%、16%、16% 和 20%，东北地区占 8%。

表 7　牛、猪、鸡排粪量及可开发资源量（2003 年）

项目	牛	猪	肉鸡	蛋鸡	合计
1. 体重 / 千克	500	50	1.5	1.5	—
2. 饲养（出栏）周期 / 天	365	150	60	365	—
3. 一昼夜排粪量 /（千克 / 头）	20	4	0.1	0.1	—
4. 一年排粪量 /（吨 / 头）	7.3	0.6	0.006	0.036 5	—
5. 年饲养（出栏）数量 /（亿头 / 只）	1.35	5.92	58.62	25.77	—
6. 粪便实物量 /（亿吨 / 年）	9.83	3.55	0.35	0.94	14.67
7. 收集系数	0.60	0.90	0.60	0.60	—
8. 可开发量 / 亿吨	5.90	3.20	0.21	0.56	9.87
干物质含量 /%	18.00	20.00	80.00	80.00	—

续表 7

项目	牛	猪	肉鸡	蛋鸡	合计
9. 粪便干重 / 亿吨	1.06	0.64	0.17	0.45	2.32
折标煤系数	0.47	0.43	0.43	0.43	—
10. 折标煤 / 万吨	4 990.2	2 752.0	725.9	1 941.6	10 409.7

畜禽粪便的规模化开发主要在大中型养殖场，中国的规模化养殖场总数222 万个，其中大型养殖场 8 242 个，占总数的 0.37%，中型规模养殖场 44 952 个，占 2.02%，小型规模养殖场 216.7 万多个，占 97.61%（刘英，香山会议，2005）[8]。2003 年我国大中型畜禽养殖场的猪、奶牛和鸡的饲养量分别占全国饲养量的 11.9%、12.5% 和 12.0%。

大中型养殖场粪便一般用水冲洗，所排粪便污水的能源产出十分可观，经发酵可生产沼气约 33.7 亿米^3。2003 年全国农村已运行的大中型沼气工程总池容为 88.3 万米^3，产沼气仅 1.8 亿米^3，资源潜力很大。2003 年全国各省、市、自治区中以广东、山东、河南和河北四省的大中型畜禽养殖场粪便污水可获得量最多，分别为 115.85 万吨、113.38 万吨、103.73 万吨和 70.06 万吨（均为折标煤），合计占全国总量的 40% 左右。大中型养殖场主要集中在大中城市与农村结合地带，近 70% 集中于东部沿海地区和北京、天津、上海和广东等大城市周边，中部地区的大中型养殖场占全国的 23% 左右，西部地区只占 7%。

2030 年的畜禽粪便产能的增量是按 2005 年的猪肉、牛肉、禽肉的实际产量与同年可开发粪便量产能之比，再根据刘江文章[7]中对 2030 年的猪肉、牛肉和禽肉的预测产量推算而得。三者含量的增长率是 75%，即畜禽粪便产能由 2005 年的 1.04 亿吨增加到 2030 年的 1.82 亿吨标煤，新增产能 0.78 亿吨。其中禽类粪便增长率最高，160%；猪最低，18%（表 8）。

表 8　肉类产量及畜禽粪便可开发量的 2005 年实况及 2030 年预测

畜禽	2005 年实产 / 万吨			2030 年预测 / 万吨		
	肉类产量	干便量 */ 折标煤	肉便比	肉类产量	干便量 / 折标煤	增长率 /%
猪	5 011	4 600/2 752	1 : 0.92	5 888	5 417/2 329	17.8
牛	712	10 600/4 990	1 : 14.89	1 147	17 079/8 027	61.1
禽	1 464*	6 200/2 668	1 : 4.24	3 812	16 163/6 950	160.7
合计	7 307	23 200/10 410	—	10 647	38 659/17 306	75.0

* 为 2003 年畜禽粪便量。

3. **林业剩余物**

可作为生物质原料资源的林业剩余物，一部分来源于伐区采伐剩余物和木材加工剩余物，另一部分来自各类经济林抚育管理期间育林剪枝所获得的薪材量。

天然用材林的大部分集中在人口密度较小的山区，地处偏僻、交通闭塞、运输困难，所以这些地区森林所生产的剩余物，由于运输成本太高导致商品林木质能源利润不大，难以利用。同时，国家实施了天然林保护工程，天然林采伐受到严格限制，故不列入本资源研究范围。

伐区采伐剩余物包括经过采伐、集材后遗留在地上的枝杈、梢头、枯倒木、被砸伤的树木以及不够木材标准的遗弃材等。本课题组的林业专题报告提出，“全国采伐剩余物量约 5.54 亿吨，主要分布在西藏、黑龙江、内蒙古、吉林等省份。防护林和特种用途林需要采伐更新的面积 545.2 万公顷，蓄积量 1 668.5 万米^3，总生物量5.14亿吨，采伐剩余物量为2.06亿吨。我国林木采伐剩余物总量为7.6亿吨”。

该报告在加工剩余物方面提出，2003 年全国木材产量 4 758.87 万米^3，其中原木产量 4 319.86 万米^3。进入制材厂的原木，从锯切到加工成木制品，将产生树皮、板皮、边条和下脚料、锯末和刨花等剩余物。全国木材加工剩余物数量为原木的 34.4%，其中，板条、板皮、刨花等占全部剩余物的 71%，锯末占 29%。木材加工剩余物为 1 468.75 万米^3，将树干蓄积转化为干重（IPCC 默认值为 0.5 吨 / 米^3），加工剩余物量 734.34 万吨。

另一种估算方法是从国家批准的采伐限额反推采伐剩余物，其涉及范围和数量最小，也最实，当然资源量也比实际要少很多。根据国务院批转国家林业局关于“十五”期间和“十一五”期间年采伐限额审核意见的通知，以及全国第五次森林资源清查结果和第六次森林资源清查结果的对比，按商品材和非商品材的采伐量和出材量获得出材率，从中推算出采伐剩余物量及加工剩余物量，最后折合为标煤。计算的结果是在“十一五”期间木材采伐剩余物和加工剩余物合计为 8 056 万吨，折算标煤 4 592 万吨，详细资料及计算情况参见表 9。除国家的采伐限额外，超限额和计划外的采伐量也相当大，但很难获得具体统计数字。因此以上数据比实际的采伐及加工剩余物量要低许多。

表 9 “十五”及“十一五”期间年木材采伐限额及木材采伐、加工剩余物资源量估算

项目	采伐量 / 万米^3	出材量 / 万米^3	出材率 /%	加工剩余物比率 /%	采伐剩余物 / 万米^3	加工剩余物 / 万米^3	剩余物合计		折合标煤 / 万吨
							/ 万米^3	/ 万吨	
“十五”期间									
商品材	11 590	6 944	59.9	40	4 647	2 777	7 424	3 712	2 116
非商品材	10 720	5 360	50.0	40	5 360	2 144	7 504	3 752	2 139
总计	22 310	12 304	—	—	10 007	4 921	14 927	7 464	4 255

续表 9

项目	采伐量/万米^3	出材量/万米^3	出材率/%	加工剩余物比率/%	采伐剩余物/万米^3	加工剩余物/万米^3	剩余物合计		折合标煤/万吨
							/万米^3	/万吨	
“十一五”期间									
商品材	15 770	9 983	63.3	40	5 787	3 993	9 780	4 890	2 787
非商品材	9 046	4 523	50.0	40	4 523	1 809	6 332	3 166	1 805
总计	24 816	14 506			10 310	5 802	16 112	8 056	4 592

注：1. 取木材的平均体积密度为 0.5 克/厘米^3。

2. 林木伐区剩余物估算方式为：出材量其余的部分为采伐林余物。商品材出材率根据国务院批转的国家林业局关于各地区年采伐限额审核意见确定。非商品材主要包括农民自用材及烧材。此处非商品材出材率取值为 50%，可能会使剩余物部分估计值偏小。

3. 此处原木加工成木材产品剩余物比率取 40%。但是，在计划内与计划外的木材生产中产生的大量剩余物与加工剩余物有相当一部分通过综合利用成为非单板型人造板用材，主要形成纤维板、刨花板等工业生产原料，此处全部作为剩余物处理，会使剩余物部分估计值偏大。

4. 木材的低位热值取 4 000 千卡/千克，则木材与标煤的换算系数取 0.57。

林业剩余物的第二部分来源是薪炭林、用材林、防护林、灌木林、疏林等不同林地育林剪枝及四旁树剪枝获得的薪材。按不同地区和不同林地类型的取柴系数和产柴率等参数（袁振宏，2005，表 10）[9]，从各省林地类型和面积中测算出全国薪柴资源量。经测算，全国薪柴年产出量为 5 239.3 万吨，扣除其中薪炭林的薪柴可采量则为 4 812.62 万吨。排在前十位的省份依次为云南、四川、西藏、广西、江西、湖南、广东、内蒙古、福建和黑龙江。处在前四位的西南三省和西藏合占全国薪柴总产出量的 39%。

表 10　不同地区和不同林地类型的取柴系数和产柴率

（引自袁振宏，2005）　　千克/千米^2

林种	南方地区		平原地区		北方地区	
	取柴系数	产柴率	取柴系数	产柴率	取柴系数	产柴率
薪炭林	1.0	7 500	1.0	7 500	1.0	3 750
用材林	0.5	750	0.7	750	0.2	600
防护林	0.2	375	0.5	375	0.2	375
灌木林	0.5	750	0.7	750	0.3	750
疏林	0.5	1 200	0.7	1 200	0.3	1 200
四旁树	1.0	2 千克/株	1.0	2 千克/株	1.0	2 千克/株

综上所述，如按国家采伐限额的木材采伐剩余物和加工剩余物的最小值，“十一五”期间木材采伐剩余物和加工剩余物的实物量为 8 056 万吨，折算标煤 4 592 万吨；加上各类经济林抚育管理期间育林剪枝所获得的薪材实物量 4 813 万吨，折 2743 万吨标煤，二者合计实物量为 12 869 万吨，折标煤 7 335 万吨标煤。此数值稍低于袁振宏资料及《新能源》杂志上“我国新能源产业初具规模”一文的数据——薪材年合理采伐量约 1.58 亿吨（折 9 006 万吨标煤）。

4. **工业有机废弃物**

工业有机废弃物主要来自农林产品加工工业。2004 年中国农副产品及食品加工业的产值 13 454 亿元（占全国工业总产值的 35.9%），其中可产生大量有机废弃物的谷类磨制、屠宰等 9 大行业的产值占到总产值的 63%（图 6）。

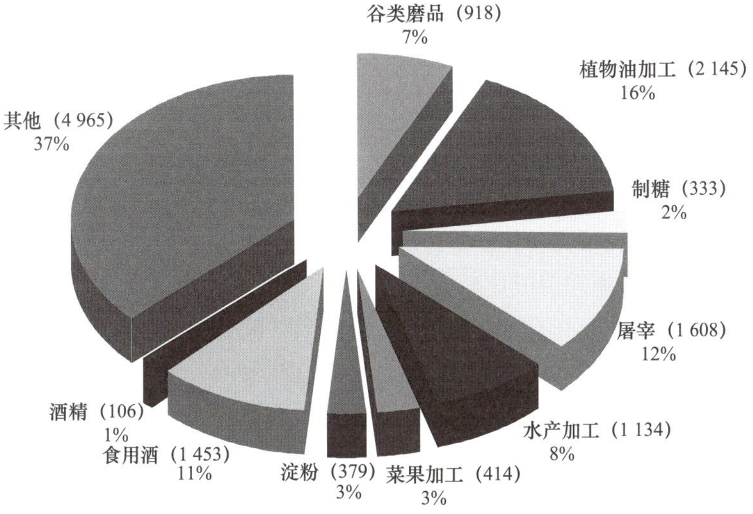

图 6　9 大农产品加工行业的工业产值[10]

2004 年，我国酒精、白酒、淀粉、食糖、氨基酸的产量分别是 286 万吨、312 万吨、731 万吨、994 万吨和 115 万吨，累计 2 438 万吨。它们都是由玉米、薯类、甘蔗等淀粉和糖类作物发酵加工而成的，每生产 1 吨产品就要大量排放富含有机质的废液废渣，对环境造成严重污染。

生产 1 吨木薯酒精要产生 12 吨 COD 值达 25 000 ～ 35 000 毫克 / 升的废液，污染河湖水体和农田，但也可利用这些富含有机质的高 COD 值废液生产沼气。生产 1 吨木薯酒精可生成 205 ～ 287 米^{3}沼气，相当于 0.15 ～ 0.21 吨标煤的能量。如以甘蔗制糖产生的废糖蜜为原料生产酒精，每生产 1 吨酒精要产生 15 吨 COD 值高达 100 000 ～ 150 000 毫克 / 升的废液，可以产生相当于 0.5 吨标煤的沼气，即产 1 吨乙醇可同产半吨标煤能量。广西 2004 年制糖后的废糖蜜约

400 万吨，可产能 200 万吨标煤。

我们没有收集到我国各类农产品加工每年产生的有机废水废渣及其产能的系统资料，农业部沼气科学研究所在他们对我国沼气的系统研究中提供的资料具有一定参考价值，即“中国农产品加工产生的有机废弃物可生产 500 亿米^{3}沼气，相当于 3 500 万吨标煤的能量”（刘英，2005）[8]，由此反推其有效实物量在 7 700 万吨左右。这是一笔相当可观的，可循环利用和与环保一体的生物质原料资源，且技术上已基本解决。

农产品加工业是在工业化加工过程中生成的有机废弃物，集中而易收集，便于加工和转化，如果技术、设备、资金和政策到位，可利用率会相当高。农产品及生物质能源加工产业在未来一二十年将有一个很大的发展，由于不定因素多，故未作预测。

5. **城市有机生活垃圾**

据《中国统计年鉴，2005》，2004 年全国垃圾清运量 1.55 亿吨，折 2 647 万吨标煤；粪便清运量 0.36 亿吨，折 384.5 万吨标煤。我国垃圾处理率 89%，其中简易处理率 28.7%，无害化处理率 52.1%。城市生活垃圾中，有机物一般占 25%～30%，主要是厨余垃圾，其中废弃油脂约 250 万吨。目前我国城市垃圾的能源利用率还很低，2004 年焚烧处理仅占 5.6%。

城市垃圾及其处理的情况比较复杂，垃圾发电尚在摸索中，其中厨余废弃油脂的收集和转化生物柴油的技术在国外已经成熟。粪便清理情况相对单纯，处理率较高，具有能源开发价值，剩余物还可制作有机肥料。在此按全国生活垃圾清运量 1.55 亿吨（约含有机垃圾 30%）及处理和可利用情况，设可用率为 10%，可用资源量为 0.16 亿吨，折标煤 250 万吨。城市生活垃圾清运量及能源潜力排前 10 位的省份为：广东、山东、黑龙江、湖北、江苏、辽宁、河北、浙江、河南及上海，含能源占全国总量的 58.6%（表 11）。

表 11　全国及排前 10 位省份的城市生活垃圾资源情况　　万吨

地区	生活垃圾清运量	热值取 5 000 千焦 / 千克时的标煤	热值取 6 300 千焦 / 千克时的标煤
全国	15 509.3	2 646.64	3 334.76
广东	1 561.5	266.47	335.75
山东	1 242.8	212.08	267.22
黑龙江	1 059.7	180.84	227.85
湖北	891.3	152.10	191.64
江苏	817.7	139.54	175.82
辽宁	778.8	132.90	167.46

续表 11

地区	生活垃圾清运量	热值取 5 000 千焦 / 千克时的标煤	热值取 6 300 千焦 / 千克时的标煤
河北	741	126.45	159.33
浙江	705.2	120.34	151.63
河南	681.5	116.30	146.53
上海	609.7	104.04	131.10

注：生活垃圾清运量资料来源：《中国统计年鉴，2005》。

6. **有机废弃物原料资源汇总及评价**

以上收集和整理了 2005 年前后各类有机废弃物的实物量、可用率、可用量及折标煤量，并根据国家发改委对 2030 年农产品需求和产量的预测，推算了 2030 年的秸秆及畜禽粪便的产出量。现将此 6 类有机废弃物原料资源资料汇集于表 12。

表 12　中国主要有机废弃物的年产生量及可用量　　　亿吨

种类	2005 年产生量		可用率 /%	2005 年可用量			2030 年可用量预测	
	实物量	折标煤		实物量	折标煤	标煤 /%	实物量	折标煤
1. 谷物秸秆	6.49	3.27	60	3.90	1.96	53.7	4.80	2.57
2. 畜禽粪便（干重）	2.32	1.04	70	1.62	0.73	20.0	2.71	1.21
3. 采伐加工林余物	0.81	0.46	90	0.73	0.41	11.3	0.73	0.41
4. 采集育林薪柴	0.48	0.27	80	0.38	0.22	6.0	0.38	0.22
5. 农林加工废弃物	0.77	0.35	85	0.66	0.30	8.2	0.66	0.30
6. 城市有机垃圾	1.55	0.27	10	0.16	0.03	0.8	0.16	0.03
累计	12.42	5.66	—	7.45	3.65	100.0	9.44	4.74

注：1. 工业废弃物取自统计年鉴，生物能加工废弃物仅按木薯乙醇产生的废液和甘蔗废糖蜜计；城市垃圾按其中有机垃圾计。
2. 2030 年的秸秆预测量是谷类而非 8 大作物秸秆；
3. 2030 年预测量中的 3、4、5、6 项按 2005 年的实际产生量，未预测。

按 2005 年生产水平，全国 6 项有机废弃物的实物产出量是 12.42 亿吨，可用量 7.45 亿吨，占实物量的 60%，折标煤 3.65 亿吨。其中作物秸秆占 53.7%，畜禽粪便占 20%，林业剩余物和薪柴占 17.3%，工业加工和城市有机废弃物占 9%。按 2030 年农业生产发展的预测，可利用的秸秆实物量将增加到 4.8 亿吨，畜禽粪便（干重）增加到 2.71 亿吨，二者热值合计为 3.78 亿吨标煤。即使不算其他 4 类有机废弃物的增长，2030 年可用有机废弃物的实物量是 9.44 亿吨，折标煤 4.74 亿吨。

4.74 亿吨标煤约为现一次性能源消费的 1/5，是一个相当大的数量，是一座有机废弃物的“富矿”。将这些废弃物和污染源化腐朽为神奇地一变而为生物质生产的原料，生成能源、材料和精美的化工产品，是资源循环利用，保护环境，改善农村能源消费的一大善举，是发展农村经济，增加农民收入的一片新天地。

有机废弃物看似分散，却又相对集中。秸秆集中于粮区，畜禽粪便集中于养殖场，林余物集中于林地，工业有机废弃物集中于农林产品加工工厂，有机生活垃圾集中于城市，即使是农户饲养三五头猪的粪便和残羹烂草也能成为户用沼气的生产原料。这种大分散小集中正适合于中小型开发模式，有利于推进农村工业化和城镇化，适合于中国国情。

13.3.4 边际性土地资源

中国是个土地资源既多又少的国家。多，是指国土面积仅次于俄罗斯；少，是指人均耕地面积只有世界平均数的 40%。走好这“一多一少”的“钢丝”，是寻求生物质原料生产的土地支撑的关键所在，“边际性土地”无疑是一个十分有用的概念。

1. 边际性土地

所谓“边际性土地”，是指尚未利用土地中条件比较好以及现利用农林地中条件较差的那些土地。利用边际性土地是打土地的“擦边球”，是在不影响主体农林草业生产的前提下，挖掘种植生物质原料的土地资源。何以能“剑走偏锋”，在夹缝中求发展，是因为能源植物具有比传统农作物强得多的适应性和抗逆性。利用边际性土地生产能源植物，既有利于挖掘珍贵的土地资源，又可以降低土地成本，不必与农林业争抢地盘，招惹是非。

在中国，有三块土地可以打“擦边球”，一是在可利用而尚未利用的土地中的宜林地和宜农地，二是现有林地中的薪炭林、木本油料林和灌木林，三是在现非粮低产农田中可以通过种植结构调整用于种植能源作物的土地。下面我们先对这些边际性土地有一个概貌的了解，随后再做详细分解。

我国有未被利用的土地 2.45 亿公顷，条件比较好和可以利用的是 8 874 万公顷，其中又有 5 704 万公顷宜林，734 万公顷可垦为农地。其次是现有的薪炭林地、木本油料林地和灌木林地 5 176 万公顷，面积分别是 303 万公顷、343 万公顷和 4 530 万公顷，它们是现成的能源原料基地。再次是现有的 1.3 亿公顷耕地中，有 5 027 万公顷的非粮低产农田，其中约有 2 000 万公顷可以在农业种植结构调整中成为能源作物的生产地。这三块边际性土地面积加起来，一共是 13 614 万公顷，比现有的耕地稍多一点。图 7 标上了相应面积，黑色小圈内是划出来的，可用于生物质原料生产的 13 614 万公顷边际性土地。

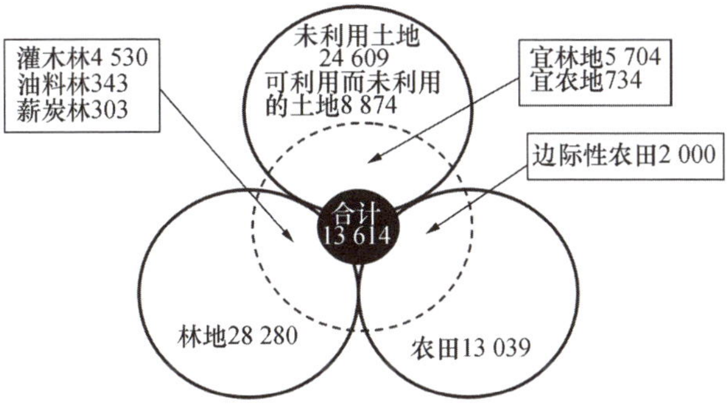

图 7　我国三类土地及其中可用于生物质原料生产的三类边际性土地（单位：万公顷）

这些数据的出处很重要，它们均出自“名门”：一是 1996 年国土资源部完成了全国土地资源调查及以后多次的变更调查结果；二是 1998 年国家林业局进行了全国林地调查提出的“全国森林资源统计”调查报告及以后进行的第五和第六次全国森林普查的结果。这两份国家级的权威性调查报告是寻求用于生物质原料生产边际性土地的资料基础，具体资料和数据的来源和出处逐一列入表 13，表中的 B1 ～ B6 是可用于生物质原料生产的边际性土地。以下诸节是对边际性土地 B1 ～ B6 相关资料的详细阐述。

表 13　边际性土地资源及相关数据资料的来源

序号	土地名称	土地面积/万公顷	资料来源和数据出处
1	未被利用土地	24 509	《中国土地资源》，李元，2000，294 页[11]
2	可用而尚未用的土地	8 874	同上
3	宜农后备地（B1）	734	《中国耕地后备资源》，温明炬，2005，51 页[12]
4	宜林后备地（B2）	5 704	《全国森林资源统计 1999—2003》，国家林业局，2005，5 页[13]
5	林地	28 280	同上，5 页
6	薪炭林地（B3）	303	同上，6 页
7	油料林地（B4）	343	《中国森林资源》雷加富，2005，175 页[14]
8	灌木林地（B5）	4 530	同序号 5，5 页
9	耕地	13 039	同序号 1，105 页
10	粮田	5 116	按 2005 年谷物播种面积 8 187 万公顷乘 1.6 的复种指数
11	非粮低产农田	5 027	同序号 1，第 150 页
12	边际性农田（B6）	2 011	按种植结构调整中非粮低产农田的 40% 调整为种植能源作物

B1 ～ B6 指 6 块边际性土地。

2. **可利用而尚未利用的土地**

国土资源部报告提出，“截至 1996 年 10 月 31 日，中国未被利用的土地为 24 509 万公顷，占国土面积的 25.8%，其中可利用而尚未利用的面积占未被利用土地总面积的 24.6%，其余为难利用的土地”（李元，2000）[11]。2002 年国土资源部土地利用变更调查进一步提供的资料和数据是：中国可利用的后备土地面积是 8 874 万公顷，占全国土地面积的 9.3%，包括荒草地、盐碱地、滩涂、沼泽地、裸土地、苇地和其他未利用地等七种类型，它们的面积分别是 5 037 万公顷、1 041 万公顷、704 万公顷、434 万公顷、390 万公顷、186 万公顷、1 083 万公顷（温明炬，2005）[12]。

在可利用的七类后备土地类型中，以荒草地面积最大，盐碱地次之，二者之和占后备土地总面积的 68.5 %。在区域分布上，西藏和新疆两地占了 40%；面积在 400 万～ 800 万公顷的省份依次为青海、内蒙古、云南和山西；面积在 100 万～ 300 万公顷的省份依次为湖北、河南、甘肃和四川；其他省份多在 100 万公顷以下。

3. **可垦或可农用的后备土地**［B1］

可利用而尚未利用的 8 874 万公顷土地，质量参差不齐，我们关注的是其中条件较好和可垦为农地的后备资源有多少。国土资源部于 2000 年启动了历时 4 年的“耕地后备资源调查”专项调查，这是国土资源部首次采用统一的调查评价方法和流程，对我国集中连片的耕地后备资源的类型、数量、质量和分布所进行的一次全面系统的调查评价[12]。调查中制定了一套完整的技术规程、工作分类和评价系统，以及经过了分阶段部署实施和严格的检查验收程序。其中的耕地后备土地评价指标与标准如下：

自然坡度	<250°
土层厚度	>50 厘米
土壤质地	砾含量 <15%
地下水位	>1 米
沙丘起伏程度	沙丘高度 <2 米，密度 >40%
温度条件	温度和积温条件能满足作物生长要求
水分条件	旱作：年降水量 >400 毫米
	灌溉：水源保证程度好
	引自《中国耕地后备土地资源》，温明炬，2005，41 页

对于“集中连片”的概念也制定了具体的面积要求，可参见表 14。

表 14　符合集中连线的面积要求和指标　　万公顷

区域	可开垦耕地后备资源		可复垦耕地后备资源	
	山地丘陵区	平原区	山地丘陵区	平原区
西部	200	200	67	67
中部	100	200	60	67
东部	40	40	20	20

引自《中国耕地后备土地资源》，温明炬，2005，38 页。

历时 4 年的“耕地后备资源调查”专项调查于 2003 年年底提交了最后报告，其中提出：在 8 874 万公顷的可利用后备土地中，自然条件相对较好的“宜农后备土地”面积为 734.39 万公顷，占未利用土地的 8.3%，其中含可复垦土地 32.7 万公顷[12]。

可垦后备土地资源的类型很多，以“荒草地”类型面积最大，“其他未利用土地”和“盐碱地”随后，三者合占可垦地总面积的 87.3%。可垦的荒草地资源主要分布在西北，新疆、甘肃、宁夏和青海 4 省份，面积 249.3 万公顷，这是最具开发潜力的地区。江西省的 20.4 万公顷缓坡丘陵荒草地，黑龙江省的 16.0 万公顷黑土地，以及具有优越水热和生物资源条件的云南省的 11.2 万公顷和四川省的 8.5 万公顷荒草地都具有较高开发价值。

可垦的 80 万公顷盐碱地资源，主要分布在西北干旱地区的新疆、甘肃、内蒙古、青海、宁夏等 5 省份，合计面积 48.3 万公顷，占全国可开发盐碱地总面积的 60.4%。此外，松嫩平原西部、渤海湾、辽东湾和杭州湾等沿岸的滨海盐碱土，以及沿海约 55 万公顷的滩涂都可以生长甜高粱、大米草等耐盐碱的能源植物。

可垦后备土地资源按省份排序，前 10 位的是新疆（331.7 万公顷）、甘肃（69.2 万公顷）、山东（30.5 万公顷）、江西（25.7 万公顷）、宁夏（25.0 万公顷）、内蒙古（22.3 万公顷）、青海（21.8 万公顷）、吉林（19.7 万公顷）、云南（11.2 万公顷）和四川（8.5 万公顷）（表 15）。

表 15　可垦后备土地资源及区域分布　　千公顷

项目	合计	比例 /%	荒草地	盐碱地	沼泽地	苇地	滩涂	其他未利用地
全国面积	7 016.6	100	3 615.8	800.5	196.6	145.7	547.3	1 710.7
比例 /%	100		51.5	11.4	2.8	2.1	7.8	24.4
东北区	534.4	7.6	214.6	142.0	75.9	29.7	62.5	9.7
华北区	542.3	7.7	190.2	141.2	2.6	36.2	124.5	47.5

续表 15

项目	合计	比例 /%	荒草地	盐碱地	沼泽地	苇地	滩涂	其他未利用地
黄土高原	809.8	11.5	479.1	120.3	4.6	0.8	28.6	176.3
蒙新区	3 789.5	54.0	1 933.7	341.1	101.6	24.2	28.1	1 360.8
长江中下游	677.8	9.7	336.4	5.4	1.8	44.4	227.6	62.2
华南区	120.3	0.2	62.2	0.4	0.1	0.2	51.1	6.4
西南区	297.4	4.2	237.1	0.2	0.9	1.5	22.5	35.2
青藏区	245.1	3.5	162.6	49.9	9.1	8.7	2.3	12.5

资料来源：国土资源部 2000—2003 年的调查结果。

“可复垦土地”主要包括废弃压占破坏地、塌陷地和自然灾害毁坏地，其中以采矿、冶炼、燃烧发电等排放的固体废弃物压占的土地面积最大（16.6 万公顷），占可复垦地总量的 50.7%；自然灾害毁坏地（11.5 万公顷）占总量的 35.1%，主要分布在甘肃和内蒙古；塌陷地（4.7 万公顷）占总量的 14.2%，主要分布在山东、安徽和江苏三省。可复垦土地以山东和甘肃面积最大，分别是 6.1 万公顷和 5.9 万公顷，以下顺序为江苏 3.2 万公顷，青海 3.2 万公顷和内蒙古 3.1 万公顷。可复垦土地虽然面积仅占耕地后备资源的 4.5%，但工程成本相对较低，具有较高开发价值。

4. **宜林后备土地**（B2）

宜林后备土地资源主要指不宜垦为农田，但可种植能源林木的，坡度在 25° 以下的“荒山荒坡”及沙荒地。国土资源部在全国土地资源调查报告的“荒草地”中对宜林地区域分布的描述是：宜林地主要分布在西南和华北两大地区，占总面积的 57%。其中云南、四川、西藏、贵州、内蒙古、河北都是宜林地较多的省份。在西北区的新疆、甘肃，华东区的福建，中南区的湖南、河南，东北区的黑龙江等地的山区和丘陵区也有较大面积的宜林地分布。[11] 宜林后备土地多为土质丘陵和中低山地，面积大，分布广，开发潜力大，特别是水热条件良好的西南、华北和黄土高原地区。

国家林业局的资料[13]具体提出的宜林后备土地面积是 5 704 万公顷，含 251 万公顷的采伐迹地和 60 万公顷的火烧迹地。区域分布上，西南区、蒙新区和黄土高原区，分别占 24%、23% 和 18%，合计占到 65%。各大区的宜林后备土地面积见于表 16。

表 16　宜林后备土地及其分布　　万公顷

地区	荒山荒地	采伐迹地	火烧迹地	合计	比例 /%
全国总计	3 286	251	60	3 597	100

续表 16

地区	荒山荒地	采伐迹地	火烧迹地	合计	比例 /%
东北区	245	69.5	12.3	431.9	8.6
华北区	272	10.4	0.6	400.3	8.0
黄土高原区	632	11.4	1.4	915.4	18.3
蒙新区	780	22.2	10	1 146.4	22.9
长江中下游区	211	27.5	14.1	342.3	6.8
华南区	267	68.9	17.1	467	9.3
西南区	817	40.6	4.2	1 211.9	24.2
青藏区	62	0.3	0.3	88.4	1.8

注：1. 资料来源是国家林业局《全国森林资源统计》（1994—1998 年）；

2. 表中荒山荒地面积栏均按林业部资料“宜林荒山荒地”中的 70%计算。

在宜林后备土地中，我们将其中的 700 万公顷“宜林沙荒地”单独作为一种类型分出来，是因为它不仅可以发展旱生灌木林作为能源林，还可以与防风治沙的生态治理工程相结合，具有突出的生态效益。王涛在他的《中国沙漠与沙漠化》一书中[14]对此类沙地的定义是“指地表被沙丘或沙覆盖，通常以固定或半固定沙丘为主，气候半干旱或半湿润，多风少水和植被较少的地区，如内蒙古的毛乌素沙地、科尔沁沙地和浑善达克沙地等”。该书提出的我国四大沙地，即科尔沁沙地、毛乌素沙地、浑善达克沙地和呼伦贝尔沙地的面积分别是 4.23 万千米^2、3.21 万千米^2、2.14 万千米^2 和 0.72 万千米^2，合计是 10.3 万千米^2，即 1 030 万公顷。

国家林业局 1994—1998 年“全国森林资源调查”报告中提出的宜林沙荒地面积为 700.3 万公顷，相当于该四大沙地面积的 70%。沙地的行政区域分布上，前四位是内蒙古、甘肃、陕西和宁夏，与王涛资料相吻合。内蒙古的面积是 377.4 万公顷，甘肃 119.6 万公顷，陕西 75.2 万公顷，宁夏 44.9 万公顷，合计 617 万公顷，占宜林沙荒地面积的 88%。

年降水量在 200 ～ 500 毫米的半干旱和半湿润典型草原和荒漠草原地带的沙地是中国生态最脆弱，生态受损最严重，贫困县最集中的地区，又是我国东部地区沙尘暴的重要源地和我国东西部地区间的一道生态屏障。灌木耗水量小，耐干旱、耐高寒、耐盐碱，复壮更新和自然恢复能力强，能防风固沙，水土保持，涵养水源，是干旱半干旱地区的生态“保护神”。灌木成活两三年后，秋后截伐地上部分枝条，可促进更多分枝和旺盛生长，林业上叫“平茬”。单一生态保护功能的灌木林多是“自生自灭”，极少“平茬”，如与生物质原料基地和能源产业开发结合，在半干旱沙地大规模种植旱生能源灌木林，可收修复生态与发展生物能源双赢之效。

5. **现能源林地**（B3、B4、B5）

现有林地中，有薪炭林 303 万公顷、木本油料林 343 万公顷和灌木林 4 530 万公顷，共 5 176 万公顷，是现成的能源林地。薪炭林功能就是为了提供能源，所不同的是，由几千年的“烧柴”发展到以现代技术和生产方式，进行多元化和高能效的能源和生物基产品加工的原料。木本油料也是将经济价值很低的传统油脂发展到作为生产生物柴油和化工产品的原料。灌木林则由单一的生态功能向生态与生物质原料基地开发并举的方向发展。对现有薪炭林、木本油料林和灌木林的认识，要从传统意义上的视角切换到生物能源原料基地上去。

薪炭林地（B3） 薪炭林是 20 世纪五六十年代开始，为了缓解农村能源需求，促进农村经济发展，在我国营造经管的一个林种。根据国家林业局的《2005：中国森林资源报告》，我国现有薪炭林面积为 303 万公顷，蓄积量 5 627 万米^3，其中天然薪炭林 255 万公顷，蓄积 5 227 万米^3；人工薪炭林 48 万公顷，蓄积 400 万米^3。薪炭林分布于 30 个省（市、区），云、陕、辽、赣、蒙、贵、鄂、冀 8 省份最多，占总面积的 76%。薪炭林抚育采伐（平茬）的周期为 3 ～ 5 年，每年可获得薪材 7 000 万吨。

油料林地（B4） 根据国家林业局的《2005：中国森林资源报告》，木本油料林地面积 343 万公顷，主要有黄连木、文冠果、小桐子（麻疯树）、油桐、光皮树等。成片分布的面积合计为 135 万公顷，其中约有 60 万公顷经过改造后，可作为油料能源林。由于资源未被利用，故经营管理粗放，产量低，全年油料树种的果实产量约 114 万吨。国家林业局《全国能源林培育基地建设规划》（2006.7）中列入了黄连木、文冠果、小桐子等六种主要木本油料植物，详情见本章能源植物资源部分。

灌木林地（B5） 灌木林地面积最大，有 4 529.68 万公顷，占全国林地总面积的 16.02%。全国灌木林总生物量 2.02 亿吨。灌木林在西南地区比重最大，其次是中南、华北和西北地区，东北地区、华东地区灌木林地比重相对较少。西部 12 省份面积 3 439.36 万公顷，占全国的 76%。灌木林集中于我国西部，是促进西部经济发展的潜在资源。西南地区约有一半的灌木林均作为薪炭林经营，中南、华南、华东地区几乎全部作为薪炭林经营，经济林比重极小。而在西北地区、新疆及东北部分地区的灌木林还具有生态功能。

6. **边际性农地**（B6）

我国耕地的总体质量是较差的。据国土资源部资料（2000 年），截至 1996 年 10 月，中国 1.3 亿公顷耕地中[11]，灌溉水田和水浇地只占 39%，其余为雨养旱地。耕地中平地只有 54%，其余为坡地（2° ～ 6° 的坡地占 17%，6° 以上的坡地占 29%）。以产量计，有 5 024 万公顷低产地，占耕地总面积的 40%。

这近四成的低产农田，目前主要种植薯类（634 万公顷，2005）、高粱和谷子（95 万公顷，2005）、花生（311 万公顷，2005）、棉花等。这些低产农田因受到土壤等自然条件的制约，缺乏灌溉条件，产量和农民收入很低，迫切需要通过调整种植结构，提高产量和收入。能源植物的适应性和抗逆性强，生物量大，又有能源市场的强劲拉动，必将成为这些低产和贫困地区调整种植结构的重要方向，在部分非粮低产农田调整种植能源作物是促进这类地区农业与能源生产双赢之举。

全国 1.3 亿公顷耕地中，约有 5 000 万公顷种植粮食，主要集中于高中产的基本农田。部分非粮低产田的种植结构调整，不仅不会影响粮食生产，反因增加了这类土地的产量和收入而促进粮田生产和农业发展，使低产田由非良性循环转变为良性循环。

在这 5 024 万公顷的低产农田中，能有多少可在种植结构调整中用来生产能源作物？这要决定于能源作物与现作物的比较效益和农民的增收；决定于生物质加工产业的发展，特别是国家的导向与政策。根据经验判断，5 024 万公顷低产农田中可设定 40%，约 2 000 万公顷作为从事生物质原料生产的边际性农地。

当前已有近 800 万公顷农田在种植着薯类和高粱，它们主要用于饲料、淀粉、造酒等。增加能源用途可以带动产量的提高和面积的扩大，且能源加工后的副产物，即糖化后的蛋白质、脂肪、纤维素和半纤维素等仍可以生产高品位的优质饲料 DDGS。

7. 边际性土地资源总汇及评价

长期以来，粮食安全，耕地紧缺，后备资源不足的印象已经深入人心，能有多少土地来发展生物质能源，人们都会画上一个大问号。如果说有点什么，顶多是个开采价值不大的“贫矿”。

“具体事情，具体分析”。经过以上的一番整理与分析，在可利用而未利用的土地中清理出可开垦的宜农后备土地 734 万公顷和宜林土地 5 704 万公顷；在现有薪炭林、油料林和灌木林地中清理出土地 5 176 万公顷；在现有非粮低产农田中清理出可用于生物质原料生产的土地约 2 000 万公顷；四者合计 13 614 万公顷（表 17）。其面积相当于现有的耕地面积。显然，这不是“贫矿”而是“富矿”，是从生物质原料生产的新视角，对边际性土地资源潜力的一种发现。这些边际性土地八成宜林，二成宜农；西部和北部多，东部和南部少。这两个“一多一少”将对中国生物质产业和产品发展的战略重点和区域布局产生重要影响。

荷兰人说：上帝给了荷兰一切，就是忘了给土地。可是荷兰在仅 4 万多千米^{2}的国土上，通过围海造地，以不到 100 万公顷的农田，创造了世界的农业奇迹，成为仅次于美国的世界第二大农产品出口国。自然条件很差，只有 34 万公顷农田的以色列，玉米单量是我国的 3 倍（每公顷 16 吨），还有大量农产品出口欧洲。

面对这 1.34 亿公顷可用于生物质原料生产的边际性土地，有一个认同或不认同的问题，满怀热情或漠然视之的问题，它势将对传统观念造成一种冲击。

表 17 中国可供生物质原料生产的边际性土地资源 万公顷

类型	面积	比例 /%	亚类型	面积	比例 /%
A. 开发型边际性土地资源（6 438/49.1%）					
宜农后备地	734	5.4	宜垦地	701	5.3
			复垦地	33	0.3
宜林后备地	5 704	41.9	荒山荒坡	5 004	38.1
			沙荒地	700	5.4
B. 现有型边际性土地资源（6 676/50.9%）					
边际性农地	2 000	14.7	—	—	—
边际性林地	5 176	38.0	薪炭林	303	2.3
			油料林	343	2.6
			灌木林	4 530	34.6
合计	13 614	100.0	—	—	—

13.3.5 生物质原料的植物资源

由于生物质产业和产品中，不仅是能源，还有生物基产品，所以本节比较规范地采用了“生物质原料植物”这一概念，它需要具有以下的一些特性。

- 较强的抗逆性，能适应条件较差的边际性土地；
- 较高的生物产出量和较好的原料加工品质；
- 较高的可获得性和可持续供应性；
- 经济上的可行性；
- 与粮、油、糖等传统农产品在供应和市场方面的协调性。

原料植物具有多样性和很强的地域性，不同的生态区和地域，有着不同的优势原料植物。美国发展玉米乙醇，巴西发展甘蔗乙醇，欧洲发展油菜柴油，都是他们的优势原料植物。在寻求新的能源植物上，美国强调柳枝稷（Switchgrass），欧洲突出灌木柳（SRC），也是在发掘当地的优势原料植物资源。我国地域辽阔，自然条件多样，能源植物种类丰富，如北方的甜高粱和甘薯，南方的木薯和甘蔗；西部的灌木，中东部的木本油料等，其中不乏比较成熟和已具规模化生产条件的种类和品种。

原料植物必须与相应的边际性土地相匹配才能产生好的产出，才能估算出切合实际的潜在资源量。以下是根据中国的地理条件提出的边际性土地—原料植物生态组合。

农地类组合：

——盐碱低产地 – 甜高粱组合（北方）

——高抗旱薄地 – 甘薯组合（北方）

——旱坡地 – 木薯组合（南方）

——旱坡地 – 甘薯组合（南方）

——水田 – 甘蔗组合（南方）（食糖优先）

——冬闲田 – 油菜组合（南方）

林地类组合：

——宜林荒坡荒山 – 乔木能源林组合

——宜林荒坡荒山 – 灌木林组合

——宜林沙荒地 – 灌木林组合（北方）

——现木本油料林组合

——现薪炭林组合

——现灌木林组合

以下分别介绍甜高粱等 8 种（类）适于我国产业化开发的原料植物。

1. **甜高粱**

甜高粱是一种糖类生物质原料，属高光效碳四（C4）植物，是粒用高粱的一个变种，具有生长快、产量高、抗逆性强的特点。因耐旱、耐涝、耐瘠薄、耐盐碱而有“骆驼”作物之称，从黑龙江到海南岛，从东海之滨到塔里木盆地都可以生长，特别适合于在北方的盐碱地和沙地等低质土地上种植。甜高粱茎秆高 4 ～ 5 米，汁液丰富，含糖量 17% ～ 21%（籽粒 150 ～ 350 千克），可与甘蔗媲美，是一种产糖和高能作物。甜高粱用种少，产量高，农田管理简单，生产成本明显低于北方玉米和南方甘蔗。在南方，甜高粱的需水量只是甘蔗的 1/3，生育期 4 ～ 6 个月，可一年两茬，海南岛可一年三茬。

作为青贮饲料，中国引种甜高粱已有 20 多年历史，《能源作物甜高粱开发与综合利用》课题曾列入“九五”和“十五”的国家“863”计划。经过多年的选育，已有自主知识产权的优良品种“M–31E”和“泰斯”、《醇甜系列 1 ～ 5 号》杂交种等，可在我国不同地域和环境条件下种植。据王孟杰的资料，《醇甜系列 1 ～ 5 号》甜高粱的茎秆产量一般在 60 ～ 80 吨 / 公顷，籽粒 3.5 ～ 5.5 吨，可转化乙醇 4 ～ 6 吨，在土壤耕层含盐量为 0.10% ～ 0.60% 的轻度和中度盐渍化土壤上，仍可取得很好的产量。印度有每公顷甜高粱产乙醇 5 700 ～ 6 500 升，比甘蔗（4 000 ～ 4 500 升）高 30% 的报道。[15]

2. **木薯**

木薯是世界三大薯类作物之一，属大戟科大戟属（*Manihot esculanta* Crantz），光合机制介于C3与C4类型植物之间，主要生长在年均温20℃以上的南亚热带。木薯的光合效率高，抗逆性和适应性强，耐瘠薄，是南方丘陵低山区缺少灌溉条件下的一种很有潜力的旱作能源植物。2001年全国木薯种植面积43.7万公顷，主要分布在华南地区中部和南部，适宜种植区域的面积约22万千米^2。通过育种，可将北界推至年均温16～18℃之间的中亚热带区域，种植面积可扩大到300万公顷。

木薯的增产和农民增收潜力很大。当前全国平均鲜薯产量不超过15吨/公顷（鲜重），以现品种和栽培技术的推广，木薯产量可达45～75吨/公顷，高产地在90吨以上。一般情况下，约7吨鲜薯产1吨乙醇，即每公顷可产乙醇4～6吨，高者在10吨以上。种植能源木薯能有效增加农民收入，以每公顷产鲜薯30吨和每吨收购价350元（2005年，广西）计，农民每公顷净收入7 500元，而甘蔗的田间管理成本高，每公顷收入仅1 500～3 000元。

3. **甘薯**

甘薯是一种高产、稳产、耐瘠薄、适应性很广的块根作物。中国是世界上最大的甘薯生产国家，每年种植总面积约有700万公顷，约占世界甘薯种植面积的65.4%；年生产量约1.5亿吨，占世界甘薯总产量的85.9%。鲜薯平均单产20～25吨/公顷，或薯干20吨/公顷，鲜薯淀粉含量在20%左右，薯干的淀粉含量为64%～68%。甘薯的适种范围很广，四川、山东、河南、安徽、广东种植面积都在500万公顷以上。

在联合国粮农组织（FAO）的统计中薯类与谷物是不同的两类农作物，甘薯主要用于饲料。在中国，由于人多粮缺，特别是在贫困山区和遇到灾年，甘薯成为用于口粮的"穷人庄稼"和灾年的"救命庄家"，国家统计中以5与1之比纳入粮食系统。现甘薯种植面积上亿亩，约50%用于农户散养饲料，20%以上用于加工淀粉、粉丝等，商品化程度不及1/3，也没有规模化的加工产业，是一种颇具开发前途的生物质原料。

4. **甘蔗**

甘蔗是光合转化效率很高的一种能源植物，其主要成分是蔗糖、葡萄糖和果糖，是生产乙醇的理想底物，可省去淀粉和纤维质原料的糖化过程。2005年全国植蔗面积135.4万公顷，总产8 664万吨，单产64吨，相当于每公顷可产出乙醇5吨。在国家"863"和"948"计划支持下，育成了一批单产105～120吨/公顷的糖能兼用新品种，并已通过国家或省区审（鉴）定，品质不逊于美国和巴西的机收甘蔗。

甘蔗主要分布在广西、云南、广东、海南和福建等南方9省份，广西、云南和雷州半岛（湛江）植蔗面积居前三位，占全国种植面积的82.1%，产量占全国的85.3%。目前甘蔗仍以糖用为主，不可能大规模用于能源生产，但可在国际和国内市场饱和以及糖价回落时起到调节作用。甘蔗是一种重要的后备性能源植物。

我国尚有 70 万～ 80 万公顷的宜蔗土地，按现有生产水平，可年产 5 000 万吨甘蔗，在不影响现有制糖规模的前提下，具有近 400 万吨燃料乙醇的生产能力，制糖过程中产生的废糖蜜也可作为乙醇的生产原料。

5. **油料作物**

油菜在我国适种范围广，生长期短，能养地，易倒茬，可以规模化和机械化栽培，且菜籽饼粕、秸秆和籽壳都是优质饲料和深加工原料，综合利用价值高。2005 年我国种植油菜 733 万公顷，总产 1 210 万吨，菜籽含油量 39%。根据调研，可扩大的适种面积在 1 333 万～ 1 666 万公顷，单产的技术增长潜力可较现水平提高 1 倍，即达到菜籽总产 3 600 万吨和产油 1 400 万吨以上。

发展油菜生物柴油的潜力虽大，但目前菜籽油价格高于石油基柴油，且每年尚有三四百万吨的油脂进口。当前，在提高技术水平、降低成本的同时，可试行利用我国南方大面积的冬闲田种植能源油菜[16]。

美国盛产大豆，多以大豆油作为生产生物柴油的原料。此外，作为棉花副产品的棉籽，含油量 18% 左右，2004 年棉籽油产量 160 万吨。棉籽油品质较差，很少食用，可作为生物柴油生产的一种资源。

6. **木本油料植物**

我国木本油料林面积 342.9 万公顷。目前可作为能源开发利用，较为成熟的树种有黄连木、文冠果、麻疯树、油桐、光皮树等。据统计，这些树种的现成片分布面积有 135 万公顷，其中约 60 万公顷可经过改造培育成为油料能源林，每公顷油料林出油 1.5 吨左右。开发木本油料的主要制约因素是分散和不易收集，较集中和规模化种植条件下，需要较长时间才能形成生产能力，一旦形成生产力，原料成本比较低廉。以下对麻疯树、黄连木和石栗树分别作一简介。

麻疯树（*Jatropha carcas* L.）属大戟科，灌木或小乔木，亦称芙蓉树或小桐子树，原产地为热带美洲。1995 年在洛克菲勒基金会和德国政府的支持下，巴西、尼泊尔、津巴布韦开始种植，开发为新能源作物，印度也在大面积种植。我国广东、广西、云南、贵州、四川等地有半野生和栽培的麻疯树。

麻疯树高 3 ～ 5 米，扦插法繁殖，成活率高，生长速度快，当年即可采果，果实采摘可达 50 年。麻疯树抗干旱力强，在丘陵山区种植（林间还可种绿肥或饲草作物，长短结合），可防止水土流失，增加林草覆盖率，改善生态环境。每公顷麻疯树年产籽粒 9.75 吨，可产出 2.9 吨“生物柴油”。目前，四川已种 1.73 万公顷，产籽 17 万吨，产油 6 万吨。麻疯树果仁含油 61.5%，油质含 SO_2 低、16 烷值高、低温启动性能好、润滑功能强、安全性高。

黄连木（*Pistacia chinensis* Bunge）为漆树科黄连木属的落叶乔木，3—4 月份开花，9—11 月份果熟，喜光，幼树耐阴，耐干旱、瘠薄，对土地要求不严格，最适宜于湿润而排水良好的石灰岩山地生长。深根性、萌芽力强、生长较慢，寿命可达 300 年以上。种仁含油量为 56.7%。

黄连木遍布我国华北、华中、华南 23 个省区，多零星分布在海拔 700 米以下的山地和丘陵，也有大面积纯林或混交林。比较集中分布的有：冀、豫、陕、太行山、秦岭南坡；豫、湘、鄂西部山地及山东中部泰山；华中与华东低山丘陵。其中以河北省（3.3 万公顷）、河南省（2 万公顷）、安徽省（4 万公顷）、陕西省（2 万公顷）资源数量最多。

石栗树是一种阔叶常绿乔木，多分布于广西山地。石栗树的土壤适应性强，抗干旱洪涝和病虫灾害，有利于保持水土和改善生态环境。种仁含油率高达 64%，人工种植公顷产 22.5 ～ 30 吨，可产出生物柴油 7.5 吨左右，主要技术指标可达欧盟油菜生物柴油标准。种子繁殖 6 年挂果，无性快速繁殖试验已获成功，3 ～ 4 年结果，可规模化育苗和种植。

7. **木本能源植物**

对木本能源植物树种的要求是生长快、适应性和抗逆性强，热能高，同时兼有良好的生态功能。树种上有阔叶树矮林型，如栎、栲树、石栎、刺槐等树种的直播或栽植；有灌木型，如沙棘、小叶锦鸡儿、柽柳、梭梭等树种；有速生乔木型，如柳树、桉树、铁刀木、马尾松、麻栎等树种。木本能源林树种要适合本地区的自然特点，如浙江省通过多点试验，筛选出胡枝子、桉树、马尾松、紫穗槐、麻栎、枫香等 10 个优良薪炭林树种；又从 22 个结构类型中筛选出胡枝子、桉树等 9 个纯林和马尾松、胡枝子乔灌复层林等 6 个优良混交组合类型（摘自 www.chinagreen.gov.cn/lhkj/lhkja10.htm-6k）。

据国家林业局资料，中国现有薪炭林面积 303 万公顷，蓄积量 5 627 万米^3，其中天然林分中薪炭林面积 255 万公顷，蓄积 5 227 万米^3；人工林分中薪炭林面积 48 万公顷，蓄积 400 万米^3。薪炭林主要用于能源，取柴系数高，南方达到 7.5 吨 / 公顷，北方也达到 3.8 吨 / 公顷。若按每公顷 7 吨计，可提供的薪材总量 2 124 万吨，相当于 1 211 万吨标煤。

8. **灌木能源植物**

灌木具有耐干旱贫瘠和抗风沙，能截雨蓄水、固定土壤、减少水土流失、防风固沙，以及用于饲料和肥料的多种功效，是我国西北地区的生态“守护神”。同时也是一种能质较好的能源植物，每千克干重的发热量在 4 000 千卡以上，与原煤相当。灌木种类丰富，野生经济灌木资源比例大，可开发潜力大，其中柠条、火棘、沙棘、胡颓子、沙枣、悬钩子、刺梨、杜鹃、蔷薇、余甘子、山楂等和多种灌木柳均是极具开发价值的经济灌木资源。营造灌木林 3 ～ 5 年后，即可成林和发挥生态效益。平茬复壮是灌木林培育的重要特点，即成年灌木必须每三四年将地上部枝条砍除，否则生长不旺或过早衰死，平茬下来的枝条是良好的能材。

我国灌木林面积已达 4 530 万公顷，近年每年营造灌木林 60 万公顷以上，

2002 年高达 120 万公顷；各地加快灌木林基地建设，已形成一批独具规模和特色的柠条、沙柳、沙棘、杜鹃等灌木林基地。根据 2003 年的调查，灌木林总面积超过 3.3 万公顷的县有 163 个；集中连片 2 万公顷以上灌木林有 73 片。初步推算，我国西部地区可以种植灌木约 6 000 万公顷以上，连同已有的灌木林地 3 642 万公顷，灌木林总面积可发展到 1 亿公顷。在西部地区现有的和计划发展的 1 亿公顷灌木林中，以 60% 作为能源林和每公顷年产生物量 4 吨计，可年产生物量 2.4 亿吨，相当于 1.56 亿吨标煤。

多年生、高生物量和短轮伐期的灌木既具有防治风沙的良好生态效益，又能发展成型燃料等生物质能源的生产，可收一石二鸟之效。表 18 是对其中 7 类原料植物的主要分布地区、年生物量及产能资料的归纳和整理。

表 18　中国主要能源植物的分布及单位产出

原料植物	主要分布区	原料产出 /（吨 / 公顷）	相当于产出 / 吨	产能吨标煤 / 公顷
甜高粱	北方及全国	60 ～ 80（茎秆）	4 ～ 6（乙醇）	4 ～ 6
		3 ～ 5（籽粒）		
甘薯	全国	15 ～ 20（一般）	2 ～ 3（乙醇）	2 ～ 3
木薯	西南、华南	20 ～ 30（一般）	4 ～ 6（乙醇）	4 ～ 6
		45 ～ 75（高产）	10（乙醇）	10
甘蔗	西南、华南	60 ～ 70	4 ～ 6（乙醇）	4 ～ 6
木本油料	全国	4.0（籽粒）	1.5（油脂）	1.8
能源林	全国	6.5	6.5（成型燃料）	3.3
灌木林	西北及全国	4.0	4.0（成型燃料）	2.6

注：按燃料乙醇的低位发热量为 29 734 千焦 / 千克计，1 吨乙醇的发热量相当于 1 吨标煤；能源林的单位产出参数灌木林的产出采用尹伟伦 2005 年提供资料中的数据。

13.3.6　我国生物质原料资源潜力及评价

本节是以上有机废弃物、边际性土地和原料植物三项资源的汇集和总结。汇集工作分两步走，先是整合边际性土地和原料植物两项资源，再纳入有机废弃物以获得资源的全貌。

表 19 列出了不同边际性土地类型的面积和适种的原料植物，再依不同地区原料植物的单位产能以得知各边际性土地类型的产能。表中 7 类边际性土地的累计年产能是 4.25 亿吨标煤，其中宜农边际性土地占 26.6%，宜林边际性土地占 73.4%。宜林边际性土地中，灌木林和能源林的潜力最大，分别占 32.0% 和 26.3%。

表 19　中国边际性土地及相应原料植物资源及其产能

边际性土地类型		面积/万公顷	适种的原料植物	单位产能标煤/(吨/公顷)	产能		主产品
					/万吨标煤	/%	
宜农后备地		734	甜高粱 35% 甘薯 15% 木薯 35% 甘蔗 15%	甘薯：2～3 其他：4～6	11 279	26.6	燃料乙醇（不含生物柴油）
现边际性农地		2 000					
宜林后备地	荒山荒坡	5 004	能源林 60%	3.3	9 907	23.3	成型燃料
			油料林 20%	1.8	1 801	4.2	生物柴油
			能源作物 20%	3～5	4 003	9.4	燃料乙醇
	沙地	700	旱生灌木	2.6	1 820	4.3	成型燃料
现边际性林地	薪炭林	303	薪炭林	4.2	1 273	3.0	成型燃料
	油料林	343	油料林	1.8	617	1.5	生物柴油
	灌木林	4 530	灌木林	2.6	11 778	27.7	成型燃料
合计		13 614	—	—	42 478	100.0	—

注：适种能源植物中的比例分配是估计数；单位产出参数引自“中国主要能源植物的分布及单位产出表”；总产能用的是左侧单位产出的中间值。

如果将有机废弃物资源叠加上去并省去其细节，中国生物质原料资源的全貌即可显示于表 20 及图 8。我国生物质原料资源的年产出是 8.99 亿吨（标煤，下同），其中有机废弃物年产能 4.74 亿吨，边际性土地年产能 4.25 亿吨，分别占 52.7% 和 47.34%。有机废弃物中 80% 产于农田，边际性土地中 73.3% 产于林地。按年产能 8.99 亿吨总量计，4.91 亿吨来自农田，4.08 亿吨来自林地，分别占 54.6% 和 45.4%，农林各占半壁江山。排在前 5 位的产能潜力大户依次是：作物秸秆（2.57 亿吨，占 28.6%）、宜林后备地（1.58 亿吨，占 17.6%）、畜禽粪便（1.21 亿吨，占 13.5%）、现灌木林（1.18 亿吨，占 13.1%），以及边际性农田（1.13 亿吨，12.6%），五项合占产能潜力总量的 85.4%，其中也是农林各占一半。

表 20　中国生物质原料资源总汇（根据以上相关表中数据）

有机废弃物种类	年产出/亿吨			边际性土地类型	面积/万公顷	年产能	
	可用实物量	折标煤	比例/%			/亿吨	/%
1. 作物秸秆	4.80	2.57	54.2	1. 宜农后备地	2 734	1.13	26.7
2. 畜禽粪便干重	2.71	1.21	25.5	2. 宜林后备地	5 004	1.58	37.1
3. 林业剩余物	0.73	0.41	8.7	3. 宜灌沙荒地	700	0.18	4.2
4. 采集育林薪柴	0.38	0.22	4.6	4. 现薪炭林	303	0.13	3.0

续表 20

有机废弃物种类	年产出 / 亿吨			边际性土地类型	面积 / 万公顷	年产能	
	可用实物量	折标煤	比例 /%			/ 亿吨	/%
5. 工业废弃物	0.66	0.30	6.3	5. 现油料林	343	0.06	1.5
6. 城市有机垃圾	0.16	0.03	0.7	6. 现灌木林	4 530	1.18	27.5
合计	9.44	4.74	100.0	合计	13 614	4.25	100.0

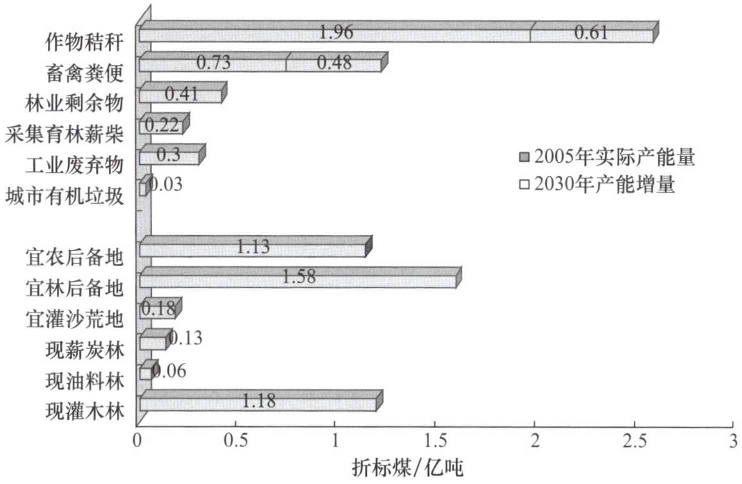

图 8　中国生物质原料资源及产能

有机废弃物产能 4.74 亿吨标煤，边际性土地 – 能源植物资源产能 4.25 亿吨标煤。

以下是对中国生物质原料资源的综合评价。

——在研究思路和方法上，不同于美国的 DOE/USDA 和瑞典的 Edward Smeets，而是结合中国国情，即不涉及粮食和主体农田，以有机废弃物和利用边际性土地种植能源植物为主要原料。在概念上区分生物质资源与生物质原料资源，在方法上是要找出三条界线和做好一个“整合”。即找出有机废弃物与具有获得性和经济性的有机废弃物原料之间的界线；可利用而尚未利用的土地与能作为生物质原料用地之间的界线；非粮低产农田与可在种植结构调整中用于能源作物生产的边际性农田之间的界线，以及做好各类边际性土地与各种能源植物之间的整合。研究中做到层层分解、细化与逼近实际地估算原料资源量。资料与数据，引用的主要是相关国家业务主管部门的最新权威性资料。

——研究中有两个重要发现，一个是在难登大雅之堂的有机废弃物中，居然蕴藏了可年产能 4.74 亿吨标煤的生物质原料资源；一个是在紧缺的土地资源中，居然蕴藏有可供生物质原料生产的边际性土地 1.36 亿公顷，可年产能 4.25 亿吨标煤。这次在生物质原料资源的“勘探”中发现，这是具有年产能 8.99 亿吨标煤，相当于中国现一次性能源年消费量 40% 的一座“富矿”。

——几年前，美国制定了一个 2030 年生物质液体燃料替代 30% 现化石燃料的目标，基础是建筑在年产出的 10 亿吨生物质原料资源上。中国的生物质原料资源潜力研究的初步结果是年产能 9 亿吨标煤和可替代现一次性能源消费量 40% 的原料资源潜力，均高于美国。

——中国生物质原料分布遍及全国，有草本、灌木和乔木，有淀粉、糖类和木质纤维素，中国发展生物质产业，应当走原料与产品多元化的道路。

——中国生物质产业有农林两个战场，产能分别占 54.6% 和 45.4%。农业战场依托于农业废弃物和非粮低产农田，宜以液体燃料和化工产品为主的多元化发展方向，以及作物秸秆近期以加工成型燃料为主。林业战场依托现林地、宜林荒地和林业剩余物，以木质纤维素为主的原料及产品相对单一，宜以成型燃料和热电联产的煤替代为主，结合发展木本油料。

——与传统能源的高能密度、集中和现代工业生产方式相比，生物质原料资源分散、多样和低能密度。生物质能源的这些特点看似弱势，但就中小型，资源循环利用，生态与环保，原料、生产与消费间的近距离，以及发展农村经济，促进农村工业化与城镇化等中国国情而言，这正是它的优势所在。

13.4 发展战略与目标

我国的国情、农情、资源特点，以及产业和市场发展状况等都与一些发达国家不尽相同，因此，在借鉴国外发展经验的同时，还必须根据我国的实际，考虑和制定我国的生物质产业发展的战略与目标。本节将就战略需求、战略思路与原则、战略产品定位以及战略目标与方案加以叙述。

13.4.1 发展生物质产业的战略需求

能源替代、环境减压和“三农”解困是我国对生物能源产业的三大战略需求。

1. 能源替代

我国能源资源短缺，消费结构单一，需求激增，石油进口依存度高，形势十分严峻。我国 2005 年一次能源消费结构中，煤炭占 68%，石油占 21%，天然气占 3%，水电占 7%，即其中化石能源占到了 92%，核能与可再生能源不到 1%。这种能源消费结构必然导致环境的严重污染和可持续性低。据专家估算，我国可用煤储量 1 145 亿～1 892 亿吨，按 2004 年开采量计，可用 60 ～ 100 年；石油可采资源量 150 亿吨（王干生，2005），约能用到 2040 年前后。

我国能源的紧张，突出地表现在石油上，储量仅占世界总量的3%，消费量是世界第二，且需求持续高速增长。1990年的消费量刚突破1亿吨，2000年达2.3亿吨，2004年达3.2亿吨。我国自1993年成为石油净进口国后，2004年的进口量就达到了1.4亿吨，依存度46%。预测2020年的石油消费量将达到4.5亿吨，进口2.5亿吨，依存度将超过55%（图9）。

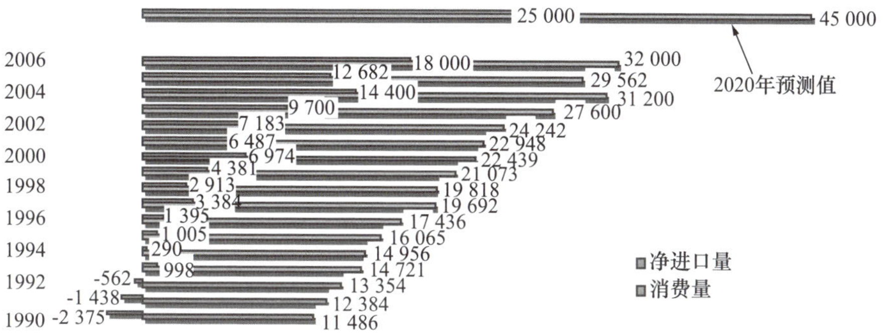

图9　1990—2006年中国的石油消费量与进口量及2020年预测

（资料来源：《中国能源统计年鉴》）

我国经济的高速发展，必须建立在能源安全和有效供给的基础之上，特别是石油。资源紧缺，需求剧增，结构单一，（进口）依存度高，安全度低，以及石油和相关产品价格飙升的严峻挑战，已经和越来越深刻地影响我国经济的健康发展和安全。在厉行能源节约和加强常规能源开发的同时，改变目前的能源消费结构，向能源多元化和可再生清洁能源时代过渡，已是迫在眉睫。在众多的可再生和新能源中，生物质能源是目前唯一能对石油液体运输燃料以及塑料等上千种石化产品生产原料的直接替代。

2. 为环境减压

随着我国经济的高速增长，以化石能源为主的能源消费量剧增，对环境压力越来越大。在过去20多年里，我国能源消费总量增长了2.6倍，2003年的二氧化碳排放量达到8.23亿吨，居世界第二位。有人预计，不用到2010年，我国的二氧化碳排放量可能超过美国而居世界首位。2003年我国二氧化硫的排放量也超过了2 000万吨，居世界第一位。酸雨区已经占到国土面积的30%以上。

我国二氧化碳排放量的70%，二氧化硫排放量的90%，氮氧化物排放量的2/3均来自燃煤，特别是燃煤电厂。“十五”末，我国发电装机总容量4.76亿千瓦，其中煤电占70%。2003年我国消耗了全球31%的原煤，约16.4亿吨，其中用于发电的占48%。预计到2020年，二氧化硫和氮氧化物的排放量将分别超过我国环境容量的 30% 和 46%。

我国是《京都议定书》的签约国，2007 年 6 月在德国召开的 8 国首脑会议上我国面临重大压力，在会前发表了《中国应对环境变化国家方案》，提出了减排二氧化碳的 2010 年具体指标。随着经济发展，以煤炭为主的化石能源消费还将大增，以及面对“后京都”时代 IPCC 提出的 2030 年减排 50% 的指标，我国的减排压力会越来越大。必须争取时间，改善能源消费结构，提高能源消费效率，加快推进生物质能源的发展进程。

此外，农村作物秸秆的露地焚烧、畜禽粪便对大气和水体的污染、石油基地膜对土壤肥力的伤害，以及农林产品加工业的耗氧性废气废水等都造成了对生态和环境的严重伤害。发展生物质产业可以使之无害化和资源化，既减轻了环境压力，又发展了生产。

3. 为“三农”解困

生物质能源是以农林及其加工生产的有机废弃物，以及利用边际性土地种植的能源植物为原料进行生物能源和生物基产品生产的产业。生物质原料生产是农业生产的一部分，产品是农业生产链条的延伸，现代生物质产业是传统农业生产的一种拓展和延伸。正如美国在“开发和推进生物基产品和生物能源”的第 13 134 号总统执行令中所说的：美国这些领域的技术进步能在美国乡村给农民、林业者、牧场主和商人带来大量新的、鼓舞人心的商业和雇佣机会；为农林业废弃物建立新的市场；给未被充分利用的土地带来经济机会。“到 2020 年，通过生物基产品和生物能源生产，可以每年为农民增加 200 亿美元的收入。”

世界各国发展生物质产业总是与发展农村经济结合在一起的，这对我国这样一个有 8 亿农民，农业和农村经济还很落后，正在大力推进现代农业和社会主义新农村建设的农业大国具有更加重要的意义。在发展农村经济上，可以延长生产链条，拓宽生产领域和农民增收渠道；在社会效益上可以推进农村工业化和中小城镇建设，缩小工农和城乡差别；在生态效益上可以通过对农林等有机废弃物或污染物的利用和使之无害化和资源化，推进资源节约与循环使用，以及缓解了农村秸秆、畜禽粪便和石油基地膜的三大污染，改善农村的环境状况，改善农村生活能源的消费水平和质量。发展生物质能源产业将大大推进现代农业和社会主义新农村建设，是“工业反哺农业”“以工促农，以城带乡”的一条有效和可操作性的途径。

13.4.2 战略思路与原则

根据我国国情和参照国外经验，在发展我国生物质能源产业上，我们提出了“一矢三的，重在三农；不争粮地，生态先行；多元发展，因地制宜；突出重点，中小为主；资源循环，环境优先”的五项战略思路和四十字原则。

1. 一矢三的，重在“三农”

世界各国在发展生物质产业中，都将同时具有能源替代、改善环境和发展农村经济的三大功能，但各国国情和发展背景不同而侧重点各异，有着与本国相适应的发展战略和重点。

美国突出生物乙醇，战略重点在于替代车用燃料和缓解石油需求与进口压力；欧盟产品多元，战略重点是保护环境与替代化石能源并重；巴西甘蔗乙醇的战略重点从缓解石油进口压力到发展本国乙醇经济，扩大对外出口。在我国，能源、环境和“三农”的形势都十分严峻，对生物能源产业都有急迫需求，具有战略意义。

在经济发达的国家，特别像美国与欧盟，能源消费需求及进口依存量大，对环境质量要求的压力大，因而对石油替代和改善环境质量作为战略重点。而中国、印度以至巴西这些正在兴起的发展中国家，除能源与环境问题外，“三农”问题都是本国发展经济的难点和重点，特别是在我国。仅二三十年时间，生物质能源可能会占到总能源消费结构中的10%左右，而“三农”可以此为契机，将“以工哺农，以城带乡”落到实处，农业结构调整，现代农业建设，农民增收，发展农村工业和中小城镇，缩小工农和城乡差别，有利于社会安定与和谐。其经济、政治和生态上的深远影响是不可估量的。“一矢三的，重在三农”是我国国情和农情所决定的。

从技术和经济层面上看，生物质产业的基点在于原料生产，原料成本占总成本的60%～80%，产品利润空间和市场竞争能力也决定于原料。此外，生物质能源产业的难点也在于原料生产，必须善于选择原料与搭配料；善于化解原料生产的分散性、季节性和不稳定性，做到稳定而持续的供应；善于与农民合作和合理分割利益。必须把生物质能源产业的第一车间建在田间和保证它的有效运行。

生物质产业是从事生命物质生产和加工的，不同于非生命的化石能源，只用传统的工业思维与方法是做不好生物质产业的。

2. 不争粮地，生态先行

在生物质能源发展的初期，美国2006年动用了16%的玉米生产乙醇；在农产品过剩和部分土地轮休的欧洲，58%的油菜加工成生物柴油；德国用8.6%的耕地种植能源植物和瑞典用46%的耕地种植油菜等能源作物。首相佩尔松说：“农业不仅只是为了获取食物和林木，也为了获取能源。”（2006年）

但是，随着生物能源生产规模与原料需求的急剧增长，耕地和农作物的压力越来越大。国际上提出了以“非食物性植物（non-food-plant）”为原料的概念（Mielenz, J. R., 2001）；美国提出了“利用5 000万英亩尚未得到利用的农田，美国最终每年可以生产750亿加仑乙醇”的设想；2006年布什在国情咨文中明确提出了2012年前解决以纤维素生产燃料乙醇的技术和商业运行问题；欧盟和日本等因资源不足而扩大生物质原料和能源产品的进口及到海外组织生产。

我国耕地和粮食十分紧缺，人均耕地不到世界平均数的一半，人均粮食低于世界平均水平，粮食安全和严格控制占用耕地是国家的长期战略。这个基本国情决定了我国发展生物质产业不能与农业争粮争地，这是一条原则和底线。20世纪末，我国曾发展以陈化粮为原料生产燃料乙醇，这是在当时特殊背景下的一种尝试。从当前和长远考虑，原料应主要来自农林有机废弃物和利用边际性土地种植能源植物。

在我国近代农业的发展中，由于粗放和掠夺式经营，导致了大面积土地沙化和水土流失，生态修复和抑制继续恶化的任务很重。因此，在生物质生产中，必须坚持生态先行原则，特别是在开发边际性土地种植能源植物中，必须以防止水土流失和生态恶化为前提和条件，做好生态保护工程，做到生态与生产双赢。

3. 多元发展，因地制宜

由于生物质原料的多元，产品的多种，需求的多样，我国自然条件的复杂，以及要与发展农村经济的结合，我国发展生物质能源产业必须走原料与产品的多元化和因地制宜道路。南方以木薯和废糖蜜，北方以甜高粱和薯类生产燃料乙醇；丘陵山地的木本油料，棉区的棉籽，冬闲地的油菜等生产生物柴油；作物秸秆富集区和林木剩余物富集区发展成型燃料及热电联产；规模化养殖区和工业有机废弃物集中排放区规模化生产沼气及纯化压缩加工；粮食加工区的淀粉和生物塑料生产；北方半干旱四大沙地规模化种植旱生灌木，生态恢复与能源基地共建双赢，如此等等。全国如此，省、市、县也依其本地资源特点和优势、技术条件和市场情况，因地制宜地进行原料和产品多元化的布局与设计。

4. 突出重点，中小为主

与多元发展和因地制宜相呼应的是突出重点和中小为主。从国家到省、市、县，以及企业在因地制宜和多元发展的同时，需要突出主原料与主产品作为发展重点，做好本产业内部及与相关产业间的综合平衡。以广西壮族自治区为例，同时拥有甘蔗和木薯两种能源作物，其中甘蔗制糖是广西的支柱产业和全国主要糖产区，因此生物质能源的主原料不宜定位于甘蔗而在木薯，甘蔗乙醇可作为产品丰缺和价格涨落情况下的调节之用，巴西在这方面取得了成功经验。广西缺煤，但有大量宜林荒山，发展能源灌木，以木质成型燃料替代锅炉用煤，供热发电。南宁市民用液化天然气十分紧张，但郊区有许多木薯酒精生产厂，排放大量高COD废液污染环境，可以此废液为原料生产沼气，经纯化压缩后灌装灌输，替代液化天然气。

原料的多元、分散和产品需求的多样，以及合理的原料收集半径和减少原料与产品进入市场的运输成本，加工生产应以中小型为主，一头紧靠原料基地，一头尽量接近产品市场。

5. 资源循环，环境优先

资源的循环利用与保护环境是相辅相成和相融一体的。积极开发利用农林、加工及城市的有机废弃物，既促进资源循环利用，又有利于减少污染，保护环境。原料生产和加工生产过程中，也要做到资源循环和保护环境的相辅相成和融为一体。在利用边际性土地种植能源植物过程中，必须是科学施肥和田间管理，做到（营养）物质与能量的良性循环，才能保持高产出和持续发展。在生物质加工过程中产生的大量有机废水废渣，既是污染物，又是资源。每生产 1 吨木薯乙醇，要排放 12 吨 COD 值达 20 000 ～ 30 000 毫克 / 升的废水，需要消耗大量设备、能量和资金才能达标排放。如果利用其中的有机污染物生产沼气，每生产 1 吨木薯乙醇可联产 0.2 ～ 0.3 吨标煤的热量，替代加工过程中的燃煤需要。

当前在生物乙醇等的加工中，都有不同程度的废水废渣的排放，必须坚持环境优先的原则，将达标排放与资源循环利用结合起来。

13.4.3 战略产品的选择与定位

根据上述战略思路与原则，在国家层次上，做好发展生物质产业的战略产品的选择与定位十分重要。根据我国国情和借鉴国外经验，在战略产品的选择与定位中重点考虑了以下五个因素：对“三农”、能源和环境问题的影响程度；资源供应的保障程度和可持续性；技术基本成熟；在国家政策性支持下，具有经济可行性；能对全国发挥全局性和带动性作用。据此，定位了六大战略产品，按重要性的排序是：燃料乙醇、成型燃料、工业沼气、生物塑料、生物柴油及生物质化工产品。

1. 燃料乙醇

巴西、美国、欧盟等国际经验已经说明，燃料乙醇是目前技术最成熟、应用规模最大和商业化程度最高的生物燃料，而且有 E10 到 E85 的混合燃料、加油站和 FFVs 灵活燃料汽车与之相匹配。它已经成为替代石油、减少温室气体排放和促进农村经济的一个新的经济增长点，成本与价格的市场竞争力也较强。

我国能源紧张，主要是石油，燃料乙醇正是石油替代的一项最现实的选择。燃料乙醇的原料多样化，有淀粉基，有糖基，有纤维素基，可以利用我国丰富的边际性土地和木薯、甘蔗、甜高粱等能源植物资源。仅木薯一项，就有发展 300 万公顷和生产 1 500 万吨燃料乙醇的潜力，纤维素乙醇技术突破后，每年有约 4 亿吨的能源用作物秸秆可作为原料。发展乙醇还可带动下游的乙烯等化工产品生产以及新型燃料的汽车业的发展；可以大大减少 CO_2 和氮氧化物的排放。我国已具有生产和使用燃料乙醇的实践基础，生产能力 130 万吨 / 年，并已在 5 省和其他省的 27 个市推广使用乙醇汽油。

2. 成型燃料及热电联产

在欧洲，以成型燃料替代燃煤和生物质直燃热电联产已经有一套成熟的技术、设备、生产和商业运行系统，已广泛应用于家庭和小区供热采暖，以及工业和城镇的供热发电。瑞典颗粒燃料年使用量为 150 万吨，1/4 的集中供热是靠生物质颗粒燃料完成的。我国年消费 16 亿吨煤炭中，一半用于能脱硫和高利用效率的发电锅炉，7 亿吨用于煤利用效率只有 60% 左右的一般工业锅炉，1 亿吨为生活消费。如以生物质成型燃料部分替代生活消费和工业锅炉，将能达到改善能源结构、减排 CO_2、提高环境质量和发展农村经济的多重目的。

我国生产成型燃料的原料资源十分丰富，可作能源用的作物秸秆和林业剩余物的实物量是 5.16 亿吨，相当于 2.67 亿吨标煤。还有 4 530 万公顷的灌木林和 303 万公顷的薪炭林，以及 3 596 万公顷荒山荒坡和 700 万公顷半干旱沙地可以种植能源灌木，都是成型燃料的原料来源，共约 3.13 亿吨标煤的原料潜力。成型燃料的技术成熟、设备投资不多、宜于分散小型，便于储运使用，适于对分散的中小锅炉燃煤的替代。

根据我国能源消费以煤为主和生物质原料十分丰富的国情，成型燃料与生物质燃料的热电联产必将在我国发展成为一个庞大的新兴产业。

3. 沼气与 CBG

在欧洲，现代化的沼气生产、加工和应用越来越受到重视，一是原料相对集中进行厌氧发酵，为小区供热发电；二是经压缩净化后的沼气（compressed biogas, CBG）即生物合成的天然气用于运输燃料或民用燃气和发电。现代沼气的生产加工技术和设施、电站、加气站和使用沼气的汽车，以及商业化运行系统已经成熟。

20 世纪 60 年代，我国开始在农村推广使用沼气，2006 年已有户用沼池 1 800 万处和大中型沼气工程 1 500 处，年产沼气 80 亿米 ^{3}。在巩固、发展和提升这些传统沼气生产和应用的同时，重点引进和发展工业化和规模化的现代沼气生产和应用技术，提高商品率。我国生产沼气的原料资源十分丰富，除畜禽粪便、秸秆和农村有机垃圾外，相对集中的农产品加工和生物能源加工产生的有机废弃物，以及城市有机垃圾等的产生量会越来越大。以有机废弃物生产沼气既有利于资源的循环利用，又有利于环保和提高农村的能源消费及生活环境质量。

4. 可降解生物塑料

塑料的全球年消费量近 2 亿吨，我国 1 847 万吨（2004 年），这些石油基塑料 300 年也不能被降解，“白色污染”向全球提出了挑战。对我国的特殊意义还在于，我国是世界上唯一大面积使用农膜的国家，每年农田覆膜面积约 1.5 亿亩，消费塑料 150 万吨，在取得增产的同时，却将这些不能降解的塑料碎片残留和积存于土壤表层，导致土壤肥力下降和作物减产。据新疆生产建设兵团的数据，土壤中的残留地膜含量已高达30千克/亩，若超过40千克/亩，土壤就不能再耕种。此外，生产1 847万吨塑料，需动用约2 000万吨石油炼制，相当于石油进口量的1/7～1/6。

20世纪80年代以来，世界各国都在寻求以可生物降解的生物基塑料对石油基塑料的替代，但成本明显较高而缺乏市场竞争性。目前美国Cargill公司和Dupont公司生产的玉米基塑料成本已接近于石油基塑料。我国采用淀粉与合成降解材料复合的技术路线已取得突破性进展，成本较低，可以逐步取代石油基塑料制品，生物基塑料地膜的技术难度较大，近年内我国将取得突破。

5. 生物柴油

生物柴油是一种优质清洁柴油，是替代化石柴油的一种重要运输燃料，一般以20%的比例混掺到化石柴油中，称B20柴油。欧盟2005年用58%的油菜籽生产了300万吨油菜柴油，美国2005年生产了25万吨大豆柴油，生产规模比燃料乙醇小得多，主要问题是油脂原料缺，价格高。我国目前每年尚需进口400万～500万吨食用油和2 000多万吨大豆，且原料油脂价格相当或高于产品价。因而，不可能像欧美以油菜和大豆作为生物质能源原料，而应该以非食用油油脂为主。非食用油油脂有三大类，一是利用棉区的棉籽油和南方冬闲田的油菜籽油；二是厨余油脂和废弃动物油脂；三是开发麻疯树、黄连木、油棕、石栗等木本油料林。同时加快生物质汽化制FT柴油研究，争取与国际同步实现产业化，大规模替代化石柴油。

6. 生物质化工产品

我国石油化工原料缺乏，每年进口大量烯烃等产品。生物质化工产品是指以生物质为原料生产的化工产品，主要替代石油中的C2、C3和C4组分。在石油未被大规模应用以前，烯烃都是由生物质原料制造。生物质制烯烃，即BtO（biomass to olefin），可以部分缓解烯烃供应紧张，同时提高生物质能源产业的经济性。如用乙醇能替代由石脑油生产生物基乙烯（C2馏分），用动植物油脂催化热裂解生产丙烯（C3馏分）；糠醛替代正丁烷、异丁烯（C4馏分）生产生物基顺酐、呋喃、氨纶等。清华大学开发了以秸秆类农林废弃物为原料替代化石资源生产C4化工产品技术，用糠醛替代石油C4馏分有绝对的原料保证。不仅原料成本低廉，而且秸秆的利用可以解决秸秆占地问题，不必再焚烧秸秆造成空气污染和影响交通，逐步形成C4化学工业。

13.4.4 生物运输燃料的能量平衡与经济性

大多数研究表明用食用植物生产的生物运输燃料乙醇、生物柴油所产生的能量大于生产过程输入的化石能源，净生命周期中的碳排放低于化石运输燃料。国际能源组织IEA对谷物生产燃料乙醇的净能量平衡评价：自1991年到2002年的

12 年研究结果表明用谷物生产燃料乙醇产出的能量高于投入的化石能源，为正值；得到负值的原因是假设不同，其中的关键因素是忽略了生产乙醇过程技术进步所产生的节能降耗效果。表 21 给出了采用不同原料生产的燃料乙醇，以及生物柴油、沼气的成本和能量平衡分析结果。结果显示投入能量均低于产出能量，投入产出比为正值，有工业化生产价值。2007 年 5 月在澳大利亚的 Darwin 举行的 SEM-8（Eighth Energy Ministers Meeting）第 8 届 APEC 能源部长会议文件中就生物交通燃料的经济性做出如下评价：当国际油价在 50 美元 / 桶时，用常规的生物质原料生产燃料乙醇或生物柴油与石油基燃料相比具有经济性；当国际油价在 80 美元 / 桶时，用纤维素（包括秸秆类、林业剩余物，以及现在的非常规作物——柳枝稷等）原料生产燃料乙醇或生物柴油与石油基燃料相比具有经济性。

表 21　生物质能源产品的成本和能量投入与产出分析

项目		成本 /（元 / 吨）	投入能量	产出能量	备注
燃料乙醇	玉米	4 800	1	1.25 ～ 1.35	美国能源部 Argonne 国家实验室 http: // www.bioindustry.cn/info/view/4105
	木薯	4 600	1	1.16	卢先玖，1989. 外醇燃料的应用及其经济效益 . 新能源 (1):25-31
	甜高粱	3 900	1	1.89	Lu Nan and Jianxue Ma, 1989. Research on sweet sorghum and its synthetic applications. Biomass 20(1-2)：129-139
	纤维素	6 500	1	10	美国加州大学 Berkeley 分校，美国能源部 Argonne 国家实验室
生物柴油		5 000（垃圾油）	1	4.3	昔庆德，黄凤洪，郭萍梅 . 2002. 生物柴油生产技术及其开发意义 . 粮食与油脂 (9)：8-10
沼气		2 元 / 米 ^{3}	1	2.5 ～ 5	Maria Berglund & Pål Börjesson, 2006. Assessment of energy performance in the life-cycle of biogas production. Biomass and Bioenergy 30(3)：254-266

13.4.5　生物质能源产业发展的战略目标

通过对我国生物质资源潜力、技术现状与发展趋势、能源需求与生物质产品市场以及产业政策等方面的研究，我们提出了中、近和远期的发展目标方案。中期方案是到 2020 年前后建设一个年产 1 亿吨的“生物质油田”和减排 3 亿吨 CO_2；近期方案是 2010 年前后实现替代 1 000 万吨原油、800 万吨标煤和减排 0.55 亿吨 CO_2。根据我国拥有年产 9 亿吨标煤以上的生物质原料资源，远期目标是到 2050 年替代 5 亿吨标煤的化石能源。对远期方案暂不做详细说明。

1. **中期目标**（2020）

年产 1 亿吨的“生物质油田”和减排 3 亿吨 CO_2 的中期目标包括一个由 5 项产品构成的、年替代 5 599 万吨石油的“绿色大庆”和一个由 3 项产品构成的、年替代 5 540 万吨标煤的“绿色神东”。具体内容如下。

年替代 5 599 万吨石油的“绿色大庆”建设目标和内容：（万吨 / 年）

燃料乙醇　1 700；

生物柴油　500；

车用甲烷　60 亿米 ^{3}（相当于 688 万吨石油）；

可生物降解塑料　1 200；

生物质化工产品　900（BtO 产品 750 万吨，C4 产品 150 万吨）。

可年替代石油 5 500 万吨，约为 2020 年石油进口量的 20%，减排 1.6 亿吨 CO_2。

年替代 5 540 万吨标煤的“绿色神东”建设目标和内容：

成型燃料　5 000 万吨 / 年；

生物质发电　720 亿千瓦 · 时；

沼气发电　80 亿千瓦 · 时；

可年替代 5 540 万吨标煤，减排 1.4 亿吨 CO_2，联产优质有机肥 4 000 万吨。

2. **近期目标与建设内容**（2010）

前期（2006—2008 年）以示范为主，后期在示范取得经验的基础上稳步推进，到 2010 年达到年产 550 万吨乙醇（含已有 130 万吨 / 年）、100 万吨可生物降解塑料、30 万吨 BtO 和 50 万吨糠醛等半纤维素水解代替石油 C4 产品、4.5 亿米 ^{3} 车用甲烷（可替代 50 万吨汽油）、80 万吨生物柴油、500 万吨生物质成型燃料和 1 000 兆瓦生物质发电能力，实现替代 1 000 万吨原油和 800 万吨标煤的目标，减排 5 500 万吨 CO_2。

3. **建设年产 1 亿吨的生物质油田的相关经济概算**

投资 3 088.4 亿元，形成年产值 5 442.2 亿元、利税 1 593.8 亿元、创造 97.92 万个工业就业岗位和 1 044.5 万个农业就业岗位，以及农民年增收 446.2 亿元。

相关估算资料可参见表 22 至表 25。

表 22　年产 1 亿吨的“生物质油田”的产值与利润

绿色油田	数量 / 万吨	替代石油 / 万吨	成本 /（元 / 吨）	价格 /（元 / 吨）	年产值 / 亿元	利税 / 亿元
燃料乙醇	1 700	1 700	4 200	5 100	816	153
车用甲烷	60 亿标准米 ^{3}	688	2.5 元 / 标准米 ^{3}	3.5 元 / 标准米 ^{3}	210	60
生物柴油	500	714	4 600	4 800	240	2

续表 22

绿色油田	数量/万吨	替代石油/万吨	成本/（元/吨）	价格/（元/吨）	年产值/亿元	利税/亿元
可生物降解塑料	1 200	1 320	9 500	12 000	1 440	300
BtO	750	833	7 000	10 000	750	225
C4 产品	150	165	9 000	11 000	165	30
小计		5 420			3 621	770

绿色煤田	数量/万吨	替代标煤/万吨	成本/（元/吨）	价格/（元/吨）	年产值/亿元	利税/亿元
成型燃料	5 000	2 500	300	360	150	30
生物质发电	800 亿千瓦·时	3 000	0.3 元/千瓦·时	0.6元/千瓦·时	480	240
沼气发电	80 亿千瓦·时	304	0.18 元/千瓦·时		48	33.6
有机肥料	4 000		200	380	152	72
小计		5 540			830	375.6
总计					4 451	1 145.6

注：1 吨原油生产 0.7 吨汽油，1 吨原油生产 0.7 吨柴油，1 吨原油生产 0.909 吨聚烯烃塑料或 C4 产品；1 米^3 甲烷气体相当于 1.1 升汽油，或 1.13 千克原油；1 吨标煤可发电 2 632 千瓦·时；1 吨生物质成型燃料相当于 0.5 吨标煤或 0.37 吨原油。

表 23 生物质产业投资与创造的工业就业机会

项目	数量/万吨	规模/(万吨/年)	就业岗位/(个/厂)	投资/(亿元/厂)	工厂数/个	总投资/亿元	总岗位数/万个
燃料乙醇	1 700	5～10	300	2～3	260	520	8.4
车用甲烷	60 亿标准米^3	500 标准米^3/年	100	0.3	1 200	360	12
生物柴油	500	5	100	0.6	100	60	1
生物质塑料	1 200	5	550	0.8	240	192	13.2
BtO	750	5	400	5	250	750	10
C4 产品	150	1	200	2	150	300	3
成型燃料	5 000	0.5	30	0.02	10 000	200	30
生物质发电	800 亿千瓦·时	5 兆瓦/年	100	0.35	2 000	700	20
沼气发电[1]	80 亿千瓦·时	0.2 兆瓦/年	8	0.001 6	400	6.4	0.32
有机肥料[2]	4 000	5	—	—	—	—	—
总计					14 150	3 088.4	97.92

注：1. 相当于在全国 2 000 个县（县级市）每县建一个 5 兆瓦生物质发电厂；

2. 有机肥料为沼气副产品，各项指标已包括在甲烷厂和沼气发电厂（占生物质发电 10%）之内。

表 24　生物质原料产值与利润

项目		数量 / 万吨	成本 /（元 / 吨）	价格 /（元 / 吨）	年产值 / 亿元	利润 / 亿元
秸秆（包括林地废弃物）		20 500	40（收集成本）	150	307.5	225.5
其中	乙醇及衍生物[1]	5 000				
	半纤维素水解产品	2 000				
热电生产[2]		8 000				
成型燃料		5 000				
乳酸生产		500				
淀粉（共混或发酵乳酸用）		800	1 700	2 000	160	24
乙醇原料	甜高粱[3]	9 900	73.7	180	178.2	105.2
	木薯[4]	3 500	160	380	133	77
柴油原料	棉籽油	150	4 000	4 200	63	3
	其他植物油	300	4 100	4 400	132	9
	垃圾油	50	3 000	3 500	17.5	2.5
总计					991.2	446.2

注：1. 4 ～ 6 吨秸秆生产 1 吨乙醇；

2. 1 万吨秸秆可保证 1 兆瓦的发电能力，1 米 ^{3} 沼气可发电 2 千瓦 · 时以上；

3. 14 吨甜高粱生产 1 吨乙醇；

4. 7 吨鲜薯生产 1 吨乙醇。

表 25　生物质产业为农业创造的就业机会

项目	数量	单位就业机会	总就业数 / 万个	备注
边际性土地开发[1]	550 万公顷	个 /0.8 公顷	687.5	0.4 公顷耕地产生 1 个农业就业机会
秸秆类	20 500 万吨	个 /100 吨	205	指收集、运输，为加工厂供应原料
甜高粱	9 900 万吨	个 /100 吨	99	指收集、运输，为加工厂供应原料
木薯	3 500 万吨	个 /100 吨	35	指收集、运输，为加工厂供应原料
淀粉	800 万吨	个 /100 吨	8	指收集、运输，为加工厂供应原料
生物柴油原料[2]	500 万吨	个 /50 吨	10	指收集、运输，为加工厂供应原料
合计			1 044.5	

注：1. 甜高粱种植面积 320 万公顷边际土地，产量 31 吨 / 公顷；薯类种植面积 230 万公顷边际土地，产量 15 吨 / 公顷；其他植物油种植面积 106 万公顷边际土地，产量 1 吨油 / 公顷；

2. 生物柴油原料主要指木本油料、垃圾油的收集、运输，因相对农作物的收集、运输更加困难，每 50 吨需 1 人。

13.5 技术路线图

根据以上对战略需求、战略思路/原则、战略产品定位以及战略目标的研究，本节对燃料乙醇等6项战略产品的资源、技术现状和发展趋势提出了如下的发展技术路线。

13.5.1 燃料乙醇

在发展我国的燃料乙醇上，必须坚持“因地制宜，非粮为主”的原则。近期内（2006—2010年），以木薯、红薯等非粮食类淀粉为主生产乙醇，与半纤维素化工产品工业联产乙醇；甜高粱是高产能源作物，可以作为理想的乙醇生产原料，转化为乙醇的技术已经突破，可在2008年实现商业化生产；通过提高玉米产量和改善饲料原料结构来调剂出玉米生产燃料乙醇。秸秆类生物质是最理想的乙醇生产原料，但到商业化生产还有一定距离。燃料乙醇产业发展具体路线如图10所示。

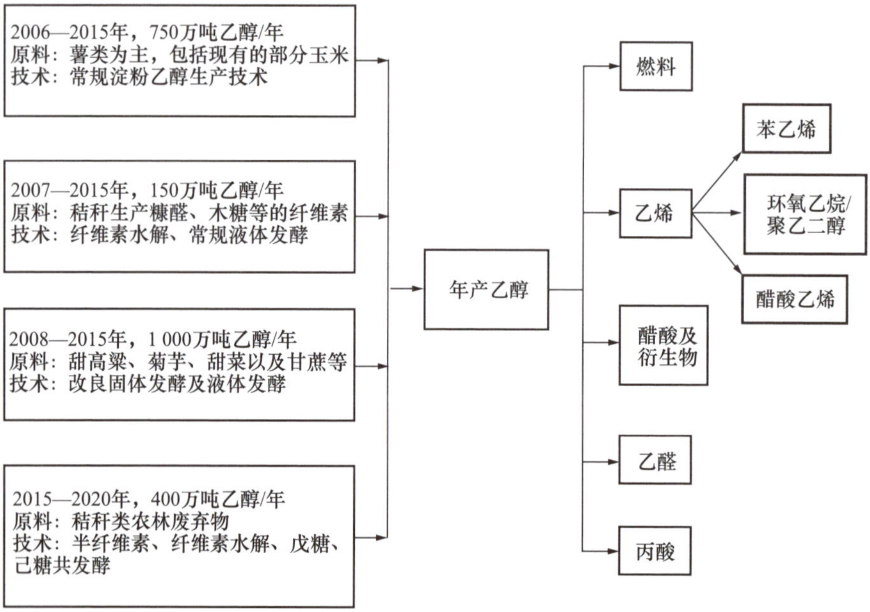

图10 燃料乙醇产业发展具体路线图

1. 薯类乙醇

淀粉类原料生产乙醇技术成熟，属传统的第一代乙醇技术。木薯是在热带和亚热带地区生长的耐瘠薄高产作物，淀粉含量＞30%，7.2 吨鲜薯或 3.0 吨干薯可生产 1 吨燃料乙醇。目前，我国木薯（鲜）产量约为 1 200 万吨 / 年，广西是木薯主产区，产量为 800 万吨 / 年。通过提高单产（1 吨 / 亩→ 2 吨 / 亩）和利用荒地（我国适合种植木薯的省份为粤、桂、闽、琼、滇，具有荒草地资源为 12 305 万亩），至少具备 5 000 万吨木薯 / 年的供应能力。

甘薯抗旱、耐瘠、耐盐碱，在山坡和丘陵等一些恶劣条件下也能良好生长，具有不争良田的特点，从海南岛到河北省北部都有大面积种植，栽培面积仅次于水稻、小麦、玉米居第四位。甘薯淀粉含量在 20% ～ 33% 之间（有食用和淀粉用途之分），也是生产乙醇的比较理想原料，8 ～ 9 吨鲜薯可生产 1 吨燃料乙醇。我国甘薯种植面积约 1.1 亿亩，产量约 1.5 亿吨，其中 1/3 作为食用，1/3 作为淀粉原料，另有 1/3 是作为种子或在保存过程中烂掉。“中国甘薯之乡”河北省卢龙县的甘薯平均亩产在 2.5 吨以上；山东省的鲜薯平均单产达 2.2 吨 / 亩。在较好的栽培技术条件下，普通农户可实现的鲜薯产量可达 3 ～ 4 吨 / 亩以上，已经在较大面积上实现了亩产鲜薯超过 6 吨的超高产目标。通过提高单产（1.5 吨 / 亩→ 3 吨 / 亩）和利用边际性土地（仅川、渝、贵、湘、鄂、赣、徽、豫、鲁、冀、晋 11 省份就有可利用于甘薯种植的荒草地资源 12 624 万亩），至少又可增产 1 亿吨甘薯。

再加上其他薯类，如芭蕉芋、马铃薯等作为乙醇原料，薯类淀粉生产乙醇的潜力为 1 500 万吨 / 年以上，可以在“十一五”期间至少形成 300 万吨 / 年以上的生产能力，如表 26 所示。

表 26 “十一五”期间淀粉原料燃料乙醇项目布局

省份	原料	乙醇产量 /（万吨 / 年）	工厂数量
广西	木薯	90	6
云南	木薯	10	1
贵州	甘薯、芭蕉芋	10	1
四川	甘薯	30	3
重庆	甘薯	20	2
湖北	甘薯、早籼稻	15	1
山东	甘薯、玉米	20	1
河北	甘薯、玉米	30	1
甘肃	甘薯、玉米	15	1
黑龙江	玉米	10	原厂扩建
吉林	玉米、甘薯	20	原厂扩建
辽宁	玉米、甘薯	30	1
合计		300	20

2. 与糠醛、木糖等半纤维素产品联产乙醇

从淀粉向纤维素乙醇过渡技术，重点突破纤维素的酶水解和耐醛、酚、酸类抑制物的高产乙醇菌种。我国独特的以玉米芯等农林废弃物为原料通过半纤维素水解生产糠醛、木糖（醇）、低聚木糖产业已占据国际市场60%以上的份额，利用半纤维素水解后的纤维素可以在近期内有经济效益地生产乙醇。根据已有的纤维素乙醇试验结果，其原料成本约占总成本的1/3，因此联产“纤维素乙醇”的原料成本可视为“零”，乙醇成本与目前的淀粉乙醇成本基本相当，在4 000元/吨左右。纤维素水解为葡萄糖技术已经成熟，纤维素酶国内已能生产，也可以从Novozymes或Genosor两家世界上最大的酶制剂公司购买。清华大学研究开发出耐醛、酸类抑制物的高效乙醇发酵菌种，已完成实验室研究，正进行中间试验和准备工厂示范。目前我国半纤维素产品的产量为30万吨/年，需原料秸秆500万吨，可联产燃料乙醇80万吨/年；联产乙醇又降低了糠醛、木糖（醇）等的成本，扩大市场，进而促进乙醇生产能力的提高，“十一五”期间至少可形成50万吨乙醇/年的生产能力，如表27。纤维素乙醇为代表的“第二代生物燃料”是国际公认发展方向，在我国将率先实现商业化生产。

表27 “十一五”期间建设的每年50万吨纤维素乙醇联产项目

项目	山东	河北	河南	甘肃	黑龙江	吉林	辽宁	合计
原料	秸秆、玉米芯	秸秆、玉米芯	秸秆、玉米芯	秸秆、玉米芯	秸秆、玉米芯	秸秆、玉米芯	秸秆、玉米芯	
乙醇产量/（万吨/年）	10	5	5	5	5	10	10	50
工厂数量	2	1	1	1	1	2	2	10
与乙醇联产产品	糠醛、木糖醇、低聚木糖热/电	木糖醇、低聚木糖、热/电	木糖、热/电	糠醛、热/电	木糖醇、糠醛、热/电	糠醛、热/电	木糖醇、糠醛、热/电	
建设地点	济南、德州	石家庄、承德	濮阳	张掖	双城	德惠、公主岭	大连、盘锦	

3. 甜高粱乙醇

改进传统固体发酵生产技术。甜高粱是耐盐碱、耐旱涝作物，茎秆（亩产4～6吨）中含可发酵糖高（18%～22%），可以采用固态或液态法发酵生产乙醇，一般每吨茎秆产乙醇60～70千克。甜高粱可以在黄河、淮河流域以北地区种植，土地资源丰富，该区域的鲁、冀、津、辽、吉、黑、蒙、晋、陕、甘、宁、青、新，共有盐碱地面积14 367万亩、荒草地35 562万亩。美国科学家提出甜高粱的最佳运输半径为15千米，甜高粱乙醇生产的“分散发酵与集中精馏相结合”的模

式已在业内达成共识，一般分散发酵厂生产乙醇的规模为 3 000 ～ 5 000 吨 / 年。根据我国甜高粱在北方种植的实际情况，固态发酵比较适宜，已有的实验结果也表明固态发酵优于液态发酵。但是一直采用传统的“挖酒池”酿酒工艺生产甜高粱乙醇，发酵时间在 4 ～ 14 天，也不能形成规模生产能力，经济效益低下。清华大学已开发出甜高粱固态发酵新菌种和斜面转鼓式工业发酵装置，乙醇发酵时间从传统窖式发酵的 14 天缩短至 44 小时，乙醇收率达到 6%（质量分数）以上；同时，还开发了甜高粱“抑菌”保存技术和辅助原料（如高粱米、菊芋）固体发酵生产乙醇技术，保证了乙醇生产在 5 000 小时 / 年以上。清华大学正在与中粮集团合作在内蒙古进行中间试验，取得非常理想的试验结果，甜高粱固体发酵乙醇时间 44 小时，糖转化率大于 95%，乙醇收率高于理论值的 90%，发酵装置可以实现工业化连续生产，为商业化生产奠定了基础。

另外，菊芋是一种多年生草本植物，耐寒、耐旱、抗风沙、还能在盐碱地生长，其繁殖力强、保持水土、管理粗放、无病虫害，亩产茎块 1 ～ 1.5 吨。菊芋中富含果糖，每吨菊芋可生产乙醇约 120 千克。我国沙地面积超过 7.5 亿亩，仅内蒙古浑善达克沙地面积就达 7 800 万亩，利用菊芋生产乙醇解决了沙尘暴肆虐和乙醇原料问题。蔗糖生产过程产生的糖蜜也是乙醇的生产廉价原料。

甜高粱为代表的糖质原料生产燃料乙醇潜力至少在 2 000 万吨 / 年，将在 2008—2015 年间形成 1 000 万吨 / 年的生产能力，其中 2010 年达到 80 万～ 100 万吨 / 年，如表 28 所示。

表 28 “十一五”期间甜高粱乙醇建设布局（2008—2010 年）

省份	原料	乙醇产量 /（万吨 / 年）	无水乙醇工厂	分散发酵工厂
新疆	甜高粱茎秆、高粱米、淀粉	10	1	20
内蒙古	甜高粱茎秆、菊芋、高粱米	20	2	40
宁夏	甜高粱茎秆、菊芋、高粱米	5	1	15
甘肃	甜高粱茎秆、菊芋、高粱米	5	1	15
陕西	甜高粱茎秆、高粱米	5	1	15
山东	甜高粱茎秆、高粱米、淀粉	10	1	20
天津	甜高粱茎秆、高粱米、淀粉	10	1	20
河北	甜高粱茎秆、高粱米、淀粉	10	1	20
吉林	甜高粱茎秆、高粱米、淀粉	10	1	20
辽宁	甜高粱茎秆、高粱米、淀粉	15	2	30
合计		100	12	215

4. **纤维素乙醇**

木质纤维素类生物质是世界上唯一可预测的能为人类提供物质和燃料的可持续资源。因其中纤维素的含量较高（约40%），所生产的乙醇就称之为纤维素乙醇。纤维素乙醇生产技术是目前世界研究的热点，面临三大技术瓶颈：①高效的秸秆类植物生物质预处理技术；②纤维素降解为葡萄糖的酶成本高；③缺乏高转化率利用戊糖、已糖产乙醇的微生物菌种。加拿大Iogen公司建立的世界上第一座木质纤维素乙醇中间试验工厂（年产燃料乙醇3 000吨）在加拿大渥太华（Ottawa）建成投产，日处理40吨麦秸，每吨麦秸可产乙醇300升，但乙醇成本（约0.53美元/升）还显著高于玉米乙醇（约0.35美元/升）。美国总统Bush在2006年1月31日的国情咨文讲话中提出要在6年内使纤维素乙醇商业化生产。

清华大学与英国牛津大学等单位合作开发了“多菌产酶同步水解分离发酵纤维素生产乙醇”技术，采用分子振动辅助化学与微生物水解相结合的预处理、微生物菌群产纤维素酶（显著优于国外Novozymes等公司宣称的所谓“超级酶”）降解纤维素、基因工程细菌（转入7个代谢五碳糖基因，而非美国科学家的4个）发酵戊糖、已糖产乙醇，克服了欧美现行的酶水解分离发酵（SHF）法和酶水解同步糖化发酵（SSF）法的缺点，使纤维素乙醇成本显著降低，技术已居国际领先水平。中粮集团、安徽丰原集团、山东龙力科技有限公司等企业先后建立了千吨级的试验装置，是在或因陋就简或全部从国外买进的基础上建成的，虽然在技术上没有突破性进展，至少表明企业已经非常关注这一技术。建议国家重点支持该项技术研究，集中国内力量在“十一五”期间突破木质纤维素预处理、纤维素酶与纤维素水解、戊糖与已糖共发酵三个技术瓶颈，完成工业化生产前的实验室研究、中间试验、放大试验，在“十二五”期间进行商业示范。

13.5.2 生物质成型燃料

生物质成型燃料的能效显著高于直接燃烧，并且清洁、方便，因此利用农林废弃物生产生物质成型燃料已成为世界趋势。我国现有农林废弃物约10亿吨/年，大部分没有得到合理利用，尤其是秸秆和森林抚育产生的废弃物被露地燃烧，造成空气污染和火灾隐患。这部分农林废弃物除用于生产纤维素乙醇外，还可以压缩成型后生产高效燃料。

国外一般采用先加热再成型技术生产生物质成型燃料，被广泛应用于代替石油、天然气、煤作为锅炉燃料。国内开发了不加热直接将生物质成型技术，已生产出成型设备进行民用燃料生产示范，如农业部能源环境研究中心在北京大兴区示范的3 000千克/小时设备，河南省能源所在河南汝州市小屯镇示范的800千克/小时设备；北京美农达科技有限公司的1 200千克/小时设备。由于煤炭价格也和石油、天然气一样不断上涨，用生物质成型燃料取代油、气、煤在技术、经济上均已可行，建设不同规模的生物质成型燃料工厂，既以解决工业锅炉燃料问题，又能改善农民的能源消费结构。到 2010 年形成 500 万吨 / 年生产能力。

生物质成型燃料工厂主要建设在北方，工厂规模以 5 000 吨 / 年为主。“十一五”期间生物质成型燃料产量：东北 200 万吨 / 年，原料为秸秆、林业废弃物；西北 160 万吨 / 年，原料为秸秆、灌木等；华北 100 万吨 / 年，原料以秸秆为主，亦包括灌木和林业废弃物；其他地区 40 万吨 / 年。到 2020 年达到 5 000 万吨 / 年。同时建设 2 000 个 5 兆瓦生物质直燃电厂和 400 个 0.2 兆瓦沼气发电厂。

13.5.3　沼气的工业化生产和使用

石油供应紧张，使人们把注意力转向天然气，而我国天然气资源亦很缺乏。因此在大力发展农村户用沼气的同时，更应加强工业化生产和使用沼气。沼气的原料来源主要是畜禽养殖场、工业有机废水、垃圾填埋场、秸秆。以甲烷为主要成分的沼气生产又是消除环境中污染物的清洁过程，净化后的沼气就是生物合成的天然气。沼气净化去除酸性气体杂质后压缩作为车用运输燃料，可以利用现有基础设施，如压缩天然气汽车和加油系统。甲烷（沼气）也可以和目前的液化气一样以罐装的方式运送至用户，如卫星城的居民小区，再通过区域管道送至用户。“十一五”末期达到 5 亿米 ^{3}/ 年（甲烷含量 97%），如表 29 所示；到 2020 年，车用沼气生产能力达到 60 亿米 ^{3}/ 年。

表 29　“十一五”期间沼气净化生产 5 亿米 ^{3} 甲烷工厂建设布局

省份	沼气产量 / 亿米 ^{3}	工厂数量	备注
广西	0.5	30	
海南	0.2	5	
贵州	0.2	5	
四川	0.5	30	
重庆	0.3	6	城市使用，规模较大
广东	0.5	30	
福建	0.4	20	
湖北	0.4	20	
河南	0.3	20	
江苏	0.3	20	
浙江	0.3	20	
上海	0.1	2	城市使用，规模较大
安徽	0.2	10	

续表 29

省份	沼气产量 / 亿米 ^{3}	工厂数量	备注
山东	0.2	10	
河北	0.3	15	
天津	0.1	3	城市使用，规模较大
北京	0.1	3	城市使用，规模较大
陕西	0.1	2	大城市使用，规模较大
合计	5	251	

13.5.4 可生物降解塑料

塑料、化纤是人类生活必需品，也消耗大量石油。我国 2005 年塑料产量约 1 836.5 万吨，有 740 万吨被用作包装材料，一次性包装材料（薄膜、泡沫、包装箱）消耗量为 537.5 万吨。塑料废弃物数百年也不能降解，对环境的危害日趋严重。另外，我国是季风性气候国家，特殊的气候条件每年需要 150 万吨地膜（年补充量约 75 万吨），而不可降解的石油基地膜严重污染土壤，目前据新疆生产建设兵团的数据，土壤中的残留地膜含量已高达 30 千克 / 亩，若超过 40 千克 / 亩，土壤就不能再耕种。化纤工业原料是石油，也不可降解。由乙醇生产的乙烯不适合生产聚乙烯，但可以利用淀粉通过发酵生产如前所述的聚乳酸前体——乳酸，再聚合得到可生物降解的高分子材料聚乳酸 PLA，亦可以将淀粉与聚乳酸混炼降低成本。开发可生物降解塑料、纤维有利于减少石油消耗、保护环境和支持农业可持续发展。

清华大学核研院开发了秸秆生产乳酸技术，同时利用纤维素、半纤维素的水解产物可发酵糖——葡萄糖和木糖通过真菌发酵得到乳酸，*L*- 乳酸光学纯度大于 99%，满足聚乳酸的生产要求；在线产物分离的浸没式膜生物反应器显著改善了乳酸生产过程，使乳酸成本明显降低。这一技术使可生物降解的聚乳酸更具经济竞争性，同时解决了用玉米生产聚乳酸的规模和所造成的粮食安全问题。

到 2020 年，以生物质为原料替代石油生产可生物降解塑料、化纤等高分子材料 1 200 万吨 / 年，即杜绝环境污染，又减少石油消耗。“十一五”末期生产 100 万吨 / 年，如表 30 所示。

表 30 “十一五”期间可生物降解塑料 100 万吨 / 年建设项目布局　万吨 / 年

省份	原料	产品	产量	备注
湖北	淀粉、聚乳酸等可生物降解树脂	一次性包装材料、餐饮用品、地膜等	10	变性淀粉与可生物降解树脂混炼工艺

续表 30

省份	原料	产品	产量	备注
浙江	淀粉	聚羟基丁酸酯	10	发酵工艺
江苏	淀粉	聚乳酸	10	用发酵得到乳酸开环聚合工艺
安徽	淀粉	聚乳酸	5	用发酵得到乳酸开环聚合工艺
广东	淀粉、聚乳酸等可生物降解树脂	一次性包装材料、玩具等	10	变性淀粉与可生物降解树脂混炼工艺
广西	淀粉、聚乳酸等可生物降解树脂	一次性包装材料、酒店及餐饮用品	10	变性淀粉与可生物降解树脂混炼工艺
四川	淀粉、聚乳酸等可生物降解树脂	一次性包装材料、酒店及餐饮用品等	5	变性淀粉与可生物降解树脂混炼工艺
福建	淀粉、聚己内酯等可生物降解树脂	一次性包装材料、餐饮用品、地膜等	10	变性淀粉与可生物降解树脂混炼工艺
海南	淀粉、聚乳酸	聚乳酸及与淀粉混炼生产一次性材料	10	开环聚合乳酸，再与淀粉混炼
上海	乳酸	聚乳酸	5	直接聚合工艺
天津	淀粉、聚乳酸等可生物降解树脂	一次性包装材料、餐饮用品、地膜等	5	淀粉与可生物降解树脂混炼工艺
吉林	淀粉	聚乳酸及与淀粉混炼生产一次性材料	5	开环聚合乳酸以及聚乳酸与淀粉混炼工艺
新疆	淀粉、聚乳酸等可生物降解树脂	地膜与一次性包装材料	5	淀粉与可生物降解树脂混炼工艺
合计			100	

13.5.5　生物柴油

我国具有国际领先水平的生物柴油合成技术，尤其是中石化石油化工科学研究院开发不使用催化剂的高压醇解技术操作温度、压力比日本同类技术低 30%，在国家发改委的大力支持下已在石家庄炼油厂建成年产 2 000 吨中试基地，装置一次开车成功，显著降低了生物柴油加工成本（约 700 元 / 吨）。生物柴油产业发展面临的问题是原料短缺和价格高，每年需进口 500 多万吨食用油，以及数千万吨大豆。

目前价格和数量可能满足需要的原料是棉籽油，具有生产 100 万吨生物柴油 / 年的资源潜力，如新疆的棉籽油资源比较集中。根据华中农业大学傅廷栋院士提供的资料，长江流域有约 1.5 亿亩冬闲田，可以用来种植油菜，既提供了原料和增加了农民收入，又可以提高土壤肥力，使水稻增产 15%，具有 300 万吨菜籽油的资源潜力；同时通过开发我国特有的石栗树、麻疯树、黄连木等木本油料植物资源，争取在 2010 年以后初步解决生物柴油原料供应问题。在“十一五”期间主要是建设示范工程，以棉籽和冬闲田油菜籽两种比较适合规模化生产的原料为主生产生物柴油，到 2010 年使生物柴油产量达到 80 万～ 100 万吨 / 年，如表 31 所示；到 2020 年，预计生物柴油产量达到 500 万吨 / 年。

表 31 “十一五”期间形成的 80 万吨 / 年生物柴油生产装置分布情况

省份	原料	生物柴油产量 /（万吨 / 年）	生物柴油工厂	备注
新疆	棉籽油为主	10	2	在建、申请建设各 1 个工厂
福建	垃圾油等	10	1	已具 5 万吨 / 年能力，在扩建
四川	垃圾油、动物油脂、木本油料	10	2	已有 1 个工厂，在建 1 个工厂
湖北	冬闲田油菜、棉籽油等	10	1	新建 1 个工厂
安徽	冬闲田油菜、棉籽油等	10	1	新建 1 个工厂
海南	麻疯树、油棕等	10	1	新建 1 个工厂
河北	棉籽油、木本油料、油脚	10	2	已有 1 个工厂，在建 1 个工厂
天津	大豆加工副产品等	5	1	新建 1 个工厂
北京	垃圾油等	5	1	新建 1 个工厂
合计		80	12	

然而植物油资源毕竟有限，而利用资源丰富的秸秆类农林生物质生产的 FT（Fischer-Tropsch）柴油与纤维素乙醇一样被称作“第二代生物燃料”，在美国被认为是解决能源问题的 4 项措施之一。但目前生物质 FT 柴油比纤维素乙醇成本高 50% 左右。

13.5.6 生物质化工产品

生物质化工产品主要包括生物质制烯烃 BtO 和 C4 化工产品。

生物质制烯烃 BtO 石油中的 C2 组分乙烯是最重要的基本有机化工原料，一般以乙烯生产水平作为衡量一个国家化学工业水平的标志。目前，乙烯的工业来源主要是烃类裂解，裂解原料来源主要有两方面：一是天然气加工厂的轻烃；二是炼油厂的加工产品，原料成本在乙烯成本中占 60% ～ 80%。从全球范围来看，目前石脑油仍是裂解的主要原料。石油中一般含 10% 左右的石脑油，最多为 30%，3 吨石脑油生产 1 吨乙烯。

目前我国烯烃及下游产品供应能力严重不足，对进口依赖程度较高，如以乙烯当量消费计，2005 年我国乙烯产量为 844 万吨，而当量消费达到 1 876 万吨，国内乙烯产量只能满足需求的 45%。因此，生物质替代石油的重点是烯烃。

乙醇催化脱水制备乙烯是最早的乙烯生产方法。20 世纪 40 年代以前，大多数乙烯通过该工艺得到，只是后来石油化工的大规模迅速发展，化石原料裂解法生产乙烯才逐渐占据主流。在高油价下，随着乙醇生产技术水平的提高和乙醇催化脱水技术进步，用乙醇脱水制得的乙烯代替石油基乙烯生产环氧乙烷、乙二醇等乙烯下游产品已具备经济竞争性。替代乙烯产品一般应以生产规模在 10 万吨 / 年以下为主，如环氧乙烷、乙醇胺，以及醋酸乙烯、苯乙烯等。到 2020 年，生产乙醇制乙烯及衍生物 600 万吨 / 年，“十一五”期间达到 20 万吨 / 年。

用废弃的生物油生产丙烯为代表的烯烃技术成熟，可在“十一五”期间建设 10 万吨 / 年示范装置，到 2020 年生产 150 万吨 / 年。

C4 化工产品 玉米秸秆、玉米芯、甘蔗渣、木薯秆、稻草、麦秸等同样可以被用来生产木糖、糠醛、乙醇，及其衍生物。我国玉米秸秆尚未得到有效利用，总理在 2004 年 6 月 15 日听取国家中长期科技发展规划农业专题组汇报时指出“生物能源应该与生物废料的利用相结合。我已经看了资料，现在还在大量地烧秸秆，狼烟四起，在石家庄，现在还在烧，没有解决。所以，生物能源的利用，不管是燃料，不管是沼气，不管是发电，都跟肥料的利用结合在一起，跟环境的污染结合在一起，也与肥田有关系”。秸秆将不再是污染源，而成为可再生的工业原料，既解决了焚烧秸秆造成的飞机不能降落、高速公路不能正常通行的空气污染问题，又增加了农民收入。

糠醛也是传统的基本有机化工产品，可以生产顺酐、1，4- 丁二醇、聚酯、四氢呋喃等。而目前四氢呋喃主要以石油中正丁烷法、异丁烯法生产，成本较高。1.023 ～ 1.077 吨四氢呋喃聚合可生产 1 吨四氢呋喃均聚醚（PTMEG），其是生产氨纶（spandex，即高级纤维面料“莱卡”Lycra）的原料。

到 2020 年，以秸秆为原料生产生物质化工产品 150 万吨 / 年。“十一五”末期生产生物质化工产品 50 万吨 / 年（表 32）。

表 32 “十一五”期间生产的 80 万吨生物质化工产品　　万吨

省份	原料	产品	产量	工厂数量
山东	秸秆、玉米芯	呋喃树脂、四氢呋喃	15	3
河北	秸秆、玉米芯	顺酐、呋喃树脂	5	2
内蒙古	乙醇	乙烯下游环氧乙烷、乙二醇	5	1

续表 32

省份	原料	产品	产量	工厂数量
河南	秸秆、玉米芯	四氢呋喃	2	1
安徽	乙醇	乙烯下游产品环氧乙烷	5	1
甘肃	秸秆、玉米芯	顺酐	3	1
黑龙江	乙醇	乙烯下游乙醇胺、环氧乙烷	10	2
吉林	秸秆、玉米芯	四氢呋喃	10	20
辽宁	秸秆、玉米芯	呋喃树脂、1，4- 丁二醇	5	2
广西	乙醇	乙烯下游环氧乙烷、乙二醇	10	2
海南	动植物油	丙烯	10	1
合计			80	18

13.6 目前生物质能源发展过程中存在的主要阻力和障碍

目前生物质能源推广利用中还存在着社会、资源、技术装备三个问题，是推广应用的主要阻力和障碍。

社会问题　生物质原料生产分散，季节性强，而加工转化的工业化生产过程要求集中、规模和原料的持续性供应。如不能工农密切结合和上中下游统筹，将大大增加成本和降低竞争力。我国在支持生物质能源产业发展的政策、法律等方面的工作明显滞后，而欧美等发达国家已形成比较完善的政策、法律体系，保证了生物质产业这一新兴行业的健康发展。生物质产业的产品缺乏标准和推广应用规范，如国外对生物柴油有严格的产品规格（如欧盟的 EN 14214），推广应用要经过规范程序，以保障机具稳定运转与使用寿命，而我国的生物柴油民营企业的质量标准甚低，自产自销，会影响生物质能源产业的声誉；生物质成型燃料也没有相应的国家标准，而欧洲已制订了详细的生物质成型燃料标准，应尽快制订相应的国家标准，指导生物质能源企业完善工艺、提高质量，建立健康生物质能源市场。

原料问题　以粮食淀粉为原料生产乙醇成本太高，也影响国家粮食安全，甘蔗乙醇虽然在巴西很成功，但在中国不能照搬，我国每年要进口 70 万～ 80 万吨食糖，只能利用废糖蜜生产乙醇；比较有前景的原料是木薯和甜高粱，我国木薯乙醇及其下游产品的生产潜力约为 600 万吨 / 年，尽管甜高粱乙醇潜力巨大（至少产乙醇及下游产品 2 000 万吨 / 年），却因还没有进行大规模生产试验不能妄下断言，需尽快进行工业示范。生物柴油面临的最大问题就是原料油价高

（3 500～5 000 元 / 吨）、资源少，而社会上有人提出要用我国 1/4 的耕地种油菜来生产 6 000 万吨生物柴油，这种倾向值得警惕，不争粮不争地是发展生物质能源的原则，必须从作物品种培育入手，并采用先进榨油工艺和综合利用来降低原料价格。

技术装备问题 生物质产业的特点是原料成本低，转化过程成本高。尽管我国的生物质利用技术部分达到甚至领先国际水平，可在总体技术水平上还比较落后：如燃料乙醇生产技术水平与美国还有相当的差距，国内最低的水消耗指标为 14 米^3/ 吨乙醇，而美国仅为 3～6 米^3/ 吨乙醇，能量消耗也比美国高 30% 以上，急需改善；目前生物柴油生产仅有几家民营企业采用最原始的且造成环境污染的液碱酯交换技术生产，而具有世界领先水平的高压醇解法刚进入中间试验阶段；联产大宗化工产品和生物可降解精细化工产品在国外已形成新兴行业，我国大部分产品尚未研制，而生产这些产品是增加工厂利润的重要途径；我国的沼气技术目前仅停留在小规模户用沼气的低水平重复阶段，更没有大规模生物合成天然气的工业化技术，急需这方面技术、装备的开发；生物质成型设备简陋，如大规模开发生物质成型燃料，设备供应难以保障。

13.7 政策性建议

根据石油有机成因晚期成油说和有机地球化学的生物标志化合物判断，化石能源本质上也是生物质能。化石能源的能源密度高，生成期漫长，储量比较丰富，加工规模大，但加工及使用过程中产生污染，不可再生；而生物质能源密度低，生成期短，可再生，原料分散，生产规模受到限制。二者应该相辅相成，在现阶段，生物质能源应是能源供应的重要补充，在“后石油时代”，与其他可再生能源一起，生物质能源将成为主体能源之一。

在我国，现有的生物质资源远不能满足发展生物质能源的需要。根据国情，应该在“不与粮争地，不与民争食”的条件下开发新资源，把它作为一种产业来对待。因此，它是落实三农政策的重要组成部分。在生物质能源生产方面，要考虑工农结合、城乡结合的社会架构。政策的出发点应根据我国可再生能源法，增加能源供应、确保能源安全、实现循环经济、维护生态平衡；政策的支持点应鼓励能源作物的种植、新工艺新技术的研发、示范装置的建立和技术经济的总体评价、与用户的协调发展以及终端消费市场的开发。要从生命周期科学评价生物质能源，同时参考国外制订发展生物质能源的政策，结合我国实际情况，制订发展生物质能源的激励政策。

13.7.1 国家设立生物质能源产业发展专项资金

为实现“十一五”目标，通过生物质技术产业化示范工程开拓市场需求和建立生物质产业和产品应用的基础设施。国家设立生物质产业发展专项资金支持以下示范建设项目，给予项目建设投资 30% 以上的资金补贴。如瑞典的 100 吨 / 年（10 米 ^{3} 发酵罐）的纤维素乙醇中试装置，1.48 亿瑞典克朗的投资中政府资金就占了 92.6%（1.37 亿克朗）；德国巴伐利亚州对采用新技术生物质发电项目给予 25% 的资金补贴。建议对生物质资源丰富、已有基础并且积极性高的海南省、广西壮族自治区等重点支持，做出区域示范，带动全国产业发展，示范建设项目如下：

燃料乙醇：木薯乙醇和甜高粱乙醇厂各 2 ～ 3 个，生物柴油厂 1 个；

固化成型燃料：农林废弃物生产成型燃料工厂 3 ～ 5 个；

糠醛 – 乙醇：成型燃料厂 2 ～ 3 个；

规模化沼气生产：大中型养殖场 3 ～ 5 个，工业废弃物加工厂 2 ～ 3 个；

车用甲烷、汽车、加油站：2 ～ 3 处试点；

重点在海南试点高乙醇比例的灵活燃料汽车（FFVs）及加油站建设；

生物塑料：4 ～ 5 个生产厂，一半要能生产生物降解地膜。

13.7.2 支持生物质能源产业的财税政策

国家落实专项资金提供贴息贷款，支持生物质产业项目建设。

免征产品增值税，由于生物质原料成本低（生物柴油除外）、加工转化成本高，为激励生物质产业发展，免征该项税赋。

替代化石基产品的专项补贴，每替代 1 吨石油或标煤给予生物基产品相当于原油价格或原煤价格 15% ～ 20% 的补贴，至少应给予与（石油）资源税额度相当的财政补贴。如我国给予燃料乙醇每吨 1 373 元的财政补贴，美国为燃料乙醇提供 0.51 美元 / 加仑（相当于 170 美元 / 吨）。

在产品价格相当，或生物基产品略高（幅度在 20% 以内）的前提下，通过行政手段强制使用源自生物质的石油替代品，以减少石油消耗。如四氢呋喃可以由从秸秆生产的糠醛得到，能替代源自石油的正丁烷、异丁烯生产氨纶（商品名“莱卡”，高级服装面料）。

为鼓励使用生物燃油和生物质成型燃料，征收化石能源的能源税、CO_2 税或生态税；或给予“绿色”能源价格，建议对替代煤炭的生物质成型燃料亦给予比煤供热价格高 0.1 元 /（千瓦 · 时）热的“绿色”热价。如瑞典对化石燃料要征能源税，税率为无铅汽油 145%、煤炭 397%；德国的化石燃料生态税为 0.45 欧元 / 升；我国从 2006 年 1 月 1 日起对生物质发电实行比煤电上网价格高 0.25 元 /（千瓦 · 时）。

征收石油基塑料环保税，税率为 50%，鼓励使用生物可再生塑料。

采取减税政策，鼓励使用生物质产品。如美国对购买使用生物燃料车辆给予减税优惠，额度为 2 000 美元 / 辆小型车和 40 000 美元 / 辆公共汽车；瑞典自 2001 年起，取消机动车买卖税，鼓励使用乙醇燃料车、沼气燃料车，而对老式车辆照常征税。

13.7.3　支持生物质原料生产和发展农村经济的激励政策

拨专款支持全国大中型养殖场（6 000 多个）、农产品加工厂的工业化沼气生产，除自用外，鼓励发电上网或纯化压缩为商业能源出售（解决提高养殖场沼气工程经济效益的关键问题）增加收入。如目前国家每年投入 10 亿元资金支持农村“户用”沼气池建设。

鼓励和支持农村利用低质地种植木薯、甜高粱等能源植物生产燃料乙醇及其下游产品；鼓励和支持农民利用木本油料植物等生产生物柴油及其下游产品；鼓励和支持农民利用作物秸秆生产颗粒成型燃料，以及林区和林地农民利用林地及木材加工剩余物生产颗粒成型燃料，自用和进入商品市场。

鼓励和支持农民在符合国家和地方政策，保持水土和保护生态环境条件下，就近开发利用非农田但可种植能源植物的低质土地，经批准后可获得国家补贴资金和优惠贷款。如瑞典为鼓励农民种植能源植物，每公顷给予高达 10 000 瑞典克朗的补贴。

鼓励和支持企业与农民合作，发展生物质能源和以淀粉等农产品为原料生产生物塑料等生物可再生材料和化工产品，同时对生物质产业生产的废渣废水循环利用，生产食用菌、肥料等多种生物基产品。把企业与农民合作作为生物质能源产业的准入原则。

13.7.4　支持生物质能源技术研发政策

技术的成熟性和经济性对新兴的生物质能源产业来说是至关重要的，不少国家在生物质能源技术研发方面都有丰富的经验，我国应借鉴国际经验，强化国家先期投入的引导作用，确保关键技术的发展能够得到足够的资金支持。

加大对生物质能源技术研发经费投入力度，设立“生物质能源专项科技基金”15 亿元，为期 5 年，每年科研经费 3 亿元。如美国计划投资 21 亿美元，在 6 年内（2006—2012 年）实现纤维素乙醇的商业化生产。

国家财政支持 1 亿元建立“国家生物质能源技术研发中心”。一个产业必须有技术支撑，国家生物质能源技术研发中心的任务是开发生物能源技术，消化国外技术与设备，通过集成创新、自主创新，形成有中国特色、适合中国国情的生物能源技术与装备体系，为新兴的产业提供技术支持，加强对纤维素乙醇研究的支持，利用我国拥有的技术优势，尽快突破技术瓶颈，在国际竞争中取得领先地位。美国从2007年起投资2.5亿美元建立2个生物燃料技术研发中心。

鉴于纤维素乙醇的重要性（作为替代石油的燃料和基本有机化工原料），建议国家同美国一样设立专项研究基金进行技术攻关。因国内已有研发基础，某些技术如木质纤维素预处理、纤维素酶与纤维素水解工艺、共利用戊糖、己糖的基因工程菌在国际上处于领先地位，先行支持研究经费2亿元，在3年内得到世界领先的中试成果，10米^{3}发酵罐中乙醇发酵浓度大于6%（目前国际水平3%～4%）、发酵时间小于60小时（国际水平72小时）、可发酵糖转化为乙醇达到理论值的86%以上（国际水平80%）。

参考文献

[1] Yamamoto H, et al. Evaluation of Bioenergy Potential with a Multi-region Global-use-and-energy Model, Biomass and Bioenergy,Vol.21. 2001.

[2] Hoogwijk M A, et al. Exploration of the ranges of the Potential of Biomass for Energy, accepted for publication in Biomass and Bioenergy. 2003.

[3] Edward Smeets, Andre Faaij, Iris Lewandowski, A quickscan of global bio-energy potentials to 2050, Report NWS-E-2004-109, isbn 90-393-3909-0.

[4] U. S. Department of Energy & U.S. Department of Agriculture, Biomass as Feedstock for a Bioenergy and Bioproducts Industry: The Technical Feasibility of a Billion-Ton Annual Supply, April 2005.

[5] 中国农业年鉴，2005.

[6] 王海波．中国农作物秸秆资源区域分布与开发策略.2006.

[7] 刘江．农产品供求总量平衡研究．21世纪初中国农业发展战略．北京：中国农业出版社，2000：41-60.

[8] 刘英．沼气发展的现状、潜力与建议．香山会议报告，2005.

[9] 袁振宏，等．生物质能利用原理与技术．北京：化学工业出版社，2005.

[10] 中国轻工业年鉴2005，北京：中国轻工业年鉴社．

[11] 李元．中国土地资源．北京：中国大地出版社，2000.

[12] 温明炬，唐程杰．中国耕地后备资源．北京：中国大地出版社，2005.

[13] 国家林业局森林资源管理司．全国森林资源统计，2003.

[14] 王涛．中国沙漠与沙漠化．石家庄：河北科学技术出版社，2003.

[15] 王孟杰．能源作物甜高粱良种培育及其茎秆制取乙醇技术，中国工程院2006中国生物质能源发展战略论坛，2006.11.

[16] 傅廷栋，沈金雄．中国油菜生产与生物柴油发展现状．中国工程院2006中国生物质能源发展战略论坛，2006.11.

遇冷篇

（2008—2010年）

2008年年初发生世界粮食危机，年尾发生全球金融海啸，使世界和在中国刚刚兴起的生物质能源产业经历了一次严冬酷寒的考验，一次成长的历练，也使浴火重生的生物质能源产业更加健壮成长。此间作者文章多为论争性与战斗性的，能反映当年国内外的紧张局势。本篇共选入11篇文章。

遇冷篇目录

14 环境与生态影响的质疑与答疑

【写作背景】

一个新事物的出现，总会受到来自各方的质疑和挑战，只有经受这番洗礼，才得浴火重生，百炼成钢，生物质能源也不例外。生物质能源对温室气候，是正值还是负值？是减排还是增排？是天使还是魔鬼……作者在他2011年出版的《决胜生物质》一书第10章有详细介绍，可从中看到那刀光剑影般激烈的学术争论和社会的质疑目光。以下是该章内容。

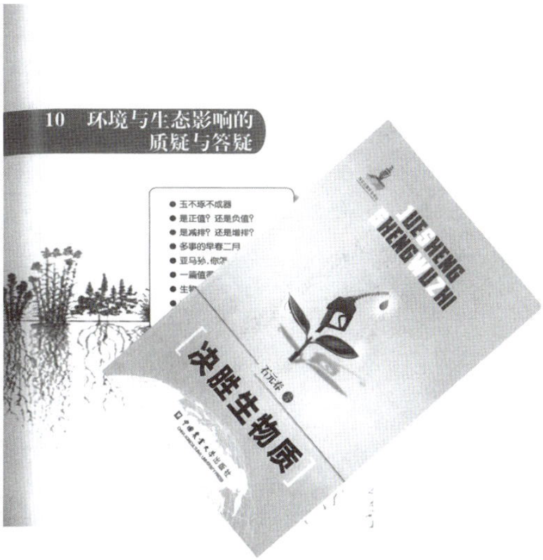

在上章的“伟大而糟糕的发明”中说到石油基塑料的百般优点和并生共存的致命性问题，说到老子对事物的“两点论”和物极必反思想，本章与下章则将此“两点论”也用到生物质自己身上。生物质不仅与水能、风能、太阳能等同为可再生清洁能源，而它还有储能性，能源产品琳琅满目，还有非能物质性产品，可以促进农村经济，且资源丰富而价廉等等。为什么它能集这么多优点于一身呢？因为它是生物性的。打住！问题也就出在生物性上。正因为它是生物性的，所以它与粮食、土地和生态的关系太密切而敏感了，稍有不慎，就会“踩线”惹事，生出许多质疑与事端来。好在与石油基塑料不同，生物质的问题不是致命性的，只是技术性的，是可以避免的。

对生物质产业的质疑与批评主要在对生态与环境的影响和对影响粮食安全这两个问题上，本章讨论前者，下一章讨论后者。这两场争论的主目标、主战场和主要参与者都在美国，《科学》杂志和《时代》杂志为之提供了一座高级别的质疑答疑讲坛。

14.1 玉不琢不成器

教廷视哥白尼“日心说”为邪说与魔鬼，烧死了布鲁诺；机器在工业革命初期曾被视为异物而遭工人砸烂；孟德尔的“豌豆试验”在当时生物学界权威眼中不屑一顾；“相对论”在诺贝尔奖评选中两次未被通过，此类事在历史上屡见不鲜。一个象征未来的新事物的出现，往往首先面对的是非议，因为她“新”，过去和现在谁都没见过，在传统观念和传统人士眼中她就是“另类”和“异端”。对新事物自身而言，因为自己“新”，需要适应周围的环境，有“成长中的烦恼”。在作物栽培中，禾本科作物讲究蹲苗；棉花要多次整枝、打杈和去顶；果树年年入冬必须剪枝整形；多年生灌木必须平茬（每隔三四年就要将地上部分割掉），一个新事物，一个人的成长都需要磨炼修为，百炼方能成钢。圣人对此有更高的思想境界，孟子在《告子·下》中有这样一段名言，大意是说舜出身于农民，傅说出身于建筑工，胶鬲是鱼盐贩子，管夷蹲过监狱，孙叔敖来自海疆，百里奚乃市井小民，这些出身微贱而后成为承登帝位和出将入相的大人物均“必先苦其心志，劳其筋骨，饿其体肤，空乏其身”，在逆境中修心养性，增长才干，才能干出大事来。孟子还说，人常犯错，知错能改，长于思索，必有作为。孟老夫子的这段名言特别适合于生物质产业的当前境遇。

从农田的庄稼到耸立的树木，从满地的秸秆到林地的枝杈朽木和锯末，从厩舍的畜禽粪便到加工厂排出的恶臭废水废渣，从城市垃圾到污水，怎能与乌金般的煤炭、滚滚如龙的油气相比，实在像只自惭形秽的丑小鸭。它一出现在能源舞台上，那些能源专家和大亨们就会说“让它为农民烧火做饭，养牛喂猪去吧”。当生物乙醇有了几千万吨的生产规模、几百万辆乙醇汽油汽车上路的时候，质疑就更多了。听听下面的一些质疑：

——玉米乙醇生产的能量平衡是负值，它既不增加新的能量，又不经济，还在生产过程中导致环境退化[1]；

——玉米乙醇生产中需要消耗大量化石能源，能算清洁能源吗？可以持续吗？[1]；

——生物燃料会以改变土地用途的方式而增加温室气体排放[6]，生物燃料使气候变得更糟糕[8]；

——生物燃油使得8亿有车族与8亿饥民发生争斗（L·布朗）；

——生物燃料是世界粮食危机的罪魁祸首（英国《卫报》2008年7月3日文章）；

——现在发展生物燃料就是在犯反人类罪（联合国粮农组织某高级官员，2008年4月）；

……

好重的分量，好厉害的言语。对于一株新生幼苗，好像是一阵暴风骤雨或毒日当头，不死也要扒层皮。仅就玉米乙醇而言，能效“负值”冲击波和温室气体“增排”冲击波连连不断，好生的热闹。

21 世纪是化石能源向可再生和清洁能源转换的世纪，转型时代中出现种种不同思想和观点是正常的，对社会发展进步是有好处的，应以平常心态处之。论点可以相异，但在科学、客观、实事求是和对社会负责的态度上应当是相同的，门户之见和意气用事是不对的。就生物质产业的自身修炼而言，则要坚持真理，修正不足，师法质疑，百炼成钢。

14.2 是正值？还是负值？

按能量守恒定律，宇宙及某个孤立系统的总能量是个常数，可以转化和转移，不可以创造和消灭。在任何一个物质产品的生产过程中，都需要投入一定的能量，即使编个箩筐，也要人去做“功”，人是需要从食物中获取能量的。如果是能量产品，就要看它生产过程中需要投入多少能量和最后产出多少能量（即“能量投入产出比”或“能量效率”）。如果能量效率是正值，就是有净能产出，净能产出越多越好；如果能量投入多、产出少，就得不偿失了。关于能效“负值冲击波”主要是冲着美国玉米乙醇来的。

美国康奈尔大学戴维·皮门特尔（D. Pimentel）教授在 2003 年的《自然资源研究》杂志上发表了一篇文章，题目是“乙醇燃料的能量平衡、经济及环境影响是负的”[1]。文中尖锐地提出：考虑到所需要的全部能量投入，玉米乙醇生产的能量平衡是负值（–29%），它既不增加新的能量，又不经济，还在生产过程中导致环境退化；玉米乙醇生产中需要消耗大量化石能源，能算是清洁能源吗？可以持续吗？[1]皮氏文章提出的是一个可以把玉米乙醇“一棍子打死”的命题（图 1）。

Ethanol Fuels: Energy Balance, Economics, and Environmental Impacts are Negative

David Pimentel[1]

Received 11 November 2002; accepted 17 January 2003

Several studies suggest that the $1.4 billion in government subsidies are encouraging the ethanol program without substantial benefits to the U.S. economy. Large ethanol industries and a few U.S. government agencies, such as the USDA, support the production of ethanol. Corn-farmers receive minimal profits. In the U.S. ethanol system, considerably more energy, including high-grade fossil fuel, is required to produce ethanol than is available in the energy-ethanol output. Specifically about 29% more energy is used to produce a gallon of ethanol than the energy in a gallon of ethanol. Fossil energy powers corn production and the fermentation/distillation processes. Increasing subsidized ethanol production will take more feed from livestock production, and is estimated to currently cost consumers an additional $1 billion per year. Ethanol production increases environmental degradation. Corn production causes more

图 1　D. Pimentel 教授文章题目及部分摘要[1]

玉米是一种农作物，需要施用化肥农药，需要犁地、中耕、灌溉、收割和运输，以及将玉米加工成乙醇的许多环节都需要消耗化石能源和相应排放温室气体。特别是美国农业机械化程度高（有“石油农业”之称），消耗的化石能源会更多，皮氏文章明确提出其能量平衡为 –29%。

可是，美国能源部属下的阿尔贡（Argonne）国家实验室的环境科学家 Michael Wang 随之（2005 年）针锋相对地提出了他们的研究结果和相反观点[2]（图 2 至图 4）。他首先检索了近 30 年间对此问题发表的专门研究报告和论文 20 余篇，发现其中 9 篇的结论是负值，9 篇中的 5 篇都是皮氏发表的，另外 4 篇都是早期发表的。其他文章的研究结果都是正值（图 2）。

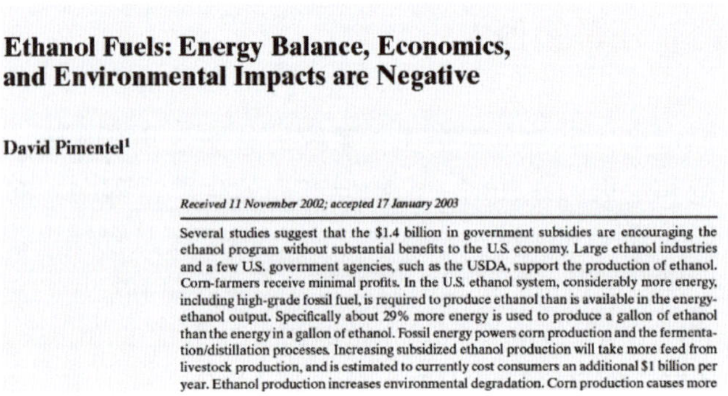
Ethanol Fuels: Energy Balance, Economics, and Environmental Impacts are Negative

David Pimentel[1]

Received 11 November 2002; accepted 17 January 2003

Several studies suggest that the $1.4 billion in government subsidies are encouraging the ethanol program without substantial benefits to the U.S. economy. Large ethanol industries and a few U.S. government agencies, such as the USDA, support the production of ethanol. Corn-farmers receive minimal profits. In the U.S. ethanol system, considerably more energy, including high-grade fossil fuel, is required to produce ethanol than is available in the energy-ethanol output. Specifically about 29% more energy is used to produce a gallon of ethanol than the energy in a gallon of ethanol. Fossil energy powers corn production and the fermentation/distillation processes. Increasing subsidized ethanol production will take more feed from livestock production, and is estimated to currently cost consumers an additional $1 billion per year. Ethanol production increases environmental degradation. Corn production causes more

图 1　D. Pimentel 教授文章题目及部分摘要[1]

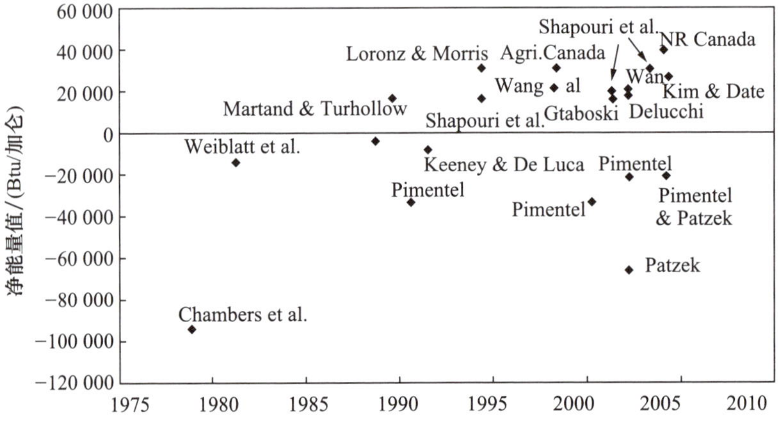

此处能量平衡定义为1加仑乙醇的Btu量减去生产1加仑乙醇所用的是能源的Btu.
（注:Btu为英热单位，1Btu=1 055.06焦，图中英文字为作者名）

图 2　关于玉米乙醇能效值的文献检索情况[2]

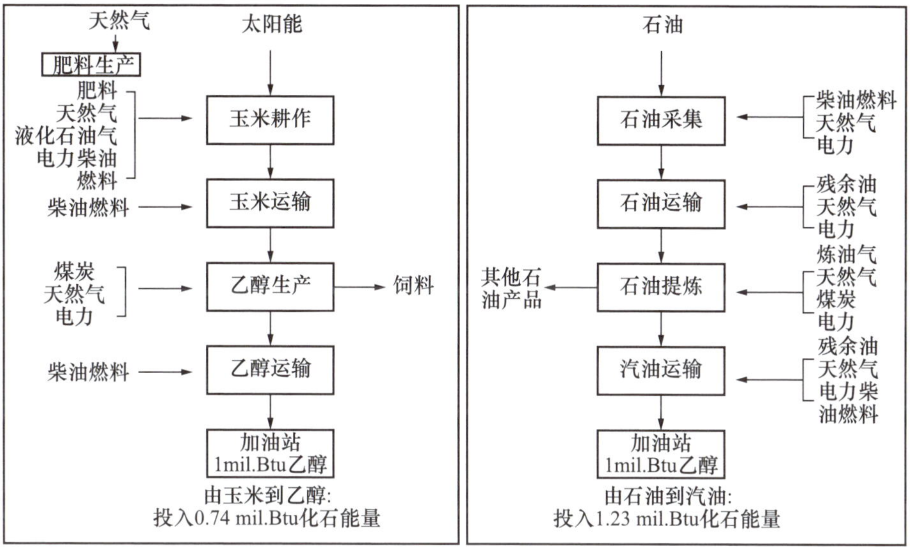

图 3　玉米乙醇等的全生命周期的能量平衡对比

既然将生产玉米乙醇的前期玉米种植所消耗化石能源计算进去，则开采煤炭、石油、天然气以及加工精炼成商品汽油、煤炭和电力所消耗的化石能源也应计算进去，也就是两者都按全生命周期的方法，这才是客观和有可比性的。阿尔贡实验室对生产过程全生命周期能量平衡已进行了 25 年的对比研究，结果是：每产生 1.055 吉焦的能量，由玉米种植到产出玉米乙醇需要投入 0.78 吉焦，而由石油到汽油则要投入 1.30 吉焦。反过来说更好理解，即每投 1 个单位能量，玉米乙醇可产生 1.36 个能量单位，而煤炭、汽油和电力分别为 0.98、0.81 和 0.45。也就是这 3 种化石能源产品的能效都是负值，唯玉米乙醇是正值，而纤维素乙醇甚至可以达到 10.31 个能量单位，大大的正值（图 4）。美国阿尔贡国家实验室和美国能源部能源效率与可再生能源办公室（EERE）于 2006 年 8 月共同发表的一份专项研究报告中的主要数据和观点基本同于 Michael Wang 的观点。

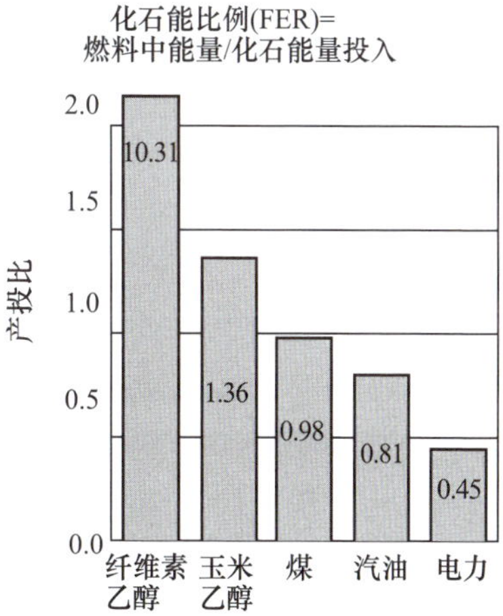

图 4　几种能源的能量产投比[2]

美国明尼苏达大学 Jason Hill 教授 2006 年在美国国家科学院刊物（PNAS）上发表的文章中[3]，对玉米乙醇和大豆柴油的全生命周期能量投入产出做了详细分析，包括农田生产和工业加工中能量的 9 项投入和 5 项产出。玉米乙醇和大豆柴油的能效分别是 1.25 和 1.93；但在环境影响上前者的化肥和农药投入高于后者（图 5）。作者认为在以食物为原料的生物燃料中，大豆柴油优于玉米乙醇，但二者表现都不是很好，而非食物原料在净能产出、环境和经济上则具有明显优势，而且可以利用边际性土地。我以为 Jason Hill 在他的玉米乙醇全生命周期分析中，遗漏了玉米秸秆及加工中的废渣废水 2 项重要产能，如果加上这 2 项，净能产出会比 1.25 高出不少。

图 5 的左半部分第 1、2 对柱形是玉米乙醇与大豆柴油全过程的产出和投入的对比，能量产出投入比分别是 1.25 和 1.93; 第 3、4 对柱形是在不包括副产物情况下二者的能量产出投入比，分别是 1.25 和 3.67。图 5 右侧图例详细列出了各投入产出项目。

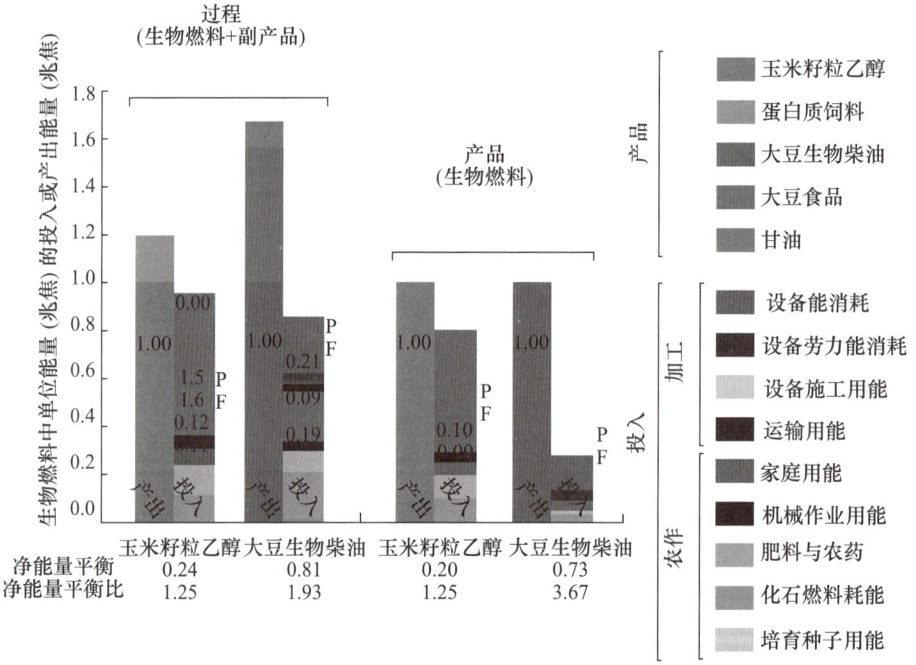

图 5　玉米乙醇与大豆柴油的全生命周期的能量平衡[5]

2008 年 4 月《Mexia 每日新闻》发表了密歇根大学化工教授 Bruce Dale 的文章，指出皮氏在计算玉米乙醇的需水量时将降水也算进去了，计算能耗时将玉米光合作用过程中的太阳能也算进去了，反之却未计算汽油生产中钻井、运输、炼油等过程所投入的化石能源数量，所以才得出了负值结论。

一些相关的国际组织也十分关注玉米乙醇的能效问题，国际能源组织（IEA）认为，从 1991—2002 年的十多年的研究结果表明，用谷物生产燃料乙醇产出的能量高于所投入的化石能源，“得到负值的原因是忽视了生产乙醇过程技术进步所产生的节能降耗效果。”为 APEC 能源部长会议准备的文件中也认为大多数研究为正值和碳排放低于化石运输燃料，而纤维素生物燃料的能量输出和碳减排效果数倍于以农作物为原料的生物燃料，代表着生物燃料巨大的长远机会和保障能源与环境的安全。

玉米乙醇能效的笔墨官司打了二三十年，事不说不透，理不辩不明，更多的研究结果和论点认同了美国玉米乙醇的正值能效，能效虽不高，但仍显著高于负值的化石能源。争论中也发现了一匹“黑马”，纤维素乙醇的突出能效给人以太深的印象和对未来的憧憬。

14.3 是减排？还是增排？

对美国玉米乙醇的第二道冲击波是温室气体的“增排冲击波”。

在很大程度上，能效与碳排放是一件事情的两个侧面，对玉米乙醇的二氧化碳排放之争是能效之争中反映出的另一个侧面。美国加州大学法雷尔（Alexander E. Farrell）教授在 2006 年《科学》杂志上发表的文章指出巴西甘蔗乙醇比汽油可减排 90% 的温室气体，而美国玉米乙醇只有 10% ～ 30% 的减排效果[4]。David Tilman 也是在 2006 年《科学》杂志上的文章中提出“玉米乙醇和大豆生物柴油都有碳的净产出，它们所释放的温室气体确实分别比它们所替代的汽油和柴油燃烧时所释放的温室气体分别低 12% 和 41%。”[5]这两篇文章与阿尔贡实验室的研究结果相当接近，即玉米乙醇为净减排效果。

Timothy Searchinger 等 2008 年 2 月在《科学》杂志上发表了一篇结论与此相反的文章，题目是“美国用农田生产生物燃料会以改变土地用途的方式增加温室气体排放”（图 6）[6]，他是从改变土地用途导致碳变化的角度提出问题的。以下是该文文前摘要。

先前许多研究都发现替代汽油的生物燃料将会减少温室气体的排放，因为生物燃料在原料的生长过程中聚集碳。但这些分析都未能考虑到在全球范围内的农民们响应高粮价而把森林和草原都转换成新的农田以及把粮田（或庄稼地）都改成种植生物燃料的过程中所造成的碳排放。通过利用全球范围内的农业模型估计，从改变土地用途造成的排放来看，我们发现基于粮食的乙醇，不会产生 20% 的减排量，反而在 30 年间会让温室气体的排放几乎翻倍增长，而且会持续增加温室气体排放长达 167 年之久。

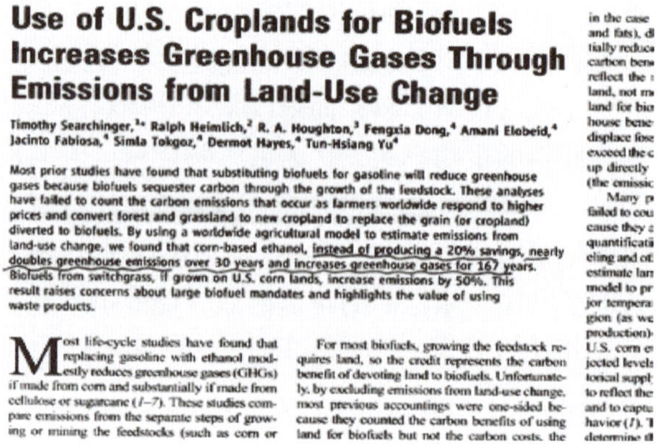

Use of U.S. Croplands for Biofuels Increases Greenhouse Gases Through Emissions from Land-Use Change

Timothy Searchinger,[1*] Ralph Heimlich,[2] R. A. Houghton,[3] Fengxia Dong,[4] Amani Elobeid,[4] Jacinto Fabiosa,[4] Simla Tokgoz,[4] Dermot Hayes,[4] Tun-Hsiang Yu[4]

Most prior studies have found that substituting biofuels for gasoline will reduce greenhouse gases because biofuels sequester carbon through the growth of the feedstock. These analyses have failed to count the carbon emissions that occur as farmers worldwide respond to higher prices and convert forest and grassland to new cropland to replace the grain (or cropland) diverted to biofuels. By using a worldwide agricultural model to estimate emissions from land-use change, we found that corn-based ethanol, instead of producing a 20% savings, nearly doubles greenhouse emissions over 30 years and increases greenhouse gases for 167 years. Biofuels from switchgrass, if grown on U.S. corn lands, increase emissions by 50%. This result raises concerns about large biofuel mandates and highlights the value of using waste products.

Most life-cycle studies have found that replacing gasoline with ethanol modestly reduces greenhouse gases (GHGs) if made from corn and substantially if made from cellulose or sugarcane (1–7). These studies compare emissions from the separate steps of growing or mining the feedstocks (such as corn or

For most biofuels, growing the feedstock requires land, so the credit represents the carbon benefit of devoting land to biofuels. Unfortunately, by excluding emissions from land-use change, most previous accountings were one-sided because they counted the carbon benefits of using land for biofuels but not the carbon costs, the

图 6　T.Searchinger 文章首页[6]

该文结论主要是采用 GREET 模型研究的结果，可是文章刚一发表，GREET 模型的开发者 Michael Wang 就两次致信《科学》杂志社，指出了该文中的 8 项错误。包括将直接改变土地用途计算温室气体排放量的该模型误用于间接改变土地用途而未经升级；DDGs 替代玉米参数 1 : 1.2 误为 1 : 1；玉米地改种柳枝稷生产纤维素乙醇也会增排温室气体的提法是错误的；将 2015 年美国计划年生产玉米乙醇 4 500 万吨误为 9 000 万吨，并进一步错误地推导出全世界需要增加 1 080 万公顷耕地种植玉米，包括巴西 280 万公顷，中国和印度 230 万公顷和美国 220 万公顷，如要毁掉亚马孙地区的一些热带雨林，以及中国、印度和美国的草原，这些都是基于错误数据得出的凭空想象和武断推测。

T.Searchinger 的文章发表的同一个月里，David Morris 也著文[7]提出反驳意见，指出该文“提供的数据都是以‘假设’情景（‘What If’ scenarios）提出来的”，David Morris 以大量包括土地直接变更和间接变更下的实证数据，得出了“至少在 2007 年，美国的乙醇制造包括土地用途的更换，确实降低了温室气体的排放”的结论。还指出 T.Searchinger 在使用 GREET 模型中的许多不当之处，如“未来的乙醇植物将从现在的 GREET 模型预测出来的温室气体减排比例增加 2～4 倍”。另外在谈到生物燃料对作物价格的影响时也指出“生物燃料无疑不是唯一的因素”，不能将食物价格上涨都算在生物燃料头上。

基于“What If” scenarios，Searchinger 文章中的所谓改变土地用途主要是指砍伐森林和毁坏草地，并进一步演绎到全世界需要增加 1 080 万公顷耕地种植玉米，把巴西、中国、印度也都牵扯进去了，这使我想到“在一个错误的起点上，延伸越长，偏离就越大”的名言。

14.4 多事的早春二月

2008年的春天有个多事的早春二月。

美国《科学》杂志2月发表了T.Searchinger等的文章和随之而至的两篇反驳作品。大西洋彼岸的英国《独立报》也遥相呼应地在2月里发表了署名S·康纳的题为“生物燃料使气候变得更糟糕”的报道，说的也是砍伐森林。辩论归辩论，而大西洋两岸的这两篇文章确是发挥了实际作用，使英国的有些绿色和平组织向英政府提出了诉求，要求拒绝履行欧盟规定的到2010年用生物燃料替代5.75%运输燃油的指令。继而在4月又有一篇颇具轰动效应的文章发表在美国的《时代》周刊上。

为什么2008年之春如此多事？这与暴发的全球粮食（价）危机不无关系。

美国大自然保护协会乔·法尔焦内在《科学》上发表过一篇文章，提出印度尼西亚如果改一块泥炭地为棕榈园，需要432年才能还清二氧化碳的欠债；亚马孙地区如果改热带雨林为大豆地则需要319年才能还清二氧化碳的欠账。通过实验测算的这些数据无疑是有参考价值的，但是S·康纳却仅依此就推演出“生物燃料会使气候变得更糟糕”的结论。无独有偶，美国《时代》周刊2008年4月7日的封面文章（图7），题目是“清洁能源的神话”，副标题是“生物能源所做的一切，实际只是抬高国际粮价和使得全球温室气体状况变得更糟”[8]，说的也是砍伐热带雨林的事。这篇文章的作者是《华盛顿邮报》记者Michael Grunwald，是以考察记事的体裁写作的，生动流畅，感染力很强，《时代》周刊还配有相呼应的其他短文，其影响力可想而知。

图7 《时代》周刊2008年4月7日封面，标题是“清洁能源的神话”

Michael Grunwald的文章是这样开始的：

驾驶塞斯纳飞机在距南亚马孙平原1英里的高空飞行，约翰·卡特（John Carter）俯瞰着世界上被破坏得最为严重的生态宝库。他目睹人类用推土机把热带雨林砍伐成牲畜农场和大豆种植园，大片丛林被大火吞噬，科学家正为亚马孙的“稀树草原化”争论不休。

亚马孙热带雨林是20世纪90年代生态保护的主要地区，被誉为是世界上无与伦比的生物多样性的储藏库。近年来，全球变暖吸引了众人的目光，亚马孙雨林黯然失色。亚马孙碳储存量居世界之最，正是这些碳被释放到大气中，使地球温度持续升高，加剧气候变暖……这片土地被侵蚀的速度正在因为一种意想不到的资源即生物燃料而加剧。对农作物燃料爆炸性的需求已将全球的农作物价格推向历史新高，供不应求的现状刺激了巴西农业的蓬勃发展，但也以一个令人吃惊的速度侵蚀着亚马孙热带雨林。

T.Searchinger 从改变土地用途来说明玉米乙醇的增排，文章专业性强，但非专业人士看得很吃力，而 S·康纳和 Michael Grunwald 的文章通俗易懂，矛头所指都是因发展生物燃料而破坏了热带雨林，特别是巴西的亚马孙热带雨林。亚马孙，你怎么了？

14.5 亚马孙，你怎么了？

《时代》周刊的封面文章无疑是很有感染力的，只可惜作者缺乏当地农垦历史方面的知识。中国农业大学原生物质工程技术中心主任、著名农业生态学家程序教授曾于2007年考察过巴西大豆第一州马托格罗索（图8）。他对 Michael Grunwald 的文章做出了如下的批驳[9]：

图8　程序教授访问马托格罗索州的大豆研究所（程序提供）

其手法首先是有意无意地将巴西亚马孙热带雨林与 Cerrado 热带富树草原混

为一谈，以支持他所谓“发展大豆生物柴油导致大量开垦亚马孙热带雨林，从而大量增加温室气体的排放以及破坏生物多样性”的结论。然而真实的情况并非如此。稍微懂点巴西农业史的人都知道：（1）目前巴西中、北部的农业区是早年开垦 Cerrado 而非热带雨林所形成的，先是将热带富树草原变成放牧草地，随后部分草地垦为农田；（2）热带富树草原位于热带雨林以南，与之接壤，因此，有少量农地与热带雨林相邻并不奇怪。但不能说明是缘于大规模开垦热带雨林；（3）即便是占全国大豆种植面积比例最大的马托格罗索州，大豆面积只占土地总面积的 6.5%。

程序还指出，一些热带国家砍伐森林以出口木材换取外汇是由来已久的事，并非由生物质能源作物引起。印度尼西亚、马来西亚历来就是食用棕榈油生产和出口大国，只是近年才因发展生物柴油而扩大了生产和产品用途，使出口得到控制。

M. Grunwald 先生在这方面犯的另一个错误是，他认为：为种植满足巴西车辆的甘蔗类生物燃料而被摧毁的森林还只是亚马孙地区的一小部分。看看巴西能源司前司长 Antonio Jose Ferreira Simoes 在一篇专文中是怎么说的：

2007—2008 年的甘蔗种植面积为 650 万公顷，82.5% 集中于非热带雨林的巴西东南部（圣保罗地区）。收成的一半制糖，一半生产乙醇。甘蔗种植面积虽大，但仅占巴西农田面积的 10%，根本无须开垦亚马孙雨林或占用种植粮食的农田。再说，亚马孙地区具有独特的丛林降雨模式，土壤肥力偏低，根本不适合作为种植甘蔗的农田，因为甘蔗需要干燥的环境来形成蔗糖。所以关于乙醇需求增长导致亚马孙雨林毁灭的断言是毫无根据的。[10]

也就是说，甘蔗种植区根本不在亚马孙地区，亚马孙地区也种不了甘蔗。那么，巴西亚马孙雨林是否就安然无恙了呢？不是的。它的大面积森林曾经遭到过乱砍滥伐，但与当前的发展大豆生物柴油计划没有直接关系，因为这项计划是 2006 年才开始实施的，且大豆种植区主要在热带富树草原而不是亚马孙雨林（程序，2009）。

下面引用一段令巴西人引以为骄傲的、世界第一项生物燃料专利持有者帕仁特（Expedito Jose de Sa Parente）教授接见记者时的谈话：

亚马孙地区已经有上百种本地物种经证实可以生产生物柴油，它可以帮助当地人（离群索居的森林居民）进行社会融合……而且对曾经被乱砍滥伐、遭受巨大破坏的亚马孙地区，通过能源生产再造林的形式重新补充植被。[11]

帕仁特的态度很清楚，亚马孙地区曾经被乱砍滥伐过，而现在发展生物柴油不是再次破坏而是对过去被破坏的雨林生态的修复重建。重视生态环境，减少温室气体排放的意识在全球空前地增强，巴西一直走在世界前列，相信巴西政府一定会更加关心和善待本国的亚马孙雨林。有些富国人士，常常好为人师地对他人他国指手画脚，却暴露了他们自己的一知半解和专断。

G. Charles Dismukes 曾一针见血地说：

（2008 年初起）对生物能源的种种非难，是非理性和带个人感情色彩的；是一些外行或“半瓶子醋”的学者在发难，并不是严肃的科学家的意见。其后果是损伤了对有关生物能源的正确决策。[12]

再看看马来西亚和印度尼西亚那边的热带雨林情况如何。

棕榈油是世界传统四大食用油种之一（还有大豆、油菜和葵花），全球产量超过 3 500 万吨（2006 年），出口量 2 630 万吨（2005 年），占世界油脂贸易量的 50% 以上（2007 年）。马来西亚、印度尼西亚和尼日利亚三国产量占世界棕榈油总产量的 88%，马来西亚棕榈树的种植面积约占全国耕地的 1/3，90% 用于出口。欧盟为满足对生物柴油的需求，使 2005 年由马来西亚进口的棕榈油增长了 63%，刺激了棕榈油油价和生产国的生产积极性。2006—2007 年间曾出现过毁热带雨林扩种棕榈园的事件，但通过国际和国内力量的协调很快就被控制和引上正常轨道。就这样的事实，被某些媒体和人士炒得沸沸扬扬，没完没了地大喊：为发展生物能源而砍伐热带雨林；生物燃料使气候变得更糟。他们以一时一事、以偏概全地混淆了视听。

14.6 一篇值得认真对待的文章

我愿意推荐一项在 152 块土地上进行了 10 年系统观测的严谨而有意义的原始性研究成果，就是 David Tilman 教授等在 2006 年《科学》杂志上发表的题为“源自高多样性、低投入草地生物质的负碳生物燃料”的文章[5]，其文前摘要（图 9）如下：

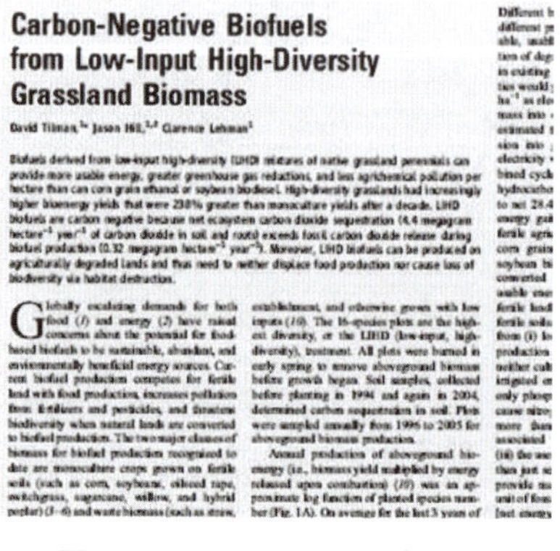
Carbon-Negative Biofuels from Low-Input High-Diversity Grassland Biomass

David Tilman,[1*] Jason Hill,[1,2] Clarence Lehman[1]

Biofuels derived from low-input high-diversity (LIHD) mixtures of native grassland perennials can provide more usable energy, greater greenhouse gas reductions, and less agrichemical pollution per hectare than can corn grain ethanol or soybean biodiesel. High-diversity grasslands had increasingly higher bioenergy yields that were 238% greater than monoculture yields after a decade. LIHD biofuels are carbon negative because net ecosystem carbon dioxide sequestration (4.4 megagram hectare^{-1} year^{-1} of carbon dioxide in soil and roots) exceeds fossil carbon dioxide release during biofuel production (0.32 megagram hectare^{-1} year^{-1}). Moreover, LIHD biofuels can be produced on agriculturally degraded lands and thus need to neither displace food production nor cause loss of biodiversity via habitat destruction.

图 9　David Tilman 文章摘要

从天然草地的低投入、高多样性（LIHD）混合物中得到的生物燃料，较之玉米乙醇或大豆柴油能获得更多有用的能源和减排温室气体，以及更少的农业污染。10年后的高多样性草地的生物能源产量较单一栽培土地产量增加238%。LIHD生物燃料是负碳排放的，因为纯生态系统的二氧化碳封存量［4.4兆克 /（公顷·年）］超过了生物燃料生产中化石燃料的二氧化碳排放量［0.32兆克 /（公顷·年）］。此外，LIHD生物燃料生产可以利用退化了的土地，既不影响食物生产，还可以保护生物多样性。

这个试验是1994—2005年间在152块退化土地及弃耕沙地上进行的，地上部分的生物量每年测一次，为了解土壤中碳的吸存量，1994年和2004年各采集土壤样本一次。试验结果是高多样性 - 低投入草地生物质模式的能量产出投入比是5.44～8.09，比玉米乙醇和大豆柴油高出2～5倍；温室气体减排上平均每公顷6～10吨，而玉米乙醇和大豆柴油不到1吨。此外，此模式每年每公顷投入的氮、磷、钾肥分别是0千克、4千克和6千克，而玉米乙醇分别是148千克、23千克和50千克；玉米乙醇每公顷使用农药约2千克，草地植物用量很少。其良好的生态效益还在于植物有机体的地下部分占到了2/3，能很好地保障土壤的碳调节能力和肥力（图10和图11）。

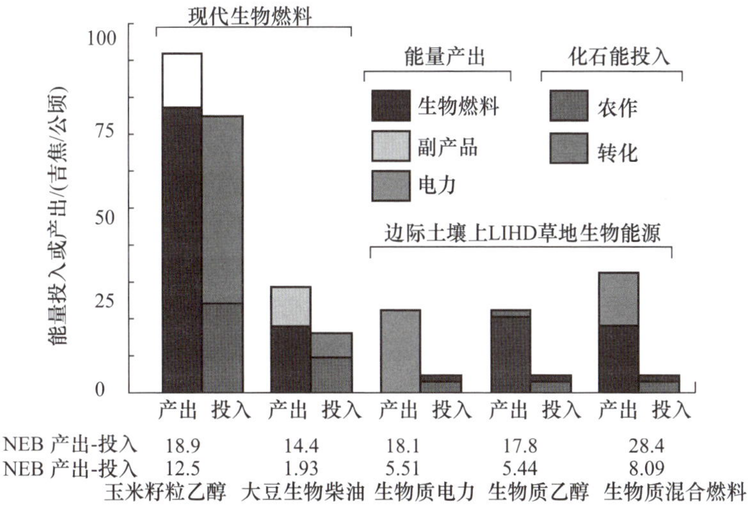

图10　第一代和第二代生物燃料的能量产出投入比

该文提出，LIHD土地中获得的总生物能源产量是68.1吉焦 /（公顷·年），而生物质生产、收割、运输所需要的化石能源的投入量约为4.0吉焦 /（公顷·年）。玉米乙醇和大豆柴油所释放的温室气体确实比所替代的化石燃料分别低12%和41%，但仍有碳的排放，而LIHD生物燃料则是负碳排放，是玉米乙醇和大豆柴油减排量的 6 ～ 16 倍（图 11 上右）。柳枝稷在肥沃土壤和施用化肥农药后的生物质产出非常高，但是在退化的土地的生物量（23.0 ± 2.4）吉焦 /（公顷 · 年）与其他单一栽培作物（22.7 ± 2.7）吉焦 /（公顷 · 年）差不多。根据美国农业部饲草实验室 Vogel 教授最近在美国科学院院刊 PNAS 上发表的论文，根据大面积、多点和十几年的长期定位实验，种植柳枝稷转化燃料乙醇的能量产投比为 6.4 ∶ 1。

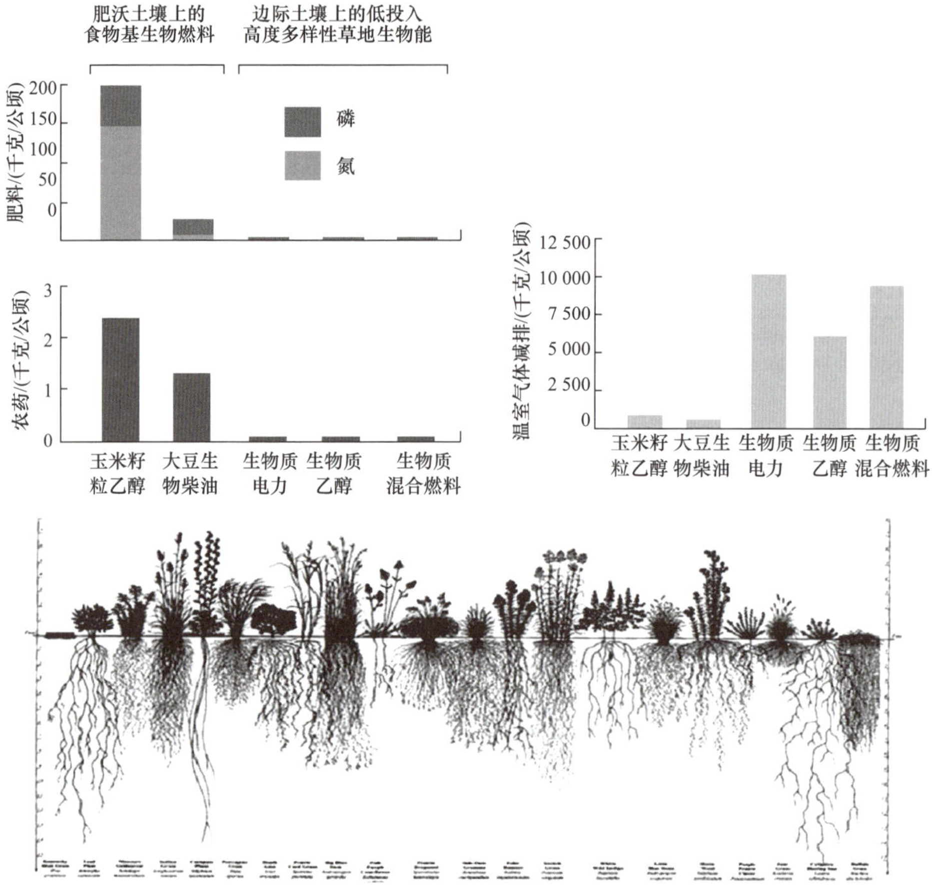

图 11　食物基生物燃料与边际性土地上草地生物质燃料的比较

上左图是在使用化肥和农药上的对比；上右图是温室气体减排效果对比；
下图是草地型 21 种植物的地上和地下部分的比较，地下部分占生物总量的 2/3[13]

生物燃料从原料到转化的情况是千差万别的，D.Tilman 以玉米乙醇、大豆柴油、高多样性草地植物以及柳枝稷为对象进行的比较研究，分别得出和对比了不同研究对象的能量效率和减排效果。玉米乙醇、大豆柴油、LIHD 生物质发电、

LIHD 生物质乙醇、LIHD 生物质综合利用的能效分别是 1.25、1.93、5.51、5.44 和 8.09；减排均高于化石燃料，而高多样性草地则达到了负碳排放效果。燃料的能效越高越好，碳排放越少越好，如果是负碳排放，则是在碳平衡中发生了由放碳到吸碳、由“碳源”向“碳汇”的质的转变。

任何试验的设计和结果都会有不足之处，但此项研究结果的科学性和可信度应当是很高的。可贵之处还在于提出了一个新的重要关注方向，就是将视线从农田引向低质土地，从单一作物引向高多样性多年生草地。这是一篇严肃和值得认真对待的文章。

正如 Sivan Kartha 在“生物能源的环境影响”一文中提出的一个观点：生物能源对环境的净影响主要取决于它的生产方式。文中举了许多实例后说：假如能正确设计，生物能源作物系统可以带来重大的环境和社会效益。选对生物质作物和生产方法能导致喜人的碳与能量平衡，以及温室气体排放的净减。[14] David Tilman 教授的 LIHD 模式就是一个很好的实例。

14.7 生物燃料的减排新作

“全球可再生燃料联盟（Global Renewable Fuel Alliance）”委托加拿大咨询公司（S & T）对生物燃料的减排效果做了专项研究，2009 年 11 月提出了研究报告[15]。该报告使用的是加拿大自然资源部开发的 GHGenius 模型及美国 Argone 国家实验室开发的 GREET 模型，运算了基于不同原料的燃料乙醇和生物柴油在生产及使用过程中的全生命周期温室气体（GHG）排放，并与之替代的石油产品排放量对比以获得其碳排放效果，汽油和柴油的排放量以二氧化碳当量（度量温室效应的基本单位）计为 92 克 / 兆焦（HHV，高热值）。燃料乙醇中以甘蔗乙醇的减排量最大，玉米及其他谷类乙醇减排量最小；生物柴油中以动物油脂及废弃油脂的减排量最大，棕榈油和油菜籽油的减排量最小，相关结果分列如表 1 所示。

表 1　不同原料的燃料乙醇和生物柴油温室气体减排量[15]　　克 / 兆焦

原料	GHG 排放量	GHG 减排量	采用方法
甘蔗乙醇	23	72	GHGenius
玉米乙醇	44（加拿大），56（美国）	48	GHGenius
甜菜乙醇	37*	58	EU RED（欧洲 JRC）
其他谷物	38*	57	EU RED（欧洲 JRC）
油菜生物柴油	41	51	EU RED（欧洲 JRC）
大豆生物柴油	30	62	GHGenius

续表 1

原料	GHG 排放量	GHG 减排量	采用方法
动物脂肪生物柴油	10	82	GHGenius
棕榈油生物柴油	45	47	GHGenius
废弃油脂生物柴油	10	82	GHGenius

注：GHG 排放量和减排量以二氧化碳当量计，下同；* 为均值。

全球及相关国家的生物燃料生产信息获取于 F.O.Lichts，根据各主要生产国的生产量及相关技术参数提出了相应的减排效果（表 2 和表 3）。就燃料乙醇而言，各主要生产国均为正值，美国和中国以玉米为主要原料，单位减排量以二氧化碳当量计最低（0.85 千克 / 升），以甘蔗为主要原料的巴西单位减排量以二氧化碳当量计最高（1.7 千克 / 升）。主要生产国 2009 年的温室气体减排总量是 8 757 万吨，其中巴西和美国的贡献占 87%。生物柴油的减排能力普遍高于燃料乙醇，2009 年主要生产国温室气体减排量欧盟占 59%，美国、巴西、阿根廷次之，世界总减排量为 3 587 万吨。

表 2　燃料乙醇温室气体减排量（2009）[15]

国家或地区	生产量 / 亿升	GHG 减排量 /（千克 / 升）	GHG 减排总量 / 千吨
美国	397.00	0.85	33 745
巴西	249.00	1.7	42 330
欧盟	39.35	1.28	5 037
中国	20.50	0.85	1 743
加拿大	11.00	1.13	1 243
其他	9.36	1.7	1 591
泰国	4.50	1.7	765
哥伦比亚	3.15	1.7	536
澳大利亚	2.15	1.5	323
印度	1.50	1.7	255
总量	737.51		87 567

表 3　生物柴油温室气体减排量（2009）[15]

国家或地区	生产量 / 亿升	GHG 减排量 /（千克 / 升）	GHG 减排总量 / 千吨
欧盟	9 848	2.13	20 986
美国	1 682	2.40	4 030

续表 3

国家或地区	生产量 / 亿升	GHG 减排量 /（千克 / 升）	GHG 减排总量 / 千吨
巴西	1 386	2.38	3 302
阿根廷	1 250	2.39	2 988
泰国	614	1.7	1 043
马来西亚	284	1.7	483
哥伦比亚	205	1.7	348
中国	191	3	573
韩国	182	2.34	425
印度尼西亚	170	1.7	290
新加坡	124	1.7	211
菲律宾	108	1.7	184
加拿大	102	3	307
其他	293	1.7	698
世界	16 436		35 866

该研究报告的结论性表述是：

当前每年的世界生物燃料产量已超过 1 000 亿升，如果按其所含能量计算，相当于每天替代 115 万桶原油衍生的石油产品。原油和其他燃料在生产和使用过程中，每年排放约 2.15 亿吨温室气体，生物燃料的碳排量是 1.235 亿吨，相当于石油燃料排放量的 57%。

Chambers、Pimentel 以及 Timothy Searchinger 等提出的玉米乙醇能效负值论和美国阿尔贡（Argonne）国家实验室的环境科学家 Michael Wang、Jason Hill、David Tilman 等的相反观点之间的争论达 30 年之久，“全球可再生燃料联盟”委托加拿大咨询公司（S&T）所做的上述专项研究，近乎是一个阶段性小结。人们对客观世界的认识是逐步接近真理的，争论是接近真理的推进器。

14.8 立足实践，师法质疑

从世界上的第一辆汽车和第一架飞机到现在的顶级汽车与飞机，是经历了 100 多年的一次次实践、一次次失败、一次次改进的结晶。生物质产业才是学步，最需要的是在实践中的摔打，实践是最好的学习，质疑者是最好的老师。发展之初，美国的玉米乙醇、巴西的甘蔗乙醇、欧洲的油菜柴油、丹麦的生物质发电、瑞典的沼气汽车等都是在各自的土地上自然滋润成长的。为什么众多的目光和质疑投向了美国的玉米乙醇呢？因为它确有较多问题，需要“质疑者”的调教。

D. Pimentel 教授向玉米乙醇掷出了第一支投枪，尽管辩论中更多的结果是否定了他的负值论，但也凸显了玉米乙醇在众多生物质能源中的能效最低且存在与人争粮、与农争地的问题。T. Searchinger 教授提出因改变土地利用方式而玉米乙醇和大豆生物柴油不是减排而是增排温室气体，尽管文中存在诸多毛病和错误，更多的研究结果否定了他的增排观，但他提出了改变土地用途对能效和减排可能产生影响的重要命题。《时代》周刊和《独立报》等大众媒体上的文章和报道虽漏洞百出和偏激武断，但也提醒了人们对热带雨林的更多关注。就生物质产业自身而言，则需要坚持真理，修正不足，有“吾日三思”与“闻过则喜”的精神，这是“天将降大任”者应有的心态与境界。

那么，从诸多质疑中可以得到哪些有益认识呢？

（1）发展之初，美国以玉米为原料生产乙醇是顺理成章和合情合理的，但随着规模的扩大和各种矛盾的突现，需要有一个新的和更高的解决方案。美国正下大力攻克纤维素乙醇商业化难题，以及 2008 年年底发布的《能源自主和安全法案》已经对此做出了很好的回答，已经调整好了他们前进的方向，其九成原料将来自非食物基生物质[16]。

（2）从提高生物能源的能效和经济性、生态与环境效益，以及社会接受程度等方面的综合考虑，生物质产业走非粮 / 非食物基路线，走利用低质边际性土地为主的路线越来越多地被有关方面认同。不与人争粮，少与农争地，应当成为生物质产业的一条“行规”。生物质原料植物的抗逆特质和原料的多样性是实现这条路线的保障。

（3）生物质产业的另一条“行规”应当是生态 / 环境原则，必须保持较高的能效与低碳水平，必须保持改变土地用途后的生态系统运行质量和可持续发展。生物质原料与产品的复杂多样，国情与区情的千差万别，其对环境的影响方向和程度主要取决于正确采用原料和生产经营方式。通过人们的精心设计，是完全可以使生物质产业达到越来越高的生态与环境境界的。

（4）世界目光过多地被吸引到玉米乙醇和热带雨林，而忽视了生物质原料与产品的多元化特点，容易“一叶障目”地误导社会。甜高粱、薯类、柳枝稷等多年生草本、高多样性草地以及含油藻类等能源植物，还有作物秸秆、林业剩余物、畜禽粪便、加工业有机废水废渣、城市有机垃圾等有机废弃物均极具潜力，需要政府和有关方面加大科技投入和加快商业化步伐，需要广大媒体给予更多的关注与呵护。

璞不琢不成玉，木不修不成材，子不教不成器，业不精不成正果。生物质产业是否能修成正果，应当有这样几条要求：

——较高的净能产出和温室气体减排效果；

——不与民争食（粮、油、糖），不与农争地；

——改变土地用途后的原料生产用地要能提高碳减排及水肥平衡水平；

——要有先进技术支撑和产品市场竞争力。

以上是近年生物质产业在自身实践中、在众多质疑和批评声中的表现与实践总结，人们从中可以感受到，生物质产业成熟多了，更加可爱了。

14.9 走出争论的陷阱

生物质能源对生态与环境影响的争论中存在着一些陷阱，陷阱能将人们的思想搞乱，误导舆论，危害社会。

第一个陷阱是“偷换概念”。最常见的是将玉米乙醇或大豆柴油与生物燃料混为一谈。如 Michael Grunwald 在《时代》周刊的文章中说的都是发展大豆柴油如何毁坏巴西雨林以及美国玉米乙醇影响粮价上涨，而在副标题上写的是：“生物能源所做的一切，实际只是抬高国际粮价和使得全球温室气体状况变得更糟。”可能这位记者没去欧洲看过生物质发电和热电联产的热效率可以达到 90% 以上，可能没去瑞典看过一些城市里满街跑着的“Biogas”汽车，可能没去德国农村和城镇看过他们的沼气发电，可能不知道丹麦和瑞典年人均消费 200 千克以上的“颗粒燃料”。是否去看过不重要，连这方面的报道也没看过吗？其实，更有可能是根本不愿意去看这些，去想这些。玉米乙醇和生物柴油不等于整个生物能源，这是个非常一般的常识，怎能得出“生物能源所做的一切，实际只是抬高国际粮价和使得全球温室气体状况变得更糟”的结论呢？搞这种概念“掉包”游戏的结果必然是误导舆论，愚弄公众，危害社会。

第二个陷阱是混淆视听。一些热带地区的发展中国家砍伐森林、出口木材已有百年历史；棕榈油占国际油脂贸易量一半以上，马来西亚 1/3 的耕地是棕榈园，这是人所共知的事实。2006—2007 年曾一度因发展生物柴油刺激了棕榈油价而发生过砍伐热带雨林扩种棕榈园的事件，但是很快就被控制了。事态是严重的，但总体上是滔滔江水中泛起的一个小漩涡，不讲滔滔江水而无限放大漩涡，大谈“生物能源使气候变得更加糟糕”，只能是将水搅浑而已。生物能源的原料和产品那么多样，非要砍伐森林吗？制止破坏森林是人类社会的共同心声和责任，任何原因都不应该乱砍滥伐，制止乱砍滥伐更是当地政府义不容辞的责任。不去追究和敦促政府严格制止砍伐森林而大发“生物能源使气候变得更加糟糕”的高论，就像没调好烤箱温度将肉烤焦了，却大叫“烤箱是不能烤肉的！”

第三个陷阱是断章取义、移花接木、夸大其词。美国学者 D.Tilman 和 Fargione 分别在《科学》上发表的文章中推算出如果开垦湿地种能源作物，大约需要 400 年才能以生物柴油的减排还清因垦殖所欠的“碳债”；如果开垦亚马孙热带雨林种大豆生产生物柴油，则需要 320 年等等。这是一组警示性科学数据，意在提醒人们的重视，而 S・康纳和 Michael Grunwald 没有提供任何因生物燃料而毁坏了多少森林和欠了多少“碳债”的证据，却断章取义地利用这组数据，移花接木地得出了“生物燃料使气候变得更加糟糕”的结论。

可再生清洁能源对化石能源的替代是时代发展的大趋势。作为可再生清洁能源的一种，生物质能源发展之初有些不足，需要严格要求而不是一棍子打死，婴儿出生时因带有血污而将婴儿和血污一起抛掉吗?

质疑和答疑文章大体有两类。一类是专业人员撰写的原始性研究和部分间接数据支持的专业性文章，多发表于专业性刊物，读者多为专业人士，文章强调科学性和实证性，有争论也比较客观，容易判断。另一类则是在前类文章基础上，由非专业人士加以发挥演绎的非专业性文章，发表于受众面很广的一般性刊物。这类文章一般生动活泼，通俗易懂，如果再加以夸张和妙笔生花的手法，其社会影响力远大于前者。正面影响会很大，负面影响及对社会和政府行为的误导也会很大，问题常常就出在这里。

参考文献

[1] David Pimentel. Ethanol Fuels: Energy Balance, Economics and Environmental Impacts are Negative. Natural Resources Research，2003，12（2）.

[2] Michael Wang. Updated Energy and Greenhouse Gas Emissions Results of Fuel Ethanol. The 15th International Symposium on Alcohol Fuels，San Diego,CA Sep. 26-28. 2005(PPT).

[3] Jason Hill, Erik Nelson, David Tilman, Stephen Polasky. Environmental, economic, and energetic cost and benefits of biodiesel and ethanol biofuels,11206-11210，PNAS/July25. 2006,103:30.

[4] Alexander E. Farrell. Ethanol Can Contribute to Energy and Environmental Goals. Science，2006，311:506-907.

[5] David Tilman，Jason Hill，Clarence Lehman. Carbon-Negative Biofuels from Low-Input High-Diversity Grassland Biomass, Science, 2006, 314:1598.

[6] Timothy Searchinger，et al. Use of U. S. Croplands for Biofuels Increases Greenhouse Gases Through Emissions from Land-Use Change. Science, 2008, 319（29）.

[7] David Morris. Ethanol and Land Use Change. New Rules Project Policy Brief，February 2008.

[8] Michael Grunwald，et al. The Clean Energy Myth. Time, 2008, 04-07.

[9] 程序 . 生物能源与近年来世界粮价上涨及其环境效应（内部，PPT）.

[10] Antonio Jose Ferreira Simoes. 生物燃料：巴西所取得的经验及在巩固国际市场方面遇到的挑战 . 生物燃料在巴西的发展 . 巴西外交部驻华大使馆，2008.

[11] Expedito Jos de S Parente. INTEVIEW：EXPEDITO PARENTE.

[12] G Charles Dismukes,et al. Current Opinion in Biotechnology, 2008, 19: 235-240.

[13] Stephen Potasky. Bioeconomics of Biofuels: Grassland Restoration and Renewable Energy. University of Minnesota, Cedar Creek LTER ,2007 (PPT).

[14] Sivan Kartha. Promises and Challenges Environmental Effects of Bioenergy. International Food Policy Research Institute，Focus 14，Brief of 12. December, 2006.

[15]（S&T）^{2} Consultants Inc. GHG Emission Reductions From World Biofuel Production and Use，Global Renewable Fuel Alliance，November 23, 2009.

[16] USDE & USDA. Biomass as Feedstock for a Bioenergy and Bioproducts Industry:The Technical Feasibility of a Billion-Ton Annual Supply, April, 2005.

15 “玉米加工风波”面面观

【写作背景】

环境与生态的质疑与答疑主要进行于学界，一场更大规模和激烈的争论于2008年在全球经济界和社会学界展开了。其征兆首先发生在中国2006年秋冬季玉米价格上扬，和玉米主产省吉林省的玉米运销内地数量大减上。于是某颇具影响力的粮食问题专家上书国务院，提出玉米入关量减少和价格上扬与生产玉米乙醇有关。显然，这将对我国刚刚兴起的生物质能源产业会产生重要负面影响。此时作者正在海南过冬，立即收集资料分析研究并书写成文，年初送国家发展改革委员会有关部门参考。请看文中的资料与观点。

据《第一财经日报》报道，2006年11月在大连召开的粮食论坛上，中国粮食行业协会、中国粮食经济协会会长白美清提出，目前东北地区粮食生产和物流产业出现了明显变化，这些变化可能对我国粮食生产安全和总体格局产生重要影响。目前东北玉米调出量大幅下降，并且还将随着当地玉米深加工产业的发展而继续减少。中国粮油学会理事长朱长国认为，目前我国玉米深加工产业的发展已经明显出现了过热的迹象，违背了我国发展玉米深加工产业的初衷，急需予以调控。还说，我国最早鼓励发展深加工产业的目的是为了消化大量积压的陈化粮，而目前发展的趋势已是大量消化新粮，各方抢购玉米现象不时出现。也有记者行文“争相上马粮食能源项目存在隐忧”。

2006年12月14日国家发改委下发了《国家发展改革委、财政部关于加强生物燃料乙醇项目建设管理，促进产业健康发展的通知》。一时间，报端网上议论纷纷，“叫停玉米燃料乙醇”成为热议话资。

世纪之交，曾发生过全球性转基因食物之争，人称“基因改良体风波”，或GMO风波。2006年冬中国也出现了“玉米加工风波”，或称MP风波，因为它不单是玉米加工问题，也涉及一些重要的政策思想和决策，如对“三农”出路、粮食安全、粮食进出口等的认识问题。

15.1 今冬我国玉米价格为何反季上扬？

据国家物价系统成本调查队2006年11月对冀、鲁、豫、辽、吉、黑等16省份347个县的调查，玉米主产区的单产与去年基本持平，11月中旬上市新玉米的收购价1 300元/吨，较月初上涨100～150元。12月上旬，东北玉米产区上市新玉米的收购价1 350元/吨；12月22日营口、大连、秦皇岛、宁波等港口的中等玉米平仓价1 500～1 540元/吨；福州、泉州、厦门、漳州的中等玉米码头成交价1 680元/吨，蛇口港价1 700元/吨，后行情趋于稳定和稍有回落。据业内人士对今冬玉米反季节上涨原因的分析，一是由于东北新玉米因暖冬而上市高峰期推迟和拉长，特别是玉米出口商于10月签订了500多万吨出口合同以及国家发改委下达400万吨出口配额，使新谷上市的供给压力没有完全形成；二是吉林等地玉米加工业需求趋旺，企业收购积极；三是农民卖跌不卖涨的惜售心理和贸易商的囤积；四是玉米期货价格及小麦价格上涨的刺激。此外，也受到全球及美国玉米库存量创下1973年以来的最低水平，12月7日联合国粮农组织（FAO）调低2006/2007年度全球粗粮产量（9.812亿吨，较2005年减产2.1%）的影响。在此大形势下投机资金的借机炒作也起着推波助澜作用。

今冬我国玉米价格反季上涨的原因是多方面的，有国内原因，也有国际影响，不能简单地说成是由玉米加工需求强劲造成的。但是也要注意到，世界两个玉米生产大国，美国发展玉米燃料乙醇和中国玉米加工业的快速发展，使全球玉米的供应压力孕育形成，势将影响世界玉米市场的走向。

15.2 是玉米燃料乙醇惹的祸吗？

2005年我国生产淀粉900万吨，消耗玉米1 300万吨，主要集中在山东、河北和吉林；酒精系列产量90万吨，消耗玉米890万吨。酒精系列中，燃料乙醇消耗的300万吨玉米，是“十五”期间上的陈化粮生产燃料乙醇项目（吉林、黑龙江、安徽和河南四地），以后没有新上的玉米燃料乙醇项目。

吉林省是玉米生产大省，也是玉米加工业发展最早和规模最大的省份，具有较大的代表性。其主要玉米加工企业、产品和玉米加工能力可见于表1，其中淀粉类和食用酒精类占70%，玉米燃料乙醇项目占30%。2005年吉林省的玉米总产量是1 800万吨，用于加工的650万吨中燃料乙醇约占12%。

图1是吉林省自1993年以来的玉米消费结构情况。以当年玉米产量为100%计，

农民口粮占 3% ~ 4%、饲料粮占 20% ~ 25%、商品粮占 65% ~ 80%，农村留粮量（口粮、饲料粮和种子粮）与进入流通的商品量之比大体为 3 ∶ 7。吉林省在玉米消费结构上相当稳定，2005 年的玉米加工量只占总产量的 36%，其中燃料乙醇用玉米占 5%。

以上资料清楚显示，玉米燃料乙醇用的玉米比重很小，且不是新上的项目，它与今冬玉米价格反季上涨，与“影响粮食安全”无关，而舆论和政策压力却落在了它的身上，纯属“代人受过挨板子”。

美国盛产玉米和以玉米生产燃料乙醇，我国为缓解当时陈化粮压力而用以生产燃料乙醇，后来才改用玉米的。美国现欲大规模发展燃料乙醇，正谋求以纤维素原料替代玉米；中国要发展燃料乙醇，主要也是利用甜高粱和薯类非粮原料，坚持“不与人争粮，不与农争地”的原则。所以，“影响粮食安全”之类的说辞不应该株连到燃料乙醇身上来的，这样不仅不公，也对发展燃料乙醇不利。

表 1　吉林省主要玉米加工企业、主要产品及年加工能力

企业名称	主要产品	年加工玉米能力 / 万吨
长春大成	玉米淀粉、赖氨酸、淀粉糊	120
公主岭	黄龙玉米淀粉、淀粉糖	65
松原赛利事达	玉米淀粉、淀粉糖	30
吉林燃料乙醇	燃料乙醇	90
吉林德惠正大饲料	饲料	40
四平新天龙酒业	食用酒精	30
吉安生化乾安酒精	食用酒精	60
吉林梅河阜康酒精	食用酒精	30
吉林天河实业	食用酒精	10

资料来源：渤海期货商务网，2006.3。

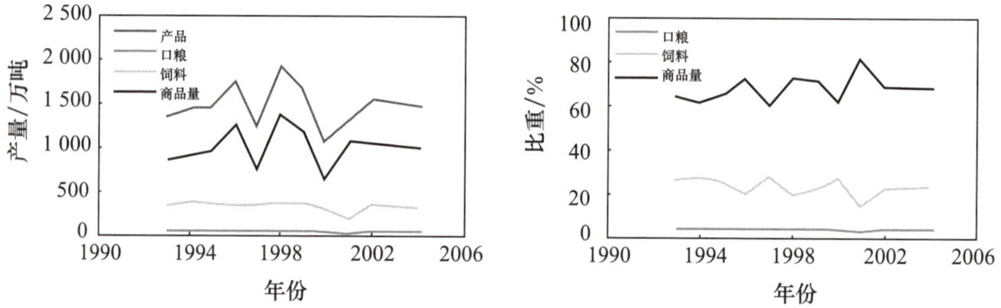

图 1　吉林省 1993—2004 年玉米产量及消费结构

（数据来源：吉林省农调队）

15.3 吉林省“玉米加工”破解“三农”难题

粮食长期供大于求，农民卖粮难，粮食系统收粮储粮难，中央地方补贴难，粮价低迷农民增收难的局面困扰了吉林省等产粮大省十余年，陈化粮成为当时朱镕基总理面对的一大难题。1995 年，吉林省省长王云坤提出以工业化思维解决农业问题，变粮食为工业原料；继任洪虎省长提出“玉米经济”理念，继续大力推进玉米加工。吉林省在玉米出路上奋斗了十年。玉米加工链条的延长可以使附加值增加 1 ～ 2 倍，每吨玉米加工为淀粉可以增值 80 ～ 100 元，加工成淀粉糖可以增值 200 ～ 300 元，加工成赖氨酸可以增值 1 500 ～ 2 000 元。吉林德大公司每年转化玉米 75 万吨，参与到产业化经营中的劳力达 15 万人；2002 年，吉林全省的农产品加工企业带动了 230 万户，占农村总户数 60% 以上，27 万农民实现直接或间接就业，农民增收了 30 多亿元；2003 年，全省农畜产品加工业产值 360 亿元，相当于农业总产值的 45%。现在吉林省已有各类玉米加工企业 500 多个，年加工玉米能力突破 800 万吨，加工量 650 万吨，年销售收入 300 亿元，玉米化工产值 2006 年将达到 1 250 亿元，是继汽车、化工后又一支柱性产业。难怪吉林省政府食品工业办公室主任刘仁柱说：玉米经济对地方经济的拉动力极强，不亚于汽车、房地产。

“三农”问题的核心是要使农业走出一条工业化、现代化、效益好和农民能增收致富的新路来，吉林省十年披荆斩棘，在这条路上创造了一个成功的模式，树立了一个农工贸一体化的样板，为我国“三农”难题破了题。面对吉林省和全国出现的玉米加工现象，我们应当说“好得很！”。大发展中出现某些暂时性问题也是正常的，是可以通过调整解决的，不应当以此对玉米加工挥动“发展过热”和“影响粮食安全”的大棒。

15.4 “玉米加工”发展“过热”了吗？

1982—2006 年的 24 年间，我国玉米总产量由 0.7 亿吨增加到 1.42 亿吨；年净出口维持在年总产量的 4%～ 10%水平；消费结构中，7 成饲料、2 成工业原料和 1 成食物。玉米消费中，初期以口粮为主，随着畜牧业发展而饲料比重增加，进而加工业发展而工业用途比重加大，这是美国等玉米生产国的一般发展趋势。20 世纪 80 年代，我国玉米仍以口粮为主，随着养殖业的发展饲料用途比重快速增加，到 20 世纪末才迎来了玉米加工业的发展。2001 年全国的玉米加工量是 1 250 万吨，2005 年就增加到 2 300 万吨，5 年增长了 84%，约相当于美国 20 世纪 80 年代末的情景（图 2）。我国玉米生产和加工业的发展是正常、健康而非“过热”的。

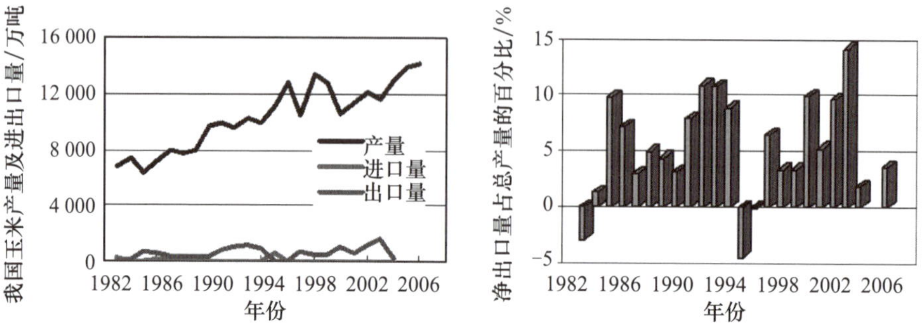

图 2　我国玉米产量及进出口量（左图），净出口量占总产量的百分比（右图）

关于东北销往内地玉米量的减少问题，也是正常而非“过热”。东北是我国重要的商品量供应地，2005 年的粮食商品率达 72%，总量 6 400 多万吨，占全国商品粮 1/4，销往内地的玉米达 2 400 万吨。随着东北地区玉米加工业的发展而减少外销，由单纯的原料生产向加工增值产品生产的延伸是经济发展的结果，是产业的优化和进步，有利于缩小经济发展的地区差距。至于南方发达地区需要玉米可以通过市场运行机制解决，可以到国际市场购买。历史形成的原料生产区和加工增值区分离的传统格局应当在发展中转变，不必为此忧心忡忡。

吉林省的玉米加工业发展不到十年，取得如此骄人成就，是一件了不起的事。当然，在大发展中出现一些如规模小、初级加工产品多、高附加值产品少，产业链不长，效率和效益不高、低水平重复等问题也是可以理解的，是可以在发展中加以引导，逐步调整改进的，“过热”是言重了。

15.5 玉米加工业影响粮食安全吗?

目前玉米加工业的发展是否对我国粮食安全造成影响？这要从两方面考察，一是对加工玉米的需求如何？二是供应能力如何？

先看看对加工玉米需求的状况和趋势。2001—2005 年全国玉米加工量由 1 250 万吨增加到 2 300 万吨，是以吉林省为代表的玉米加工业高速发展时期，加工产品主要有淀粉、酒精、饲料和食品四大系列。目前玉米加工中以传统产品为主，市场需求多以常速增长，其中唯一需求潜力和变数最大的是玉米燃料乙醇。但是，玉米燃料乙醇国家已有明令控制，又有成本明显低于玉米的甜高粱、木薯等非粮原料，所以玉米乙醇在我国不但发展不起来，现在每年消耗的300万吨玉米也会逐渐为其他原料所替代，因而目前对玉米加工业消费量的预测往往容易被高估和夸大。

目前对2010年的玉米加工量的预测一般在4 000万～4 500万吨，占当时玉米总产（按1.55亿吨）的26%～29%，粮食总产（按5亿吨）的8%～9%。按此预测，加工玉米的需求将较2005年新增1 700万～2 200万吨。

这几年，我国玉米总产的增长也很快，2001—2005年间的年均增长率达到7%。如将2006—2010年的年均增长下调到2.2%，则2010年的玉米总产为1.55亿吨，将净增1 300万吨。以此冲减2010年加工玉米的新增数，缺口为400万～900万吨。需要提到的是，我国玉米单产的增产潜力很大，2004年单产（5 154千克/公顷）只是美国、新西兰、以色列的一半，也明显低于法国和加拿大（图3），而自然条件我国并不差于这些国家。如果技术和工作到位，我国单产提高五成，总产2亿吨以上是没有问题的。

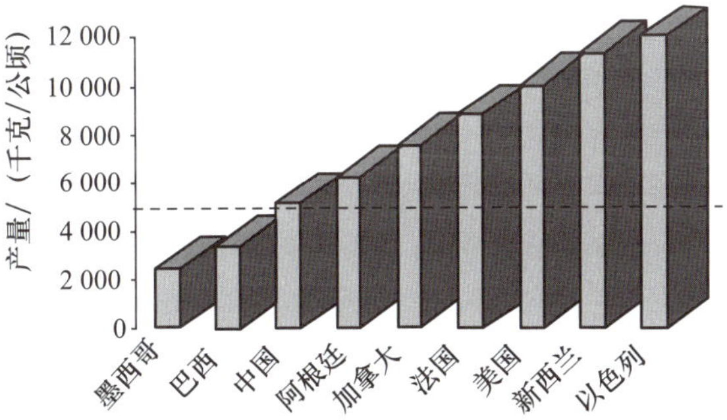

图3　世界各国玉米单产

由于玉米加工导致2010年的500万～1 000万吨，甚至以后的2 000万吨或更多的加工玉米缺口，也是可以通过进口解决的。我国是个人多地少水缺的国家，出口玉米就是出口水土资源要素，进口玉米小麦就是进口水土资源要素，而且价廉物美。所以，在有条件的情况下，进口比出口合算，那种对我国将由玉米“净出口国”变为“净进口国”的忧心忡忡，实在是受到传统概念的约束和缺乏对“两种资源，两个市场”的战略思考。再说，目前国际玉米市场的年交易额在8 000万吨左右，价格平稳，预测未来5年不会有大的波动。美国玉米出口可能会减少，但巴西、阿根廷等玉米出口新秀上来了。

我们没有必要为发展玉米加工会影响我国的粮食安全担心，更没有必要用这么大的帽子去吓唬玉米加工业的发展。当然，也要十分重视引导玉米加工业的健康发展和加强玉米市场的区域协调。

16 替代能源的非粮战略

【写作背景】

粮乃国之大政。2007 年春节后，国务院发出停止对以玉米为原料生产燃料乙醇项目审批的文件，并鼓励发展非粮乙醇，这是个十分正确与及时的决定。早在 2005 年作者即提出发展生物质能源的前提是“不与民争粮，不与农争地”。2008 年初撰写此文，意在阐述中国之非粮战略。但未及发表，全球“粮食危机”顿起，形势骤变，于是继续收集资料和研究，形成了这年 6 月发表的《粮食！石油！生物燃料？》一文。因本文重点是“非粮战略”，故仍作未刊稿被选入本文集。

化石能源的资源性枯竭，温室气体排放，以及油价攀升对世界经济的负面影响越来越引起国际社会的忧虑。全球都在为此寻求应对之策，中国更要汲取他国经验，结合本国国情，走出中国之路，非粮战略是为一例。

16.1 替代的重点是石油

全球可经济开采的煤炭储量是 9 844.5 亿吨；含“储量增长潜量”及“待发现资源量”的石油和天然气储量分别是 3 574 亿吨和 3 696 亿吨（美国地质调查所，USGS2000）；预测 2002—2005 年间世界石油、天然气和煤炭消费量的年均增速分别是 1.9%、2.3% 和 1.3%（美国能源信息署，IEO2005），据此两组数据，石油、天然气和煤炭可分别使用 53 年、63 年和 90 年。尽管会有一些不同数据和见解，但化石能源资源渐趋枯竭和寻求替代已是大势所趋，举世关注的全球气候变暖更加大了对环视能源替代的推动力。

石油需求增长最快，资源可供能力最差，主要产地不稳以及油价高企，都使得石油成为大宗消费国，尤其是高进口依存国的心腹之患。这种能源形势不仅出现在美国、欧洲和日本，中国也十分突出和尖锐。中国化石能源剩余可采储量中煤、油与气之比是 9.3 ∶ 0.4 ∶ 0.3，中国最缺石油，又是世界第二大石油消费国，进口依存度已接近 50%。中国的石油回旋余地已经很小了，中国的能源安全主要是石油安全，中国的化石能源替代首先是对石油的替代，这一点应当是很清楚的。

16.2 寻求替代

1973 年的全球石油危机中，巴西政府就号召并以法律形式在全国强制推行使用添加甘蔗乙醇的“爱国汽油”。2007 年巴西甘蔗乙醇产量达到 1 650 万吨，新出售的汽车中 70% 以上是使用 E85，是世界上唯一在全国不供应纯汽油的国家。美国也于 20 世纪 70 年代开始使用添加 10% 玉米乙醇的汽油（E10），但多年一直维持在较低的四五百万吨水平。90 年代美国在加州进行了以甲醇作为运输燃料的试验，曾发展到 1.3 万辆甲醇燃料汽车，后因使用过程中的腐蚀等问题而不得不关闭了所有甲醇加油站，洛杉矶市和西雅图市也相继停止了这项试验。20 世纪 80 年代，瑞典曾在斯德哥尔摩市对九种燃料车进行了十多年的替代化石燃料试验，最后选择了沼气车和乙醇车，用的都是生物燃料。

1999 年，克林顿发布了《开发和推进生物基产品和生物能源》总统令，大力推进生物燃料的替代。布什上任后主张发展氢能，他说：我们要使美国在制造无污染的氢燃料汽车方面领先全世界……让今天诞生的婴儿成为未来驾驶第一辆氢动力无污染汽车的人（《国情咨文》，2003）。又说：如果过去你对无休止的能源战感到厌倦，让我们在 21 世纪发展氢燃料电池吧。如果我们有效地开发氢能源，到 2040 年就能每天减少 1 100 万桶的石油消费。一时间，在世界范围掀起了“氢能源”和“氢经济”热。

经一番论证和冷静下来后，布什在 2006 年的《国情咨文》中不得不对氢能改口说：这不是近期的解决办法，也不是中期的解决办法，而是远期的解决办法，转而继续支持生物燃料替代，且力度越来越大。在 2005 年颁布的《国家能源政策法》提出：要求燃料制造商到 2012 年在汽油中必须加入 2 250 万吨生物乙醇，它将使美国每年减少 20 亿桶原油的消耗和向外商支付的 640 亿美元购油款。在 2006 年的《国情咨文》中布什进而说：美国在使用石油上，像吸毒一样地“上瘾”，而这些石油是从世界上不稳定地区进口的。最好的办法就是依靠美国人的才智和技术进步，打破对石油的这种过分依赖，摆脱石油经济，使我们对中东石油的依赖成为过去。我们的一个伟大目标是到 2025 年，替代 75% 的中东石油进口。2007 年 1 月美国提出了“twenty in ten”计划，即在 10 年内（到 2017 年）减少 20% 的汽油消耗，其中 15% 源自生物燃料的替代，5% 靠提高汽车能效降低的油耗。2007 年 12 月通过的美国《能源自主与安全法案》又制定了自 2008 年至 2022 年逐年的生物燃料替代指标，将 2022 年的指标进一步定在了 1.08 亿吨。

美国共和、民主两党政见不同，相互攻讦，但在生物燃料替代上却惊人一致，连2008大选中提出的替代目标也如出一辙。

欧盟一直以生物柴油作为生物燃料替代的重点，但限于原料资源而发展不快，2003年开始启动燃料乙醇，并制订了一个2012年赶超巴西的激进计划，2006年产量已经达到125万吨。在2007年3月的欧盟首脑会议上，欧盟委员会提出了2020年的生物燃料将占运输燃料10%的目标。印度2002年成立国家生物燃料委员会，2003年开始在9个邦推广E5乙醇汽油，最近宣布2008年10月全国使用的汽油中添加燃料乙醇的比例要由5%提高到10%，并制订了2017年前利用1 100万公顷荒地种植小桐子等生产836万吨生物柴油和替代10%柴油的计划。菲律宾2006年制订了“生物燃油法（RA9367）”，提出2010年的燃料乙醇必须达到汽油消费量的10%的指标。

2006年全球乙醇产量已超过4 000万吨，估计2020年前后将发展到2亿吨，生物燃油对化石燃料的替代已经驶入快车道。为什么在石油替代上最终瞄准了生物燃料，因为水能、风能、太阳能以及核能主要用于转化电能和热能，唯“生物燃料是可以应对交通部门能源挑战的唯一可再生能源形式”（欧盟《可再生能源路线图》，2007年1月）。近年热议的“清洁燃料汽车”，所使用的电及氢燃料电池都是二次能源，可以清洁汽车和城市，而以化石能源为主的发电厂污染依旧，这不是解决问题的根本办法。

16.3 中国战略取向不明步子小

中国化石能源的剩余可采总储量是882亿吨标煤，其中煤炭、石油和天然气分别是817亿吨、35亿吨和30亿吨，所占份额分别是92.6%、4%和3.4%。如按2005年的生产量计，三者分别只够用73年、14年和45年。去年报道发现的北方大油田，即使10亿吨全开出来了，也只能延长两三年使用时间，杯水车薪。中国煤炭的缓冲余地较大，最缺的是石油。如何应对石油的资源极缺和需求激增？除节约增效外，无外乎“进口”“走出去”和“替代”三途。

1994年中国成为石油净进口国后，2006年进口1.7亿吨，依存度近50%，预计2020年的进口依存度将近60%。进口石油不是“一买一卖，按价付款”那么简单，目前进口石油的70%来自不稳定的中东地区和通过危机四伏的马六甲海峡，需要多大的投入（包括军事）才能保障这条海上石油通道？需要多大投入（包括外交与外援）才能开通经由巴基斯坦进入新疆的陆上通道？需要多大投入才能将俄罗斯的油气流入中国大庆？还有中亚的输油管道、横跨太平洋的南美石油运输线等等。这不是说不要进口石油，而是说进口石油是需要国家付出大量资金、政治、外交，以至军事的资源和代价的，其隐性成本比表观价格要高许多许多，这笔账也是该算进去的。

在经济全球化时代，“走出去”无疑是一种选择和出路，而且已经在伊朗、苏丹、中亚、南美和俄罗斯等投入了万亿计资金及外交 / 政治资源，取得了可喜进展。但是，在开发世界石油资源上我们比西方国家晚了一个世纪，现在是进入争夺世界石油资源“最后一杯羹”的战场而不是伊甸乐园。面对风云突变的国际舞台和不稳定的石油资源国，这无疑是一场代价和风险极高的投资。国际能源组织 IEA 发表的 2007 年度报告中指出，过分依赖中东石油的“海湾石油瘾”将带来经济与政治风险。短期风险是增加通胀率，长期风险是这个地区如有冲突和战争，中国和印度将首当其冲地受到油价和供应中断的影响。对“走出去”的风险和代价是要有足够估计和考虑的。

尽管需要投入很大代价与风险，现实还必须“进口”与“走出去”，但是在国家根本和长远的能源战略上，“替代”才具有实质性的意义。21 世纪上半叶是以可再生能源为主的替代，和下半叶则是氢能、核聚变等新能源的替代。可再生能源的替代上得越早越快，能源上的主动性和安全性就越强，可惜不久前颁布的《中国可再生能源发展规划》中并非如此。《规划》提出的目标是：“力争到 2010 年使可再生能源消费量达到能源消费总量的 10%，2020 年达到 15%。”其实，2006 年的大水电已经占到了一次能源消费总量的 7.1%，2020 年将占到 7.6%，其他可再生能源只占 7.4%。按国际惯例，大水电属传统能源而非可再生能源，这样，到 2020 年我国可再生能源仅占能源消费总量的 10% 左右。从规划中看到，以化石能源为主和辅以水电核电的能源方针并没有实质性改变，更没有明确提出可再生能源的替代重点是石油，和以生物燃料为主要替代物的国际趋势。

石油的生物燃料替代国际大趋势已经是很清楚了。美国 2007 年的生物乙醇产量超过了 2 000 万吨，2010 年将达到 3 600 万吨，2022 年将达到 1.08 亿吨。到 2020 年，美国的生物燃料对石油的替代是 20%（《能源安全与自给法案》，2007），欧盟是 10%（欧盟首脑会议，2007 年），中国是 2%（《中国可再生能源发展规划》）。我国与美欧的距离如此之大，是中国不缺石油吗？不是。是中国生物燃料的资源不足和条件不够吗？也不是。问题在哪里？

“事预则立”，人无远虑必有近忧，1996 年的大水，2003 年的“非典”，但愿不会出现“断油”的突发事件。

16.4 遭遇粮食安全

在美国玉米乙醇年产过千万吨和出现大生产动向时，人们开始担心会影响粮食供应和价格上涨。L · 布朗出来说话了：“美国大规模发展玉米乙醇将影响玉米出口和世界粮食安全，世界还有几亿人口饥饿和营养不良。”媒体也有“汽车与人争粮”v“人道危机”之类的报道。如果说生物燃料会影响粮食安全，那主要发生在美国，因为世界上只有美国才用玉米大规模生产乙醇。2006 年美国以其 17% 的玉米生产了 1 600 万吨玉米乙醇，替代了 3% 的石油燃料，2007 年玉米乙醇产量超过 2 000 万吨。但是，2004—2007 年间美国玉米的出口一直是增加的，最近美国农业部发布了 2007/2008 年度美国玉米出口将创历史最高水平（7 680 万吨）。事实上美国并没有因发展玉米乙醇而减少出口，主要是被农民生产玉米的热情和产量提高所化解了。

发展玉米乙醇肯定会刺激对玉米的需求和价格的上涨，玉米价格上涨的影响因素是多方面的。国际知名分析机构 Informa 公司的最新研究报告称，根据 20 年价格数据进行的研究结果显示，玉米价格对美国消费者价格指数的影响甚微，食品消费价格指数上涨的主要原因是原材料价格的上涨而不是乙醇行业的发展。

玉米乙醇要消耗大量玉米，影响食物和饲料的供应平衡，且原料成本高，以及在能效和减排温室气体上与石油的对比优势并不突出，美国政府和他的智库对此比谁都清楚。2004 年美国国家能源委员会曾从资源丰富性、CO_2 减排性、与基础设施的相容性和 2020 年与汽油的竞争性四个方面对比了氢能、玉米乙醇、秸秆乙醇和生物柴油，结论中已经显示了秸秆乙醇的巨大优越性。2005 年美国能源部和农业部在上报国会的报告提出，为实现 2030 年以生物燃料替代 30% 运输燃料的目标，在年 13.6 亿吨的本土生物质原料中，玉米只占 6.7%（0.87 亿吨），九成以上是二代原料。最近发布的《能源自主与安全法案》也提出，2022 年的 1.08 亿吨生物燃料中，以玉米为原料的“常规生物燃料”为 4 500 万吨，即所占份额由 100% 下降到 42%。事实上，美国已经将燃料乙醇原料的重点由玉米转移到了农林废弃物和能源植物的以纤维素为主的第二代原料上来了。

粮食安全问题在中国更是敏感。中国人多地少，粮食安全是头等大事。世纪之初，国家曾批准四座以陈化粮为原料的燃料乙醇定点生产厂，2006 年生产能力 130 万吨。近年国内发展燃料乙醇的热度升高，为保障粮食安全和避免失控，国务院发布了“叫停”玉米乙醇（不再新批玉米乙醇项目）和“鼓励”非粮乙醇的指令，这是非常及时和必要的。

2005 年中国有 210 万吨玉米用于燃料乙醇生产，占玉米总产（1.4 亿吨）的 1.5%，当年还出口了 400 万吨，所以当时关于燃料乙醇影响我国粮食安全和玉米涨价的一些传闻是没有事实根据的。以后的“叫停”玉米乙醇，使生物燃料完全脱离了与粮食安全的干系，也远离了对饲料供应的影响。但是，燃料乙醇影响粮食安全的阴影一时总是挥之不去，甚至有些部门和领导为了避嫌而躲着生物燃料，这种隐性障碍无疑会在生物燃料替代石油的决策上产生负面影响。

中国政府提出的鼓励“非粮”是非常重要的一种战略导向，它适合中国国情，顺应世界发展趋势，也能很好地解决中国的石油替代问题，应当把“非粮”这个旗帜举得高高的。

16.5 中国的非粮生物质原料非常丰富

中国可用于替代石油的非粮生物质原料资源非常丰富。主要有两类，一类是现即可用的薯类、甜高粱、甘蔗、木本油料、畜禽粪便、有机废水废渣废糖蜜及城市有机垃圾；另一类是尚待技术突破后（需 5 ～ 10 年）方可使用的作物秸秆、林业剩余物和能源植物的纤维素原料。

薯类和甜高粱都是“铁秆庄稼”，耐旱、耐瘠、耐盐碱，生长快，产量高，可以在全国大部分盐碱地、沙地、丘陵坡地等低质土地上种植，农田管理简单，生产成本低。1 公顷甜高粱或薯类一般可转化燃料乙醇 3 ～ 5 吨，高者可达 10 吨。我国现年种植薯类（不含马铃薯）约 1.5 亿亩和总产近 2 亿吨；粒用高粱约 900 万亩和总产 260 万吨，现二者主要用于饲料、造酒和生产淀粉。

由于这些作物耕作粗放，产量低下，通过品种改良等先进农业技术将单产提高一倍甚至更高都是可以做到的，增产潜力很大。根据“不与人争粮（糖、油），不与农争地”的原则，非粮生物质原料的主要来源有三：一是增加现有薯类和高粱农田的产出；二是在我国 7.54 亿亩低产农田（一般不种粮食）的种植结构调整中，增加非粮能源作物种植面积；三是在我国 1.1 亿亩宜农后备土地（国土资源部资料）中有计划和有指导地开垦一部分用于种植能源作物。

以薯类和甜高粱为燃料乙醇原料是不是会与农业争饲争肥？不会的。因为生产乙醇只用了原料中的碳水化合物（淀粉和糖类），其他如氮、磷、钾、铁、锰、锌等营养元素以及未被转化的碳水化合物仍存留于废渣废水中，可以继续循环利用于生产饲料和肥料，全部还之土壤。据李十中资料，每生产 1 吨甜高粱燃料乙醇可副产 1.25 吨可以替代“黄储”饲料的粗蛋白饲料。美国 2006 年在燃料乙醇生产中同时生产了 1 190 万吨优质蛋白质饲料 DDGs，可替代 1 273 万吨玉米饲料，主要用于出口欧洲等地。

如果大幅增加我国薯类和甜高粱的种植面积和提高单产，农业的饲料和肥料不是减少了，而是多了。此外，这两种作物的亩净收入 400 ～ 700 元，比种植其他作物高五成到一倍，可以显著增加农民收入，提高土地投入的积极性。值得一提的是，我国有领先于世界的甜高粱秆固体发酵转化乙醇的 ASSF 技术，全生命周期的能量投入产出比在 10 以上，巴西甘蔗乙醇是 9.3，美国玉米乙醇是 1.25。

我国食用油脂不足，故目前生物柴油的原料主要来自面积约 343 万公顷的木本油料林，可开发的树种有黄连木、文冠果、麻疯树、油桐、光皮树等，年产能潜力约为600万吨标煤。目前印度、菲律宾等大力发展麻疯树，马来西亚和印度尼西亚大面积种植棕榈，我国西南和海南均可种植。

欧洲工业化沼气生产及净化压缩后替代天然气的技术成熟，已经广泛商业化用于汽车燃料及供热发电。沼气的主要成分是甲烷，同于天然气，生产原料是畜禽粪便及农产品加工业废渣废水，只需要十几天或几十天。我国年产出畜禽粪便2.32亿吨和0.77亿吨农产品加工业的废水、废渣、废糖蜜，具有替代约7 000万吨石油的潜力。

根据以上原料的资源量和乘以可利用系数，可得知原料的大致资源潜力（表1）。一类原料的资源潜力约1.52亿吨燃料乙醇当量；二类原料中的谷物秸秆产出为6.5亿吨，林业剩余物为1.3亿吨，可利用实物量分别为3.9亿吨和1.17亿吨，相当于2.80亿吨燃料乙醇当量。两类原料资源的年产出潜力是4.32亿吨燃料乙醇当量，相当于2.7亿吨石油，这是个比五个大庆产出还要多的富矿。以上是按2005年的实际产出计算的，随着农林业的发展，资源潜力还会相应增加，这不是凭空想象，而是实实在在和现实可行的。

表1　中国非粮原料资源状况与生产潜力

项目	面积/万公顷	实物量/万吨	拟利用/%	可用资源量/万吨	单位产乙醇	产乙醇/万吨	附注
一类原料资源潜力（按2005年现况）							
薯类现况	462	10 255	100	10 255	7 ∶ 1	1 465	指单产提高1倍
薯类扩种	100	2 220	100	2 220	7 ∶ 1	317	指低产农田扩种
高粱改种	现57	鲜秆4 275	100	鲜秆4 275	15 ∶ 1	285	现高粱地改种甜高粱
甘蔗	135	86 638 008	40	34 655 203	—	320	指提高单产40%部分
新垦地	220	—	100	220（万公顷）	1 ∶ 5	1 100	利用30%宜农后备土地种植薯类和甜高粱
木本油料	343	—	50	—	1 ∶ 1.5	257	生物柴油原料
畜禽粪便	—	23 200	70	16 200	2 ∶ 1	7 896	0.73亿吨标煤
废水废渣	—	7 700	85	6 600	2 ∶ 1	3 245	0.30亿吨标煤
城市垃圾	—	15 500	10	1 550	2 ∶ 1	320	0.03亿吨标煤
合计	—	—	—	—	—	15 205	—
二类原料资源潜力（按2005年现况）							
作物秸秆	—	65 000	60	39 000	—	21 200	1.96亿吨标煤
林余物	—	13 000	90	11 700	—	6 814	0.63亿吨标煤
合计	—	—	—	—	—	28 014	—

16.6 中国的非粮战略

世界性兴起的以生物燃料对化石运输燃料的替代中，中国首先明确提出了“非粮”战略。根据世界发展形势和我国国情，提出其战略要点如下。

（1）世界各国在十多年的化石能源替代探索中取得了如下一些共识：替代化石能源的主力是可再生能源和核能，其中水能、风能、太阳能与核能只能用于供热发电，而能对石油燃料及石油基产品替代的唯有生物质能源；对化石能源替代的重点是石油，替代石油燃料的主力是以乙醇为代表的生物燃料；玉米等食物基的第一代生物燃料正在向以农林废弃物和能源植物的纤维素为原料的第二代生物燃料过渡。

（2）化石能源替代以石油为重点和以非粮生物燃料为主体的战略定位对中国具有重要意义。中国的非粮生物质原料资源十分丰富，两类 10 种的可利用非粮原料资源潜力为 4.32 亿吨燃料乙醇当量，相当于 2.7 亿吨石油。产品以生物乙醇为主，辅以生物柴油和压缩沼气。发展非粮生物燃料，不仅不会影响粮食安全和饲料供应，而且可以促进粮食和饲料生产及农村经济的发展。

（3）非粮生物燃料替代的技术路线有：

——“分批上”，是指基础较好的薯类乙醇先上，甜高粱乙醇随之跟上，同时启动工业沼气对天然气的替代和生物柴油。纤维素乙醇预计 2015 年前后可逐渐进入商业化，二代生物柴油也将取得重要突破。要积极做好技术、设备、原料基地建设、政策准备，以及鼓励企业参与非常重要。

——“一体化”，是指能源、饲料、肥料要一体化开发，减排、环保与资源循环利用并进。只有将生物燃料生产与以其废水废渣生产沼气、饲料和肥料相结合才能充分发挥生物燃料在资源、环保和经济上的综合效益，提高市场竞争力。目前技术上不存在障碍，主要是观念、法规和政府管理要跟上去。

——“促三农”，是指非粮原料主要来自“三农”，而发展非粮生物燃料又为现代农林业提供了机遇和拓展了生产领域。美国一半以上的乙醇厂由农民自办和建在农村的经验对我国特别有用。发展生物燃料必须与促进农民增收和农村的工业化和城镇化相结合，做到发展生物燃料与促进“三农”互促双赢，强国与富农一举两得。

——“保护地力”，是指利用开发低质土地中，必须坚持用地与保护地力相结合，坚持可持续发展，严禁掠夺式经营。发展非粮生物燃料可以大幅度增加农民及土地的收入，可以调动农民的土地投入积极性，只要政策得力，做到农民收入和土地肥力双增长是不成问题的。

（4）关于发展目标。根据综合考虑，本文提出的目标 A 是：2015 年和 2020

年分别为 1 000 万吨和 2 500 万吨（燃料乙醇当量，下同）；目标 B 分别为 1 500 万吨和 3 500 万吨。按 1 吨乙醇相当于 0.63 吨原油，以 2020 年石油消费量预计为 4.5 亿吨和运输燃料占 70% 计，2020 年的 A 方案可以替代石油消费量的 3.5%，B 方案可以替代 5%,《中国可再生能源发展规划》方案可替代 2%（欧盟为 10%，美国为 20%）。

美国 2012 年的燃料乙醇发展目标是 1 635 万吨，2005 年提高到 2 243 万吨（《能源政策法案》2005），2007 年又提高到 3 960 万吨（《能源安全与自主法案》2007），五年两次“提速”，将原计划调高到了 240%。建议中国 2020 年的生物燃料对石油燃料的替代指标由《方案》提出的 1 600 万吨调高到 2 500 万吨或 3 500 万吨（均为燃料乙醇当量），替代石油的份额由 2% 调高到 3.5% 或 5%。这符合世界发展大趋势，是可以做得到的。如能实现 2020 年的 B 方案，每年可减排二氧化碳 7 000 万吨（含生产及使用过程）；农民每年可获得约 3 000 万个农业岗位、40 万个工业岗位和新增收入 300 亿元。

17 粮食！石油！生物燃料？

【写作背景】

2007 年起事，2008 年初暴发了全球粮食危机，美国的玉米乙醇成为千夫所指的“罪魁祸首”，质疑生物质能源之声四起。中国形势虽算平稳，但对发展生物质能源的认识和信心上蒙上了一层厚厚的阴影。作者收集大量信息与资料，撰写了《生物质能源是魔鬼还是天使？》一文。考虑到时效与影响面，将文题改为《粮食！石油！生物燃料？》，去掉可贵的插图和参考文献后发表在 2008 年 6 月 8 日的《科技日报》上。收录入本书的为有原插图及参考文献的版本。

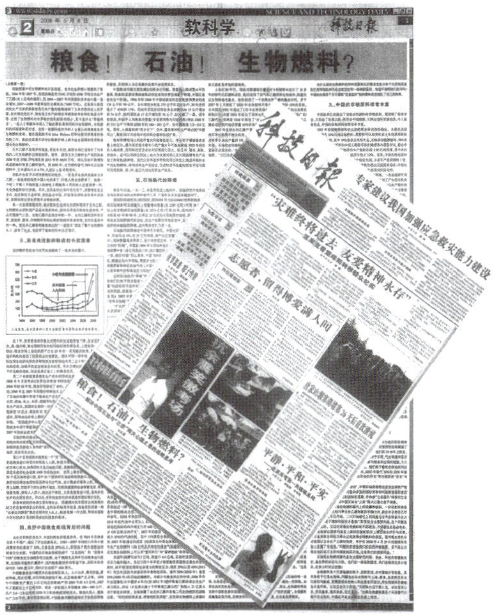
软科学
科技日报
粮食！石油！生物燃料？

近年来，油价飙升，粮价暴涨，闹得整个世界不得安宁。一个粮食，一个石油，都是大事，谁也得罪不起，游移于二者之间的生物燃料，是福是祸莫衷一是。只有还其实情，排除“噪声”，理清思路，才利求解。

17.1 粮价危机的“数字解”

当前粮食危机的相关报道和文章中，震撼力较大的有“世界粮食供不应求，库存降到近 20 年最低点”，“小麦涨了三倍，泰国大米吨价过了 1 000 美元”，“海地等 30 多个国家因粮价引发社会动乱”，“美国用数千万吨玉米生产燃料乙醇”，以及“中国人吃肉太多，印度人用粮过盛”等等，众说纷纭，眼花缭乱。为了弄清事情真相，笔者对联合国粮食与农业组织 FAO 及美国农业部 USDA 的相关资料作了一些整理和分析，得到一些粗浅认识。

是因为供不应求和粮食短缺吗？否！近十多年，世界谷物、小麦、稻米和玉米的产量一直在增长，大米、小麦的年均增长率都在 1% 以上，玉米在 4% 以上。2006 年和 2007 年澳大利亚小麦和法国玉米因灾减产，除世界小麦产量稍有下降外，世界谷物总产仍在增长。十多年的世界粮食产量整体表现是好的，健康的，没有出现突发性减产迹象。消费量的增长曲线平稳向上，年均增长率与产量年均增长率十分接近或稍低一些。所以说因供需失衡而引起粮食危机是没有根据的。

世界粮食库存情况到底如何？从十多年的系统资料看，进入 21 世纪后的谷物及三大作物的库存确是减势，但表现是渐进的，且多在联合国粮农组织规定的粮食安全线（消费库存比 17% ～ 18%）以上。图 1 中的右图直接引自 FAO 第 131 次委员会上关于 2006 年粮食与农业状况的报告（图中 2007 年的预测数与实际数十分接近）。图中 2004 年与 2007 年两年的库存量及消费库存比最低，但非突然下滑，消费库存比也在 20% 以上。

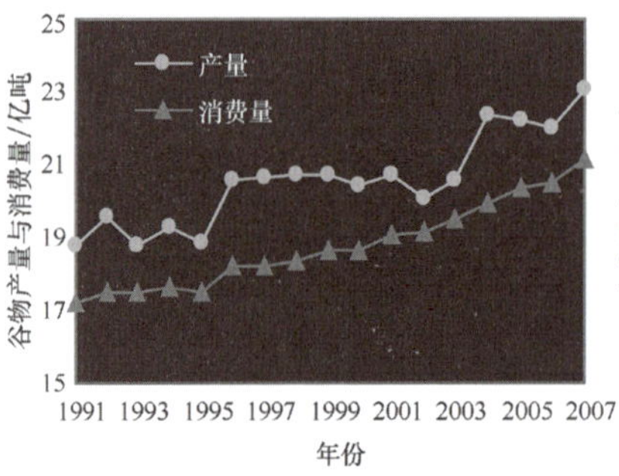

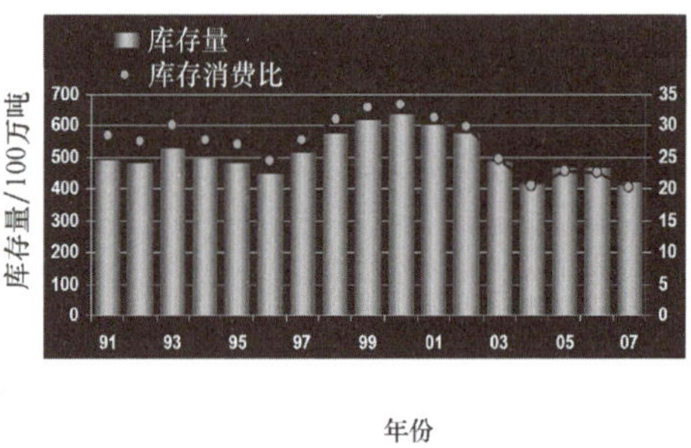

图 1　世界谷物产量与消费量（左）库存与消费库存比（右）（1991—2007）

资料来源：USDA Foreign Agricultural Service[1]（左）和 FAO（右）

世界粮食价格涨势到底如何？由于人为压低粮价和发达国家国内的高额粮补，世界粮价长期以来都是偏低的。2005 年开始渐进式上涨，2007 年夏开始快速上涨，2008 年初开始暴涨。2006/2007 年度小麦由每吨 120 美元涨到 200 美元，2007 年夏到 2008 年 3 月涨到 480 美元，上涨了 3 倍。2008 年 3 月 27 日，泰国 B 级大米出口报价从每吨 580 美元涨到 760 美元，一天涨了 30%，4 月 17 日突破 1 000 美元大关。涨势比较平稳的倒是玉米，2007 年初到 2008 年 3 月的 15 个月里由 166 美元到 233 美元，只上涨了 40%。同期大米涨了 82%，小麦涨了 131%（图 2）。

从以上这些基本面数据中看出，此次危机并非是突发性粮食减产和供应出现问题引起的，确切地说，这次是“粮价危机”而不是“粮食危机”。

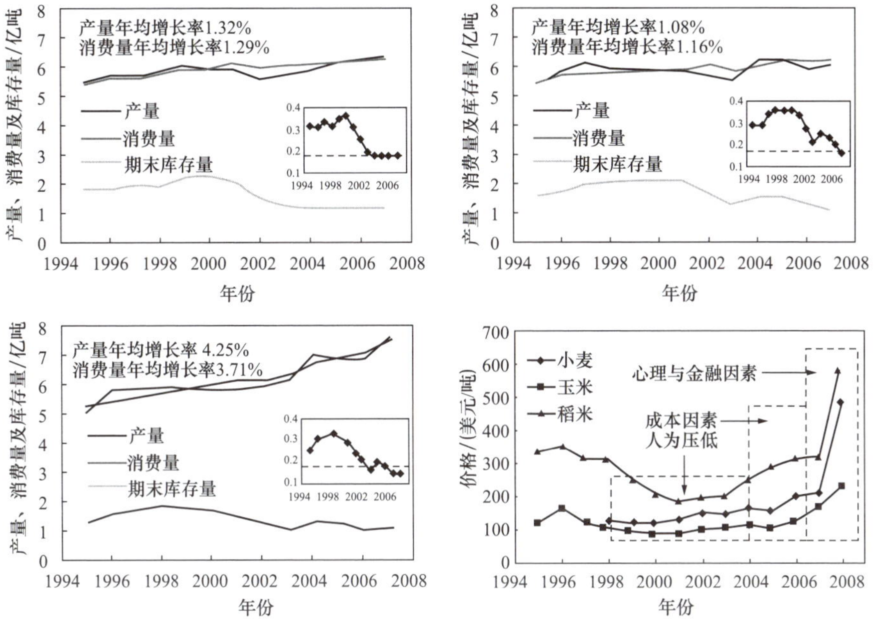

图 2　世界稻米（左上）、小麦（右上）和玉米（左下）产量、消费量、库存量、消费库存比（图中小插图）及国际价格动态（右下）。消费库存比插图中的虚线为安全线 18% 的标示

资料来源：USDA, Foreign Agricultural Service（大米、小麦、玉米）[1]；
2007 中国农业发展报告（粮价）[2]，粮价中 2007 年为 1 月，
2008 年为 3 月，引自新华网

17.2 粮价危机的短效因素

引发粮价危机的因素中，有短效性的，也有长效性和根本性的。

既非粮食供应不上，又无其他突发性原因，年初以来大米、小麦价格的暴涨，在很大程度上是社会恐慌心理和金融因素发挥了想象不到的“发酵”作用。2006/2007 年度澳大利亚和法国因受灾和小麦减产具有了一定的心理暗示；2008 年 2 月联合国 FAO 又发布了具有强大新闻效应和冲击力的消息“世界粮食库存降到近 20 年的最低水平，全球粮食供应趋紧”；以及美元大幅贬值和次贷危机，使大量过剩的游资进入包括粮食期货在内的各种投机市场，对粮价推波助澜，不断加剧社会恐慌。2007 年 2 月印度宣布禁止小麦出口，随后俄罗斯、阿根廷、中国等为自保而相继出台限制本国粮食出口的措施，由此而孕育产生了此次的粮价危机。有经济学家认为，恐慌心理和金融投机对此次粮价危机的贡献最大。

短效因素中对生物燃料的不实报道也为社会恐慌心理提供了依据。2006 年

和 2007 年，美国确实用 5 340 万吨和 6 500 万吨玉米生产了乙醇（有 1 亿吨的误报），但 2004—2007 年间美国的玉米出口量一直在增加，2007/2008 年度将创历史最高点（7 680 万吨）。这是因为美国农民生产玉米的积极性和玉米产量的提高而缓解了玉米市场供应上的矛盾。此次粮价危机中，恰恰是玉米产供增长率最高的年份且价格最为平稳，证明了生物燃料对世界粮价危机的影响很小，更不是什么“罪魁祸首”。一些人士和媒体未深入了解事实真相就批评生物燃料，而生物燃料的怀疑者和反对者，包括一些国际组织中人士更以此次粮食危机对生物燃料发难。领导处理目前粮食价格危机工作的联合国副秘书长 John Holmes 最近则出面表示，反对以粮食价格上涨为由仓促限制使用快速增长的生物燃料。

玉米乙醇不是潘多拉魔盒，更没有失控。美国当局已经做好了向非粮的二代生物燃料过渡的部署。美国玉米乙醇的生产指标虽将由 2008 年的 2 700 万吨增长到 2015 年的 4 500 万吨，但以后就不再增加并逐渐被纤维素乙醇所替代[3]。到 2030 年，生物燃料替代 30% 化石运输燃料中，玉米原料只占 6.7%，九成以上是非粮原料[4]（图 3）。

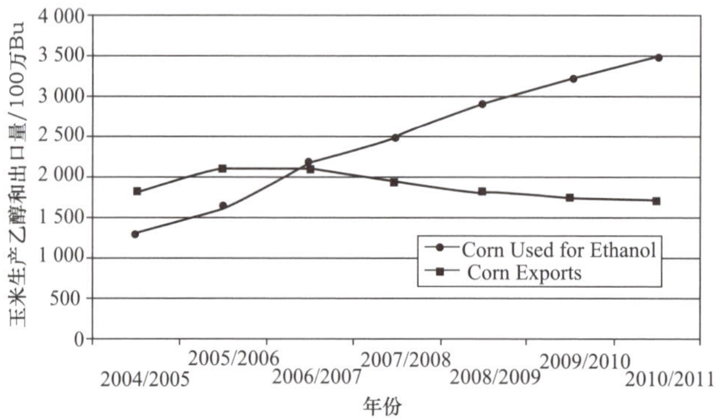

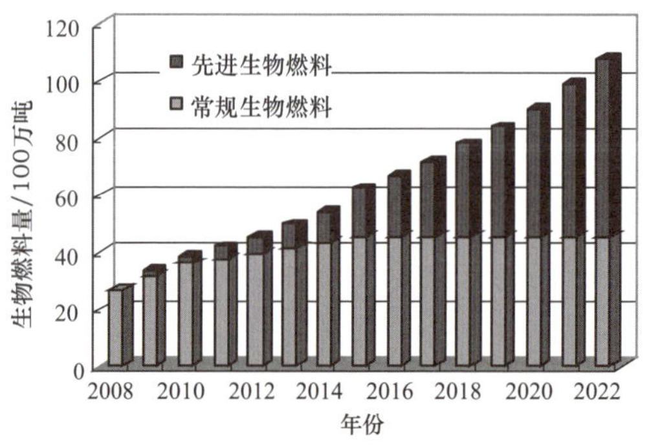

图 3　美国玉米用于生产乙醇和出口的现状（上图）和美国生物燃料发展计划（2008—2022 年）及预测（下图）

（Stephen Polasky,2007）

危机中也有不少对消费增长的抱怨，一面是矛头指向美国的玉米乙醇，一面是美欧指责中国人吃肉多了，印度人粮食消费多了。就像一个吃一斤粮一斤肉的富人指责吃二两粮和四两肉的人过度消费一样，未免愚蠢和自讨没趣。其实，在具备供应条件的前提下，消费增长是正常的，是好事而不是坏事，特别是在中印等经济快速发展中的国家，该抑制的应该是那些不合理的消费。

有一点是需要澄清的，媒体往往将生物燃料等同于玉米乙醇。生物燃料从原料到产品是非常多样的，原料有草灌乔和有机废弃物，产品有固液气三态，生物乙醇只是液态中的一种，生物乙醇的原料有甘蔗、甜高粱、薯类、作物秸秆和林业剩余物的纤维素等等，玉米仅是其中的一种。把玉米乙醇影响粮食供应的“一盆脏水”倒在了整个生物燃料头上，误导了社会，也违背了媒体的科学公正准则。

17.3 影响粮食问题的长效因素

这次粮价危机也为当代社会提供了一些有益的警示。

世界粮食库存量及消费库存比近七年的趋势性下降是应当受到关注的。联合国新任食物权问题的特别报告员奥·德许特上任的第一天就提出，粮食价格上涨危机源于过去 20 年的一系列错误政策导致国际组织和机构低估了投资农业的重要性，德氏可谓一语中的。FAO 和国际应用系统研究所（IIASA）的多种预测方案都得出未来二三十年粮食将求大于供的结果[5]，如果不改变忽视农业的政策和大力增加投入，严重后果将不仅是粮价危机而会是真正意义上的粮食危机。

第二个长效因素是粮食生产成本将持续走高。世界货币基金组织 2006 年 9 月发布的《世界经济展望 WEO》报告中指出，从 1957 年到 2006 年的 30 年里粮食价格降低了 60%。人为压低国际粮价是不正常的，2005—2007 年间粮价的渐进式上涨却是正常的，它客观反映了石油价格攀升带动粮食生产成本的增加。农田作业中需要消耗的化肥、燃油、电力、农药、塑膜等均源自石油，油价的上涨必然增加粮食的生产成本。美国农业部的一份资料中说：每消费一美元食品，农户只能拿到 19 美分，剩余的 81 美分是劳动力、燃料、运输、包装和其他非农成本。影响食品价格上涨的主要因素是非农成本，特别是创纪录的原油价格。美国进步中心首席执行官 J.Podesta 最近指出：美国上涨的谷物成本中用于种植和运输的化石燃料占了 2/3，石油价格上涨使 2007 年的农业成本增加了 25%。此外，2007 年磷酸铵的吨价由 200 美元涨到 1 200 美元；2008 年 1 月的国际尿素、磷二铵和钾肥价格较去年同期就分别上涨了 43%、162% 和 53%（中国国家发改委网站，2008.2.4.）。

石油价格的高企和持续攀升及其对粮食生产成本增加的影响将是刚性的和长

效的，“告别低粮价时代”的提法是有道理的。有些人士和国际组织甚至将进入食物的“高价时代”也归咎于生物燃料而不说高企的油价，实在有失公允。

第三个长效或根本因素是一个“穷”字。此次粮价危机中受冲击最大的是粮食进口穷国中的低收入人群，商店有粮也买不起，政府对平抑粮价又有心无力，如果同时又是石油进口国，其境遇就更加糟糕了。如联合国亚太经济社会观察2008报告指出的，世界上最穷的50个国家中有38个是石油净进口国，其中25个国家的石油全部依赖进口。进口油价上涨已经压得这些国家的经济喘不过气来，进口粮食价格再上涨，无异于雪上加霜，怎不引发社会的不稳定。而美欧富国的社会财富充盈，粮食储备丰满，低收入人群小，粮价易于掌控，又多是粮价危机中的主要受益方，粮食出口国。所以说，世界粮价危机的实质是穷国的粮价危机。

以海地为例，由于土壤盐碱化、森林遭破坏，耕地荒芜，农业凋敝，粮食几乎全部依赖进口。国内大米消费量的80%以上依靠进口，多数民众每天收入不到2美元，粮价大幅上涨中难以为继。4月3日，海地南部莱凯市开始爆发暴力抗议，哄抢食品商店。总统普雷瓦尔经与国内粮食交易商商议，4月12日宣布将50磅包装的大米单价由51美元下降至43美元，政府动用国际社会援助的300万美元资金补偿降价部分。普雷瓦尔的降价措施宣布不到1小时，海地国民议会参议院罢免总理，图4为总理雅克·爱德华·亚历克西离开参议院。

图4　海地总理离开参议院

改善穷国经济处境主要依靠农业，而富国对其本国农业的高额补贴又打压着穷国农业的发展，这种世界格局不改变，粮价危机就像一柄“达摩克利斯剑”悬在穷国和穷人头上。救济是解一时之困，帮助穷国振兴农村经济才是消除粮食危机隐患的根本。

17.4 中国的粮食表现与问题

此次世界粮价危机中，中国的粮食表现是好的。自2003年后粮食连续四年增产，接近了历史的最高点。2003—2007年间的大米和小麦消费库存比都高于30%，玉米也在20%以上，明显高于联合国提出的粮食安全系数。中国的良好粮食表现得益于“立足国内”和“自给率95%”的粮食安全战略和相关政策。由于粮储充足和年后的粮食出口政策，在国际市场粮价暴涨中，国内粮食期货价却普遍下跌；国际米价突破吨价 1 000 美元时，国内米价却低于 400 美元。

中国粮食安全问题更多的是在深层次上。人口众多，需求旺盛，耕地净减，用水无增，农民种粮积极性不高，以及粮食增产乏力等。1998 年中国粮食产量达 5.12 亿吨后持续减产到 2003 年的 4.3 亿吨，2007 年才重新迈上 5 亿吨台阶（图 5），要进一步实现人年均粮食 380 ～ 400 千克，总产 5.4 亿～ 5.8 亿吨的 2020 年目标，难度相当大。除加大投入，提高生产力水平外，多年的实践证明，中国粮食问题的症结在于农民的种粮积极性，目前的人为压低粮价政策只会适得其反。

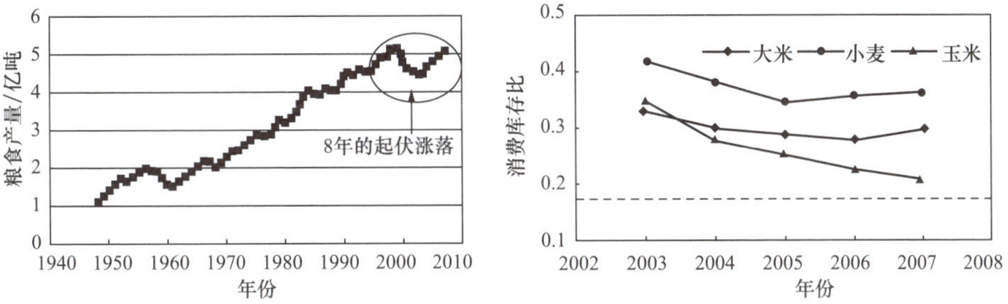

图 5　中国粮食产量动态（1950—2007 年）（左图），中国大米、小麦和玉米的消费库存比（2003—2007 年），虚线为 0.18 的安全线（右图）

资料来源：中国农业年鉴[6]（左图）；USDA, Foreign Agricultural Service（右图）。[1]

中国粮食问题主要是增加饲料供应问题。随着收入和消费水平的提高，粮食的直接消费渐减和动物性食物消费迅增是个常理，中国正是处在这个阶段。1986 年和 2006 年中国城镇居民直接粮食消费分别是 138 千克和 76 千克，乡村居民分别是 275 千克和 239 千克，20 年分别减少了 45% 和 13%；而城市居民的动物性食品消费则由 35 千克增加到 74 千克，农村居民由 17 千克增加到 34 千克，20 年翻了一番（薛玉玮，2007）[7]。据专家预测，中国年人均粮食消费量（含直接消费与间接消费）将由 2000 年的 223 千克下降到 2020 年的 160 ～ 202 千克（黄季昆等），年需粮食 2.2 亿～ 2.8 亿吨。届时，人粮畜饲将“两分天下”，玉米、薯类等饲料生产将占到“半壁河山”，粮经饲三元结构中的饲料份额将快速扩展。

粮食消费结构上的这种重大的趋势性变化将有利于缓解粮食总量上的压力。因为目前的水稻和小麦产量水平可基本满足 2020 年前后的人粮消费，而饲料的回旋余地和拓展潜力很大。除玉米、薯类、高粱饼粕外，还可以利用边际性土地大力发展饲草以及利用酒糟等农产品加工的有机废弃物。因而以农林废弃物为原料和利用边际性土地进行原料生产的生物燃料，将与饲料生产相结合，形成物质和能量的综合开发与循环利用，粮、经、饲、能四元结构的新生产体系。

17.5 石油换代的阵痛

粮食与石油，一农一工，本是两股道上跑的车。随着油价拉升粮食成本和石油的生物燃料替代，二者的关系就越来越密切了。

据国际权威机构（IEO2005、IEO2005 和 USGS2000）资料[8、9、10]的推算，全球石油剩余可采储量加上储量增长潜量（共 2 297 亿吨）可用 39 年，再加上待发现的石油资源量（共 3 574 亿吨）可用 53 年；天然气和煤炭分别是 63 年和 90 年。如果说 20 世纪是化石能源的世纪，21 世纪将是化石能源换代的世纪。在这个能源的历史巨变中，怎不引发社会与经济的分娩般的阵痛，此次粮食危机乃其一也。

石油换代的阵痛在中国将尤为剧烈。中国化石能源剩余可采储量中，石油只占 4%，约 35 亿吨标煤，储采比已到警戒线 11（均按 2005 年计）[11][12]，而消费量是世界第二，进口依存度近半，这是一次求供倒悬和无米之炊的“剧痛”。中国自 1994 年为石油净进口国后，2006 年的 3.2 亿吨石油消费中有 1.8 亿吨是进口的，进口量还将继续扩大。进口石油非“一买一卖，按价付款”那么简单，中国 70% 的进口石油来自不稳定的中东地区和要通过海盗猖獗、美舰游弋、危机四伏的马六甲海峡，需要多大投入才能保障这条海上石油通道？才能将俄罗斯和中亚的油气流入中国？这是需要付出巨大资金、政治、外交，以至军事代价和承担巨大风险的，其隐性成本比表观价格要高许多。

应对石油换代“阵痛”的另一条路是“走出去”开发国外石油资源，但我们已晚于西方国家一个世纪，这已是肉少骨多和争夺“最后一杯羹”的战场而不是伊甸乐园。面对风云突变的国际舞台和形势不稳的石油资源国，这更是一项代价和风险度极高的境外投资。国际能源组织报告 IEA2007 中就提醒中国和印度，要十分注意过分依赖中东石油的“海湾石油瘾”可能产生的近期和远期风险。

“扩大进口”和“走出去”可以“止痛”，但“替代”才能“治病”。可惜不久前颁布的《中国可再生能源发展规划》[13]提出的目标是：“力争到 2010 年使可再生能源消费量达到能源消费总量的 10%，2020 年达到 15%。”其实，按国际惯例属于常规能源的大水电在 2006 年就已经占到一次能源消费总量的 7% 了，2020 年的非水能可再生能源的发展目标实际是 7% 左右，其中生物燃料对石油燃料的替代指标是 2%（欧盟是 10%，美国是 20%）[14][15]。中国在化石能源替代上的决心和步子显然是不大的。

此次世界粮价危机中中国良好的粮食表现，靠的是有个“立足国内”和“粮食自给率 95%”的好战略，而同样是国家战略物资的石油，进口依存度却已近 50%。按石油储采比 11，到 2020 年将所剩无几，60% 的进口依存度是打不住的，“立足国外”和“坐吃山空”的石油政策还能够维持多久？现在提出要向“非常规油气”进军，但“部分关键技术需要持续攻关，且投入大，周期长，经济效益短期内难以实现”（胡文瑞，2008）[16]。为什么不可以改变一下传统的工业思维模式，把目光多投放一些到生物燃料和“三农”上来，把石油替代真正抓起来？

如果设想，像美国 2030 年生物燃料替代 30% 的石油运输燃料那样，中国石油替代也能达到 30%，中国的能源安全和“三农”将会是个什么样子？

17.6 生物燃料是石油替代的唯一选择

1973 年世界石油危机发出警讯后，石油进口国就开始寻思“替代”了。

巴西和美国 20 世纪 70 年代就开始以甘蔗和玉米生产乙醇替代石油；90 年代美国进行了长达五年的以甲醇作为运输燃料的试验，但以失败而告终；1999 年，克林顿发布《开发和推进生物基产品和生物能源》总统令[17]，大力推行生物燃料替代；布什上任后又主张发展氢能和在世界掀起过一阵“氢能热”，后来又改口说：这不是近期的解决办法，也不是中期的解决办法，而是远期的解决办法，转而大力支持生物燃料替代。2005 年美国颁布的《国家能源政策法》中“要求燃料制造商到 2012 年在汽油中必须加入 2 250 万吨生物乙醇，可以每年减少 20 亿桶原油的消耗和向外商支付的 640 亿美元购油款，还可以使美国家庭减少 430 亿美元的开支”。2007 年初提出“twenty in ten”计划，即 10 年内减少 20% 的汽油消耗，其中 15% 源自生物燃料替代，5% 靠提高汽车能效；2007 年底通过的美国《能源自主与安全法案》[15]进一步提出了 2022 年生产生物燃料 1.08 亿吨及其相应的温室气体减排目标与计划（图 6）。美国在发展生物燃料上可以用“雷厉风行”和“紧锣密鼓”形容。

美国年消费石油 9.5 亿吨，净进口 6.4 亿吨，石油对美国经济和外交压力越来越大。经过三四十年寻觅才找到能使美国绝处逢生的生物燃料，故不惜顶住国际社会强大的舆论压力，倾其 20% 以至 40%（2015 年）的玉米及技术突破后的非食物性原料，替代 30%（2030 年），甚至 50%（2050 年）的石油运输燃料。为减少与粮食供应的冲突，2006 年布什在《国情咨文》中要求 6 年内（到 2012 年）使纤维素乙醇的商业化生产成为现实，并以 1.6 亿美元建 3 个纤维素乙醇示范厂和投入 21 亿美元用于新技术研发，全面部署了由玉米乙醇向非粮二代生物燃料的战略过渡。“两利相权取其重，两害相权取其轻”，在发展生物燃料上美国如此之坚定是有它的道理的。

20 世纪 80 年代，瑞典在斯德哥尔摩市对九种燃料车进行了十多年的替代化石燃料试验，最后选择了沼气和乙醇两种生物燃料。欧盟先以生物柴油为重点，继而启动了一个发展生物乙醇的激进计划，并于 2007 年 3 月制定了 2020 年生物燃料不得少于运输燃料 10%的目标。日本国会 2002 年通过了《日本生物质综合战略》和制订了相应发展目标和计划[18]；印度 2002 年成立了国家生物燃料委员会，在 9 个邦推广 E5 乙醇汽油；菲律宾 2006 年制定了“生物燃油法（RA9367）”，提出 2010 年的燃料乙醇必须达到汽油消费量 10% 的指标。

图 6　美国总统布什签署美国《能源自主与安全法案》，2007.12（左图）和菲律宾总统阿罗约视察小桐子种植园，2007.8.29（右图）

2007 年全球生物乙醇产量已经达到 4 500 万吨，其替代规模是其他可再生能源不能比拟的。2020 年前后将发展到 2 亿吨，约相当于现世界石油生产量的 5%，生物燃料对化石燃料的替代已经驶上了快车道。石油的生物燃料替代是多个国家经 30 多年选择的结果，正如欧盟委员会提出的，“生物燃料是唯一可以大规模获得的替代运输燃油的能源”。它已经成为石油替代的一种世界共识和趋势。

17.7 生物燃料是个绕不过去的坎

替代石油难道非要生物燃料吗？

不是可以煤变油吗？中国神华集团 2007 年在内蒙古等地已经试生产了，据该集团网站称，转化成 1 吨燃油需要消耗 4 吨煤炭和用水 10 吨，CO_2 排放量是原油精炼的 7 ～ 10 倍（news.xinhuanet.com/fortune/2006-06/21/content_4725751.htm-66k-）。我国煤炭产地主要在缺水的北方，按内蒙古项目就年需耗水 1 000 万吨左右，还有宁夏东部、陕西榆林以及新疆黑山等都是严重缺水地区，如处理不当，这将是又一场新的生态灾难。

不是可以用煤转化为甲醇和二甲醚吗？按能量投入产出比，得到 1 份能量的甲醇燃油需要投入 4 ～ 6 份能量的煤，生产 1 吨煤基甲醇要排放 8.25 吨二氧化碳（二甲醚是 12 吨），还有腐蚀机械、储存困难、影响人体健康等诸多问题尚难解决。美欧经多年试验均已宣布失败，目前世界上没有一个国家以甲醇为运输燃料。

更重要的是，煤变油和转化甲醇二甲醚的原料都是不可再生的煤炭，这种高资源投入，高环境和高经济代价的“拆东墙补西墙”，有这个必要吗？

不是可以用“清洁燃料汽车”吗？所谓“清洁燃料汽车”，是一种用蓄能电池技术和以电或氢为动力驱动的汽车。与汽油相比，电能与氢能要清洁许多，但它们都是由一次能源转化而来的二次能源，它清洁了城市，而发电厂和转化氢能的污染依旧。且电与氢的能效比汽油低，比生物燃料低得更多，且蓄能电池适于城市短程而不便长途使用。

不是可以用水能、风能、太阳能、地热能、海洋能和核能替代吗？不行，这些能种只适合于转化为物理态的电能和热能，唯有生物质能才是经植物光合转化成的化学态能量，最适合于转化为液态燃料。

还有一条是绝对绕不过去的，那就是生物燃料可以与化石能源一样地生产塑料和化工原料等的物质性产品，这是任何其他能源都做不到的。所以美国 1999 年的总统令中提到的不仅是“生物能源”，还有“生物基产品”。USDA 能源政策和新用途办公室主任 R. Conway 不久前说：20 世纪之初，石油基工业制品逐渐取代了生物基工业制品；21 世纪之初，生物基工业制品重新回归，将逐渐替代石油基工业制品。2025 年生物基产品产值将是 2005 年 212 亿美元的 23 ～ 29 倍。[19]

生物燃料的石油替代之所以是“绕不过去的坎”，这是它和其他能源自身的特性所决定的，不依人的意志为转移的。

17.8 是魔鬼还是天使？是克星还是救星？

当前，媒体对生物燃料的负面报道很多，“与人争粮”“人道危机”“粮食危机的元凶”“破坏生态（毁雨林与湿地种棕榈与大豆）”等等，好像个面目狰狞的魔鬼。凡事都有它的多面性和相互关联，面对越来越复杂的当今世界和社会，更需要人们的冷静、耐心和客观。以上诸节已经对此“魔鬼”形象有所剖析了，下面再说说事实的另外一面。

1999 年发布的“发展生物基产品和生物能源”美国总统令中，开宗明义地说：目前生物基产品和生物能源技术有潜力将可再生农林业资源转换成能满足人类需求的电能、燃料、化学物质、药物及其他物质的主要来源。这些领域的技术进步能在美国乡村给农民、林业者、牧场主和商人带来大量新的、鼓舞人心的商业和雇佣机会；为农林业废弃物建立新的市场；给未被充分利用的土地带来经济机会；以及减少我国对进口石油的依赖和温室气体的排放，改善空气和水的质量。克林顿在总统令发布会上还说：这项计划将给美国农民每年新增 400 亿美元的收入。[17] 2002 年美国农业部提交的发展生物燃料报告的标题就是：创建一个更具活力的美国农村。[20]美国保守民主两党凡事互相攻讦，而在发展生物燃料上却高度一致，连提出的发展指标都十分接近。最近美国的一项国外政策指数（forign affairs iedex）调查显示，60% 以上的美国人希望通过发展生物燃料实现能源自给。

德国农业部长 R.Kuenast2004 年在北京的一次国际论坛的演讲中说：到 2010 年，德国将能源消费总量中可再生能源的比例提高两倍，2050 年要占到 50%。替代化石燃料的最快又最廉价的办法就是生物燃料，并以此提高农民的收入。在种种质疑和当前粮食危机形势下，联合国粮农组织 FAO 负责人 J.Tschirley 指出：FAO 要求各国在出台扶持生物燃料的政策和投资前，需要注意到可能产生的粮食安全和环境影响问题，但也不能忽视生物燃料对发展中国家农村发展和改善经济的作用而延误这个产业的发展。联合国亚太经济社会观察 2008 报告（3 月 28 日）中也提出，生物燃料产业的发展势不可当，它非常有利于增加农民收入、提供创造就业机会和抑制石油价格。

巴西是发展生物乙醇的先驱和成功者，车用乙醇已不再需要财政补贴和税收优惠而价格已经低于汽油，带动了本国经济和出口。总统卢拉在 2007 年 7 月的“生物燃料国际会议”上说：巴西十分注重通过发展生物燃料带动农业增长，使农民富裕起来，更好地解决粮食与贫困问题。今年 4 月会见荷兰总理时又说：生产乙醇是发展中国家，特别是非洲、拉美和亚洲经济发展的希望。对于今天的海地，如果我们到那里去投资建设生物燃料产业将会使海地人民和投资国双方受益。这是一位总统的切身感受。

看来，在发展生物燃料实践中越来越显示，它不仅是替代石油的唯一选择，也是促进农村经济，使农民脱贫致富和缓解粮食问题的一把钥匙。如果说此次危机是穷国的粮价危机，根子在“穷”字上，那么，生物燃料将是发展中国家改善穷国境遇和应对粮食危机的一种“经济武器”。生物燃料是魔鬼还是天使，是粮食和穷人的克星还是救星应当是很清楚的。

为什么面对生物燃料的种种质疑和此次粮食危机中的千夫所指，美、欧、巴西等国政府仍是态度坚定和一路高歌猛进，难道不值得我们思考吗？中国的决策者千万不要被“狂轰滥炸”般的媒体信息搞乱了自己的阵脚。

17.9 中国的非粮原料非常丰富

中国政府已经提出了发展生物燃料的非粮原则，既保障了粮食安全，又指出了发展之路；既符合中国国情，又顺应国际发展趋势。令人振奋的是，中国的非粮原料资源非常丰富。

2005 年美国能源部和农业部的联合研究报告提出，为满足美国 2030 年替代 30% 石油运输燃料的需要，可以动用的本土生物质原料资源是 13.66 亿吨，其中 10% 来自玉米和大豆，32% 来自能源植物，58% 来自农林废弃物。笔者参加中国工程院可再生能源咨询项目研究，提出中国可利用的生物质原料资源的年产能潜力是 8.99 亿吨标煤，其中农林废弃物占 53%，能源林 35%，能源作物占 12%。[21] 看来，中国生物质原料资源丰度显著高于美国。中国是个农业大国，小麦年产是美国的 1 倍，水稻是 21 倍，猪存栏是 8 倍，农业废弃物当然比美国要多得多；中国北纬 30° 以南的广大南亚热带及热带地域也是美国所没有的。

我国可用于石油替代的非粮生物质原料有两类，一类是现即可用的薯类、甜高粱、甘蔗、木本油料、畜禽粪便及农产品加工产生的有机废水废渣废糖蜜；另一类是尚待技术突破后（需 5 ～ 10 年）方能进入商业化生产的作物秸秆、林业剩余物和能源植物的纤维素原料。此两类原料的年产当量燃料乙醇潜力分别为 1.52 亿吨和 2.80 亿吨，二者可替代石油 2.7 亿吨，是现进口量的 1.5 倍。

有人认为生物质原料高度分散，不好收集，其实没这个问题，植棉与纺织，种蔗与制糖，还有烟、茶、酒和造纸等加工业用的都是农产品原料，生物燃料有什么不可以？有人认为生物燃料不像煤、油、气可以规模化工业生产，其实小规模和分布式更有利于原料靠近市场和促进农村经济，诺贝尔经济奖得主西奥多·舒尔茨（Theodore Schultz）有句名言“小的就是美的”。USDA 新能源办公室最近的一份报告称：“到 2007 年 4 月，美国 223 个生物燃料生产厂大部分都分散在农村和由农民自办，美国发展玉米乙醇的最大受益者是中部各州农民。”[19] 我们不是也可以为中国的“三农”多谋些福祉吗？

发展非粮生物燃料可以不与粮食争地，即使在以纤维素为原料的第二代生物燃料尚未取得技术突破和商业化之前，我国的甜高粱和薯类就能扮演重要角色，人称它是 1.5 代生物燃料。它们的最大优势是耐旱、耐瘠、耐盐碱、生长快、产量高，可以在全国大部分盐碱地、沙地、丘陵坡地等低质土地上种植，且种植管理简单，生产成本低，增产潜力大。1 公顷甜高粱或薯类一般可转化燃料乙醇 3 ～ 5 吨，高者可达 10 吨。我国耕地中有非粮低产田 5 024 万公顷（其中薯类播种面积 1 000 万公顷）可供调整作物种植结构，还有 734 万公顷的宜垦后备土地均可种植。我国还拥有领先于世界其他国家的甜高粱生产和发酵时间短、收率高、工艺简捷、基本不用外来化石能源和产生废水的加工技术。

17.10 中国太需要生物燃料了

中国太需要生物燃料了，因为：

——生物燃料是改变中国石油“立足国外”现状的基本途径，是实现石油替代绕不过去的坎。

——能源农业可以为现代农业开辟一个前景广阔，需求无限的新战场；可以为推进农村工业化和城镇化及富余劳动力就近转移，开辟一个全新路径；可以为农民增收和脱贫致富开辟一条新渠道。

——生物燃料可以将产能潜力 4.7 亿吨标煤的农林废弃物利用起来；可以将产能潜力 1.2 亿吨标煤的尚无经济价值或价值很低的低质土地利用起来种植能源作物；可以将产能潜力 3.1 亿吨标煤的能源林资源利用起来。

——生物燃料可以让中国的能源农业走出国门，以我国的资金和技术与非洲和东南亚等发展中国家的丰富水土资源结合起来发展生物能源产业，做到合作共赢，共同致富。

这四条原因难道不足以说明发展生物燃料产业在解困中国石油和“三农”两大难题中的重要作用吗?

世纪之初，中国曾为解决陈化粮压库而批建了四个燃料乙醇厂，先后在吉林等五省及冀、鲁、苏、鄂等 27 个地市推行使用 E10 乙醇汽油，2006 年销售量达 1 544 万吨。出于粮食安全考虑和避免失控，国家发改委 2006 年底发文不再新批玉米乙醇项目和鼓励发展非粮生物燃料。这既使生物燃料与粮食安全脱钩，又指明了一条健康的非粮发展道路，中国在石油的生物燃料替代上有了一个好的开始。但是近一年来却显得犹豫被动起来，这又是为了什么?

17.11 关于主动替代与被动替代

20 世纪是石油的世纪，美欧等发达国家得天时与地利而纵横捭阖。是 20 世纪 70 年代的全球石油危机和世纪之交的资源性枯竭震撼了这些石油巨鳄，使他们“如鲠在喉”，坐卧不宁。他们积 30 余年之探觅，终于找到了替代之途，于是置种种质疑和指责不顾，气定神怡和雷厉风行地发展起生物燃料来。为减少玉米乙醇与粮食供应间的碰撞，又大踏步地迈向了非粮的二代生物燃料时代。他们敢于幡然自悟地批判自己的“石油瘾”，提出 2020 年替代 20%、2030 年替代 30% 和 2050 年替代 50% 的目标；宣布“结束依靠中东石油的历史”和为能源的“自主”与“安全”而立法。

“镜于水知容，镜于人知吉凶”，中国石油形势较这些发达国家严峻十倍而动作十分迟缓。面对复杂多变的国际形势和对能源资源的激烈争夺，我们必须把握目前的战略机遇，尽快将“立足国外”转移到立足国内的“替代”上来，解中国石油与“三农”两大心腹之患于倒悬。

当前中国在石油生物燃料替代上的犹豫和被动，一曰怕影响粮食安全，既然政府已经叫停玉米乙醇和鼓励非粮方向，就没有必要自己吓唬自己地迟迟不见行动；二曰石油替代上有煤基为主与生物基为主之争，如果立足于国家利益而不是部门和某些企业集团利益，这个问题是显而易见的；三曰对发展生物燃料有不同看法，不同看法总是会有的，关键是政府以国家利益至上原则在国家层次上做出综合评价与决策。这正是美欧当局能力排众议地发展生物燃料的原因。面对粮食危机中对美国以玉米生产乙醇的指责，布什在 2008 年 4 月 29 日的新闻发布会上直截了当地说："问题的实质是我们的农民种植能源，并不再从不稳定地区或不友好的国家购买石油，这是我们的国家利益。"

石油的生物燃料替代是发达国家花时间、资金、科技和智慧换来的，是世界的共识与大势。他们在一路高歌猛进，我们还能摆出多少理由，有多少时间去犹豫？人无远虑必有近忧，"心无备虑，不可以应卒"，1996 年的"大水"，2003 年的"非典"，2008 年的"雪灾"与"地震"，但愿不会发生"油荒"。最近西方国家出手"西藏问题"干扰北京奥运，而"石油武器"更是悬在中国头上的一把大杀伤力的达摩克利斯剑。

生物燃料是个天资聪慧的孩子，美欧受宠，在中国却少有疼爱。其优势在于它是生物体，问题也出在生物体与土地、粮食、生态的关系太过密切与敏感，更需要伯乐的精心和决策者的胆识。对生物燃料的磨炼也不是坏事，正如孟老夫子所说"天将降大任于斯人也，必先苦其心志，劳其筋骨，饿其体肤，空乏其身"。如果生物燃料真是个石油替代中绕不过去的坎，中国迟早是会回到这条道上来的。

参考文献

[1] USDA, Foreign Agricultural Service.

[2] 中国农业发展报告 ,2007.

[3] The Energy Independence and Security Act of 2007.United State,2007.

[4] U.S. Department of Energy & U.S. Department of Agriculture, Biomass as Feedstock for a Bioenergy and Bioproducts Industry : The Technical Feasibility of a Billion-Ton Annual Supply , April 2005.

[5] 国家中长期科技发展规划战略研究报告（农业部分），2004 年（内部文件）.

[6] 中国农业年鉴 ,2007.

[7] 薛玉玮 . 从居民粮食消费结构变化看我国农业生产结构调整的方向 . 中国社会科学院经济文化研究中心 . 调查研究通讯 No.2008–5，2007 年 4 月 7 日 .

[8] IEO2005，美国能源信息署 . 国际能源展望（中译本）. 北京：科学出版社，2006，

4.3. [2], 30 页.

[9] 张抗. 中国石油天然气发展战略. 北京：石油工业出版社，2002.

[10] 姚强，等. 洁净煤技术. 北京：化工出版社，2005.

[11] 内部资料，2006.

[12] 江泽民. 对中国能源问题的思考. 上海交通大学学报，2008，42（3）.

[13] 中国可再生能源发展规划，2007.

[14] COMMISSION OF THE EUROPEAN COMMUNITES. Renewable Energy Road Map, Renewable energy in the 21st century: building a more sustainable future, Brussels,10.1.2007.

[15] 范建. 非常规油气丰富开发是中石油目标. 科技日报，2008-5-13.

[16] The White House, Offiice of the Press Secretary. Executive Order of Developing and Promoting Biobased Products and Bioenergy, Augest 12,1999.

[17] 小宫山宏，等. 日本生物质综合战略. 李大寅译. 北京：中国环境科学出版社，2005.

[18] Roger Conway. THE FUTURE FOR BIOPRODUCTS.Presented to the USDA Global Conference on Agriculture, August 20-22, 2007.

[20] USDA. A More Vibrant Rural America: Technology for Agricultural Research Service Bioenergy System——A Strategic Plan for Agricultural Research Service Bioenergy Research. ARS National Program 307: Bioenergy and Energy Alternatives，2002.

[21] 石元春. 中国生物质原料资源专题研究报告（内部），2007，6.15.

18 生物燃料功过是非之辩

【写作背景】

FEATURE

生物燃料五宗罪?

中国经济导报

生物燃料

2008年全球粮食危机使生物质能源受灾蒙难。作者于6月在《科技日报》发表《粮食！石油！生物燃料？》以澄清事实。下半年形势渐趋明朗，作者与清华大学李十中教授于年末联合撰写了此文，《中国石油石化》杂志2009年1月1日第1期作为“特稿”，以“生物燃料良机莫失”为题发表。后《中国经济导报》稍做润饰，发表于2009年2月10日的该刊。在此收录的是后者的全文。

【编者按】2008年9月28日，联合国环境计划署等4个国际组织发布《绿色职业》报告，将发展生物燃料列为振兴经济、抵御金融危机的有效手段。为此，两院院士石元春、清华大学新能源研究所副所长李十中撰文，客观分析了生物燃料在创造内需市场、提供就业机会、替代石油、改善环境、解决“三农”问题上的作用，呼吁理性发展生物燃料。也正是因为有“生物”特性，生物能源不仅可再生和清洁，而且具有其他可再生能源和新能源不可比拟的好处。作为一个能源消费大国和农业大国，我国的生物燃料发展宗旨已经明确“不与人争粮，不与粮争地”。本报今日特刊登该文，旨在为合理开发和科学利用生物燃料提供一个有益的参考。

伴随着油价和粮价的起伏跌宕，这两年生物燃料也处于舆论的风口浪尖。曾几何时，一些人对发展生物燃料颇有微词，认为它是引起粮价上涨的“元凶”，能效不高、破坏生态等。而美欧等国政府在认真听取和科学分析不同意见的同时，却态度坚定，一路高歌猛进。因此，有必要客观分析生物燃料产业，澄清生物燃料并非人们想象中的罪恶之源。

18.1 人车争粮之辩

说到“人车争粮”，主要是指美国。美国盛产玉米，素有玉米加工传统。20世纪八九十年代玉米乙醇一直维持在年产三五百万吨上下，倒也相安无事。21世纪初玉米乙醇快速发展，2004 年超过 1 000 万吨，引起了社会关注。2006 年，有人表示“灌满一个 25 加仑油桶的乙醇，需要用去的粮食可供一个人吃一年”。此后，这一论点渐渐衍化为“人车争粮”“粮食安全”“人道危机”等。

美国是世界玉米生产和出口大国，年产玉米约 3 亿吨，55% 加工为饲料，25% 工业利用（乙醇约占 70%），另有 20% 出口。2006 年、2007 年两年，美国分别生产了 1 600 万、2 100 万吨乙醇，是否减少了玉米出口呢？事实上，2004—2007 年间美国玉米出口量一直在增加，2007/2008 年度将创历史最高（6 096 万吨），因为美国农民生产积极性提高了。在 2007 年开始的粮价危机中，玉米由每吨 166 美元到 233 美元，只上涨了 40%，而小麦由每吨 120 美元涨到 480 美元，涨了 200%。泰国 B 级大米出口报价甚至在 2008 年 3 月 27 日一天就由每吨 580 美元涨到 760 美元，20 天后突破 1 000 美元大关。事实否定了发展玉米乙醇是引起此次粮价危机的“元凶”的说法，连“帮凶”也不够资格。

相反，石油价格上涨确是实实在在地为此次粮价危机做出了贡献。美国进步中心首席执行官 John Podesta2008 年初指出，美国上涨的谷物成本中用于种植和运输的化石燃料占了 2/3，石油价格上涨使 2007 年的农业成本增加了 25%。美国农业部的资料表明，每消费 1 美元采购食品，农户只能拿到 19 美分，剩余的 81 美分是劳动力、燃料、运输、包装和其他非农成本。影响食品价格上涨的主要因素是非农成本，特别是能源价格，能源价格对食品零售价格的影响比农产品本身高 2 ～ 3 倍。

2008 年 10 月底开始，玉米价格随着石油价格从 147 美元 / 桶跌至 70 美元 / 桶以下，美国芝加哥玉米期货价格也从 7 月的 7.90 美元 / 浦式耳降至 3.80 美元 / 浦式耳。是什么原因造成了粮价上涨显而易见。

然而，几乎所有的质疑和指责都是冲着玉米乙醇的，一些媒体更是混淆了玉米乙醇和生物燃料。生物燃料的种类非常多，有固态、液态和气态的，乙醇只是液态中的一种，生产乙醇的原料可以是玉米，也可以是甘蔗、甜高粱、薯类以至作物秸秆和林业剩余物中的纤维素。只有美国才大规模用玉米生产乙醇，其他原料并不存在“争粮”问题。

18.2 能效更低之辩

“生物燃料影响环境”的说法基本都源自美国康奈尔大学的昆虫学教授Pimentel之口。他在2003年《自然资源研究》杂志发文提出，“从所需要的全部能量投入考虑，玉米乙醇生产的能量平衡是负值（–29%）”。国际能源署（IEA）曾就此发表评论，认为十多年的研究结果表明，用谷物生产燃料乙醇产出的能量高于投入的化石能源，“得到负值的原因是忽视了生产乙醇过程技术进步所产生的节能降耗效果”。2008年4月《Mexia每日新闻》发表密歇根大学化工教授Bruce Dale的文章指出，D.Pimentel在计算玉米乙醇的需水量中将降水也算进去了，计算能耗时将玉米转化的太阳能也算进去了，反之却未计算汽油生产中钻井、运输、炼油等过程所需的化石能源数量，所以才得出了错误的负值结论。

美国阿冈国家实验室进行了二十多年的不同能源全生命周期能效对比的研究，结果是：每投入一个化石能源能量单位，电力、汽油、煤炭、玉米乙醇和纤维素乙醇的产能分别是0.45、0.81、0.98、1.36和10.31，即三种化石能源均为负值，而玉米乙醇是1.36，纤维素乙醇在10以上。天津大学对玉米乙醇的生命周期评价研究结果是能量投入产出比为1 ∶ 1.34；农业部能源环境研究中心利用其与意大利都灵大学合作开发的“非粮原料模型”计算了甜高粱生产乙醇的能量投入产出比为1 ∶ 1.76。由于大量使用化肥，农业种植过程消耗化石能源大于乙醇生产过程使用的化石燃料。

一波未平，一波又起。律师出身在普林斯顿大学做访问学者的D.Searchinger在2008年2月7日的*Science Express*上发表了题为《生物燃料会以改变土地用途的方式增加温室气体排放》的文章，又引起了新一波的混乱。D.Searchinger文中应用的GREET模型的开发者Michael Wang 2008年2—3月份两次致信《科学》杂志，指出该文中的8项错误。除在模型应用、替代玉米参数选择、玉米地改种多年生能源植物会增排温室气体等技术性错误外，还将美国计划2015年生产玉米乙醇4 500万吨推测为9 000万吨，并由此推导出需要全世界增加1 080万公顷耕地种植玉米。这是基于数据错误的凭空想象，一种科学上的武断。

18.3 环境杀手之辩

还有一个颇具震撼力的标题《生物燃料使气候变得更糟糕》，是2008年2月英国《独立报》署名S · 康纳的一篇报道。该文主要是引述了美国大自然保护协会的乔 · 法尔焦内的观点和资料，认为印度尼西亚改一块泥炭地为棕榈园，需要

432 年才能还清二氧化碳的欠债；亚马孙地区改热带雨林为大豆地需要 319 年才能还清二氧化碳的欠账。这账算得很精细，很让人动情。但问题是非要毁泥炭地和热带雨林才能生产生物柴油吗？

其实，一块可生长植物的土地就是一个通过植物光合作用将太阳能和空气中的二氧化碳加工转化为生物质和化学能量的车间。只要部署一个好的人工生态系统，就能取得更多的能量和物质产出而不伤害生态与环境。D.Tilman 2006 年在《科学》杂志上发表的文章中就提出一种以草地植被为基础的，低投入高产出的二代生物燃料。其能量产出投入比比玉米乙醇和大豆柴油高出 2 ～ 5 倍；温室气体减排上平均每公顷 6 ～ 10 吨，而玉米乙醇和大豆柴油不到 1 吨。

在实际操作中，欧盟就规定只有减排温室气体 35% 的生物燃料才能得到补贴；美国定义的生物燃料标准中，只有达到温室气体减排标准（如玉米乙醇为 20%）才可以生产。

18.4 经济性之辩

经常有人指责对生物燃料的补贴。确实，正如历史上对新药开发、医疗技术等的支持一样，目前各国都对新兴的生物燃料产业采取了补贴、税收优惠等激励措施。2007 年美国为燃料乙醇补贴了 30 亿美元，但减少了 60 亿美元的农产品价格补贴和 200 亿美元的贸易赤字，其中 150 亿美元是进口石油款项，正在实现不依赖外国进口石油的国家利益。生物燃料是在本土上生产的能源，能保障国家能源安全、减排温室气体和发展农村经济，并且正在通过技术进步不断提高能效和改善环境。通过产业发展，可以和巴西一样，逐渐取消补贴。

随着技术进步和企业的成熟，巴西的甘蔗乙醇已经做到不依靠任何财政补贴就能和进口石油竞争。目前，巴西圣保罗的车用乙醇价格仅是汽油的 54%。联合国亚太经济社会观察组织（UNESCAP）鼓励发展中国家发展生物燃料减贫，认为巴西开创了一个非常好的模式，值得其他国家效仿，为农民提供较大量的就业机会和市场；还能通过自主生产燃料来抑制进口石油价格，使更多的资金用来改善人民生活。巴西 2008 年发布的最新统计数据表明，用 100 万吨甘蔗生产 63 360 吨乙醇，可以增加 8 550 万美元收入，创造 5 683 个就业岗位。尼日利亚也在建设乙醇工业，2008 年 7 月起投资 7.5 亿美元在国内 7 个州建设一系列甜高粱乙醇项目，可解决 40 万人就业。口头上极力反对生物燃料的委内瑞拉总统查韦斯为发展经济，也开始在国内建设甘蔗燃料乙醇工厂。

18.5 生产规模之辩

时常有人认为生物燃料的生产单元规模太小，不能成气候，总是用石油化工行业来做比较。其实，这正是生物燃料的特点，也正是这点才能解决困扰我国多年的“三农”问题。生物质的特性决定了其加工要实行“分散”与“集中”相结合的模式，如甜高粱秆的运输半径一般不超过 15 千米，建设年产万吨级规模的乙醇厂比较适宜，显然运输乙醇比运输高粱秆要经济得多。这些采用现代技术建设的分散式乙醇厂相当于油田中分布的油井，集中起来就可以进行深加工，如变性脱水生产燃料乙醇或生产化工产品。目前缺的就是输配管道系统。

转观石化工业，也是经过几十年的发展形成了完善的运输管道系统后才有了千万吨级的炼油装置和百万吨级的乙烯装置。乙醇运输是制约产业发展的瓶颈之一，用管道运输成本比目前的运输成本低很多。巴西已成功地用专用管道输送乙醇，管道成本约为 100 万美元 / 英里。经过一定时期，建设起乙醇管道输配系统后就能解决生产规模问题，可以同石油化工一样，建立起生物质化学工业基础设施。10 吨原油生产 1 吨乙烯，而 1.7 吨乙醇就能生产 1 吨乙烯，可以想象用乙醇生产乙烯的经济效益和原料保障。

18.6 玉米退场　纤维素登场

明眼人可以看出，针对生物燃料的种种罪名，大多是指向玉米乙醇。这也并非坏事，因为它加快了人们对更佳原料的寻求步伐。

2004 年，美国国家能源委员会曾从资源丰富性、CO_2 减排性、与基础设施相容性、2020 年与汽油的竞争性等四个方面，对比了氢能、玉米乙醇、秸秆乙醇和生物柴油，结论中已经显示出了纤维素乙醇的巨大优越性。2005 年，美国能源部和农业部为实现关于 2030 年以生物燃料替代 30% 运输燃料的目标提交的一份资源报告中明确提出，在可年供应 13.6 亿吨本土生物质原料中，玉米占 6.7%，九成以上是非食物性的二代生物质原料。2007 年 12 月发布的《能源自主与安全法案》中将食物基燃料定名为“常规生物燃料（减排 20% 温室气体）”，将非食用食物基原料定义为“先进生物燃料（减排 50% 温室气体）”，将农林废弃物和纤维素基燃料定名为“纤维素生物燃料（减排 60% 温室气体）”。食物基燃料由 2008 年的 2 700 万吨到 2015 年 4 500 万吨后就不再增加，而非食物基的“先进生物燃料”将由 2009 年的 180 万吨发展到 2022 年的 6 300 万吨，并制订了年度生产指标和温室气体减排上的具体要求。经反复周折，最终在 2008 年 7 月初通过的美国新《农业法案》中将目前每加仑玉米乙醇补贴由 51 美分降低到 45 美分，而对纤维素乙醇的补贴是 1.01 美元。中国早于 2006 年就开始限制发展玉米乙醇，鼓励使用非粮原料生产乙醇，并在从粮食向纤维素原料过渡的技术上取得突破。

引起人车争粮、粮食涨价、能效和减排不力等质疑的源头——美国的玉米乙醇总算有了个说法和交代，将完成其先锋官的使命，以纤维素乙醇为代表的第二代生物燃料将逐渐登场，成为生物燃料的主力。

18.7 生物燃料八大优势

发展生物燃料，首先要全面认识它。生物燃料好处很多，首先是原料上的多样性。它可以利用作物秸秆、林业剩余物、畜禽粪便、加工业的有机废水废渣、城市垃圾，还可利用低质土地种植各种各样的能源植物，十分灵活。

其次是产品上的多样性。能源产品有液态的生物乙醇和柴油，固态的原型和成型燃料，气态的沼气等多种能源产品。既可以替代石油、煤炭和天然气，也可以供热和发电。

第三，它是唯一能大规模替代石油燃料的能源产品，而水能、风能、太阳能、核能及其他新能源只适用于发电和供热。

第四是它的“物质性”，可以像石油煤炭那样生产塑料、纤维等各种材料以及化工原料等物质性的产品，形成庞大的生物化工生产体系。这是其他可再生和新能源不可能做到的。

第五是它的“可循环性”和“环保性”。它是在农林和城乡有机废弃物的无害化和资源化中生产产品；它的全部生命物质均能进入地球的生物学循环，连释放的二氧化碳也会重新被植物吸收而参与地球碳的循环，做到零排放。物质上的永续性、资源上的可循环性是一种现代的先进生产模式。

第六是它的“带动性”。它可以拓展农业生产领域，带动农村经济，增加农民收入；还能促进制造业、建筑业、汽车等行业发展。在中国等发展中国家，还可推进农业工业化和中小城镇发展，缩小工农差别，具有很大的政治、经济和社会意义。

第七是对原油价格的“抑制性”。生物燃料将使“原油”生产国从目前的 20 个增加到 200 个，通过自主生产燃料抑制进口石油价格，并减少进口石油花费，使更多的资金能用于改善人民生活，从根本上解决粮食危机。

第八是创造就业机会和建立国内市场。巴西的经验表明，在石化行业 1 个就业岗位，可以在乙醇行业创造 152 个就业岗位；石化行业产生 1 个就业岗位的投资是 22 万美元，燃料行业仅为 1.1 万美元。联合国环境计划署发布的“绿色职业”

报告中指出，“到 2030 年可再生能源产业将创造 2 040 万个就业机会，其中生物燃料 1 200 万个”。

质疑生物燃料影响粮食供应和环境生态只说了问题的一面，而没有说问题的另一面，更该受到关注的是资源枯竭、全球变暖、油价飙升引发通胀以至社会动乱的石油问题，而生物燃料正是解决这些问题的一种最佳选择。

与美欧国家相比，中国的石油形势要严峻得多。生物燃料是把农业和工业有机结合在一起的新兴产业，发展农业、改善农村经济也是美国当初发展燃料乙醇产业时的初衷之一。连美国这样的发达国家都反复强调这点，我们更需要利用生物燃料来有效解决我国的“三农”问题。

我国是个土地资源相对贫乏、经营利用很不充分的国家，1/4 的耕地是低产田，上亿亩宜农后备耕地未被利用。根据国土资源部发布的最新资料，我国边际性土地中有宜于农垦的后备土地 1.1 亿亩及现耕地中的低产田 427 亿亩，这些土地种粮食不行，种甜高粱和薯类等能源植物不成问题。它们生长快，产量高，耐旱涝，能长在盐碱和瘠薄的土地上，全生长期用水只是甘蔗的 1/3，田间管理简单，成本低廉。在能效、减排和经济效益上也优于巴西所用的甘蔗。国家应该有一个开发与生态双赢的新资源战略，盘活宝贵的土地资源。除少量低产农田外，所有边际性土地和有机废弃物目前都是没有经济价值的潜在资源，一旦投入生产和流通就能实现它们的价值和年年“发酵”增值。

根据内蒙古五原县的试验，700 亩甜高粱平均亩产籽粒 200 千克，秸秆 5 吨（含糖量 14.1%），可产 0.33 吨乙醇（99.5%），较种向日葵和玉米农民每亩可分别增收 320 元和 380 元。采用清华大学的先进固体发酵技术用甜高粱秆生产乙醇，发酵时间近 30 小时（玉米乙醇为 55 小时），乙醇收率高达 94%（玉米乙醇为 91%）。发酵后的糟渣一半作锅炉燃料，另一半作饲料。甜高粱秆价格为 200 元 / 吨时，吨燃料乙醇成本为 4 346 元，抵消饲料（营养成分与青贮玉米相当，可饲养 0.7 头牛）和燃料后的成本为 3 416 元，生产过程能量投入产出比高达 1 ∶ 23，每万吨乙醇可为农民提供 4 750 个农业岗位、100 个加工岗位和 140 个饲养岗位。我国是世界上最大的甘薯生产国家，播种面积 1.3 亿亩，总产 1.5 亿吨，分别占世界总量的 65% 和 86%。每生产 1 万吨薯类乙醇约需 4 万亩薯田，农民可新增收入 1 200 万元，获 6 200 个原料生产岗位和 80 个加工生产岗位。

受金融海啸影响，我国上半年有 6.7 万家中小企业倒闭，国务院于 2008 年 12 月 10 日和 20 日两次召开会议讨论如何安置回乡民工问题，燃料乙醇产业将是解决农村就业问题的有效途径之一。

18.8 另类的“走出去”

在联合国亚太经济社会观察2008的报告中提到，世界上最穷的50个国家中有38个是石油净进口国，其中25个国家的石油全部依赖进口。这些国家的石油支出是国民医疗健康支出的2～6倍，油价上涨必然冲击这些国家的经济，引起食品价格上涨和社会不稳定。

中国发展生物燃料不仅可以缓解石油进口压力和“三农”问题，还能以自身的资金和技术优势，与亚非拉的丰富生物质资源相结合，创造一种双赢的“走出去”新模式，既帮助发展中国家（尤其是非洲）解决贫困和饥饿问题，又为我国开发“绿色”石油资源。联合国基金会高级顾问Janet Hall极力推崇中国的甜高粱秆先进固体发酵生产乙醇技术。她认为，利用耐贫瘠作物甜高粱生产乙醇是解决非洲饥饿、全球粮食安全、农村发展、气候变化等问题的有效手段。英国CAMS公司正与清华大学洽谈购买该项技术在坦桑尼亚建设甜高粱乙醇厂和生物质能电厂。

世界能源正处在历史的十字路口。中国需要向发达国家学习和跟踪，更要凭借自身优势，敢于创新与超越。

19 关于煤基与生物基之争
——与佟振合院士等商榷

【写作背景】

2008 年第 18 期《中国科学院院士建议》上登载了佟振合院士等《关于发展我国可再生能源体系的思考》一文，提出“从能源安全出发，建议我国的车用燃料以二甲醚 / 甲醇替代进口石油的主选品种”的建议。作者一见该文即认为这个是 2006 年由他挑起的“煤基与生物基之争”重新在学界燃起吗？第一时间就做出了反应，4 天写出此文投寄科学院院士工作局，第 21 期《中国科学院院士建议》即发表了下面的文章。

《中国科学院院士建议》2008 年第 18 期登载了佟振合院士等“关于发展我国可再生能源体系的思考”一文（以下简称佟文），提出“从能源安全出发，建议我国的车用燃料以二甲醚 / 甲醇替代进口石油的主选品种”的建议，对此笔者不敢苟同，愿请教商榷如下。

19.1 石油替代已是燃眉之急

佟文多处提到中国能源安全问题，这很重要。

中国石油资源极缺，剩余可采储量只有 24.3 亿吨（2006 年）。如以 2006 年石油生产量 1.85 亿吨计，石油的储采比为 13.1；按江泽民 2008 年能源文中的 20.4 亿吨计，储采比下降到 11.0。我国石油需求激增，消费量世界第二，2007 年的进口依存度 50%。且不说大量进口石油对国家经济的压力和影响，就说这些油来自五大洲，特别是不稳定的中东地区，其风险就会让人喘不过气来。美国国防部的“2007 年中国军力报告”图示了中国进口中东原油的路线和必经的马六甲海峡，两年前就提出中国石油进口的咽喉掌控在美国军方手中。最近的俄格争端中，欧盟说话底气不足的原因，无疑与一半以上的石油天然气仰靠俄罗斯有关，石油已是当代威力强大的战略武器。中国有句古训，“要想传家久，不能坐吃山空和受制于人”，中国石油恰犯此二忌。美国的能源战略已明确提出“自主”与“安全”，2007 年通过了《能源自主与安全法》(Energy Independence and Security Act of 2007)，而我国的石油战略则是“立足国外”。当今世界形势瞬息万变，正如中石化原副总裁曹湘洪院士所说，“一旦石油资源大国和生产大国的石油生产出现问题，世界石油供应不可避免会出现严重危机。紧张的世界石油供求形势需要我们加快发展生物能源产业”。我们常说“未雨绸缪”，中国石油问题不是“未雨”而是“中雨”了，难道替代不是燃眉之急吗？

19.2 二甲醚 / 甲醇能成为石油替代的主选品种吗？

佟文提出“甲醇 / 二甲醚作为车用燃料，燃烧后的空气污染物排放都很低……这对改善城市空气污染有很大作用”。这话说得很对，但只说了一半，说了终端使用而未说生产过程。据全国化工技术会副主任唐宏青资料，国内生产 1 吨煤基甲醇需耗 1.6 吨标煤，耗能 1.67 ～ 2 吨标煤，以及耗水 22 ～ 30 吨 (http: // www.xj.cei.gov.cn/e/DoPrint/?classid=314&id=7673)，即甲醇生产过程的能量投入产出比是 4.2 : 1 (按热值)。此外，生产 1 吨甲醇和二甲醚的二氧化碳排放量约分别为 8.25 吨和 12 吨，数倍于石油精炼，还有二氧化硫、甲烷、NO_2 等等。如果说甲醇 / 二甲醚清洁了城市，却是大大地污染了地球。这是一笔高资源投入，高环境和高经济代价的“拆东墙补西墙”买卖。现在都在挖空心思减排，如果上了甲醇 / 二甲醚项目会增加多大的负担啊！

神华集团网站称，“煤制油”项目中转化 1 吨燃油需耗煤 4 吨，用水 10 吨，二氧化碳排放量是原油精炼的 7 ～ 10 倍。且不说能效之低和排放之高，煤炭主产地在缺水的北方，仅内蒙古项目即年需耗水 1 000 万吨，相当于减少 10 万亩灌溉农田。此外还有宁东、榆林、新疆等都在严重缺水区，处理不当，将是一场新的生态灾难。2006 年国家发改委发文不再新批煤制油项目，最近又“勒令”除鄂尔多斯和宁东项目外，一律停止。

中国还有多少煤可挖？中国有富煤情结，似乎可以有恃无恐地想挖多少就挖多少，是这样吗？中国煤炭剩余可采量是 817 亿吨标煤，世界排位第三，占中国化石能源剩余可采总量的 93%，从这个角度看，中国是富煤的。但在人均占有量

（是美国的 1/10、俄罗斯的 1/12，澳大利亚的 1/47，世界平均储量的 1/3）和储采比（图 1）上，中国是个实实在在的“煤炭小国”。

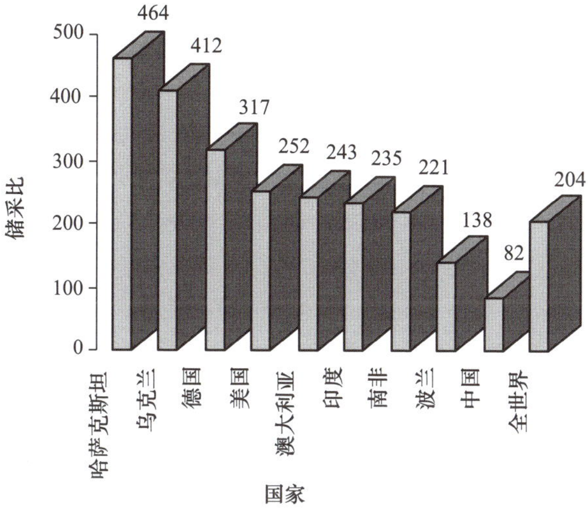

图 1　世界部分国家煤炭的储采比（2002 年）

以 2005 年剩余可采储量 1 145 亿吨标煤为基数，按 1950 年的年产 3 000 万吨计，可以开采 3 817 年，可说是万世无忧；按 1980 年年产 6.15 亿吨计，可开采 186 年，也算来日方长；按 2000 年的 13.0 亿吨计，尚可维持 88 年；若按 2005 年的 22 亿吨计，只够开采 52 年了，多么可怕的“与时俱进”。而美国、澳大利亚和印度都在 250 年上下，德国在 300 年以上。更严重的是我们现在执行的是“竭泽而煤”的战略，只要“缺电”就“挖煤”，这两年“挖”意正浓。是否政府应当告诉民众，中国的煤还能挖多少年？如果每年再另用 6 000 万吨煤换 1 000 万吨油，还能挖多少年？

在甲醇的安全性问题上，佟文说了安全的一面，而甲醇的高毒性，假酒伤人，刺激人眼，污染地下水，燃烧时不显火焰等不安全因素，以及对机械的腐蚀和储存困难等诸多技术问题均未能解决，这是欧美国家放弃甲醇燃料的主要原因。20 世纪 80 年代美国开始以甲醇作为车用燃料试验，1996 年加州有 1.3 万辆灵活燃料车，500 辆公交车使用甲醇燃料，建了 80 多个加油站，由于使用过程中的腐蚀、储存和毒性问题，所有甲醇加油站都关闭了（http: // energy.ca.gov/afvs/vehicle_fact_sheets/methanol.html）。洛杉矶和西雅图也因机械损伤、维修频繁等原因而宣布他们的甲醇车用示范项目失败和被撤销（http: // www.lsccs.com/projects/bigsky/Final/Ch8.pdf）。20 世纪 80 年代，瑞典在斯德哥尔摩市也曾对九种燃料车进行了十多年的替代化石燃料试验，最后选择了沼气和乙醇两种生物燃料。目前世界上没有一个国家以甲醇为运输燃料。

煤不可再生，中国储采比已经很低，加以甲醇/二甲醚的转化能效太低，污染太严重，投资量太大，以及大量技术问题国内外均尚未解决等致命伤，佟文未曾提及就得出了“甲醇/二甲醚作为车用燃料是替代进口石油的主选品种”的结论，似乎有失“慎重”。

19.3 生物基燃料被“慎重”掉了

佟文对发展生物质能十分“慎重”的态度是无可非议的，但对慎重原因可以做些解析与探讨。

“慎重”原因之一是美国、巴西地多中国地少。事物都在发展，即使美国地多和盛产玉米，其生物乙醇也开始由食物基向非食物基过渡。2007 年 12 月发布的《能源自主与安全法案》中将食物基燃料定名为“常规生物燃料”，将农林废弃物和纤维素基燃料定名为“先进生物燃料”。前者到 2015 年后就不再增加了，后者则由 2009 年的 180 万吨激增到 2022 年的 6 300 万吨（图 2）。中国耕地虽少，但多有多的做法，少有少的做法。2006 年国家发改委叫停了粮食乙醇，这就解除了发展生物乙醇会影响粮食安全的警报，同时还提出了“鼓励非粮”方针。

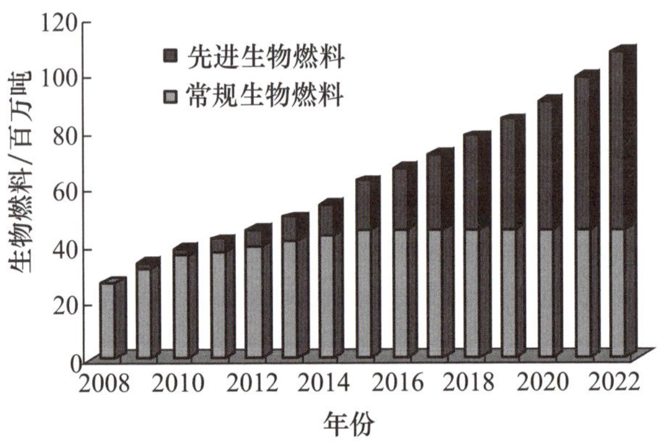

图 2　美国生物燃料发展规划（2008—2022 年）

中国的 19.5 亿亩耕地中约有 7.5 亿亩种粮，主要种于高中产田，另外还有约 7.5 亿亩的非粮低产田。因自然条件差，缺乏灌溉条件，这些低产田主要用于种植薯类、高粱、谷子、花生、棉花等作物，其中的 1.2 亿亩薯类和高粱主要用作饲料和造酒，它们就是很好的能源作物。薯类和高粱地的条件差，耕作粗放，产量很低，稍加投入，产量翻番并不难。按市场需求调整作物种植结构是常有的事，如 1980—2005 年的全国蔬菜种植面积就增加了 5.8 倍，如以三四成低产田种植薯类和甜高粱，即有年产 7 000 万吨以上的乙醇生产能力，既不影响粮食供应，还会大幅增加农民收入。

能源作物的最大优点是耐旱、耐瘠、耐盐碱、生长快、产量高和可以在一些盐碱地、沙地、丘陵坡地等低质土地上种植，且种植管理简单，生产成本低，增产潜力大。1 公顷甜高粱或薯类一般可转化燃料乙醇 3 ~ 5 吨，高者可达 10 吨。由于乙醇生产只利用了能源作物中的部分碳水化合物，而氮磷钾等大部分营养元素仍留存于废渣，故仍可再利用于饲料和肥料。我国内蒙古的甜高粱试验结果是 3 亩地的甜高粱可转化 1 吨乙醇及 1.25 吨粗蛋白饲料副产物（李十中，2008）。

此外，据国土资源部最新调查资料（2005 年），我国有 1.1 亿亩尚未利用的宜农土地，这是一笔十分可观的种植能源植物的土地资源。又据国家林业局最新资料（2008），至 2020 年，油料能源林将达到 410 多万公顷，年产生物柴油 670 万吨。还有佟文中提到的“油藻”在美国已进入工业化中试，在充足阳光、温度和二氧化碳供应下单位土地面积的出油量是大豆的百倍以上。

美国有美国的国情，巴西有巴西的国情，中国有中国的国情，不能用美国、巴西地多中国地少的概念推理来否定中国发展生物燃料，这无异于“自废武功”。至于佟文提到的水资源矛盾问题是不存在的，因为在低产田或农用后备土地生产能源作物以及木本油料，主要靠“雨养”，是提高自然降水利用效率而不是与农“争水”和损害生态。

佟文在作物秸秆问题上也多有概念性推理。秸秆还田和“过腹还田”（养牛）确是维持地力之本，但也不是把秸秆都还回田里去，千百年来的开门七件事中的第一件事就是“柴”。2004 年全国作物秸秆产出总量 72 亿吨，它们的去向是：15% 还田，24% 饲料，3% 用于工业，43% 薪柴，还有 15% 在露地被白白烧掉。尽管没有将全部秸秆还田，在耕地面积不变的情况下，1949 年至今的全国粮食年总产由 1 亿吨上升到 5 亿吨，地力在整体上不是下降的，这与化肥补充有很大关系。如按秸秆用途的现状，每年以 6 成秸秆用作现代生物能源原料，即有近 2 亿吨标煤的产能潜力。据我向工程院提交的一份咨询报告，我国可用的非粮原料资源具有替代 4.4 亿吨（标煤）石油的潜力。

再则，关于生物燃料的能效问题。2003 年美国康奈尔大学教授戴维·皮门特尔（D. Pimentel）发表了一篇题为“乙醇燃料的能量平衡、经济及环境影响是负值”的文章，影响不小，现在这个问题已经清楚了。美国阿尔贡（Argonne）国家实验室和美国能源部能源效率与可再生能源办公室（EERE）2006 年 8 月共同发表的一项专项研究报告称，所有化石能源的终端能源产品的能效都是负值，只有玉米乙醇是 1.36，纤维素乙醇可以达到 10.31（图 3）。

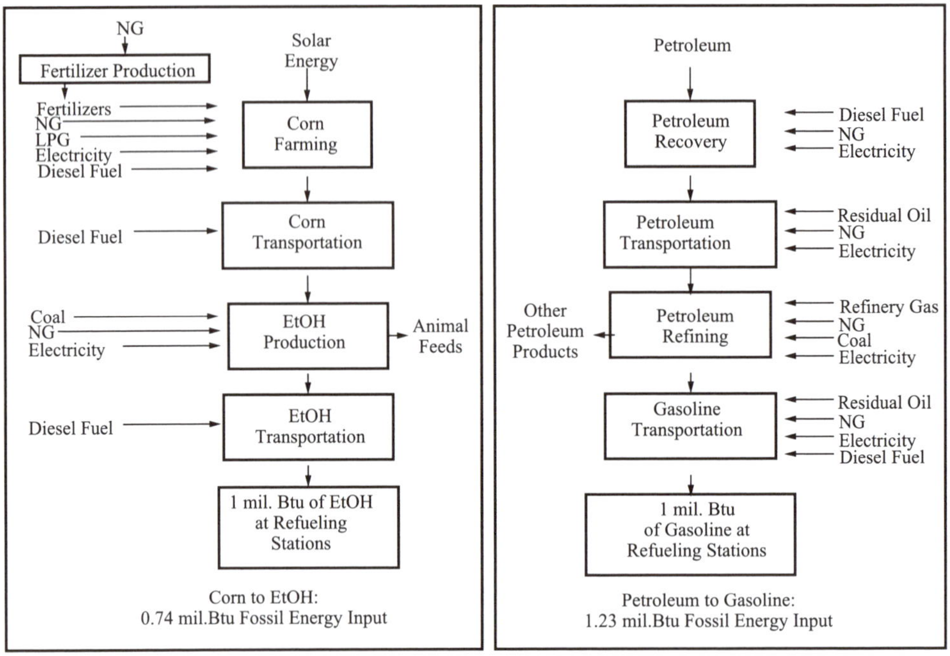

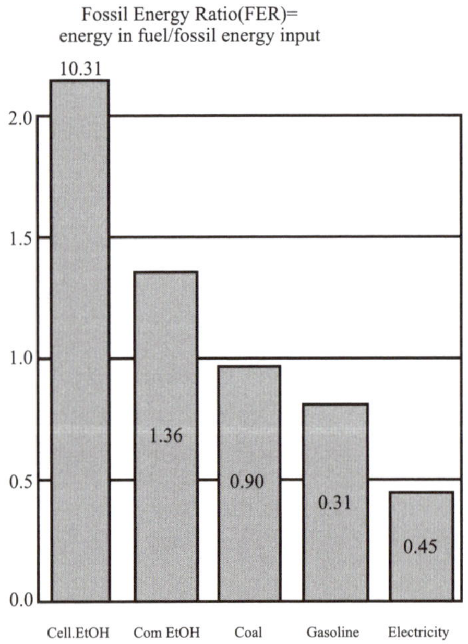

图 3　玉米乙醇与汽油生产过程的全生命周期的能量平衡对比（上图）及几种能源产品的能量产投比（下图）

生物基燃料是可再生的清洁能源，有高能效，低排放，碳汇存，以及促进农村经济发展等诸多好处，恰恰与煤基甲醇/二甲醚的不可再生，低能效，高排放，高耗水，以及高投资形成了鲜明对比。可惜佟文既忽略了生物基燃料的这些正面基本点，又忽略了煤基液体燃料的这些负面基本点。

19.4 生物基产品也是对石油的一种替代

佟文提出：生物质进行深度降解除乙醇之外，若进行适度降解为乳酸、1,3-丙二醇、羧甲基糠醛、高级醇等似更合宜。它们同样可以减少化石原料的应用，且需求量不在千万吨或亿吨的量级。这个建议非常好，还有如乙烯、环氧乙烷、降解塑料等，其附加值一般比乙醇高许多，只是乙醇更是一种用量极大的国家战略需求品。我国约1/5的原油用于有机原料、合成树脂、合成纤维等，其中大部分可以用生物质原料替代，而水能、风能、太阳能、核能、氢能等都做不到。

美国1999年发布的《发展生物基产品和生物能源》总统令就是将生物基产品与生物能源并提的。目前美国化工原料中烃类占71%，难怪美国科学院做出了"生物基产品最终能满足美国90%以上的有机化学消耗和达到50%的液体燃料需要"的预测（1998年）。美国农业部能源政策和新用途办公室主任R.Conway不久前用"Everything old is new again"来说明20世纪之初，石油基工业制品逐渐取代了生物基工业制品；21世纪之初，生物基工业制品又回来替代石油基工业制品。他预计2025年生物基产品产值将是2005年212亿美元的23～29倍。这倒是应了中国"三十年河东，三十年河西"这句老话。

19.5 勿忘"三农"

当前中国在考虑生物能源时，人们多是就能源论能源，少有与"三农"联系，更忽视了生物质产业在解困中国"三农"问题上的重要作用。

生物质产业的原料生产主要在农村，趋于小型化的加工业也可分散于农村，对农村经济的带动性是很大的。美国的《发展生物基产品和生物能源》总统令开门见山地指出：目前生物基产品和生物能源技术有潜力将可再生的农林业资源转换成能满足人类需求的电能、燃料、化学物质、药物及其他物质的主要来源。这些领域的技术进步能在美国乡村给农民、林业者、牧场主和商人带来大量新的、鼓舞人心的商业和雇佣机会；为农林业废弃物建立新的市场；给未被充分利用的土地带来经济机会。在总统令签署仪式上克林顿特别强调，这项计划将每年给农民新增 200 亿美元的收入。为此，政策支持的重点放在年产 5 万吨以下的小型加工厂，至 2007 年已形成的年产 2 300 万吨乙醇和 280 万吨生物柴油生产能力的 223 个加工厂大多数是由农民自办和建在农村。美国发展生物燃料的最大受益者是农民，美国支持“三农”做得一点也不虚。

今年发生世界粮价危机和生物燃料倍受攻击的时候，布什在 4 月的新闻发布会上说“问题的实质是我们的农民种植能源，并不再从不稳定地区或不友好的国家购买石油，这是我们的国家利益所在”；巴西总统卢拉会见荷兰总理时说：生产乙醇是发展中国家，特别是非洲、拉美和亚洲经济发展的希望；在联合国粮农组织会议上又指出：有人试图将世界粮食危机归因于生物燃料，这是荒谬的歪曲。巴西的经验表明，生物燃料不仅没有威胁到粮食安全，而且可以在农村地区增加就业，为农民带来了更多收入，真正的反人类罪是将生物燃料抛到一边，将各国推向粮食和能源短缺的境地。联合国粮农组织（FAO）2008 年 3 月指出“各国在出台扶持生物燃料的政策和投资前，需要注意到可能产生的对粮食安全和环境影响，但也不能忽视生物燃料对发展中国家农村发展和改善经济的作用，延误了这个产业的发展”。联合国亚太经济社会观察 2008 报告也提出：生物燃料产业的发展势不可当，它非常有利于增加农民收入，提供创造就业机会和抑制石油价。

美国、巴西、欧盟和相关国际组织在考虑生物燃料时，总是把促进农村经济放在重要位置，中国这个“三农”陷入困境的农业大国情况又是如何呢？先行工业化国家早期的原始资本积累主要靠战争和殖民掠夺，而 20 世纪 50 年代的中国被经济封锁得如铁桶一般，原始资本积累只有靠“三农”。据不完全统计，自 1953 年至改革开放前的 25 年间，“三农”以工农产品剪刀差及国家财政资源分配等方式提供了 6 000 多亿元资金支持国家工业化和城镇化。现在国家经济快速发展，大家都在享受改革开放成果的时候，而“三农”却陷入了困境。粮食产量十年徘徊，农业增长乏力，农村人口增加，劳动力严重过剩，城乡居民人均收入持续扩大。城乡居民人均收入由 1990 年的 2.2 倍，扩大到 2006 年的 3.3 倍，如果考虑上农民享受不到城市居民在住房、医疗、教育和社会保障等方面的各种福利以及公共服务，其实际差距在 6 倍以上（图 4），而发达国家非农与农业劳动者的收入比相当接近，一般为 0.7 ～ 1.3。

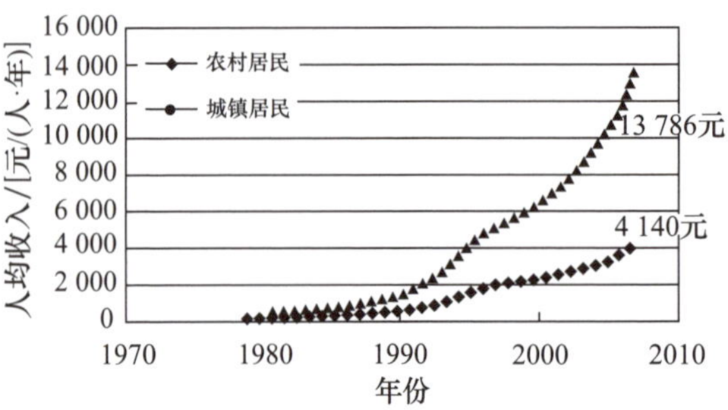

图 4　全国城乡居民人均收入动态（1978—2006 年）

生物质产业可以规模化地使农林废弃物资源化，将尚无经济价值的低质土地利用起来，为“三农”平添一笔具有年生产 9 亿吨标煤的能源产品和生物基产品的资源财富；可以为农民广开增收门路，提供大量就业岗位；可以基本解除农村的作物秸秆露地焚烧、畜禽粪便、石油基塑料地膜的三大污染；可以通过成型燃料、沼气等先进生物燃料替代薪柴，提高农村能源消费质量和效率；可以通过生物质原料生产及加工生产促进农村工业化和中小城镇化，使农村富余劳动力就近转移就业；可以缩小城乡差距和工农差距。

中国科学院的老领导石山同志在新近的一篇调查报告中提供了一个案例。湖南农民曾启凡老夫妇承包了 10 亩双季稻田，2007 年稻谷价格上涨了 3%，而生产成本增加了 34%。一年忙累到头，给国家上交了 10 吨粮食，而全家每月只有 112 元的净收入，生活十分艰难。在我们考虑化石能源替代，考虑发展生物质能源的时候，不要忘记曾启凡老夫妇，不要忘记占世界人口 1/7 的弱势群体，中国的“三农”。官居太子太傅和刑部尚书的白居易观农民割麦有感地写下了“今我何功德？曾不事农桑。吏禄三百石，岁晏有余粮，念此私自愧，尽日不能忘”的著名诗句。当今社会多么需要这种感恩之情，报恩之意啊！

19.6 建议

21 世纪是能源换代的世纪，未来数十年将是可再生能源和核能对化石能源的替代期。同源于太阳辐射的可再生能源中的太阳能、风能、水能和海洋能，以至核能、氢能、氦 3 等都是物理态的，适于转化电能和热能，唯独生物质能是经植物光合合成的，以生命物质为载体的化学态能源，可以转化为固、气、液三态和能够从事物质性的生产。可再生能源是个大家庭，几兄弟各有长短，应当互济互补而不是相煎相斥，才能共襄替代盛举。在中国，石油替代，特别是车用燃料替代是件大事，煤基乎？生物基乎？事关国家能源战略和大政方针，建议更多院士参与这个讨论。

20 生物质能源在 2008

【写作背景】

2008 年对生物质能源来说是惊涛骇浪、不平凡的一年。年末国家林业局举办的“亚太生物燃料论坛”，邀请作者做主题讲演。作者感慨地以“生物质能源在 2008”为题，回顾了这一年生物质能源在国内外的经历。讲演的结束语是：“粮食危机刚去，金融海啸又来。三年蛰伏蓄势，明日黄花更香”。这是美好的期盼，也是科学的预言。果不出所料，2011 年“转暖”，开始迎来春天。本文是作者会后按讲演用 PPT 整理的文字稿，未刊。

2008 年是生物质能源不平凡的一年。年初有世界粮价危机的磨难，年尾又有世界金融海啸的折腾。这一年过得如何？这是许多人十分关心的。

20.1 粮食危机还生物质能源以清白

2008 年初，发生了一次世界性粮价危机。媒体报道中有“世界粮食供不应求，库存降到近 20 年最低点”“小麦涨了三倍，泰国大米吨价过了 1 000 美元”“30 多个国家因粮价引起社会动乱，海地总理为此下台”“美国用数千万吨玉米生产燃料乙醇”“中国人吃肉太多，印度人用粮过盛”等等，众说纷纭。

粮价危机中，对生物燃料存在两种截然相反的观点。一种意见如 2006 年 L · 布朗曾经说过“生物燃料的生产，影响到粮价上涨，饲料及肉蛋奶的供应不足。世界上还有20亿穷人，他们中许多人是靠进口粮食维持生活的，生物燃料的发展将对他们造成威胁”。认为生物燃料是“人车争粮”！“人道危机”！英国《卫报》2008年7月3日的一篇文章说：生物燃料因素占到全球粮价上涨的75%；一位联合国官员发表了“如今生产生物燃料是反人类罪”的言论；有人认为生物燃料是世界粮食危机的“罪魁祸首论者”。

另一种观点，如巴西总统卢拉在2008年4月的联合国粮农组织的一次会议上说：有人试图将世界粮食危机归因于生物燃料，这是荒谬的歪曲。巴西的经验表明，生物燃料不仅没有威胁到粮食安全，而且可以在农村地区增加就业，为农民带来更多收入。2008年4月会见荷兰总理时又说：生产乙醇是发展中国家，特别是非洲、拉美和亚洲经济发展的希望。对于今天的海地，如果我们到那里去投资建设生物燃料产业，将会使海地人民和投资国双方受益。真正的反人类罪是将生物燃料抛到一边，将各国推向粮食和能源短缺的境地。巴西已为有关生物燃料的辩论做好了准备，我愿意为此周游全世界。

此次世界粮价危机中，生物燃料到底扮演了什么样的角色，我对联合国粮食与农业组织FAO及美国农业部USDA的相关资料作了一些整理和分析，形成了6幅图表（参见17章：粮食？石油？生物燃料？插图1、2，本卷第167页），可从中看到事实的真相。

是因为供不应求和粮食短缺吗？否！近十多年，世界谷物、小麦、稻米和玉米的产量一直在增长，大米和小麦的年均增长率都在1%以上，玉米在4%以上。除2006年和2007年澳大利亚小麦和法国玉米因灾减产，使世界小麦产量稍有下降外，世界谷物总产量仍是增长的。十多年的世界粮食产量整体表现也是好的，健康的，没有出现突发性减产迹象。消费量的增长曲线平稳向上，年均增长率与产量年均增长率十分接近或稍低一些。所以因供需失衡而引起粮食危机的说法是没有根据的。

世界粮食库存情况如何？从十多年的系统资料看，进入21世纪后的谷物及三大作物的库存确有减势，但表现是渐进的，且多在联合国粮农组织规定的粮食安全线（消费库存比17%～18%）以上。本卷第17章图1中的右图直接引自FAO第131次委员会上关于2006年粮食与农业状况的报告，图中2004年与2007年两年的库存量及消费库存比最低，但非突然下滑，消费库存比也在20%以上。17章图2中小麦、水稻和玉米三大粮食作物的产量、消费量和库存量的数据可以做出有力的佐证。

世界粮食价格涨势如何？从17章图2中的右下图可以清楚看出，由于人为压低粮价和发达国家的高额粮补，世界粮价长期以来都是偏低的。2005年开始渐进式上涨，2007年夏开始快速上涨，2008年初开始暴涨。2006/2007年度小麦由每吨120美元涨到200美元，2007年夏到2008年3月涨到480美元，上涨了3倍。2008年3月27日，泰国B级大米出口报价从每吨580美元涨到760美元，一天涨了30%，4月17日突破1 000美元大关。涨势比较平稳的反倒是玉米，2007年初到2008年3月的15个月里由166美元到233美元，只上涨了40%。同期大米涨了82%，小麦涨了131%。

媒体报道中有一点是最容易迷惑人的，就是“美国用数千万吨玉米生产燃料乙醇，造成人车争粮，威胁到那些靠进口粮食维持生活的穷人”，这种言论最煽情。我查找了美国出口玉米的记录，结果是这几年美国玉米出口不是减少而是增加了，2007/2008年度将创历史新高。

从以上资料中，第一，看不到因粮食减产和库存问题而出现供应短缺的任何迹象，这不是粮食危机而是一次粮价危机；其次，粮价危机中大米和小麦价格上涨幅度最大，玉米表现最为平稳，生物燃料罪魁祸首论纯属无稽之谈；第三，生物燃料影响美国粮食出口，威胁粮食进口国穷人的说法查无实据。在这次粮价危机中，暴露了一些国际组织和知名人士的说话也是毫无根据和不负责任的，至于有些媒体以讹传讹，误导社会舆论自不待言。

20.2 粮价危机原因的前言与后语

那么，导致此次粮价危机的原因是什么呢？众说纷纭，莫衷一是。我在6月《科技日报》的发文中提出的短效性原因或诱因是社会恐慌心理和金融投机发挥了“想象不到的‘发酵’作用”；而根本原因是长期忽视农业和投入不足，是因石油等农业生产资料价格上涨导致农业生产成本持续升高。如果再深追一步，那就是一个“穷”字，即第三世界的穷国穷人太多。

粮价危机过去已经半年，看看“事后诸葛亮”是怎么说的。2008年7月以后，全球各类粮食大幅回落，以2008年10月31日的F.O.B价格衡量，全球小麦、玉米、大豆和大米价格分别从今年最高点下跌了53.3%、42.6%、42.6%和57.9%（www.cnfol.com 2008年11月18日）。2008年11月13日，中国发改委副主任张晓强说，美国玉米今年3月在中国港口分销的价格是2 800元/吨，11月5日已经降到1 600元；大豆由5 500元/吨降到3 800元/吨。此外，2008年中国玉米产量达创纪录的1.56亿吨，国内供大于求约522万吨，饲料需求疲软，出口形势不佳，玉米价格持续走低，玉米加工产品价格下滑，谷贱伤农严重。中国政府于11月13日发布了《关于调整出口关税的通知》，取消了对玉米、杂粮及其制粉等粮食产品自2007年12月20日开始执行的临时关税；印度政府也于9月放宽了粮食出口限制。

粮价下来了，危机过去了。是粮食徒然多起来了吗？不是。是生物燃料减少了吗？不是。这从反面证明了粮食减产，库存减少，发展生物燃料都不是引发粮价危机的原因，而金融投机和恐慌心理才是罪魁祸首。粮价危机虽过，但深层次问题依存，即世界性的忽视农业和投入不足，农业生产资料价格上涨，以及粮食进口国农业的萎靡不振和贫困。

世界粮价危机考验了生物能源，也还生物能源以清白。

20.3 年尾金融海啸，又一次挑战与机遇

2008 年 7 月 10 日的油价每桶 147 美元，9 月跌到 90 美元以下，是一个山雨欲来风满楼的信号，9 月 16 日美国雷曼兄弟公司申请破产保护，全球金融海啸开始发飙。全球经济的全面减速衰退和油价的狂跌使生物质能源面临严峻的挑战。但在长远和战略上的基本面并没有变，即替代化石能源的大趋势没变，防治全球气候变暖的大趋势没变；发展农村经济，增加农民收入的大趋势没变；油价回升的大趋势也不会变。和粮食危机一样，经济危机对生物质能源的影响是暂时的，但是要深刻得多，维持时间要长得多。

20.4 2008 国际生物燃料大会

生物质能源在 2008 的一件大事是 11 月 17 日在巴西召开的“国际生物燃料大会”，这是在世界经济危机中对生物燃料的一次检阅，大会响亮地提出了“对于发展中国家，生物燃料应放在优先地位以应对世界经济危机”。开幕式上巴西全国公民协会主席 Dilma Rossef 在致辞中说：

此次大会有 90 个代表团，上千名代表参会，对生物燃料开展积极对话和讨论，共同解决全球变暖问题。生物燃料是解决气候变化的主要武器。人类正进入后碳经济时代（post carbon economy），巴西的经济是建立在可再生能源的基础上，目前全国以乙醇替代了 50% 的汽油，生物柴油替代了 3% 的化石柴油，这一比例还在快速提高。自 2003 年启动灵活燃料汽车（FFVs）市场，已有 700 多万辆，现在汽车销售中的 90% 以上是 FFVs 汽车；巴西的甘蔗乙醇能效非常高，每公顷甘蔗可产 6 000 升乙醇，化石能源投入产出达到 1∶8 以上；乙醇不仅作为燃料，而且可大规模生产基本有机化工原料乙烯等。在发展中国家，生物燃料应放在优先地位以应对世界经济危机。

国际能源组织副执行官 Richard Jones 在大会发言中指出：

从第一次石油危机以来的 35 年间，人们一直在寻求能源安全，坏消息是煤

和石油仍主宰着能源体系，释放大量 CO_2，并且价格高涨和波动；好消息是生物燃料能有效地减排 CO_2 和提高能效。据 IEA 预测，到 2050 年全球生物燃料将替代 26% 的化石运输燃料。为应对高油价，运输燃料必须多元化，生物燃料是其中解决方案之一。

大会对发展生物燃料的结论性意见是：生物燃料是实现能源多元化、能源安全、控制气候变化的有效手段之一；生物燃料产业可以创造大量就业机会、发展农村经济和增加农民收入，对发展中国家尤为有利；生物燃料企业宜小规模和分散地在农村中发展；纤维素乙醇在 2015 年后实现商业化生产，第 2 代生物柴油需要的时间可能更长，以及生物燃料的发展需要政治和技术支持，政策是短效性的，技术是长效性的。

大会指出世界生物燃料发展中的不足是只强调了能源多元化和大力发展生物燃料，没有强调生物燃料原料的多元化，只有甘蔗是不够的，要开发不占用耕地、用水少、种植成本低、产能高、能在全球种植的原料；在第二代生物燃料实现商业化之前，需要开发过渡技术，如中国采取的薯类乙醇、甜高粱乙醇等。

20.5 发展生物质能源，应对金融危机

各国在长期实践中认识到，发展生物质能源不仅是为寻找一种清洁的替代能源，它对促进农村经济，提供农民就业岗位和增加农民收入上可以发挥重要作用。即使在美国，近年发展燃料乙醇的最大直接受益者是农民，全美 223 个乙醇和生物柴油生产厂主要是由农民自办和分设在农村中的。2008 年 3 月联合国粮农组织发布的一个报告中说：要求各国在出台扶持生物燃料的政策和投资前，必须注意到可能产生的对粮食安全和环境方面的影响，但也不能忽视生物燃料对发展中国家农村发展和改善经济的作用而延误这个产业的发展。联合国亚太经济社会观察 2008 报告也指出：生物燃料产业的发展势不可当，它非常有利于增加农民收入、创造就业机会和抑制油价。

在巴西，生物燃料是个投资少和提供就业岗位多的产业。石油工业每提供 1 个工作岗位，乙醇产业可提供 152 个；每提供一个工作岗位，乙醇产业的投资额是 1.1 万美元，而消费品、汽车、冶金和石油化工分别是 4.4 万美元、9.1 万美元、14.5 万美元和 22.0 万美元。

中国在发展生物质能源上有丰富的原料资源，有较好的工作基础。在当前世界经济危机的影响下，又有两千万农民工处于失业状态。发展生物质能源产业既是建设性投资又是民生性投资，既是应急性投资又是长远性投资，既能提升“三农”生产力又能增加购买力，既利于“三农”又利于国家能源结构调整和减排温

室气体，是一件功在当代、惠泽子孙的好事。

中国生物质原料资源潜力约为年产能 9 亿吨标煤，农林约两分天下。林业生物质原料资源中木本油料年产能潜力约 600 万吨标煤，能源林和三剩余物约 3.07 亿吨标煤。所以从整体和战略上考虑，林能产业在大力发展木本油料的同时，战略重点宜向能源林和三剩余物上转移。林业纤维素开发的地域广，产品多，投资少，见效快，带动面大，提供工作岗位多。

最后，在回顾 2008 年的生物质能源时，写下了如下感言：

粮食危机刚去，金融海啸又来。三年蛰伏蓄势，明日黄花更香。

21 帮农民兜售“绿色石油”

【写作背景】

2008 年 9 月开始的全球金融危机，很快就使我国大量农民工失去工作岗位。2008 年 12 月 13 日作者“紧急建议”上书中共中央农村工作领导小组；2009 年 1 月 6 日又登载在《中国工程院院士建议》第 15 期，结果如泥牛入海，了无音信。当得知政府连续以 250 亿美元和 100 亿美元的贷款形式向俄罗斯和巴西购买石油时，无比气愤与不解。为何不顾农民利益，只买“洋货”不买“土特产”。于是写下这篇有感而发的短文。当冷静下来时，将文稿扔入自己电脑“稿库”而未见于报端。现已时过境迁，重新拾进本书，免得委屈于它。

2 月中旬，政府连续以 250 亿美元和 100 亿美元的贷款形式向俄罗斯和巴西买石油，我有些“眼馋”和“嫉妒”，产生了帮农民兜售“绿色石油”的想法。

给农民多一条财路，给返乡农民工和农村富余劳动力多一条生道。

中国石油的剩余可采储量是 24.3 亿吨（2006 年），如以 2005 年的石油生产量 1.8 亿吨计，还够用 13.5 年，江泽民 2008 年能源文中的石油储采比也是 11.0。我国石油消费量仅次于美国，进口依存度达到 46%（2007 年），缺口和问题太大了。其实世界的石油也不多，据国际权威机构（IEO2005、IEO2005 和 USGS2000）资料推算，全球石油剩余可采储量加上储量增长潜量（指现油田挖潜）是 2 297 亿吨，加上待发现的石油资源量，共 3 574 亿吨，尚可用 53 年。在这种形势下，趁机买外国石油增加国家储备是应当的，能管一时是一时。

世界都在寻求替代石油之道。美国 2008 年的燃料乙醇产量已经超过 2 500 万吨，替代了约 5% 的石油。2007 年 12 月美国发布的《能源自主与安全法案 2007》中提出 2022 年的燃料乙醇指标是 1.08 亿吨，替代 20% 的化石运输燃料。巴西 2007/2008 年度乙醇产量 1 749 万吨，替代了 50% 的汽油，减排了 2 580 万吨温室气体，即每吨替代用乙醇可减排约 1.5 吨温室气体。欧盟的生物燃料替代了运输燃料中 5% 的化石燃料，计划 2020 年达到 10%。

“绿色石油”除替代化石石油和减排温室气体外，还有一个非常重要的功能就是促进农村经济，为农民提供就业岗位和增加农民收入。即使在美国，近年发展燃料乙醇的最大直接受益者是农民，2007 年全美 223 个乙醇和生物柴油生产厂主要是由农民自办和分布在农村的。1999 年美国发布的《开发和推进生物基产品和生物能源》总统令开宗明义地提出：目前生物基产品和生物能源技术有潜力将可再生农林业资源转换成能满足人类需求的电能、燃料、化学物质、药物及其他物质的主要来源。这些领域的技术进步能在美国乡村给农民、林业者、牧场主和商人带来大量新的、鼓舞人心的商业和雇佣机会，并将“为农民和乡村经济新增 200 亿美元收入”列为四个目标之一。

巴西总统卢拉在 2008 年世界粮价危机中的一次联合国会议上说：有人试图将世界粮食危机归因于生物燃料，这是荒谬的歪曲。巴西的经验表明，生物燃料不仅没有威胁到粮食安全，而且可以在农村地区增加就业，为农民带来更多收入。也是在世界粮价危机中，联合国粮农组织发布的一个帮助发展中国家发展生物燃料的报告，“要求各国在出台扶持生物燃料的政策和投资前，必须注意到可能产生的对粮食安全和环境方面的影响，但也不能忽视生物燃料对发展中国家农村发展和改善农村经济的作用而延误这个产业的发展”。联合国《亚太经济社会观察 2008》报告也指出：生物燃料产业的发展势不可挡，它非常有利于增加农民收入、创造就业机会和抑制油价。

根据笔者参加中国工程院重大咨询项目中的研究，我国的生物质原料资源是非常丰富的，具有年产能 8.99 亿吨标煤的潜力，其中有机废弃物 4.74 亿吨，边际性土地种植能源作物 4.25 亿吨。按不同原料不同利用方向的原则，其中，适于生产液体燃料以替代石油的原料资源可年产能 4.39 亿吨标煤（我国 2007 年石油消费量 3.46 亿吨）；适于生产沼气以替代天然气的原料资源可年产能 1.54 亿吨标煤；适于生产生物煤（固体燃料）以替代化石煤的原料资源 3.07 亿吨标煤。这是一笔何等巨大的潜在资源和财富啊！

我国是个土地资源相对贫乏，但又经营利用很不充分的国家。1/4 的耕地是低产田，上亿亩宜农后备耕地未被利用，这些土地种粮食不行，种甜高粱和薯类等能源植物不成问题。宜林的荒草地、盐碱地、荒山荒坡就更多了，完全可用于发展林业能源。资本不流通是“死钱”，“资源”不用是“废物”。过去曾因掠夺式的土地开发而破坏过生态，但不等于利用就是破坏生态，不用就是保护生态。以现在的理念、技术和管理水平，完全可以做到开发与生态双赢，是事在人为而不要“因噎废食”。缓解“三农”问题和发展可再生能源是多么渴望这些土地和生物质资源的投入啊！国家应该有一个开发与生态双赢的全新资源战略，盘活本该盘活的宝贵资源。

如果上述资源中的 1/3 被盘活，每年就会有 3 亿吨标煤的产能和 3 万亿元以上的产值，有机废弃物的利用还有环保和减排的生态效益。参考巴西的相关数据，如能利用我国宜农边际性土地的一半（约 2 亿亩）来发展甜高粱和能源薯，可生产 6 000 万吨乙醇，农民可以获得 3 000 多万个原料生产岗位，40 多万个加工生产岗位和新增收入 480 亿元。

除少量低产农田外，所有边际性土地和有机废弃物全都是目前没有经济价值的潜在资源，一旦投入生产和流通就能实现它们的价值和年年"发酵"增值。这是一笔全新的土地和资本投入，资源是新的，产品是新的，产品市场是无限的，产业是绿色和可持续的，这是真正意义上的新经济增长点，推动农村经济发展的新引擎；也为实施中央提出的"城乡社会经济一体化"和"以工补农"战略部署提供有力的"抓手"和"载体"。

发展燃料乙醇要打好三个战役。第一个战役是在现有 1 亿多亩薯类和高粱地的基础上，将约 5 亿亩低产田的现种植结构中调整出 1.5 亿亩种甜高粱和能源薯，并通过技术投入将单产提高 4 ～ 6 成，即可为年产 5 000 万吨乙醇提供原料，为农民提供 30 万个加工生产岗位和 450 亿元的年新增收入。第二个战役是在 1.1 亿亩的宜农后备耕地中开垦 6 000 万亩种植甜高粱和能源薯，由各省分别实施，总计具 2 000 万吨乙醇的生产能力，可新提供 1 000 万个原料生产岗位，13 万个加工生产岗位和 160 亿元的农民年新增收入。第三个战役是抓紧纤维素乙醇的科技攻关。乙醇加工厂规模以小型为主，在农村原料产地分布式布局。

需要多少钱？一个年产 3 万吨乙醇的点约需投资 1.3 亿元，可带动 10 万亩农田。利用 3 000 万亩土地生产 1 000 万吨燃料乙醇，需投资 430 亿元，约为此次向俄罗斯和巴西买油的 1/6。

生物燃料品种很多，如以规模化养殖场的畜禽粪便和农产品加工工厂的废水废渣为原料发展"产业沼气"并应用纯化压缩和罐装管输技术使之商品化，可以替代天然气；也可以利用农林固体有机废弃物压制成型为"生物煤"替代化石煤，投资少，成本低，技术易，减排效果好，可以打"人民战争"。

何苦端着金饭碗要饭，何况人无远虑必有近忧。作为一个老农业科技工作者，去年 12 月，在经济危机到来之初，大批农民工失岗返乡的时候，我曾向中央农村工作领导小组办公室递交过一份与上述内容基本相同的"为农民提供岗位和增加收入的紧急建议"。因为帮农民兜售"绿色石油"是发自于心，求之于情的。

22 中国能源困境与转型

【写作背景】

中国工程院重大咨询项目“我国可再生能源发展战略研究”于2007年结题后，《中国工程科学》杂志多次向我约稿，拖到2009年9月才交付此稿。就中国能源的困境与转型问题表述见解与意见。

【摘　要】中国石油和天然气资源贫乏，进口依存度超过50%，煤炭的储采比也降到了50以下。中国能源消费结构中煤炭占到七成，二氧化碳排放超过美国。能源转型是当今世界，也是中国发展的大趋势。能源转型的方向是清洁能源，发展清洁能源的重点是可再生能源。中国清洁能源资源具有替代现能源消费总量七成以上的潜力；可再生能源中的小水电、风能和生物质能的可经济利用资源量分别是0.63亿吨，1.23亿吨和10.47亿吨（标煤）。中国生物质原料资源最丰富，而且可以立竿见影地增加农民收入，促进农村经济发展，是发展可再生能源和能源转型的战略重点。

【关键词】中国能源；困境；转型

中图分类号　［文献标识码］A［文章编号］1009-1742（2009）11-0000-00

22.1 中国能源形势严峻

资源贫乏、结构失衡、需求剧增、缺口很大、能效不高、减排困难，这是当前中国能源的基本状况，形势相当严峻。

中国2005年化石能源的剩余可采储总量是882亿吨标煤，若按2005年的19亿吨标煤开采量计，只够开采46年。据预测，2000—2020年化石能源消费的年均增长率是4.3%～4.6%，年需求量将上升到30亿～32亿吨标煤，如无重大资源发现和不考虑进出口，中国的化石能源大约只够用30年。作为一个崛起中的大国，这点能源家底实在太薄了。在能源资源结构上，882亿吨标煤的剩余可采储量中，煤炭、石油和天然气分别占92.6%（817亿吨）、4%（35亿吨）和3.4%（30亿吨），煤炭独大，结构严重失衡。

资源结构失衡导致消费结构缺陷。2007年的25.35亿吨标煤能源消费中，一次能源中的化石能源占97%，水电和核能只占2.6%和0.3%，其中煤炭又占了72.8%[1]，图1为2007年中国能源消费结构[1]。消费激增和以煤为主的消费现状是中国在CO_2排放上能赶超美国而跃居世界首位的主要原因。预计，2020年的CO_2排放量将近80亿吨，占全球排放总量的1/4。先天不足导致后天失调，一面是大量使用煤炭和排放温室气体，一面是大量进口油气，加以综合能效又比发达国家低了10个百分点，钢铁、有色、建材、化工等8大行业的主要产品单位能耗较国外高出4成。中国能源之困境，犹如一个底子薄，开销大，浪费多，捉襟见肘，坐吃山空的大家庭；一个先天不足，后天失调，体虚气弱而劳动强度又大的多病之身。中国能源形势之严峻不仅是“少”，更在于能源观和能源战略的严重滞后。

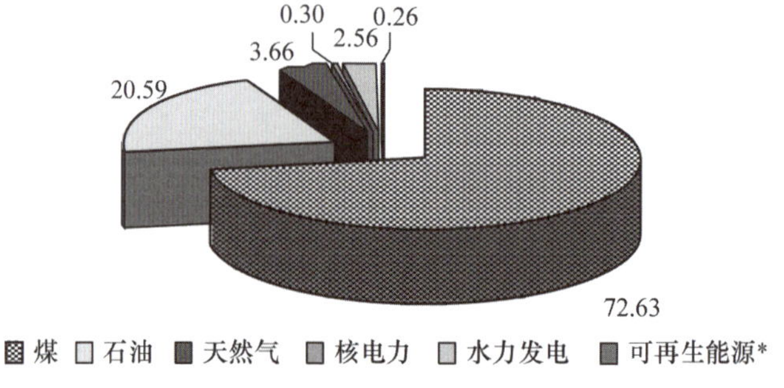

图1　2007年中国能源消费结构（%）

22.2 中国的富煤情结

中国煤炭的剩余可采储量是817亿吨标煤（2005年），是世界总量的10%，排名第三，从这个角度看，中国是富煤的。但人均占有量只有68吨标煤，是美国的1/10、俄罗斯的1/12、澳大利亚的1/47、世界平均的1/3，就谈不上富煤了[2]。

如果看“储采比”（即某年的剩余可采储量与生产量之比），更是令人不安。以剩余可采储量 1 144 亿吨原煤（即 817 亿吨标煤）计，按 1950 年 3 000 万吨年产，可采 3 813 年，可说是万世无忧；按 1980 年 6.15 亿吨年产，可采 186 年，也算来日方长；按 2000 年 13.0 亿吨年产，只够维持 88 年，日子不好过了；按 2007 年 25.3 亿吨年产，只够用 45 年，多么可怕的“与时俱进”。而美国、澳大利亚和印度的煤炭储采比都在 250 年上下，德国在 300 年以上。20 世纪中叶，中国是当之无愧的“富煤”国家，现在已是家道中落，风光不再了。中国人必须面对这个现实，切莫沉溺于过去的富时家境，赶快丢掉“富煤情结”，学会过穷煤日子。

遗憾的是，至今在用煤上仍是有恃无恐，大手大脚。一遇缺电，就想挖煤，1980 年的原煤产量 6 亿吨，2005 年 22 亿吨，2007 年 25.3 亿吨，占世界煤炭产量的 40% 以上，是名副其实的世界第一挖煤大国。一说缺油，就想不惜巨资，高成本、高耗水、低能效地搞“煤制油”；就想搞能效极低（以 6 换 1）、污染极高、毒性很大、腐蚀力强、储运困难，20 世纪 80、90 年代美欧等国就因试验失败而被终止了的煤基甲醇，这难道不是“富煤情结”在作祟吗？

最近媒体上有篇“煤老大的新风采”，文中说：人类 25 年后就要和石油说再见了，煤炭资源至少可满足 150 年的需求（多说了 100 年）。煤炭储量丰富、价格低廉、分布广泛，与风能、太阳能等“年纪轻”、成本高的可再生能源相比，煤炭经济竞争力明显占优。要给石油找个看得见摸得着的“继任”，煤炭是最佳选择，这很像是在给煤炭做广告，且不说资料失实和“以大欺小”的不端，就说这不顾大量浪费国家财力和增排温室气体的心态也够缺乏社会责任心的。

在化石能源里，我国煤炭资源相对较多，在较长时间的能源消费结构中仍会以煤为主，这是事实，但不等于就可以无节制地竭泽而渔。2000 年产原煤 13 亿

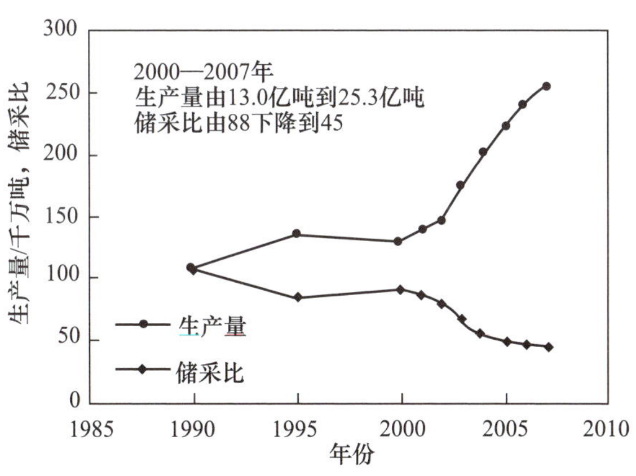

图 2　中国煤炭生产量与储采比状况

吨，2007 年 25 亿吨，7 年翻一番，储采比由 88 下降到 45（图 2）。如此“穷追猛打”，恐怕等不到 2050 年，中国可开采的煤炭就所剩无几了，除非“天上掉下个大煤田”。布什说美国使用石油像“吸毒”一样“上瘾”，中国的“煤瘾”比美国的“油瘾”大得多。一些专家、企业和老百姓有“富煤情结”尚不足惧，怕的是政府决策部门也染上这种“煤瘾”，是会误国误民的。

22.3 中国煤炭的三种战略定位

煤炭在中国能源中的地位如此特殊，其战略定位就显得十分重要。大体有三种不同的定位见解。

“煤现在是，将来（直到 2050 年或更晚）仍然是我国能源的主力，虽然煤在总能源中所占的比例会逐渐下降（从 75% 下降到 60%），但总量仍会不断增加”；“煤用于发电的比例会越来越大，从目前的 50% 增加到 70% 以上”，“若每年将煤炭产量的 1/8 用于车用液体燃料的生产，从总的供应角度不会带来很大的不平衡”[3]。文中的这种观点给人以资源上有恃无恐和使用上“穷追猛打”的印象。此见解可概括为“以煤为主，敞开使用，比例下降，总量增加”的煤战略定位。

国际能源组织 IEA1995 年公布 CO_2 排放量世界排名中，中国上升到第二位时，何祚庥院士就提出了：中国以燃煤为主的能源政策还能维持多久？如果我们坚持以燃煤为主的政策，其可接受的时间跨度将不超过 20 年[4]。毛宗强教授也提出：我国目前煤炭独大的能源结构，是否要变？是主动变，还是等到将来被迫变？[5]

第二种定位是中国科学院关于“我国能源可持续发展体系战略研究”中提出的，“沿着减小煤炭份额，大幅增加可再生能源和核能份额的方向，进行能源结构调整已经刻不容缓”。“虽然由于各种因素的复杂性，对 2050 年我国能源需求尚难明确预测，但已十分明显，2050 年我国能源结构将发生重大变化，突出表现在煤炭份额的大幅度下降。虽然我国煤炭需求不断增长，当前国内增大产量的积极性很高，但从环境污染、温室气体排放和资源的合理可持续利用角度，都是不允许的”[6]。报告提出 2050 年中国煤炭在一次能源消费总量中的份额应控制在 40% 左右的目标。该报告态度鲜明，充满危机感与紧迫感。此见解可概括为“减少份额，控制使用，积极替代”的煤战略定位。

第三种定位是笔者在第二种定位的基础上，认为“份额控制”弹性大，“2050 年”时段长，约束力有限，宜以“产量控制，强制替代”的煤战略定位意见。产量控制是达到一定产量后即不再增加，是刚性的。如美国在《能源自主与安全法案》中提出 2022 年 1.08 亿吨液体生物燃料的目标及逐年产量指标，其中受控性的玉米乙醇产量增长到 2015 年的 4 500 万吨后即不再增加，而倡导性的非食物基生物燃料则从无到有和后来居上地由 2009 年的 180 万吨增加到 2022 年的 6 300 万吨，都是刚性的。一面严格限产，一面加速替代，没有弹性和余地，这更适合中国国情。中国原煤年产已处高位，如达到 30 亿吨后即不再增加，缺口由清洁能源强制替代，并以法律形式确定下来，这是一种“置之死地而后生”的办法。

22.4 中国油气立足国外

2005 年中国的石油剩余可采储量是 35 亿吨标煤，储采比 14，即在不考虑进出口条件下可供开采 14 年；江泽民 2008 年能源文中的石油储采比已下降到 11.3[7]，中国石油资源真是极贫。由于需求剧增，1994—2007 年的 14 年间，石油年消费量由 1.50 亿吨增加到 3.66 亿吨，年均增长 10.3%，为世界第三大石油消费国。2006 年报道北方发现储量 10 亿吨的大油田，如此还可以多用两三年，又闻可能是 25 亿吨，即可再多用三四年，在总体上仍是杯水车薪。图 3 为 1990—2007 年中国石油消费量和净进口量。

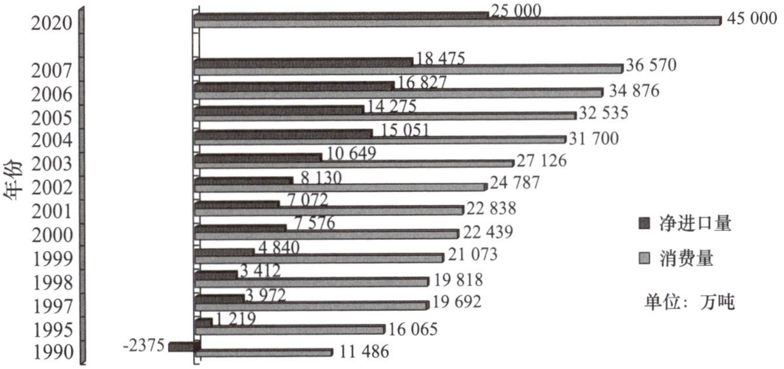

图 3　1990—2007 年中国石油消费量和净进口量

1994 年中国开始成为石油净进口国时的石油进口量是 290 万吨，2007 年是 1.85 亿吨，增长了 64 倍，进口依存度 50%，预计到 2020 年将超过 60%。中国外汇储备雄厚，这些年已经在中东、俄罗斯、中亚、非洲、拉美等投入了万亿计资金及外交 / 政治资源以保障这种高进口依存度。今日中国之外交，油气外交为大，油气立足国外的轮廓越来越清晰了，和 20 世纪 70 年代之后的美国一样。

据国际权威机构（IEO2005，IEO2005 和 USGS2000）的资料预测，全球石油剩余可采储量加上储量增长潜量为 2 297 亿吨，可用 39 年，加上待发现资源量共 3 574 亿吨，可用 53 年；全球天然气剩余可采储量加上储量增长潜量为 2 225 亿吨，可用47年，加上待发现资源量共33 696亿吨，可用63年[8, 9]。也就是说，一个是53年，一个是63年，可见国外油气也不是用之不竭的。随着资源的渐趋枯竭，油气的生产成本与价格必然水涨船高，中国的这艘油气巨轮正在驶向一条越走越窄，成本越来越高，不用太久即可看到尽头的航道。

在油气“最后一杯羹”的时代里，立足国外政策面对的是风云多变的国际舞台和不稳定的石油资源国而不是伊甸乐园。国际能源组织IEA发表的2007年年度报告提醒说，如果中国和印度的能源需求不受控制地增长，2030年将增长一倍，石油进口将超过美日的现进口量。过分依赖中东石油的“海湾石油瘾”将带来经济与政治风险，短期风险是增加通胀率，长期风险是这个地区如发生冲突和战争，中国和印度会首当其冲地受到油价和供应中断的影响。

中国70%的进口石油来自中东地区，每天上百艘中国运油船要通过美舰游弋、海盗猖獗、危机四伏的马六甲海峡。《美国国防部2007年中国军力报告》附有一幅“中国至关重要的海上通道”的附图，注有“中国严重依赖关键性的海上通道来保证其能源进口，约80%的中国原油进口都要经过马六甲海峡”。难怪美国军方曾扬言中国的石油咽喉掌握在他们手上。

西方媒体也许言过其实和有阻吓之意，但也是个提醒。中国也该算算需要多大的财力、外交和军事投入才能保障能源的海上通道和陆地线路，这笔隐性成本比表观成本要大很多。当今世界，油气已是一种战略物资，外交谈判的筹码，政治与军事制衡的武器。国际交往上，没有钱是不行的，但有钱也不是万能的。

这里不是说油气“进口”和“走出去”不重要，因为目前油气需求太多，缺口太大；也不是说动用外汇储备趁油价低落增加油气战略储备不重要，因为这个机会千载难逢，而是说对其代价、风险和可能出现的突发事件要估计得充分些，“心无备虑，不可以应卒”；而是说除了进口油气外，是否让清洁能源替代这条腿迅速加粗起来，好两条腿走路。可再生能源替代是一条越走越开阔，越走越自主安全，越走越清洁和可以永续的阳关大道。美国正在这样走，欧洲正在这样走，巴西正在这样走，中国上路了吗？

中国是个崛起中的大国，凡事都对国际有或大或小的影响。我国粮食95%自给，国际市场稍做调剂，非常主动。而国民经济的“粮食”一半以上依靠国外，能够自主和安全吗？能够主动得起来吗？

22.5 能源转型乃时代发展大势

看看美欧等先行工业化国家的能源道路是怎么走过来的。

由于地球油气资源分布过于集中和国家间工业化进程差距太大，形成资源国与消费国两极和矛盾日益加深的格局。先行工业化国家以其强大经济、技术和军事优势而强力占有和掠夺资源国的石油资源，起始标志是 1908 年英国在伊朗获得石油开采权和成立英国 – 波斯石油公司；资源国与消费国之间矛盾深化的标志是 1960 年成立石油输出国组织 OPEC 与继而成立的“国际能源机构（IEA）”之间的对阵，直到两次美伊战争和最近美英军队撤出伊拉克，整整经历了一个世纪。

“无可奈何花落去”。油气依赖国外，使进口国的经济与政治成本越来越高，压力越来越大，伊拉克和伊朗之于美国，俄乌“斗气”之于欧洲，使他们深感“能源依赖国外”的切肤之痛，置种种质疑与世界指责（指玉米乙醇）于不闻，义无反顾地持续加大对化石能源替代的力度。他们敢于幡然自悟地自我批判“石油瘾”；敢于提出 2030 年 30%、2050 年 50% 以生物燃料替代化石运输燃料；敢于宣布“结束依靠中东石油的历史”，因为他们在实践中悟出了只有能源“自主”才有能源“安全”的真谛，打起了“自主”与“安全”大旗[10]。面临油气资源渐趋枯竭和应对全球气候变暖的大形势，美欧等不得不在国家战略高度上力求摆脱油气依赖国外的困境，探寻替代途径。

20 世纪 70 年代石油危机后，美国陆续启动了可再生能源的试验示范工程。在旧金山附近安装了世界最大的风电装置；1991 年在南加州建了 9 个 10 ～ 80 兆瓦的太阳热能发电厂和 2010 年将建成一个由 2 万个 25 千瓦太阳盘组成的，装机容量 500 兆瓦的太阳热能发电装置。生物质发电和燃料乙醇更是勃勃生机，特别是在克林顿 1999 年签署《开发和推进生物基产品和生物能源》总统令后，成为美国替代化石能源的主力品种。美国能源部和农业部 2005 年的报告中写道：生物质已经开始对美国的能源做出贡献，2003 年提供了 2.9quads（约 1 亿吨标煤）能量，占美国能源消费总量的 3% 以上，超过水电而成为可再生能源的最大来源。[11] 2007 年通过的以生物燃料为主要内容的《能源自主与安全法案》，制订了生物乙醇和生物柴油将由 2008 年的 2 700 万吨增加到 2022 年的 1.08 亿吨，2030 年将替代 30% 的化石运输燃料的目标。

奥巴马政府进而将生物燃料扩展到整个清洁能源，并提升到“向清洁能源经济转型”的国家战略高度。奥巴马在总统就职演说中讲：我们将致力于利用太阳、风和土壤为汽车和工厂提供燃料和动力；能源部长朱棣文提出：要大力发展生物燃料和低碳生物能源，特别是解决 20 亿贫困人口的用能问题。美国能源部在 2009 年的能源效率与再生能源研发拨款中，燃料电池技术、生物质能、太阳能和风能 4 项分别为 2.12 亿元，10.04 亿元，1.75 亿元和 1.73 亿元，生物质能的拨款是太阳能和风能的 5.8 倍。2009 年 7 月朱棣文在清华大学演讲中介绍清洁能源新技术时，专门介绍了能源作物芒草（Miscanthus）在旱作条件下单位面积乙醇产出是玉米的 15 倍，5 000 万英亩能源作物可产出相当于目前 1/2 美国汽油消费量的生物燃料[12]。最近国内有些文章将美国的生物质能源误译为“地热”并以讹传讹扩散开来。怎么可能呢？美国可再生能源中生物质能源占到50%份额。这几年风能发展很快，2007年装机容量1.69×10^4兆瓦，产能只是生物质的1/30。

欧洲的生物质发电及热电联产、液体燃料、产业沼气等已经商业化运行十多年了，2006年生物燃料产量达到538万吨标油。2007年欧盟通过立法制订了2020年能源消费总额中的可再生能源必须占到20%，其中生物燃料要占交通部门汽油和柴油消费量的10%的目标[13]。日本提出在2050年世界原油生产达到顶峰前，开发出不依赖石油的技术，并按产业分别制定了“摆脱石油”的时间表，提出从“石化日本”向“生物质日本”的转变战略[14]。

20世纪70年代发生第一次石油危机时，沙特阿拉伯的石油部长Sheikh Yamani有过一句名言，“要记住，石器时代的消失并不是因为用光了石头”。石器时代的结束不是用光了石头而是因为有了铜器和铁器；农业社会的结束不是因为农作物没有了收成而是因为有了工业革命，化石能源时代的结束也不必将它用完，而是尽早寻求更好的替代。L. 布朗在其《B模式》书中说“保持21世纪初的全球文明，取决于向以可再生能源为动力、实现交通运输多样化的可循环经济的转变”[15]。

能源的自主与安全，可再生能源和清洁能源对化石能源的替代已是当今时代发展之大势。能源转型是历史的必然，转也得转，不转也得转，唯“闻道有先后”，动作有迟早而已。哪个国家觉悟得早，动作得快，哪个国家就得到主动，赢得未来。作为一个崛起中的大国，我国一定要把握好这个历史机遇，切勿失之交臂。

22.6 巴西和瑞典案例

要说清洁能源和低碳经济，巴西走在了世界前面。20世纪70年代的石油危机与糖价下跌沉重地打击了巴西经济，巴西政府启动了“全国实施发展燃料乙醇生产计划”，号召并以法律形式在全国强制推行使用添加乙醇的“爱国汽油”。现全国已有480家乙醇生产厂，2008年乙醇产量达到1 900万吨，联产的生物质发电14 400兆瓦。2008年“国际生物燃料大会”上，巴西全国公民协会主席Dilma Rossef女士在致辞中说：巴西的经济是建立在可再生能源基础上的，目前全国以生物乙醇替代了50%的汽油，生物柴油替代了3%的化石柴油，这一比例正在快速提高。2003年启动的灵活燃料汽车（FFVs）市场，已有700多万辆，汽车销售中90%以上是FFVs汽车。

巴西已建成十大甘蔗乙醇生产基地和全国的公路、铁路、水路、出海港口的物流网及储存配送设施，从蔗田到车轮的 FFVs 汽车完整的生产销售系统。正在修建全长 1 150 千米输往大西洋海岸的乙醇管道，主要用于乙醇出口。2005 年，巴西出口乙醇 200 万吨，占全球乙醇交易量的 53%，现每年出口瑞士 10 万吨无水酒精，出口印度 10 ～ 15 套酒精生产成套设备，为委内瑞拉等 10 个拉美和非洲国家承建了 16 个酒精蒸馏厂并提供全套生产设备。2004 年世界首架使用乙醇燃料的飞机在巴西试飞成功，现有 1.2 万架小型及农用飞机使用乙醇燃料，每千米成本较汽油降低 4 成。

甘蔗乙醇已成为带动农业、糖、乙醇、电力、机械制造、化工、汽车、交通、市政建设等 13 种行业的一项国家支柱产业。据巴西最新资料，每 100 万吨甘蔗可生产 6.34 万吨乙醇，带动相关产业创造产值 1.73 亿美元、经济增加值 8 550 万美元和提供 5 681 个就业岗位。乙醇汽油及相关产业总产值已达到巴西国民生产总值的 8%，超过信息技术产业。甘蔗乙醇是个投资少和提供就业岗位多的产业，石油工业每提供 1 个工作岗位，乙醇产业可提供 152 个；每提供一个工作岗位，乙醇产业的投资额 1.1 万美元，而消费品、汽车、冶金和石油化工分别是 4.4 万美元，9.1 万美元，14.5 万美元和 22.0 万美元。铁树终于在巴西开花了。

大西洋彼岸的瑞典是又一优秀案例。1970 年的能源消费结构中石油占 77%，2003 年下降到 32%，生物质供热发电 1 030 亿千瓦 · 时，占全国能源消费总量的 16.5%，占供热能源消费总量的 68.5%。生物质的工业用途 512 亿千瓦 · 时，是石油（224 亿千瓦 · 时）和煤炭（166 亿千瓦 · 时）的 1 ～ 3 倍。20 世纪 80 年代对 9 种燃料车进行十多年试验后，选择了沼气和乙醇两种燃料。2007 年有沼气驱动车 1.5 万辆，加气站网布满全国，预计 2040 年前后，全国天然气将全部由沼气替代。在 2006 年“世界生物质能源大会”上，瑞典总理佩尔松宣布：生物能源已能满足目前瑞典 25% 的能源需求，替代石油的生物能源生产已成为瑞典农业生产的重要组成部分，为农村创造越来越多的就业和商业机会。2020 年瑞典将成为世界上第一个不依赖石油的国家。

22.7 中国的清洁能源

中国能源转型的基础是清洁能源的资源，清洁能源的主体是可再生能源。风能、太阳能、水能和生物质能都是太阳辐射赋存于不同载体所表现出的不同能态。风能和太阳能需具备风电场和有一定太阳辐射量才能转化为热与电的能源产品，稳定性和储能性很差。生物质能是太阳辐射经植物转化后形成的化学态能量与物质，有良好的稳定性和储能性，有固、液、气三态的多种能源产品及非能物质产品。

据中国工程院2008年《中国可再生能源发展战略研究》报告，中国水电的经济可开发量4.02亿千瓦，年发电量1.75万亿千瓦·时，其中小水电1.28亿千瓦，占全国水电装机容量的33%和发电能力的31%[16]。中国陆地风能（离地面10米高度）的技术可开发量2.97亿千瓦，面积20×10^4千米^2，离岸20千米海域范围内技术可开发量1.8亿千瓦，面积3.7×10^4千米^2[16]。可利用的生物质原料资源中农林有机废弃物的年产能为5.65亿吨标煤，利用边际性土地种植能源植物的年产能4.82亿吨标煤[16]。中国太阳能资源丰富，但尚无资源量的具体数据。经统一折算为标煤，中国小水电、风能和生物质能的可经济利用资源量分别为0.63亿吨、1.23亿吨和10.47亿吨。

区域分布上，水能资源集中于西部，西南地区占到70%；陆地风能资源集中于三北地区和青藏高原，内蒙古自治区占到50%；太阳能资源丰富区也在青藏高原和西北地区[16]，与风能资源区基本叠置；生物质能源分布广泛，主要在经济发达的东部地区和南方。水能、风能、太阳能和生物质能各占一方，互补而不相斥。

传统能源中的水电和核电亦属清洁能源。我国水电资源丰富，虽开发程度较高（32%），仍有较大潜力。中国核电装机容量900万千瓦，只占世界核电装机容量的5%，开发余地较大，但国内资源不足。何祚庥院士在题为“解决中国未来的能源问题，是以核能为主，还是以可再生能源为主？”一文中说，中国天然铀资源供应不足，已探明量只能支持25座功率100万千瓦的标准核电站（图4）。[17]

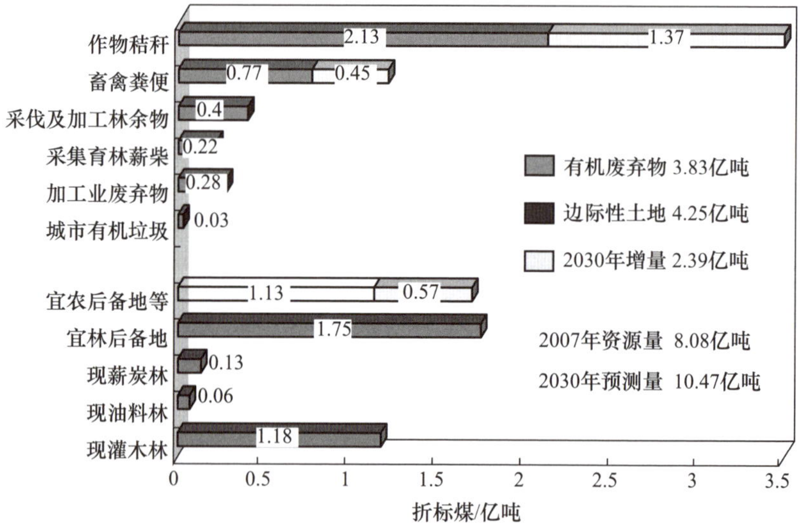

图4 中国生物质原料资源

我国清洁能源及其资源状况汇列于表1[16、17]。可利用的年总资源量为14.05

亿吨标煤，其中不含太阳能的可再生能源的可经济开发资源量为12.33亿吨标煤，传统水电与核电为1.71亿吨标煤。我国太阳能供热和发电将有一个大的发展，光伏发电前景看好，核电原料进口渠道开始疏通，也会发展很快。将此二项计算进去，清洁能源的资源潜力可相当于现能源消费量的七成以上。

表1　中国清洁能源及资源状况

清洁能源	能态	主产品	资源主分布区	年可经济开发资源量			清洁能源/%
				/万千瓦	/（亿千瓦·时）	/万吨标煤	
风能	动能	电	三北、青藏高原	47 700	10 017	12 311	8.8
太阳能	热能	热与电	青藏高原、西北	—	—	—	—
生物质能	化学能	多种能及非能产品	东部地区及南方	—	—	104 700	74.5
小水电	势能	电	西南	12 800	5 586	6 292	4.5
传统水能	势能	电	西部	27 380	11 948	14 684	10.4
核能	原子能	电	合理布局	2 500	2 000	2 458	1.8
累计	—	—	—	—	—	140 445	100.0

注：水能和风能分别乘4 000小时和2 100小时换算为千瓦·时，核电按8 000小时换算；1千瓦·时=0.122 9千克标煤。

22.8 发展可再生能源的战略重点是生物质能源

生物质能源具有能源替代、减排环保和促进农村经济三重功能。生物质原料主要来自农林业，原料生产主要在农林业，原料加工过程“三农”皆可参与和获得工作岗位。在美国近200家生物燃料加工厂的绝大多数分散于农村和由农民自办，美国发展生物燃料的最大受益者是农民。巴西总统卢拉说：巴西十分注重通过发展生物燃料带动农业增长，使农民富裕起来，更好地解决粮食与贫困问题。欧盟委员会（2007）提出：生物燃料是唯一可以大规模替代交通部门汽油和柴油的清洁能源。德国前农业部长Renate Kuenast说：提供可替代化石燃料的最快最廉价的办法就是生物燃料，并能提高农民和乡村的收入。联合国亚太经济社会观察2008报告提出：生物燃料产业的发展势不可挡，它非常有利于增加农民收入、提供就业机会和抑制油价。

生物质能源促进农村经济的功能对中国尤为重要。按不同原料适宜转化不同能源产品，中国2007年产出的作物秸秆、能源植物和木本油料等具有年替代3.7亿吨标煤石油，能源林及成型燃料替代2.7亿吨标煤煤炭，以及畜禽粪便和有机废弃物替代 1.5 亿吨标煤天然气的潜力。这是中国农民多么宝贵的一笔财富，可以年新增农民收入 1 200 亿～1 500 亿元和提供约 4 000 万个岗位，还可年减排 20 亿吨 CO_2。

生物质能源产业在中国已有较好基础。2001 年批建了 4 个以陈化粮为原料的乙醇厂，2006 年燃料乙醇产量 152 万吨，推广乙醇汽油 1 544 万吨，居世界第 3 位。截至 2007 年底，中国核准的生物质直燃发电项目约 100 个，装机容量 2 500 兆瓦，建成投产并网发电的项目总装机容量 400 兆瓦以上。内蒙古毛乌素生物能源发电公司在沙地种植沙柳，将治沙与生物质发电结合，25 兆瓦机组已稳定并网发电 9 个月，上网电量 0.8 亿千瓦·时。吉林宏日生物质燃料公司以林业剩余物为原料制成颗粒燃料替代燃煤，为长春市四星级吉隆坡酒店 4.5×10^4 米^{2}用房面积供热，热效率 83%，节省费用 50%。北京德青源鸡场日处理鸡粪 212 吨，产沼气 1.9×10^4 米^3，发电 3.84 万千瓦·时，一半自用，一半稳定上网。这些星星之火正在中国大地燎原。

农民增收是解决“三农”问题的焦点，发展生物质能源可以立竿见影地增加农民收入。据中国国能生物发电集团资料，一个 25 兆瓦装机容量的生物质发电厂年消耗 20 万吨秸秆，可替代 8.7 万吨标煤，减排 18 万吨 CO_2，农民新增收入 5 000 万元和获得 1 000 多个工作岗位[18]。众所周知，我国每年有 7 亿多万吨作物秸秆，其中有 1 亿多吨被白白烧掉，污染环境。按以上参数，它可建 500 个 25 兆瓦的小型电站，年替代 4 350 万吨标煤和减排 9 000 万吨 CO_2，农民年新增收入 250 亿元和得到 50 多万个工作岗位。最近热议“风电三峡”，而生物质能源稍一出手，仅以被白白烧掉的秸秆的年发电量计，就可相当于一个“三峡”，综合效益更胜三峡。

原料资源量上，中国生物质能是水电的 5 倍，风能的 8.5 倍；资源分布上，主要在经济发达的东部地区和南方；产品上，不仅有热与电，还有固、气、液三态的多种能源产品及生物材料和生物化工等非能产品；中国最缺油和气，它是当之无愧的替代主力；技术与产业化成熟度上远高于风能和太阳能，设备可以全部国产；环保上，可以使有机废弃物等污染源无害化、资源化和循环利用；碳效应上，不仅低碳，还可吸碳和负碳排放；生产方式和投资上，可以分散、小型、灵活，投资少和见效快；社会效益上，可以立竿见影地增加农民收入和提供工作岗位。所有这些特质和功能对中国十分重要而又是其他清洁能源所不具备的。

中国石化石油勘探开发研究院原院长关德范最近著文指出，“中国能源发展战略思路要有一个根本转变，由化石能源转到以可再生能源为主的轨道上来”，“这是唯一的选择，没有其他出路。道理很简单，即我国进入经济转型期的首要任务是改变农村的经济结构和提高农民的生活水平”。“能源战略思路的转变中，首先要针对 9 亿多农民这样一个大目标，思考可再生能源的发展方向。[19]”

22.9 近来出现的奇怪现象

近来中国出现一种奇怪现象，自酝酿《新能源产业振兴规划》以来，风能与太阳能很热闹，生物质能很冷清，这是为什么？

是怕影响粮食安全吗？为避免失控，国务院已叫停玉米乙醇和提出“非粮”方针。再说生物质能源的产品很多，原料主要是作物秸秆、畜禽粪便等农林有机废弃物及利用低质土地种植的能源植物，根本不涉及粮食和主要农田。连玉米乙醇的始作俑者美国也已经向非粮的二代生物燃料转移了。“影响粮食安全”的事情已经过去，何必让这个“阴影”继续妨碍国家的正确决策。

是因为生物燃料成本高吗？一个新兴产业初始期成本较高和需要政策性扶持是正常和十分必要的。现在美欧和巴西等国的生物燃料成本一般已降到相当于每桶 50 ～ 70 美元石油价格的水平；生物质发电、颗粒燃料、工业沼气等在美欧等商业化运行已十多年。中国目前对燃料乙醇补助较高，但其中大部分转移支付了农民，如每生产 1 吨木薯乙醇，农民可净增收入 1 000 ～ 1 500 元；每发 1 千瓦 · 时生物质电国家补贴 0.35 元，农民净得 0.2 ～ 0.3 元。目前国家对太阳能和风能的补贴远高于生物质能（太阳能发电每千瓦时补贴 1 元），且不能惠及农民。

不想才半年时间，错误导向制造的风能和太阳能“泡沫”就开始破裂了，风电和多晶硅被国务院列入了产能过剩和重复建设名单。由于现今电网不能适应不稳定的风电和太阳能发电，能上网的不到一半，为保持电网的正常运行，甚至要一比一地配上火电。全国 20 多个省的多晶硅生产线规模已达到全球需求量的两倍，《经济参考报》发表了题名“中国光伏泡沫已破灭，千亿元投资半数打‘水漂’”的文章。2009 年 1 月英国《自然》杂志就中国风电发表专文指出：“2007 年 5 月全球风能委员会与中国风能协会曾联合发布过一份备忘录，提出一些对风电业的改进意见。不到两年，备忘录中提出的那些担忧都被证实了。中国只有对电网进行了重大改造，才能适应可再生能源的发展。[20]”

生物质能对中国如此重要，为何反受冷遇？因为它不像风能和太阳能那样有很强的工业背景，有制造业大企业集团的利益驱动和影响力，它只有“三农”背景、势单力薄的企业和低吟的农民声音。在当前工业化狂热中，一些人太偏向工业与城市，太注重显赫的工业政绩了，顾不上去想那些长期被边缘化了的“三农”问题，对 1 吨秸秆可以让农民增收二三百元钱不感兴趣，尽管党中央三令五申地强调“三农”问题是全党工作的重中之重。

中国一年进口石油近 2 亿吨，耗资近 1 万亿元，境外投资也以万亿计，如果拿出一部分建设中国“绿色油田”和购买农民的“绿色石油”，几年下来，“三农”面貌何愁不变。希望在审订《新能源产业振兴规划》中，认真考虑发展生物质能源不仅是为了替代化石能源和减排温室气体，还是为了这个“重中之重”，给“三农”伸出一把援手。

22.10 中国能源的战略转型

化石能源资源贫乏而需求激增，以煤为主和大量排放温室气体，以及油气资源极缺和立足国外，中国的能源病情已经很重了，像悬在头上的一柄“达摩克利斯剑”。中国的“能源转型”势在必行，早转型早主动。

但是，中国仍处在以煤为主和油气进口的兴头上，在可再生能源替代上的关注和着力是很不够的。《中国可再生能源发展规划》提出了“力争到2010年使可再生能源消费量达到能源消费总量的10%，2020年达到15%”的目标[21]。其实，2006年的水电就已占到一次能源消费总量的7%，2020年15%的可再生能源中水电也占到44%。如按大水电属常规能源的联合国定义，2020年的非水可再生能源只占能源消费总量的4%左右，可见《中国可再生能源发展规划》的“含水量”相当高。美欧2020年的非水可再生能源占能源消费总量的20%以上，巴西和瑞典接近或超过50%。中国如果要实施能源转型战略，可再生能源在能源消费总量中的份额需要大幅调高。

22.11 结语

（1）近10年来，世界和中国的能源形势发生了太大变化，中国原先制定的以煤为基础等“48字方针”已经赶不上形势了。中国在经济转型中要把“能源转型”的大旗打起来，以“自主安全”和“清洁能源替代”作为国家能源战略。痛下决心，切实大幅加速清洁能源对化石能源的替代，在能源战场上打一个化被动为主动的翻身仗。近一二十年里，中国能源不得不面对以煤为主和油气依靠进口的现实，但只是权宜之计和过渡之举。

（2）对化石能源和清洁能源都要采取限量制。如原煤年产增长到一定数量（如30亿吨）后不再增加，油气进口依存度达到一定比例（如55%）后不再增加，强制性地以清洁能源弥补缺口，“置之死地而后生”。2020年能源消费总量中的非水可再生能源份额十年翻一番，达到15%左右，加上大水电和核电可超过20%。只有这样，中国以煤为主的化石能源消费结构才能得到实质性的改善，温室气体排放的增速才能缓下来，真正有个“跨越式”发展，在能源外交上也有个“高姿态”。

（3）清洁能源替代的主体是可再生能源，发展可再生能源的战略重点是生物质能源。风能、太阳能、生物质能等是一个整体，要依其不同特质、资源量及区域分布，做到扬长避短和优势互补。

（4）继续加大节能减排力度，强制性推进清洁煤技术和 CCS 技术。驾好以清洁能源替代为龙头，提高能效和减排温室气体为两翼的“三驾马车”，中国能源一定能冲出困境，开创一个新的局面。

（5）清洁能源的产业链和对经济带动面远大于 IT 产业。这是一次化石能源经济向清洁能源经济、高碳经济向低碳经济、旧经济体系向新经济体系的历史转型。当前存在的“化石能源坐大”和“就能源论能源”的传统观是中国能源转型的最大绊脚石。

（6）清洁能源替代、提高能效和减排温室气体都是新兴领域，技术和装备还不成熟，又在日新月异地进步。崛起的中国要及早做好部署，更多地学习引进国外先进技术，更多地占据技术前沿和制高点。

R. 布朗在其《建立一个可持续的社会》一书的扉页上写道：我们现在不是在前辈手中继承地球，而是向子孙后代借用地球。中国在煤炭等化石能源资源上不要竭泽而渔，要留有余地，给子孙多剩一点，让中国经济多一些绿色。

参考文献

［1］国家统计局、国家发改委．中国能源统计年鉴 2008［M］．北京：中国统计出版社，2009.

［2］姚强．洁净煤技术［M］．北京：化学工业出版社，2005.

［3］倪维斗．我国的能源现状与战略对策［N］．科技日报，2007-01-25.

［4］何祚庥．中国以燃煤为主的能源政策还能维持多久？［J］．中国科学院院士建议，1998 年 14 期．

［5］毛宗强．没有气体能源的战略是不完整的能源战略［N］．科技日报，2007-03-05.

［6］中国科学院．我国能源可持续发展体系战略研究报告［R］．2007.

［7］江泽民．对中国能源问题的思考［J］．上海交大学报（自然科学版），2008，42（3）：345-359.

［8］张抗．中国石油天然气发展战略［M］．北京：地质出版社，2002.

［9］美国能源信息署．国际能源展望 IEO2005（中译本）［M］．北京：科学出版社，2006.

［10］UNITE STATE AMERICA. The Energy Independence and Security Act［R］. 2007.

［11］USDE & USDA. Biomass as feedstock for a bioenergy and bioproducts Industry: The technical feasibility of a billion-ton annual supply［R］. 2005.

[12] Zhu Liwen. Meeting the energy and climate challenge: A tale of two countries [R]. Beijing：Tsinghua University, 2009，July, 15.

[13] Commission of the European Communities. Renewable Energy Road Map [R]. Renewable energies in the 21st century: Building a more sustainable future, Brussels, 2007.

[14] 小宫山宏，等．日本生物质综合战略 [M]．李大寅译．北京：中国环境科学出版社，2005.

[15] 莱斯特 ,R. 布朗 .B 模式 [M]．林自新等译．北京：东方出版社，2003.

[16] 中国工程院．中国可再生能源发展战略研究丛书 [M]．北京：中国电力出版社，2008.

[17] 何祚庥．解决中国未来的能源问题是以核能为主，还是以可再生能源为主？ [J]．中国科学院院士建议，2006,15.

[18] 庄会永．中国农林生物质发电产业化实践 [R]．南宁：2008.

[19] 关德范．用科学发展观思考中国能源发展战略 [J]．中外能源，2009,14(7).

[20] Editorial. China's wind-power potential [J]. Nature ,Vol 457, Issue no.7228, 22 January 2009, 357.

[21] 国家发展和改革委员会．中国可再生能源发展规划 [R]. 2007, 8.

China's Energy Straits and Transition

Shi Yuanchun (China Agricultural University, Beijing 100193)

[Abstract] China is endowed with inadequate resources of oil and natural gas, and depends its 50 percent of energy demand upon import. Also the quantitative ratio of reservation vs.production has been already declined as below 50. Among the total energy consumption, coal accounts 70 per cent in china, and the amount of CO_2 emission has been more than the US. Nowadays, energy transition is a worldwide trend, including China. Its major direction is developing clean energy, and taking renewable energy as a focus point. China has a potential of substituting 70 per cent of present energy consumption, including small hydropower, wind energy and biomass energy. Their resource quantity that is economically available are 63 million tce, 123 million tce and 1.047 billion tce separately. Biomass resources is richest in China. And it can be served to increase farmer's income immediately, promote rural economy, thus it should be regarded as the foremost area of tapping renewable energy and energy transition.

[Key words] China Energy ; Straits; Transition

23 当前不宜否定秸秆直燃发电

科学时报
当前不宜否定秸秆直燃发电

【写作背景】

国家能源局定于 2010 年 3 月在京召开生物质发电工作会议，会上出现对生物质发电持肯定与否定的两种意见，后见诸报端。作者持肯定态度，并发表此文于 2010 年 6 月 7 日《科学时报》。

截至 2008 年底，国家发改委已审批 170 余项生物质发电项目，总装机 460 万千瓦；已投产 50 项，装机 110 万千瓦。其中国能生物发电集团已有 18 个项目投入商业运营，装机容量 40 万千瓦，累计供电 52 亿千瓦·时，消耗秸秆等农林废弃物 700 万吨，减排 436 万吨二氧化碳，农民新增现金收入 19 亿元和获得 5 万个工作岗位。近年生物质直燃发电在我国发展较快，已具一定规模，但也有不少质疑和个别的反对。

2007 年全国 9 大作物秸秆产出量为 7.04 亿吨，其中玉米、小麦和水稻秸秆占 81%。秸秆的主要用途和去处是肥料、饲料、工业原料、燃料和被露地焚烧五项，它们分别占 15%、20%、4%、45% 和 16%。秸秆的总产能 3.55 亿吨标煤，相当于 10 座神东煤矿，它是清洁的，可再生和可持续的，而且随着作物产量的增长而增加，这是一笔巨大的绿色资源。

按现况，除还田、饲料等外，有约 3 亿吨秸秆用于薪柴和 1 亿吨被露地焚烧，传统薪柴的热效率只有 10% 左右，露地焚烧更是造成环境污染。应用现代科技的秸秆发电的热效率在 80% 以上，热电联产可达 97%。当前对秸秆发电提出的质疑和异议有二，一是认为将秸秆“一烧了之”太可惜，怕影响还田和地力；二是认为秸秆收集、储存、运输、稳定供应的难度较大，以及建厂后是否会引起秸秆价格上涨和争夺秸秆资源。

多施有机肥是对的，但也不是秸秆还田越多越好，因为土壤里的有机物与无机物转化是一种动态平衡，几千年来的秸秆主要用作薪柴不是也维持地力了吗？最近国际水稻研究所（IRRI）发布了一份稻田土壤肥力的15年定位观察结果，保持土壤肥力不是靠稻草还田而靠的是合理施肥。秸秆饲用主要是农区养牛，猪、鸡等其他非反刍牲畜是不吃秸秆的。按2007年全国牛存栏10 595万头，农区占86.7%和一头牛一年消耗1.3吨秸秆计，约年消耗秸秆1.1亿吨。秸秆饲用的发展决定于养牛业的发展，养牛业的发展又受市场需求等诸多因素制约。所以，秸秆还田与饲用是个原料保障问题，而不是快速扩展问题。

关于秸秆收集、储存、运输及稳定供应问题，经国能生物发电集团几年的研发，已经得到较好解决；争夺原料资源问题主要靠做好规划布局和严格审批，是可以解决的。

《科学时报》5月24日发表了一篇标题为“一座生物质电厂的账本”对倪维斗院士采访的报道。提出以山东单县生物质发电厂为例，每吨秸秆发电排放的二氧化碳（1 300千克）比煤电（700千克）还多近1倍等等[7]。可惜参数有误，二者对比失衡。

将农民运送秸秆的平均运输路程设为60千米且不说，并提出1吨秸秆耗油10千克，较常情夸大5倍以上（10吨载重车100千米油耗约25升）。继而以国内外极少使用的煤液化燃油，又将二氧化碳排放量由30千克增加到100千克。更有甚者，农民的秸秆用途是多种的，倪院士竟将农民卖掉1吨秸秆也折为0.5吨煤炭和排放出1 200千克二氧化碳，这才得出了1吨秸秆发电要排放1 300千克二氧化碳的结论。

反观在计算火电排放二氧化碳量时则采用另外一种标准，既不计煤炭从煤矿运到火电厂的耗能以及采煤过程耗能所排放的二氧化碳，又用的是“先进的超临界火电机组”，所以才得出发1 000千瓦·时电只排700千克二氧化碳的结论。我们知道，做对比的起码要求是条件相近，如此极端不同的条件，二者有可比性吗？倪院士的秸秆发电排放的二氧化碳比煤炭发电多近一倍的结论显然是不能成立的。

我认为当前我国不能否定秸秆发电的理由有四。

其一，当前我国秸秆是处于冗余状态，特别是每年有上亿吨秸秆被露地燃烧，所以秸秆发电不会与其他用途争夺资源，而是希望尽快缓解粮食主产区屡禁不止的露地燃烧顽疾。秸秆发电是唯一能大量和快速转化秸秆，消弭露地焚烧的途径，目前年消费秸秆仅数百万吨，还不到露地焚烧量的1%，任重而道远，有什么理由否定它而听任露地焚烧秸秆呢？

其二，众所周知，农民种粮收入甚微，种粮积极性不高。如果卖粮款只能抵消种粮成本的话，每吨秸秆能卖200元就是一笔不小的额外现金收入，比政府的粮补还高许多，当然会提高农民种粮的积极性。根据秸秆发电厂的资料，国家给企业的发电补贴基本转移支付给了农民，这是其他化石和非化石能源均无法做到的。对此有利于农民，有利于国家的秸秆发电，有什么理由否定它？

其三，如能将每年1亿吨被露地焚烧的秸秆转化为电力，约为1 500亿千瓦·时，比长江三峡的发电量还多，还可减排6 000余万吨二氧化碳。我们有什么理由不重视对这笔巨大绿色资源的转化开发呢？

其四，秸秆发电与热电联产的热效率可达97%，但是在物质循环利用上损失了氮、磷等植物营养物质，不如沼气，更不如纤维素乙醇。可是，秸秆直接用于生产沼气的技术不成熟，纤维素乙醇更非十年八年能够形成规模，当前唯有秸秆发电能担此重任。再说，我国有如此大量的秸秆，未来也将是多能互补，而不是“一枝独秀”。秸秆发电虽不是最佳的，但它是最现实和有用的。

如果以上对秸秆发电的两项质疑的解释能够得到基本认同和倪院士的结论不能成立的话，那么以上四点理由足以说明当前我国应当充分肯定秸秆发电的重要实际意义。

当然，对秸秆发电存在的问题是应当重视的。一是要进一步提高技术水平，降低成本，增加企业盈利空间；二是要向热电联产、综合开发方向发展；三是要保护农民利益，带动农村工业和服务业发展；四是要做好规划布局，严格审批，防止对秸秆资源的争夺和不合理的抬价。最后，也是最重要的一条，是政府主管部门的决策、态度和扶持。

24 清洁能源在中国

【写作背景】

2010年9月6日，台湾的大学举办了“2010国际沼气及生物燃料研讨会”。作者的讲演题目是“清洁能源在中国”，介绍我国清洁能源发展情况。根据讲演用PPT整理为此文稿。右侧为PPT的首张幻灯片，背景是台湾的大学主楼前。

中国化石能源资源匮缺，需求激增，对外依存度大，二氧化碳排放量居世界首位，形势十分严峻。在大力推行改变经济增长方式、节能减排和提高能效的同时，加大清洁能源对化石能源替代的力度乃当务之急。

2007年国务院发布了《可再生能源中长期发展规划》，提出了力争到2010年使可再生能源消费量达到能源消费总量的10%，2020年达到15%和产能6亿吨标煤的目标，其中大水电、小水电、生物质能、太阳能、风能和地热分别占50.1%、16.7%、21.5%、6.2%、3.5%和2.0%。2009年末全国能源工作会议又提出，“为实现上述目标，到2020年中国水电装机要达到3亿千瓦以上，核电投运装机达到6 000万～7 000万千瓦及以上”。

中国清洁能源的本土资源的年产能为20.3亿吨标煤（不含太阳能），其中生物质、大水电、小水电、风能和核能分别占51.7%、19.7%、9.2%、16.5%和2.9%。清洁能源资源总量中可再生能源占到77.4%，其中小水电、风能和生物质能的资源量分别为1.86亿吨、3.34亿吨和10.47亿吨，生物质能源的资源量是小水电的5.6倍和风能的3.1倍。

在区域分布上，水能资源集中于西部，仅西南地区占到70%；陆地风能资源集中于三北地区和青藏高原，仅内蒙古自治区占到全国风能资源总量的50%；太阳能资源的丰富区也在青藏高原和西北地区，与风能资源丰富区大体叠置；生物质资源广布于经济发达的东部与南方。可再生能源是一母所生的兄弟，其区域布局如“诸王封地”，各据一方，互补而相辅。

按清洁能源 20.2 亿吨标煤的年产能，相当于 2007 年全国能源消费总量的 82%，如加上前景看好的光伏发电，将可在中国能源转型中做出不凡的贡献。

中国大水电的开发技术成熟，但开发程度已超过 30%，深度开发的难度和对生态的影响将会越来越大；核电的开发程度尚低，发展潜力大，但本土原料资源贫乏，对外依存度高。到 2007 年底，全球风能发电的总装机容量为 94 005 兆瓦，其中中国为 5 906 兆瓦，居世界第五位，但因未掌握核心技术和电网改造未能跟上，存在问题较多。中国的太阳能利用主要在集热器上，2007 年超过 1 亿米^2，占世界总量的 60% 以上。近年光伏发电发展很快，也存在国内未掌握核心技术与材料，以及环境污染等问题。

中国可用的生物质原料资源的年产能为 11.71 亿吨标煤，其中农林废弃物 5.65 亿吨标煤，边际性土地 6.06 亿吨标煤。

2001 年中国政府在吉林、黑龙江、安徽、河南四个粮食生产大省批建了四个陈化粮乙醇生产项目，先是在此四省及辽宁省封闭运行使用 E10 乙醇汽油，继而在冀、鲁、苏、鄂四省的 27 个地市推开。2009 年销售燃料乙醇 162 万吨，乙醇汽油 1 650 万吨。为避免与民争粮，政府鼓励发展以薯类、甜高粱和菊芋等为原料的非粮乙醇，在广西已建成投产年产 20 万吨的木薯乙醇厂，另年产 15 万吨的木薯乙醇厂在建。甜高粱是一种优质的能源作物，工业化加工技术已经解决，正在内蒙古等地建厂生产。

据中国农业部调查报告（2008 年），全国有可用于发展液体生物燃料的宜能荒地 2 680 万公顷，加上现种植薯类、高粱等的非粮低产农田约 750 万公顷，具有年产 1 亿吨燃料乙醇的生产潜力。当前燃料乙醇仍以粮食基为主，正大力发展非粮乙醇和积极部署纤维素乙醇。在固体生物燃料上，政府已核准生物质直燃发电项目约 100 个，装机容量 2 500 兆瓦以上。国能生物发电集团已投入商业运行项目 18 家，装机容量 40 万千瓦，累计供电 52 亿千瓦·时，消耗秸秆等农林废弃物 700 万吨，减排二氧化碳 436 万吨，农民新增现金收入 19 亿元和获得 5.1 万个工作岗位。国内已拥有先进的生物质直燃发电技术，设备可全部国产化，但在作物秸秆直燃发电上尚有不同意见。成型燃料已经起步，潜在市场很大。

早在 20 世纪 70 年代中国开始发展农村户用沼气，现已有 3 000 多万个农户小型沼气池和年产沼气 120 余亿米^3。随着天然气消费缺口迅速扩大，产业化沼气开始起步。农村户用沼气利用的主要是家庭分散养殖的畜禽粪便和有机杂物，而富含有机质的高 COD 废水资源尚未被利用，仅大中型养殖场废水、工业有机废水和城市污水资源即具年产沼气 830 亿米^3 的潜力。

以下诸项是中国在发展清洁能源上值得重视的：

坚持“能源自主与安全”的国家能源战略，处理好化石能源与清洁能源的关系；清洁能源的当前重点是大水电和核能，但具有长远和战略意义的是非水可再生能源；可再生能源宜坚持多元发展和以生物质能源为主的方针；发展生物质能源除替代化石能源和减排功能外，促进农村经济发展和农民增收应作为重大国家目标；生物质能源的发展应依原料的特性和分布进行合理布局，应以成熟技术及其技改作为工作重点，同时加大对纤维素乙醇等二代生物质能源技术和微藻等三代生物质能源技术的投入；非粮乙醇技术成熟，设备国产，可较快形成产业化和规模化生产，还能将千万公顷沉睡的边际性土地和广大农民的积极性激活起来，它是实现 2020 年 1 000 万吨燃料乙醇指标的一种最佳和唯一选择。

参考文献

[1] 中华人民共和国人民代表大会 . 中华人民共和国可再生能源法 .2005.6.

[2] 中国国务院 . 可再生能源中长期发展规划 .2007.8.

[3] 中国工程院重大咨询项目：中国可再生能源发展战略研究丛书生物质能卷 . 北京：中国电力出版社，2008.

[4] 寇建平 , 毕于运 , 赵立欣 . 中国宜能荒地资源调查与评价 . 可再生能源，2008,26(6).

[5] 熊必琳 . 中国生物燃料乙醇发展现状与“十一五”规划 . 中国生物燃料乙醇产业化发展战略研讨会讲演文集 . 中国工程院，2007.

[6] 石元春 . 中国能源困境与转型 . 中国工程科学，2009,11(11).

迎春篇

（2011—2014 年）

生物质能源“十一五”遇冷，2010 年出现转机，重要标志是以“战略新兴产业”被列入国民经济发展“十二五”发展规划。随着生物质能源自身的成长，人们对它了解的增加，以及雾霾的肆虐，生物质能源开始复位到可再生能源的主流位置，迎来了发展春天。对生物质能源能为国家经济建设和重获蓝天，能为国家能源安全和“三农”做出应有贡献，人们充满期盼。本篇共收集文章 15 篇，以《绿色发展中的一枝奇葩——生物质产业》文结束。

迎春篇目录

25《对话》：决胜生物质

【写作背景】

“十一五”末和“十二五”开局，对我国生物质能源事业的发展是一个新的机会。为了把握时机，推动发展，组织了如我国生物质成就汇报展、《决胜生物质》发行式等活动。本篇是2010年12月5日央视《对话》栏目播出的“决胜生物质”节目的文字稿。与看文章截然不同，《对话》是现场的即兴式发言和表述，自然流畅与鲜活。后半部的思想观点交锋中，针锋相对，唇枪舌剑，比看经深思熟虑、规整严谨的文章有意味得多。从此《对话》中可以感受到，此时的主流趋势仍是风能与太阳能，对生物质能不了解和充满疑惑。

参加《对话》人士：

石元春　两院院士、中国农业大学原校长
陈义龙　武汉凯迪控股投资有限公司董事长
洪　浩　宏日新能源有限责任公司董事长
潘文智　北京德清源农业科技股份有限公司副总裁
李京陆　内蒙古毛乌素生物质热电厂董事长
程　序　中国农业大学生物质工程中心 教授
李十中　清华大学新能源研究所副所长
王　刚　维思资本创始合伙人

主持人（央视著名主持人　陈伟鸿）：

好，谢谢大家的掌声，也欢迎大家每周此刻准时收看我们的《对话》。

今天《对话》的主题和之前我看到的一个观点有关。说实话，当我第一次看到这个观点的时候，觉得有一点不可思议。这个观点是针对日益枯竭的化石能源而提出的，他说让我们来种出一个大庆油田吧，而且还进一步指出如果中国错过了这样一种新能源的话，在未来的新能源时代中国将会败落下来。这能源真的是可以种出来的吗？这究竟是天方夜谭的梦想呢？还是说可以变成现实的一种理想？我们在今天节目一开始，先来了解一下相关的背景。

（播放短片）

解说：

11 月 29 日，联合国气候变化新一轮谈判在墨西哥坎昆市举行，这次为期 12 天的会议意义重大，来自全球近 200 个经济体的官员，重拾去年此时在丹麦哥本哈根未尽的使命，出台具有法律约束力的应对气候变化全球减排协议。目前，全世界都处在关于能源未来的十字路口，气候变化对石油和其他化石燃料越来越大的依赖性、不断增长的进口量以及持续上升的能源成本，使得寻找和推动可再生能源成为越来越多国家最重要的发展战略。一个能源多元的时代列车开始启动。

在新能源领域中，一种叫作生物质能源的可再生清洁能源受到了前所未有的关注，瑞典总理佩尔松在 2006 年世界生物能源大会致开幕词中说，生物质能源已经能满足目前瑞典 25% 的能源需求。2020 年，瑞典将成为世界上第一个不依赖石油的国家，巴西 2007 年、2008 年度的生物质能源甘蔗、乙醇替代了国内 50% 的汽油，减排了 2 580 万吨温室气体，生物质能源成为超过信息产业的国家支柱产业。美国总统奥巴马在 2009 年 5 月初签署了一项关于发展先进生物燃料的总统指令；美国能源部长朱棣文说发展下一代生物燃料是我们中止对国外石油的依赖和应对气候危机的关键。然而，在中国尽管生物质能源的出现和发展比太阳能、风能都早，但如今太阳能和风能不断升温，生物质能源的发展却趋于安静。有一位学者曾经提出，要通过发展生物质能源种出一个大庆油田，这是一个美好的梦想还是可以成真的现实？生物质能源是否能在 2020 年我国节能减排的大战略中发挥作用？发展生物质能源是否是决胜未来的关键？

主持人：刚才我们的短片其实提出了一连串的问号，我想要请出这位当事人来给大家在现场一一打开这一系列的问号。今天为各位请到的《对话》节目的嘉宾就是种出一个大庆油田这个观点的拥有者，让我们用掌声请出两院院士石元春先生。

解说：

他声称可以在地里种出一个大庆油田，将彻底解决中国的能源问题，有人认为他是异想天开。他是土壤学专家，却打起了发展中国生物质能源的大旗，有人认为他不务正业，他呼吁只有抓住了生物质能源的发展机会才能使中国在即将到来的低碳时代立于不败之地。他曾给总理上书，在会议上唇枪舌剑，杂志报端上据理力争，几年来始终为中国发展生物质能源奔走呼吁。

他就是我国著名土壤学家两院院士石元春。

主持人：石先生，你好！

石元春（两院院士、中国农业大学原校长）：你好！

主持人：你好，请大家凭自己的感觉告诉我，石院士今年的年龄，66、70、75，各种答案都有。

石元春：还是我说吧，我是 80 后。

主持人：80 后？您真的有 80 高寿啊，我想所有人都看不出来。

石元春：年龄是不能虚报的。

主持人：科学家的精神在这一点就能体现出来。您再一次用科学的态度面对大家，种出一个大庆油田这个观点确实是您提出的，对吗？

石元春：绝对。

主持人：但是这个能源真的能靠种吗？

石元春：现在已经陆陆续续种出不少了。在座好像有一些企业家，他们就是种田的农夫。

李京陆（内蒙古毛乌素生物质热电厂董事长）：在沙漠里种了 33 万亩，明年将达到 60 万亩。

主持人：您种的是什么？

李京陆：我们种的是沙生灌木，沙柳，现在我们正在用它来发电。

潘文智（北京德清源农业科技股份有限公司副总裁）：我们的能源不是种的，而是养的。

主持人：你们是养的？

潘文智：是的，我们公司养了 300 万只蛋鸡，每年用鸡粪发电 1 400 万千瓦·时。

陈义龙（武汉凯迪控股投资有限公司董事长）：我们是种油桐，还有刺槐。

主持人：可种的东西太多了。

石元春：对，太多了。

主持人：说实话，在新能源领域，大家可能对太阳能、风能会了解得更多一些，但对于今天刚才各位听到的一个新概念生物质能源，可能了解得还不太多。石先生，您对这个领域很有信心，因为您最近出版的一本书的书名是《决胜生物质》，非常有气魄的一个名字。为什么这么有信心，真的可以决胜吗？

石元春：可以，老骥伏枥。

主持人：志在千里，那我们今天就一块和我们的石院士来看看生物质能源，我们是不是可以真正做到决胜，好吗？来，谢谢，我们请石院士入座，来，请坐。

（二人入座）

主持人：刚才他们说的原料好像听起来五花八门，什么都有，会不会让大家觉得有点乱？

石元春：在生物质能源中有三剑客：第一个就是固体的，叫固体能源；第二个叫液体能源；第三个叫气体能源。生物质是把太阳能的这个能量，经过植物的光合作用，利用光能将二氧化碳与水合成为碳水化合物，将光能转化为化学能。

主持人：那你现在是不是就是通过一定的手段把藏在生物体内的这些能量给它释放出来？

石元春：你不要着急，好戏还在后头。它有一个物质载体储能性很好，而且用起来很稳定，因为它的原料是各种各样的，本木大树也有、枝杈柴也有、畜禽粪便也有，这个什么草，各式各样的原料是五花八门。这似乎不好，恰恰它的原料的多元化，使得它有多种的转化途径。还有刚才他们几位没有说到的，另一个枪手。

主持人：哎哟，您这武侠小说一定看的很多。

石元春：我喜欢金庸的小说。我说的另一个枪手，也是谁都替代不了的，只有生物质能做的“生物基产品”。什么叫生物基产品呢？例如塑料瓶子。

主持人：塑料瓶子？

石元春：这个塑料瓶子是什么做的？它是石化产品，是以石油为原料做的。用风能来替代生产塑料瓶吗？不行。用太阳能来替代行？不行。但是可以用生物质替代石化原料生产塑料，而且是绿色的、可以生物降解的。

主持人：这可能是一个非常崭新的领域。

石元春：对。

主持人：我不知道您在最初的时候，面对这个领域的时候，是不是也是非常有自信说，这就是未来能够替代石油、替代很多传统能源的一个新领域。

石元春：这个我想认识是一个过程，因为我不是能源专家，我是个从事农业的教育和科技工作者。

主持人：这个也可以理解，因为80后现在都流行跨界，所以您早年其实就跨界，但这个界跨得是有点大，您本来是土壤方面的专家。

石元春：没错。那年好像是在2003年，国家正在制定中长期科技发展规划，我有幸作为一个中长期科技发展规划战略研究里的农业组组长，我就想这个农业，我干了半个世纪了。

主持人：是。

石元春：我总觉得这个农业，怎么就是不能使农民富起来？我觉得问题就出在传统农业只是生产稻麦棉、猪牛羊这些个初级农产品，生产链条向附加值高的环节上一延长，就不是农业了。世界上的事往往出于偶然，一次一位校友从美国回国开会时来看我，送给我一份材料，克林顿总统的一个总统令，“开发和推进生物基产品和生物能源”的第13134号总统执行令。我说这个东西很新鲜，一个气儿地看了下去。

主持人：特别激动。

石元春：特别激动，有点像发现新大陆的感觉。除了我思想上想到的把农产品加工这条线延长以外，原来还有另一个很大很大的天地，这个天地就是说把生物质、把我们的农产品和农民的废弃物，变成能源和生物基的产品，突然像在我的黑屋子里打开了一扇大窗户。

主持人：那您这种豁然开朗的喜悦有没有和您的同事一起去分享和交流？

石元春：当我们在一起研究、汇报和交流的时候，很多同志和专家都会说：“石校长，您要干嘛？您说的是什么？这事儿靠谱吗？”

主持人：他们还说得很含蓄。

石元春：有人奇怪地问：“你怎么会想到这种事儿？”

主持人：实际上翻译过来就是说：“石老师，您太不靠谱了。”

石元春：是的，太不靠谱了。叫你做农业科技中长期科技发展规划，你怎么扯出个生物质能源来了。令许多人不解的是，我竟很不识相地将他作为国家科技中长期发展规划中最高级别的“重大专项”报上去了。还不错，前几轮评议中过了关，到倒数第二轮被淘汰了。所以我决胜生物质的初战告败。

主持人：会不会很沮丧？

石元春：被淘汰是有思想准备的，但一点也不气馁，继续奋斗。我按毛主席的教导，采用“两杆子”的战法，一个是笔杆子，一个是枪杆子。

主持人：笔杆子怎么发挥？

石元春：你刚才说了，要种出一个大庆来，这就是笔杆子的第一篇。

主持人：您的枪杆子怎么使？

石元春：这是我慢慢悟出来的。我可以讲很多很多的好观点、好意见、好信息，但是我拿不出好的产品来。那时候我就开始接触企业家，开始交企业家的朋友，我也开始发动他们，我说这个事你们好好干，准没错！

主持人：可是您之前专注于科学研究，很少和企业打交道。说实话，在您要去和企业界接触过程中，心里会不会对他们有一些什么样的介意？

石元春：有那么多企业家在这，我好说吗？

主持人：来，大家愿意听实话吗？所以没问题，您放心说。

石元春：说真的，我们受传统教育较多，人说“君子是言义而不言利”，可是企业家是要言利，所以不太容易接受这种现实。但是在理性上，必须要依靠他们。

主持人：对。

石元春：因为他们手上有“枪杆子”，可以出产品。

主持人：我知道您的这个坚定与执着，您的鼓与呼也引起了中央领导的高度关注对吧？

石元春：是的。在制定2007年8月公布的国家可再生能源中长期发展规划中，我就在生物质能源上提供了不少“炮弹”。如果大家翻一翻这个规划，在可再生能源发展规划中，生物质能源绝对是第一位的。

主持人：关于生物质能源，在今天节目之前，我们也特别结合网络做了一个公众调查。我们一块来看一看现在生物质能源领域，大家都会有什么样的一些观点。这样的调查同样跟您刚才一样，也是实话实说，您觉得我是坦率地亮出这个板，还是稍微遮掩一点？

石元春：坦率！

主持人：好，听石院士的，大家给我加加油吧。

来，我们一块来看看中国生物质能源生存状况的一个调查，公众会觉得在这个领域当中的很多企业家都是半路出家，似乎含着不太看好的这种感觉。这当中的从业者容易被人当作骗子，您看连石院士当年人家都客气地说不务正业。再来，整个的商业模式不流行或者说不够清晰，大家看不到它的盈利点在哪里。还有呢，你这个原料太复杂、太低端了，这到底能不能成大事业，这都是我们所担心的。我们在座的各位企业家，遇到过这样的一些挑战吗？

陈义龙：应该说这几个问题我们都碰到过，很多政府部门就认为我们是做概念，是到资本市场去赚钱。因为我们下面一个上市公司叫凯迪电力，他说你这是做概念，是到资本市场去忽悠钱的，是个骗子。

主持人：那听到这样一些评价，你们的内心是什么感触？

陈义龙：这个可以说是非常辛酸的，那时我们是做一些基本的一些普及概念来告诉他，秸秆是可以发电的，秸秆可以生成高端的能源商品。

洪浩：我们开始进入生物质能这个领域，我想我们在座的各位刚才已经说了，都是半路出家的。

主持人：你们的原料是什么？

洪浩：我们是林业的枝杈材，也就是清林剩余物或者加工剩余物，主要是林业的。还有一部分是农业的废弃物，包括秸秆。

主持人：就是以前这些东西也同样是被大家当作没用的东西扔掉了。

洪浩：林业的废弃物是一个，不光它是一个废弃物，同时它也是火灾的隐患，也是病虫害滋生的隐患。因为这些废弃物是丢在山上的，细细的枝杈要经过四五年的时间才能腐烂，那么这个过程是滋养病虫害的过程，也是引起山林火灾的过程。那么我们当初进入这个领域，就是为处理这部分废弃的资源而做这个产业的，我们最终把它选择做成能源。所谓半路出家就是我们在思考能不能把这种公益行为变成一个商业行为，这样能够使得生态建设这件事情，能够让更多的人去参与。

主持人：那你要把它变成一个生意来做的话，是一件很容易的事或者说很难吗？

洪浩：很不容易，很难的事情。我们2006年开始进入这个领域，当时想得很简单，想把这个成型燃料给做出来，可是只有科研的投入，没有产出。您刚才说那个骗子的问题，其实骗子不光是来自公司外部，在公司内部，也有人质疑公司领导，你到底带我们走的一条什么路，我的工人就会质疑我，因为他看不到公司有产品出去。前三年我们都是在投入，没有产出，只有投入，工厂的工人前两年会想，你这个老板想干嘛？

主持人：你们都找了谁来推销你们的新能源？

洪浩：当初也是误打误撞，一个四星级的酒店，在长春市中心，是由马来西亚人管理的，叫“吉隆坡大酒店”。它是在集中供热的尾端，供热效果达不到酒店标准，所以冬季入住率相当低，有些楼层要加电暖器。当时他们有两种解决方案，一个是集中供热，一个是燃油锅炉，不但费用很高，供热效果还很差。在向他们推销生物质供热时，他们不接受，谈判持续了一年多。

主持人：在这长达一年的谈判过程当中，你们迈不过去的坎儿是什么？

洪浩：第一条是不相信这个能源可以这样用。后来老板的一个弟弟是做德国人生意的，他听说德国有这种东西。我们又告诉他，我们这个技术就是参照德国人的技术做的，所以才得到他们的认可。他们又担心原料没保障，于是带他们去看我们的颗粒燃料生产厂，这才放了心。还有很重要的一条，能不能帮他省钱，特别是不愿意动他原来的供热设备，这个顾虑也解除了。

主持人：那你是希望通过这一事件来树立一个品牌，而不打算从中盈利，是吗？

洪浩：事实上是盈利的。这个饭店以前供热一年要花500多万元，现在我们只收他270万，我们自己也有盈利。当然，我们做这件事情是要冒一定风险的，但冒这个风险也是非常值得的，因为他是我们的第一个用户。

潘文智：您说的这四个情况，德清源或多或少都有，但最多的是企业半路出家这一条。德清源是亚洲最大的一个蛋鸡养殖企业，我们每天有200方鸡粪需要处理，鸡粪在农村很抢手的，每方能卖到130～140块钱。请问主持人，鸡粪能卖130～140块钱一方，一手付钱一手交货，如果要你另投资6 000万元做个沼气发电，每方鸡粪的收益是110～120块钱，这个生意您做不做？

主持人：30分钟前我就决定不做这样的投资了，这肯定是个赔本买卖。

潘文智：您的回答可能和所有在座的朋友是一样的，没有人愿意投资这样一个项目。2005年我们公司打算上这个项目的时候，争论非常大。因为鸡蛋行业是个微利行业，花6 000万元搞这样一个不赚钱的项目，任何一个投资人都会考虑考虑的。

石元春： 但这类企业都存在环评和环检问题，环保投资也很大。如果把解决环保问题和发展新能源问题结合起来，就是有了个新结合点和新生长点了。

潘文智： 对。因为现在世界上越来越多的农业养殖企业，需要解决畜禽粪便污染问题。在三年运行中，我们总结了自己的专业技术、运行方案，也在国内外申请了专利。现在可以告诉大家，不仅在国内有这样市场需求，在国外也有，同样拿到了国外的订单，国外的同行也邀请我们去他们国家帮他们解决畜禽粪便污染环境的问题，帮他们解决畜禽粪便给环境带来的二氧化碳减排问题。

主持人： 拿你们的鸡粪做原料。

潘文智： 鸡粪用来生产沼气，沼气用来发电，剩下的沼液和沼渣可以通过管道输送给当地农民，种植有机产品，包括有机玉米作为鸡饲料，我们就是通过这样一个循环的方式，把鸡粪处理了，同时我们又产生了能源，宝贵的电力。

主持人： 对德清源的老板来说是又一次在半路出家的过程中找到了新的希望。听说你们老板原来是搞导弹的，后来就卖上了鸡蛋，现在又卖上了生物质能源。院士，鼓励一下他们吧。

石元春： 对！咱们带头鼓个掌，给他们一个鼓励。

潘文智： 谢谢，谢谢。

主持人： 公众对于这个行业的理解，就如同一个种子播下去的时候，大家不知道它的未来能够长成什么样。有人说这是参天大树，有人说这是低矮的灌木丛，到底它现在面临的困难是什么？它的发展前景又会是什么？

李京陆： 就是您刚才说的那个商业模式。

主持人： 对。

李京陆： 是吧。说我们是骗子也好，或者说我们半路出家也好，这些都可以不去计较它，自己做的事情自己是清楚的。在太阳能和风能发展特别热、我们的生物质能很冷甚至亏损的时候，凭什么你要坚持？因为我们知道现在整个世界都搞低碳经济，在这个过程中会发展低碳产品的。

主持人： 对。

李京陆： 我们在鄂尔多斯沙地种沙柳可以吸碳形成碳汇；用沙柳发电，可以减排；还通过养殖优质螺旋藻捕捉二氧化碳。

主持人： 这个过程是怎么来进行的，你们现在从沙漠已经跨入到水域里了？

李京陆： 生物质电场的烟气，就是我们过去说的那个袅袅炊烟，它是非常干净的，它和烧煤出来的烟是完全不一样的。

主持人： 浓烟滚滚。

李京陆： 它本身就是植物的一种变形，就是燃烧以后的变形，当它再回到水里的时候，它是带着丰富的二氧化碳和氧化氮等一系列的有营养价值的东西，这个对藻类来说，正好是它需要的。所以说我们实现了我们的商业模式。我们在沙漠里能有今天，是由于我们的发电从原来的巨亏变成略亏，但是有一条，我们的烟转化成了高价值的产品。

二氧化碳的吸收、二氧化碳的减排、二氧化碳的捕捉，这三个碳对应着三个实体产品，对应着三个虚拟产品，现在不亏而有盈，将来一定会大盈利。

主持人：谢谢。我们希望你尽早传来大盈利的好消息。

李京陆：后年。

主持人：好，明后年。

石元春：我很愿意跟这些企业家们接触。

主持人：因为他们都是您鼓吹到这个行业里的。

石元春：他们也确实给了我信心和力量。我再鼓吹一下行吗？

主持人：好，继续鼓吹，大家欢迎。

石元春：现在他们这些大约就是学龄前或者是刚上小学，也就三五年级的小学阶段，还处在一个非常艰难的时候。我们大家看到这个事业，它不仅是一个简单的盈利模式，而是一种社会责任，体现的是一个综合效益，只要国家和农民需要，我想会有更多企业家和资金进入到这个领域来。所以我才敢说为什么要决胜，因为我们这个事业是非常高尚的。

李十中（清华大学新能源研究所副所长）：目前在能源里边最重要的是石油，目前还是石油经济，美国它从20世纪和21世纪都围绕一个石油。

主持人：这个工业的血液的地位现在依然不可撼动。

李十中：对！现在国外都是用生物燃料替代石油的，是一种priority，"首要"的意思。今年8月份，北京市政府组织代表团去访问瑞典斯德哥尔摩，它的城市公交系统完全不用化石能源，不用柴油了，有450辆乙醇公交车、101辆沼气公交车，一年可以替代14 000吨柴油，减排41 000吨二氧化碳。我们北京市有多少公交车呢？大约是22 000辆，21 760辆，它一年要烧多少油呢？是42万吨。按它这个数量算乘以30，北京市公交车如果改用燃料乙醇燃料，可减排300吨细颗粒物和3 000吨氮氧化物。如果我们能种出一个大庆替代化石石油，我们就不需要进口那么多石油了。

主持人：好，谢谢你。我觉得李教授比您（对石）更有信心，你说种出一个大庆油田，他要种两个。

石元春：种出一个大庆油田，是一种概念。通过这些年来大家的工作和我自己的提高，把它延伸了一下子，就是建议国家在十二五计划中开始着手制定建设绿色的"三田"，即绿色的煤田、油田和气田的计划。比如说绿色煤田，现在就有四大片，秸秆煤田、林业剩余物煤田、沙地煤田、荒山荒坡种树种草的煤田，其年产可相当于9亿吨原煤产量。

绿色煤矿还真开成了。刚才李京陆介绍的鄂尔多斯沙地绿色煤田开成了；北京德清源的鸡粪煤田开成了；凯迪介绍的秸秆绿色煤田开成了；洪浩介绍的林业剩余物供热的绿色煤田开成了。这些“枪杆子”已经有了斩获。

再说绿色油田。据农业部提供的最新资料，大约我国有8片荒地可种生产液体生物燃料的原料植物，如果加上不宜种粮的低产地农田，大约每年可产1亿吨的燃料乙醇。至于绿色气田，我们国家天然气极缺，现在我们完全有可能用生物沼气替代。花大量的钱到国外去买油买气，为什么不建立我们自己的绿色油田和气田呢？不说别的，就说现在每年1万多个亿元的买油款，给外国解决了内需，为什么不放在国内扩大内需呢？

主持人：好，生物质能源的发展形势不错。回过头来看看生物质能源生存状况调查的题板，看起来还是让人有些不放心。但是我们也可以换一个视角来解读同样的一些答案，我们可以把这个题板翻一面，看看我们这样的解读您是否认同。

其实对于一些半路出家的企业来说，这是他们重新创业的一个新开始；如果说这个行业当中的人在早年会被大家当作骗子的话，现在我们知道了，其实他们身上有很多的社会责任感，我们试着用高尚这样的一个字眼来形容他们；如果说他们的商业模式不流行的话，而在现实环境下，已经有不少企业找到了自己可以持续盈利的一个方式；原料复杂和低端，其实这可能正是我们生物制造的一种新的机会。您觉得我们这样一个解读，会不会让这个行业当中依然在坚守的这些人有更多的信心？

石元春：怎么样，咱们鼓掌。怎么样，支持我们主持人的这四个答案。原来主持人早就胸有成竹了。

主持人：其实我觉得现场给我的这个掌声让我觉得非常欣慰，因为说明大家都不会放弃自己目前正在坚守的事业。所以我相信您会在未来的日子里，继续为之鼓与呼。

石元春：绝对会。

主持人：生物质能源还是会遭遇到各种认同者和不认同者，包括今天我们的现场，也许还会提出一些他们自己的看法。

石元春：我很愿意听。

主持人：好，您准备接招。

我们把第一个提问权利交给王先生好不好。这个行业如果要做大的话，其实资本的力量是我们可以依赖的一股重要力量，作为来自这个领域里的王先生，您听了那么长时间，您现在会不会下决心在这个行业当中有大的投资、大的手笔？

王刚（维思资本创始合伙人）：下这个决心还早。我个人认为真正的原因是我们还没有寻找到一个真正的商业模式，这种商业模式可以使这个行业的企业都能盈利，自然就会有越来越多的企业来参与到这个行业里来。比如说我们看到太阳能也好、风能也好、核电也好，在这些行业里头的每个环节都会变成一担真正的生意。

石元春：我请教王先生一个问题。我不懂投资，也不懂你们这个行业，是不是你们的行业唯一的目标就是“赚钱”这俩字。你们的投资包括不包括前景性的、风险性的，还是说只看眼前，谁能赚钱，我给你投钱。那就干脆炒股？

王刚：我们这个基金是义利兼备的清洁能源基金。我们投过太阳能、风电、核电、节能减排，都是对环保有利的。作为一个财务投资者，必须对我们的股东负责，因为他的钱交给我们管理，我们必须给他们创造一定价值回报，这是您的第一个问题。

第二个问题，我们是前瞻性的投资，比如说你今年哪怕不挣钱没关系，但是你明年可能是微利，后年你可能有较大增长。我们投资的不仅是你现在的状况，还有你的未来，这个产业是不是能做到足够大，盈利会不会逐渐增加？

石元春：刚才王先生讲的话，最后一句话我爱听，就是你们也考虑到前瞻性的，我们还是有共同的结合点的，我很高兴。

王先生，在你考虑投资的时候，建议您注意生物质原料富集地正是在我国经济最发达的东部和南方，原料紧接市场，而风能则需远距离输送。960 万千米^{2}的国土面积里，只有 20 万千米^{2}的西北与青藏高原可用作风电场，并不是说哪儿有风，哪儿就能发电的。

主持人：石院士非常谦虚说他不懂资本的力量，但是他刚才的表述特别像一个谈判高手，对不对？

好了，关注完资本，咱们再来看看现场还有什么样其他的关注。

学生：我是一个青年大学生，听完院士的介绍和现场嘉宾的讨论，学到了很多东西。但是我有一个感觉，生物质能源离我很远。我作为青年活动者，我不知道要通过什么样的活动来推进这样一种很好的观念的传播。如果是风能、太阳能，那很简单，我在校园或者社区选一个点，几个同学做一下风速或者太阳能的测算，写一个成本收益核算表，给到社区或者校方，可能通过三个月或者半年的跟进，我就能建起一个风车或者几个太阳能电池板，带动一条路上的路灯。

主持人：很直观。

学生：对！那么生物质能源，我们青年想要做这件事情，但是我们究竟应该怎么样推进这样一种观念？

石元春：这位同学很可爱。我给你出一个主意，很简单。回你们学校，到食堂去看看厨余垃圾，厨余垃圾本身就是制造生物柴油和生物沼气的重要原料。厨余垃圾中有许多油脂，在日本做得非常巧妙，设计了一个小型装备，和洗衣机差不多大小，先把厨余垃圾中的固体和液体分开，再把液体中的水油分离，油脂经催化处理即可成为驱动汽车的生物柴油。这位同学，我这个建议可用吗？

学生：谢谢您。

主持人：好，她得在学校贴一张海报，邀请大家来参加这个活动。现在征集一下海报的名字，我觉得可以把她刚才提到的两点写上去，比如说太阳能很热，风能很“疯”，现在请院士来补充一句，生物质能源如何？

石元春：生物质能源很生。

主持人：很“深”。

学生：谢谢您。

石元春：我说的这个“生”有两个谐音，一个是大家对它很生，很生疏。我今天讲两个钟头，也许有同志还是一头雾水。

另外是“深”，深刻、深不见底，看你敢不敢去探这块宝。

学生：主持人您好，教授您好，我刚才听了您的描述，我想讨教教授，如果我们从事这个工作前景肯定是很好的，但是跟风能和太阳能相比之下，这个还欠点火候。

主持人：现在还是在校学生对吧？

学生：嗯。

主持人：这位在校的学生也许在考虑他的将来，看得出他心里的这个平衡好像倾向于太阳能或者风能这些新能源，如果说我们生物质能源这个领域缺人才的话，你有信心能够吸引这样一些有志青年来吗？

石元春：好，我想吸引他一下。

主持人：好。

石元春：在我们国家，现在都在讲清洁能源是吧，清洁能源有多少，你们回答得出来吗？我估计好多数人回答不出来。中国有多少清洁能源？除了太阳能以外（尚未发布资料），有 21.5 亿吨的标准煤，其中生物质能占 55%，水能占 27%，风能占 15%，核能占 3%。也就是说在资源量上，生物质能是最大的。

如果是我的孙子，我一定会对他说：“亲爱的孙子，如果你有志向于新能源领域，我建议你还是搞生物质，要你自己做出判断，敢赌它一把吗？”

主持人：他已经准备唱《听爷爷的话》这首歌了，他决定要来赌一把。其实这个赌不是说完全没有任何心理准备，我想刚才我们对于这个行业的描述，应该你已经了解得比较透彻了。这个行业目前已经吸引到了越来越多的人在关注、在加入。接下来我会为各位介绍一位长者，他其实是我们国家研究传统能源的一位资深的专家，但是现在他对于生物质能源的关注可能也是一个非常高、非常高的高度，我们一块来看看我们的采访。

（屏幕）闵恩泽（两院院士；2007 年获得国家最高科技奖）：所以我最近的主张，我觉得应该把生物柴油作为一个新兴产业来好好抓。它的最大的好处就是不要石油了，对吧，减少温室效应，出来清洁燃料，号称一石三鸟的技术。

生物柴油我还是在不断地搞，所以我们能做些什么，还是比较前瞻、看得远一些的事情，比较适合自己的定位，你做这个比较合适。

主持人：这位是闵恩泽院士，是拿到我们科技奖的最高荣誉的一位资深的院士。我觉得他的这个转身可能是很多人所关注的，从传统能源领域进入到这个领域。

石元春：我跟闵院士很熟，他的这个转身我是意外的。闵院士已 87 岁高龄，是我国石油化工界最受尊敬的元老。他一生献身于石油界，功勋卓著，2006 年 82 岁时他在发表的一篇文章中写道："从长远看，石油终将枯竭，利用取之不尽，用之不竭的农林生物质资源将会逐步兴起。由石油碳氢化合物生产的化石燃料，终将会由碳水化合物生产生物质燃料逐渐部分替代。让我们加强生物炼油厂的研究，迎接'碳水化合物'新时代的到来。"这篇文章和这段话给我很大影响和鼓励。他的这一段话比我刚才讲的所有话都更有分量。

主持人：所以在未来一定会有越来越多的人，他们都会加入这个行列当中，跟您一块来决胜生物质。其实决胜生物质是您这本书的标题，在这一刻，我们看到院士非常强有力的一个动作，这个是不是就代表了决胜的含义？

石元春：对，决胜！我的这本书叫《决胜生物质》，希望我们的全国的笔杆子与枪杆子联合起来，也希望在政府的正确领导下，带领"两杆子"去决胜生物质。我们行！

主持人：这是一种决胜的气度，可能决胜在未来，准备在今天，在生物质能源领域，我们有了今天这样理性的探讨，我们有了热切的关注，其实我们的决胜也有了一个扎实的基础。未来我们希望所有人相遇的时候，我们都会说我们行！中国行！

谢谢各位关注今天的节目，谢谢您。

26 生物质能源主导论

——为编制国家“十二五”规划建言献策

【写作背景】

2010年11月初，国家发改委主任张平在北京宣布启动全国人民为编制“十二五”规划建言献策活动。作者为此撰写了万言进谏书，以国家视角，全面论述了生物质能源发展的国内外形势和中国应取的对策。建言中旗帜鲜明地提出和全面论述了我国可再生能源发展中应以生物质能源为主导的观点。谏言书在递交国家发改委同时，发表于2010年12月9日的《科学时报》，文中8幅插图删略。

生物质能源主导论
科学时报
生物质能源主导论

26.1 需要有一个新的国家能源战略

近年全球气候变暖和化石能源资源渐趋枯竭的坏消息频传，应对全球气候变化和能源转型已成为一股强劲的世界潮流。美欧和巴西正在领跑这场21世纪的“马拉松赛”，我国情况又是如何？

中国经济快速发展，能源需求剧增，缺口不断扩大，以及化石能源资源贫乏的先天不足的矛盾日益突出。以2005年计，中国煤炭、石油和天然气的储采比分别为52、14和45，也就是说，如无重大矿藏资源发现和不计进口，中国的煤炭、石油和天然气分别只够用52年、14年和45年。如按2010年计，就更加令人寝食不安了。

面对剧增的能源需求与缺口，现行的做法一是“竭泽而煤”，2000年的原煤产量12亿吨，2007年上升到25.3亿吨，7年翻了一番，一缺电就想到挖煤；二是石油和天然气到国外去买去采，2009 年的石油进口依存度 53.6%，天然气也近 30%，油气已是事实上的立足国外了。

我国虽也提出 2020 年可再生能源在能源消费总量中达到 15% 的目标，可是按大水电属传统能源的联合国惯例就只剩下 7.5% 了。此外，这是按 2020 年能源消费总量 40 亿吨标煤计算的，显然这是打不住的，所以实际比 7.5% 还少。2009 年末国家能源局又提出“实现到 2020 年非化石能源占一次能源消费比重达到 15% 左右”，也就是加进核能后仍是“15%”，可再生能源的指标可能不到 5% 了，而美欧是 20%，巴西瑞典更高。再说，我国以煤为主的能源消费结构使二氧化碳排放量居世界首位，大气污染严重和减排的国际压力越来越大。能源资源极贫，需求与缺口剧增，事实上的立足国外，以及在化石能源上大刀阔斧和一掷千金，而在可再生能源上遮遮掩掩和裹足不前的现实说明，我国的能源形势已经相当严重，病得不轻了。

当今世界，经济即国力，能源是基础。我国的崛起必然引起美日等国家的警觉与反制，能源不能自主和需求立足国外乃国之“软肋”与重大隐患，一旦有个风吹草动，对国内经济和社会的负面影响将不可估量。崛起中的中国需要的不是踌躇满志，而是多一些忧患与安全意识，多一些远虑和“未雨绸缪”的谋划。近十年中国和世界能源形势变化实在太大了，早先提出的 48 字能源方针和现行能源政策应该重新审视与评估了，需要研究和制订一个新的国家能源大战略，其关键词至少有“自主”“安全”与“积极转型”。

26.2 发展可再生能源以生物质能源为主导是世界大趋势

在未来相当长的时间里，化石能源仍将是主导性能源，所谓的能源转型主要是指可再生能源对化石能源的逐渐替代。在此过程中，各国竟殊途同归地走上了以生物质能源为主导之路。

在早期，20 世纪 70 年代爆发世界石油危机和开始寻求石油替代时，美国的玉米乙醇、巴西的甘蔗乙醇、北欧的生物质发电、德国的沼气等纷纷出台。后来美国进行甲醇车用燃料试验失败后进一步确认了生物乙醇方向，瑞典在进行公交车的 9 种替代燃料试验后也最终选择了沼气与生物乙醇。

1999 年美国发布了《开发和推进生物基产品和生物能源》总统令，制订了一个关于到 2030 年以生物质燃料替代目前石油消费总量 30% 的发展目标，占国家电力的 5%、交通运输燃料的 20% 和化工产品的 25%。2005 年美国能源部给国会提交的一份报告说：“生物质已经开始对美国的能源做出贡献，2003 年提供了 1 亿吨标煤能量，占美国能源消费总量的 3%，超过水电而成为可再生能源的最大来源。”

美国 90 年代开始建设大型风能和太阳能试验装置和逐渐加大开发力度，却更彰显了生物质能源的主导角色。分别于 2005 年、2007 年、2008 年和 2009 年经国会通过的《美国能源政策法案》《能源自主与安全法案》《农业法案》和《美国清洁能源安全法案》均是以法律形式确定了生物质能源的主导地位和具体发展指标。据美国能源信息署（EIA）不久前发布的《能源展望 2010》预测，2008 年至 2035 年间石油消费量的增长部分将全部由液体生物燃料提供，燃料乙醇的消费量可占到石油消费量的 17%，以及使原油进口依存度由 70% 以上降低到 45%；发电量的增量中可再生能源占 41%，其中生物质发电占 49.3%、风电占 37%、光伏发电占 4.2%。也就是说，未来的二三十年里，美国的生物质能源不仅要全部担当起替代石油增量的任务，还要在可再生能源发电中挑起半壁河山的重担。

2007 年欧盟通过立法提出 2020 年能源消费总量中可再生能源要占到 20%，交通部门燃料消费中生物质能源要占到 10% 的目标。瑞典是一个杰出代表，其能源消费结构中的石油份额由 1970 年的 77% 下降到 2008 年的 32%；生物质能的工业用途达 1 230 亿千瓦·时，分别是天然气（100 亿千瓦·时）和煤炭（270 亿千瓦·时）的 12.3 和 4.5 倍。其生物质供热发电 1 030 亿千瓦·时，占全国能源消费总量的 16.8%，占供热能源消费总量的 71.6%。在 2006 年的世界生物质能源大会上，瑞典总理佩尔松宣布：生物能源已能满足目前瑞典 25% 的能源需求，2020 年瑞典将成为世界上第一个不依赖石油的国家。

在巴西，生物燃料产值已经占到全国 GDP 的 8%，超过信息产业而排在了第一位。巴西已建成 10 大甘蔗乙醇生产基地和由甘蔗种植—乙醇加工—专用汽车 FFVs—国内市场—国际贸易的一套完善体系。在 2008 年的“国际生物燃料大会”上，巴西全国公民协会主席 Dilma Rossef 在开幕词中讲道：巴西的经济是建立在可再生能源基础上的，目前全国以生物乙醇替代了 50% 的汽油（2009 年达 56%，石注），生物柴油替代了 3% 的化石柴油，这一比例正在快速提高。2003 年启动的灵活燃料汽车（FFVs）市场，现已有 700 多万辆（2010 年 2 月已超过 1 000 万辆，石注），汽车销售中 90% 以上是 FFVs 汽车。巴西国内有 1.2 万架小型及农用飞机使用乙醇燃料。

印度于 2004 年开始石油 / 农业领域的“无声的革命”，制订了 2011 年全国运输燃料中必须添加 10% 乙醇的法令，违者将被起诉等。连生物质资源贫乏的日本，2002 年也经内阁会议审议通过了《日本生物质综合战略》，提出由“石化日本”向“生物质日本”的战略转变和制定了“摆脱石油”的时间表。

为什么各国在可再生能源发展中不约而同地走上了以生物质能源为主导的道路，主要是因生物质能源的特质所决定的。

26.3 以生物质为主导是它的特质决定的

能给地球持续提供能量来源的是太阳辐射。由于球体不同部位接受的辐射量不等和不同地面物质的不同热反应而导致近地面大气流动和蓄动能于风；导致水在地面与大气间蒸散与凝降而蓄势能于江河；通过植物光合作用而蓄化学能于生物质，以及可以通过人工设施而集聚太阳辐射的热能和发电。所以，风能、水能、生物质能和太阳能乃太阳辐射赋存于不同载体所表现出不同能态，是一母所生的兄弟，但又是“龙生九子，九子不同”。

风能、水能、太阳能、地热以及核能、氢能和未来的核聚变等均为物理态能量，需要通过复杂的技术和装备才能转化为电与热，而且风能和太阳能很不稳定和储能性差。生物质能则别具一格，是太阳辐射经植物光合作用加工转化后形成的，以生物质为载体的一种化学态能量，既稳定又储能，原料易得，现代加工转化技术与途径多样，产品既有热与电，又有固、液、气三态的多种能源产品，以及塑料、生物化工原料等众多的非能生物基产品，这些特质与功能是其他所有物理态清洁能源所不具备的。

此外，生物质能源的生物性使它与农业和农民有着亲密关系，可以帮助农民增收，促进农村经济发展，这也是其他所有物理态清洁能源做不到的。正是这种特质与功能，使人们在需要对化石能源替代时，首先想到的是生物质能源，利用已有技术进行生物质的直燃或混燃发电；利用甘蔗、玉米和纤维素等生产乙醇和生物柴油；利用畜禽粪便和城市污水垃圾等生产沼气等。这是生物质特质所决定而不是人的意志和政策导向所能长期左右的，谁看不到这一点谁就会吃亏。

26.4 对生物质能源不能就能源论能源，要上升到解困“三农”和实 现农业现代化的战略高度

美欧等工业化国家很重视生物质能源的促农功能，对农村经济还很落后的发展中国家就更具重要意义。中国的“三农”问题已严重影响到社会公正与和谐稳定，影响经济的健康和持续发展，生物质能源正是解困“三农”的一剂良药，发展现代农业的必经路径。

中国“三农”困境的病根是将 8 亿农民捆绑在人均不到 0.1 公顷土地上从事附加值极低的粮食和初级农产品生产上，他们的收入增长和享受到的福利怎能与城里人相比，城乡差距只能越拉越大，这是长期执行工农二元化和城乡二元化的结果。正如十七届三中全会提出的，“当前推进农村改革中城乡二元结构造成

的深层次矛盾突出”，要“把着力构建新型工农、城乡关系作为加快推进现代化的重大战略”。十七届五中全会提出要“更加注重保障和改善民生，促进社会公平正义”和“加快发展现代农业，拓宽农民增收渠道”。当前中国最大的“民生”和“公平正义”就是对8亿农民的民生和公平正义，而发展“现代农业”的根本是要改变现行的落后的农业产业结构。免农业税、发种粮补助、搞新农村建设等非常必要，但更重要的是培育“三农”自身的“造血功能”和“成长机制”。

将“三农”局限于初级农产品生产的产业结构是不行的，必须将生产链条向农产品加工和生物质产业等高附加值方向延伸并组织农民参与，必须推进农业和农村的工业化、市场化和城镇化，否则现代农业就是一句空话。生物质产业的原料生产一头在“三农”，加工和市场一头在工业和城市，是“构建新型工农、城乡关系”的最佳“纽带”和“抓手”。而且生物质能源又是清洁的、低碳的、可持续的，是一个市场需求极旺的时代宠儿，国家何不将这个时代机遇尽早地惠及“三农”？

如果使每年可用于能源的4亿吨秸秆（其中1亿多吨被白白露地焚烧）得到开发，可相当于8座三峡发电站和帮农民每年增收800亿～1 000亿元；如果利用非粮低质边际性土地种植甜高粱和薯类，可每年转化为1亿吨燃料乙醇和使农民增收1 000亿～1 500亿元；如果开发畜禽粪便等有机废弃物，可转化为900亿米^{3}的天然气（相当于全国现消费量）和使农民增收1 000亿元。这是多么宝贵的一笔财富，它还可以促进农村工业化、城镇化，农村富余劳动力就近转移就业，缩小工农差距和城乡差距；可以实现国家公平正义，科学和谐地发展和维护社会稳定。这种对农民对国家功德无量的事情难道不值得在“十二五”规划中浓墨重彩一笔吗？

农业部门是美国实现节能减排的重点。奥巴马总统上任才两三个月就对农业部长Vilsack下达了总统令，要求农业部大力加快生物燃料产业的投资和生产，在美国建立永久的生物燃料基地，扩大生物燃料基础设施，利用这个产业为美国加快发展农村经济提供唯一的机会，同时减少对外国石油的依赖，迎接21世纪美国国家最大的挑战之一。可惜在长期受工农二元影响下的中国，生物质能源被“就能源论能源”地划归到能源工业部门而备受歧视、欺侮和冷落。最近成立的国家能源委员会的组成中，连外交部都参与了，唯独没有农业部和国家林业局，从另一个侧面反映了我国当前重化石能源轻生物质能源，和重外轻内的倾向。

我国一面强调“三农”是“全党工作的重中之重”和“着力构建新型工农、城乡关系作为加快推进现代化的重大战略”，一面又忽视以至排斥能够“构建新型工农、城乡关系”的重要“纽带”和“抓手”，这是观念落后和行政体制不健全的一种表现。希望“十二五”规划中不要再“就能源论能源”地对待生物质能源了，只有打破现行的工农分隔体制和上升到解困“三农”和实现农业现代化的战略高度，“十二五”规划中的生物质能源才有可能科学到位。

26.5 中国生物质能源具有突出的资源优势

在我国的可再生能源中，生物质能源占尽了资源优势。

据中国工程院可再生能源发展战略咨询报告资料，我国水电的经济可开发量4.02亿千瓦，年发电量能力1.75万亿千瓦·时，开发程度32%；陆地风能（离地面10米高度）的技术可开发量2.97亿千瓦，可开发面积20万千米^2，离岸20千米海域范围内技术可开发量1.80亿千瓦，可开发面积3.7万千米^2（即能形成风电场的面积为国土面积的1/40）；可利用的生物质原料资源量为11.71亿吨标煤，其中48.2%来自农林有机废弃物，51.8%来自低质边际性土地上的能源植物；太阳能资源丰富，但目前尚无资源量的具体数据。

我国不含太阳能的清洁能源的年开采资源量为21.48亿吨标煤，其中生物质占54.5%，大水电、小水电和风电分别占18.5%、8.7%和15.5%，核电为2.8%，生物质能源的资源量是水能的2倍和风能的3.5倍。在区域分布上，水能资源集中于西南，风能和太阳能资源集中于西北和青藏高原，而生物质资源则富集于经济发达的东部与南方。风能与太阳能的资源富集区与终端市场的分离，使得如河西走廊的风电需经一两千千米的远距离传输，而生物质能源则可以就地消费。

不同生物质原料适合生产不同的能源产品，经原料与产品的匹配与整合，11.71亿吨标煤的生物质原料中，约4.59亿吨标煤的产能（39%）适合于生产液体燃料以替代石油；约5.59亿吨标煤产能（48%）适合于生产固体燃料以替代燃煤；约1.53亿吨标煤产能（13%）的生物质原料适合于生产气体燃料以替代天然气。

我国的可再生能源中，生物质能源的资源量最大和占尽区位优势，原料与产品又多种多样和可以全面替代石油、煤炭和天然气，生物质能源是篇值得大书特书的大文章。

26.6 固体生物质燃料要有个大的发展

生物质原料资源中以固体者最多，仅作物秸秆、林业剩余物和林地生物质三项的年产能潜力即超过7亿吨标煤，其中秸秆原料与木质性原料分占四成和六成，分别富集于农田和林地，可以有直燃发电、混燃发电、裂解汽化或液化等多种转化途径与产品。固体燃料可随着资源状况和技术成熟度的不同而在不同时期和地区选择不同开发重点，宜多元化开发而不存在绝对优劣取舍与非此即彼。

生物质供热发电是最简捷的一种对煤的替代方式，至今在美欧仍为生物质能源的重要品种，技术成熟和产业化程度最高，可作为我国近中期选择开发的重点。当前可用于能源的 4 亿吨秸秆中被白白露地焚烧掉的就有 1 亿多吨，仅以此转化为电力即可相当于两个三峡电站。另一大块是我国的 1 亿公顷天然林需要人工抚育，每五年轮流清林一次，平均每年可获得 1.6 亿吨生物质，相当于一座年产 1.3 亿吨的煤田。生物质直燃发电要注意向热电联产和混燃方向发展，将热效率提高到 90% 以上。同时注意因地制宜地发展热裂解汽化和技术成熟后的秸秆沼气与纤维素乙醇，使更多营养物质回归土壤。

开发固体生物质原料的瓶颈是它的松散，能量密度低和不便运输流通。经粉碎压缩后的成型燃料则可以解决这道难题，其容重与热值接近于原煤，且干净、便于运输和市场流通。当前我国成型燃料宜以供热市场为主，特别是全国几十万个中小燃煤供热锅炉因难以清洁燃烧而成为节能减排的死角和难点，成型生物燃料替代是一种最佳选择。

成型生物燃料可直接用于燃烧供热发电，也可以作为裂解汽化 / 液化，纤维素乙醇和其他生物基产品的原料。成型燃料从原料收集、成型、运输及相关机械制造是一个较长的生产链条，可以吸引企业资金、技术、管理和服务的参与；可以带动农村工业，提供就业岗位和增加农民收入，这是一个有数亿吨产品交换流通的大市场，培育成型燃料市场对推动固体生物燃料产业具有重要意义。按《可再生能源中长期发展规划》，成型燃料的 2020 年指标是 3 000 万吨，目前仅几十万吨，“十二五”期间要有一个大的发展。

秸秆直燃发电是“十一五”期间产业化推进较快的一种生物质能源。截至 2008 年底，国家发改委已审批 170 余项生物质发电项目，总装机容量 460 万千瓦；已投产 50 项，装机容量 110 万千瓦。按《可再生能源中长期发展规划》2020 年生物质发电的 3 000 万千瓦指标，“十二五”期间至少需要新增 1 000 万千瓦以上的生物质发电能力。有人担心秸秆发电是否会影响还田，其实几千年来一半以上的秸秆都是用作薪柴，从来就不是全部还田和养牛的，更何况当前并不是争夺秸秆资源，而是尽快治理亿万吨冗余秸秆被露地焚烧的顽疾。有人认为收集和运输秸秆耗能多不合算，其实秸秆的收集、打捆和运输的机械化基本解决，收集半径不过百公里，肯定比从数百公里外运煤到火电厂的耗能少得多。

26.7 燃料乙醇不能停，要加快步伐

我国石油资源最缺，需求增长最快，进口依存度最高，无疑应为能源转型替代的重点，尤其是运输用燃料。美欧与巴西等对运输用化石燃料的替代主要是燃料乙醇，美国 2020 年的替代目标是汽油消费量的 20%；欧盟是生物燃料占运输燃油的 10%；巴西现在已达 56%，我国仅 2%。自 2005 年到 2009 年，美国燃料乙醇的年产量新增了 2000 万吨、巴西新增了 700 万吨、欧盟新增了 250 万吨，我国仅新增 60 万吨，严重滞后。

我国“十五”以陈化粮乙醇起步，2005 年过百万吨，居世界第三。“十一五”期间因粮食趋紧而叫停新增粮食乙醇和鼓励发展非粮乙醇是非常及时和正确的，只可惜此间粮食乙醇生产依旧，非粮乙醇只完成了新增 200 万吨指标的 10%。在“十一五”的前四年里，我国汽车由 722 万辆增加到 1 364 万辆，石油净进口量由 1.68 亿吨增加到 2.19 亿吨，而燃料乙醇仅增加了 32 万吨。再次说明当前应对石油和运输燃料缺口迅速扩大的办法单纯以巨资到国外去买而不重视对本国绿色替代能源的开发，这无疑是短视和有害的。

第 1 代的粮食乙醇在我国绝不可行，现有的年产 100 多万吨也应该尽快转为非粮。美欧斥巨资攻关多年的 2 代纤维素乙醇，因技术难度太大而不久前宣布大幅调低 2011 年的生产指标，而我国在纤维素乙醇上一直没有认真下过功夫。2010 年燃料乙醇年产仅一百多万吨，2020 年的指标是 1 000 万吨，如此大的任务，靠粮食乙醇吗？绝不行！靠纤维素乙醇吗？太不实际！靠什么？

2010 年 5 月在北京举行的中美先进生物燃料论坛上，我们提出了“1.5 代乙醇”的概念，即以中国优势的非粮能源作物甜高粱、薯类和菊芋等为原料生产燃料乙醇，技术成熟，设备国产，可较快形成产业化和规模化生产。发展非粮乙醇还能将我国千万公顷沉睡的边际性土地和广大农民的积极性激活起来，它是完成 2020 年 1 000 万吨燃料乙醇指标的唯一和最佳选择。令人高兴的是，制约甜高粱乙醇产业化的发酵工艺瓶颈最近终于得到解决，清华大学 ASSF 固体发酵技术及其产业化生产在内蒙古的成功将极大地推动我国具有巨大潜力的甜高粱乙醇的发展，希望能引起政府的关注。

“十一五”即将过去，“十二五”的燃料乙醇该有个说法了。是 1 代、2 代，还是 1.5 代？新增 300 万吨还是 500 万吨？是按“十一五”不成功的政策还是放开和鼓励民营中小企业参与的政策？当然，在抓 1.5 代乙醇的同时，一定要下真功夫抓实纤维素乙醇和微藻生物柴油的研发，做好技术储备，做到兼顾当前与长远，现实与未来。

26.8 产业沼气对天然气的替代该提到议事日程上了

20 世纪八九十年代，在中国开始发展农村户用沼气的时候，德国与瑞典等开发了沼气的规模化生产与工业性用途，我们叫它“产业沼气”。30 年过去了，中国农村户用沼气池从 600 多万个发展到了 3 000 多万个和年产沼气 120 亿米 ^{3}，而欧洲的产业沼气也由以城市污水和有机垃圾为原料发展到以畜禽粪便和专用能源作物为原料；由传统厌氧发酵工艺发展到连续搅拌发酵（CSTR）和中高温发酵工艺；由供热发电发展到对天然气的替代；由环保目标发展到能源环保目标。德国有 4 780 家沼气厂（2009 年），装机容量 1 600 兆瓦；瑞典有沼气驱动车 1.5 万辆（2007 年），加气站布网遍布全国，预计 2040 年前后全国天然气消费将由产业沼气替代。变压力为动力，俄乌“斗气”加速了欧盟沼气对天然气的替代，2009 年的产业沼气产量已达 140 亿米 ^{3}。

我国继石油进口依存度过半后，液化石油气的进口依存度也快速上升到 30%。由于天然气缺口迅速扩大和供应吃紧，近年以巨资向澳大利亚、土库曼斯坦、伊朗、俄罗斯等大规模引进天然气和在沿海大规模设立 LNG 接收站，而国内丰富的沼气原料资源却弃而不用。我国仅大中型养殖场废水、工业有机废水和城市污水三类原料即具年产 830 亿米 ^{3} 沼气，或 700 亿米 ^{3} 天然气的资源潜力，接近于现全国天然气的年消费总量。产业沼气的原料比较集中，易于收集和规模化生产，生产过程即是有机污染物的无害化和资源化过程，可与资源循环利用和环保融为一体，与发展农村经济和新农村建设密切结合。在碳水化合物的各种转化中，以厌氧反应的能耗最低，减排效率最高，可以充分保存植物营养物质和有机质还田，还有纯化后的沼气可以共用现成的天然气输运 / 分配系统的优势。

产业沼气生产技术在德国瑞典等欧洲国家已相当成熟，商业化程度高。我国目前沼气的规模化程度和容积产气率尚低，分离纯化技术和设备刚起步，但这些都是可以很快弥补和赶上的，预计一两年内，北京、河南、山东、海南、河北等地将出现生产经纯化压缩的车用沼气 CBG 的示范试点。只要扶持政策和标准制订到位，逐步健全物流系统和培育市场，产业沼气必将有个大的发展，为减轻国家天然气缺口压力做出贡献。

发展产业沼气需要观念创新与模式升级，即在继续发展农村户用沼气的同时，向产业沼气升级；农村能源向商业能源升级；单纯为环保处理向能源环保双赢升级。建议在制订“十二五”规划中将农村户用型沼气与产业沼气分开，产业沼气中的自用与商用分开，供热发电与替代天然气的 CBG 分开，分别提出发展指标并重在 CBG。

26.9 用 20 年时间建设我国本土的绿色煤田、油田和气田

化石能源资源会越来越少，价格会越来越贵，从长远和战略上看，我国必然或迟早是要建设自己的生物质能源基地的，这个百年大计早谋划早主动。

绿色煤田是指能替代煤炭的生物质发电和成型燃料等的原料生产基地，主要有：

——秸秆绿色煤田，位于粮食主产区，年产出潜力约 3 亿吨原煤；

——清林绿色煤田，位于天然林区，年产出潜力约 1.2 亿吨原煤；

——荒坡绿色煤田，全国宜林荒山荒坡，年产出潜力约 3 亿吨原煤；

——沙地绿色煤田，位于北方四大沙地，年产出潜力约 3 000 万吨原煤。

绿色油田是指能替代石油的液体生物燃料的原料生产基地，主要有甜高粱乙醇绿色油田、薯类乙醇绿色油田和木本油料绿色油田。它们主要分布在蒙东及东北三省西部、环渤海及长江口以北的海涂和滨海盐土、内蒙古中部、武陵山区等 8 大片宜能荒地及约 1 000 万公顷的非粮低产农田。绿色油田的年产出潜力是 1 亿吨燃料乙醇。如果纤维素乙醇和微藻转化技术取得突破，还有这两片潜力巨大的绿色油田。

绿色气田是指能替代天然气的产业沼气原料生产基地。仅三片气田的年产出潜力即有 830 亿米^{3}沼气或 700 亿米^{3}天然气，它们是：

——加工业有机排放物绿色气田，主要有两广地区的废糖蜜、淀粉加工高 COD 废水等；

——大型养殖场绿色气田；

——大城市与周边有机垃圾及污水绿色气田。

在建设绿色“三田”上，对兼有环保功能的农林及加工业有机废弃物利用无异议，但开发宜农后备荒地和宜林荒山荒坡是否会引起生态恶化呢？是的，过去曾经有过，但以现在的理念、技术和政府管理水平，不仅不会恶化生态，还可以使受损生态得以修复与重建。现在国家那么缺油少气，能源安全形势那么严峻，为什么不能启用这些储备性土地去建绿色“三田”？资本不流通是“死钱”，该用的地不用就是“废地”。为什么不能为农民栽种出这一片片的“摇钱树林”呢？

任何加工工业都需要有原料生产系统的支撑，火电厂需要采煤业支撑、冶金业需要采矿业支撑、石化业需要采油业支撑，当然，转化绿色电力、燃料乙醇、生物柴油和生物天然气也是需要原料生产系统，即绿色“三田”支撑的，这是大工业生产的分工。道理虽然简单，但是前者的原料生产与加工生产两头都在工业系统，人们熟悉和习惯了，而生物质能源的加工生产在工业系统，原料生产在农业系统，人们对它不熟悉不适应。为什么国家不能像开煤矿和钻石油一样地

投资建一批大型的绿色煤田、绿色油田和绿色气田呢？发展新产业需要新观念新行动。

当前我国发展经济中的第一要务是扩大内需，如果从每年约 1 万亿元的购油款中拿出一小部分用于建设本土绿色“三田”及生物质能源的转化加工企业群，可以培育出一个庞大的内需市场。从土地和农民，农林废弃物和非粮能源植物，原料生产和加工转化，机械制造和储藏运输、科技研发和社会服务等多么长的一个链条，可以提供多少工作岗位啊！巴西的甘蔗乙醇生产可以带动农业、机械制造、化工、汽车等 13 种行业；石油工业每提供 1 个工作岗位计，水电和煤炭可提供 3～4 个，而乙醇产业可以提供 152 个；每提供一个工作岗位，乙醇产业的投资额是 1.1 万美元，而消费品、汽车、冶金和石油化工分别是 4.4 万美元、9.1 万美元、14.5 万美元和 22.0 万美元。生物质能源是个投资少，提供就业岗位多和带动面广的产业，这也是风能和太阳能所不能及的。

建议国家对建设本土绿色“三田”有个长眼光和大战略，在“十二五”规划中开始谋划。

26.10 中国的生物质能源企业已经“破土出苗”

“十二五”期间，一批民营生物质能源企业在艰难条件下破土而出了，他们不是传统的能源产业和制造业，而是新型的农工联合型企业。

国能生物发电集团 2004 年自丹麦引进生物质直燃发电技术，经消化吸收和再创新过程，已经是技术世界先进和设备可以全部国产化，特别是创造了适合华北粮食主产区田间秸秆收集储运的机械化系列和与农民合作的机制。截至 2009 年 8 月，该公司已建成类似生物质发电厂的项目 20 个，在建项目 10 个，总装机容量达 420 兆瓦，年消耗秸秆 400 万～450 万吨秸秆和农民新增收入 8 亿～9 亿元，2009 年的发电量为 30 亿千瓦・时。

武汉凯迪公司以农林废弃物为原料，先后在湖北、湖南等 5 省建成 14 座生物质热电厂，替代 15 万吨标煤，发电 27 亿千瓦・时，减排二氧化碳 330 万吨，农民增收 7.5 亿元和获得 4.5 万个工作岗位。二期工程计划建装机容量为 300 万千瓦的 100 个生物质热电项目，替代标煤 1500 万吨和减排二氧化碳 3000 万吨，为农民年增收 60 亿元和获得 40 万个岗位。

一位房地产商为回报社会，2005 年开始自筹资金到内蒙古毛乌苏沙地种沙柳治沙，利用“平茬”下来的沙柳枝条（成年沙柳必须每三四年割除地上部分才能生长旺盛）建了一座生物质发电厂。在治理 2 万公顷沙地的同时，年发电 1.8 亿千瓦・时和减排 20 万吨二氧化碳，当地农牧民得到了 7000 多万元现金收入和

7000 多个劳动岗位，做到治沙与绿能双赢。这个“毛乌素生物质发电公司”今年又利用烟筒释放的二氧化碳和热量在塑料大棚里种养微藻成功，他们叫沙柳治沙固碳、发电减碳和微藻捕碳的“三碳”经济。这个“三碳”模式将于 2011 年在浑善达克沙地复制两个。

全国投入使用的生物质压缩成型设备近千台，但年产颗粒燃料不到 30 万吨，一个主要原因是市场定位没解决好。吉林辉南宏日新能源公司利用长白山林区弃置的枝丫材压制成颗粒，运到周边乡镇和长春市吉隆坡酒店替代煤炭和石油供暖，减排和降低供暖费用效果突出。2008 年供暖面积 8 万米^2，随着吉林省投资公司的介入和在全省推开，2010 年的供暖面积达 80 万米^2。山东百川同创公司研制的生物质裂解汽化供热技术进入产业化后，2010 年设备销售产值近 1 亿元。

在产业沼气战线，北京德青源鸡场日处理鸡粪 212 吨和产沼气 1.9 万米^3，发电能力 1.6 兆瓦和年减排 8 万吨 CO_2，2009 年开始稳定向电网供电；山东民和牧业公司日处理鸡粪 300 吨和产沼气 2.7 万米^3，发电能力 3 兆瓦和年减排 9 万吨 CO_2，这两个养鸡场将于 2011 年投产经纯化压缩的车用沼气。广西武鸣县安宁公司处理木薯淀粉加工的高 COD 废水，日产沼气 2 万米^3，沼气纯化装置即将运行；南宁市正在策划一个日产 40 万米^3 生物天然气的大型 CBG 项目。安阳贞元集团在河南安阳，海南神州新能源公司在海南的大型车用生物天然气工程也将先后投产等。中国的产业沼气正蓄势待发。

可惜液体生物燃料方面乏善可陈。“十五”期间建成 4 座陈化粮乙醇厂后，考虑到国家粮食安全，正确地叫停粮食乙醇和鼓励发展非粮乙醇。可是 2006 年下发的依靠大型央企的一纸文件后，仅新建了一个由中粮在广西的木薯燃料乙醇厂，一批当时生机勃勃的民营非粮乙醇中小企业都被封杀在摇篮里了，情形很惨。

“十一五”期间孕育了我国第一批脱颖而出的生物质能源企业，固体、液体和气体生物燃料的产业化技术和生产、国产装备和企业经营渐趋成熟。建议“十二五”规划中加大对他们的政策扶持力度，给他们一个更加宽松的成长和扩张环境，让星星之火形成燎原之势。

26.11 关于对发展生物质能源的质疑与答疑

对生物质能源的一个最大质疑或误会就是怕影响国家粮食安全，这都是简单类比美国玉米乙醇造成的。上面谈到的作物秸秆、林业剩余物等为原料的固体生物燃料会影响粮食安全吗？绝对不会！用畜禽粪便、有机废水废渣等生产产业沼气会影响粮食安全吗？绝对不会！非粮乙醇和生物柴油会影响粮食安全吗？也不会！发展生物燃料可走的路那么多，为什么非要在所谓的粮食安全问题上纠缠不清呢？也许有人说，薯类和甜高粱也是粮食，这就有点强词夺理了。薯类和高粱从来就是生产淀粉和酒的工业原料和饲料而不是人的口粮，再说它们只是种在那些种不了粮食的低质土地上，加工后的废渣仍可作为饲料和肥料。所谓的影响粮食安全是一种误解，如果有所涉及也是完全可以通过政策和管理解决的，切不可一叶障目和因噎废食。

质疑之二是发展生物燃料会不会引起作物秸秆和薯类甜高粱等原料的价格上涨。随着社会需求和商品价格而调整原料价格是一种正常的市场行为，哪种商品和原料都是如此。使毫无或经济价值很低的秸秆和畜禽粪便等污染物无害化、资源化和增值化有什么不好？再说，在需求旺盛和附加值较高的能源产品拉动下，合理提高薯类和甜高粱等的价格，增加农民收入有什么不好？

质疑之三是国家的补贴多了。这应当是指目前对 100 多万吨粮食乙醇而言，因为对成型燃料和产业沼气至今还没有国家补助政策，对生物质发电的补助也远低于风能和太阳能发电。国家为发展战略新兴产业和减排，扶持与补贴是正常和必要的，各国都是如此，且力度要大得多。如果说国家对风能和太阳能的补贴给的只是企业，那么生物质发电和燃料乙醇成本中原料占六七成，政府对企业的补贴实际上是转移支付给了农民。国家正在想方设法增加农民收入和缩小城乡差距，这种补贴方式不仅增加了农民收入，还培育了农村工业，既有“鱼”又有“渔”，何乐而不为？

质疑之四是生物质能源的技术不成熟。上节中国的生物质能源企业已经破土出茧，用大量事实和实证回答了这个问题，中国的生物质能源技术与国外差距并不大，且自主性强，装备国产化程度高。相反，风能和太阳能的核心技术与材料多被国外少数大公司垄断。至于生物质原料分散和能源密度低的不足也是可以通过成型燃料和分布式布局解决的。

生物质能源于国于农的意义如此重大和深远，产业优势又如此突出，其不足也是技术性的和可以解决的，我们应当摒弃误解与偏见，让它为国家和农民做出应做的贡献。

26.12 关于“十二五”目标及政策建议

“十二五”的可再生能源规划应为国家《可再生能源中长期发展规划》的一部分。经统一换算为标煤后，该《规划》提出的 2020 年发展目标中，生物质能、小水电、风电、太阳能和地热分别为 299 万吨、100 万吨、21 万吨、37 万吨、和 12 万吨标煤，分别占 43%、33%、7%、13% 和 4%，体现了以生物质能源为主导的思想。但是“十一五”期间没有认真执行《规划》精神和完成生物质能源的2010年各项指标，加重了“十二五”期间的任务。

如按2020年生物质能源各项规划指标的40%和60%分别提出2015年目标的AB两个方案，其相关数据列入了表1。表中看出，无论是A方案或B方案，非粮乙醇和成型燃料的“十二五”任务都很繁重，需要有专项计划和得力措施才可能完成。建议沼气规划中将产业沼气独立出来，作为“替代天然气专项计划”提出。

以上诸节阐述了对我国发展生物质能源的有关指导思想和战略建议，有关政策性的建议有：

表1 生物质能源发展规划

生物质能源发展规划	2010年规划	实况估计	2020年规划	2015年指标建议	
				A方案	B方案
生物质发电（装机容量）/万千瓦	550	基本完成	3 000	1 200	1 800
成型燃料/万吨	100	50	5 000	2 000	3 000
沼气/亿米^3	190	120	440	176	264
新增非粮乙醇/万吨	200	20	1 000	400	600
生物柴油/万吨	20	6	200	80	120

（1）我国油气资源极缺，需求、缺口以及进口依存度迅增，建议在增加进口以应急需的基础上，加大石油和天然气替代进程，“十二五”规划中可安排“加快发展非粮燃料乙醇和产业沼气专项（或重点工程）”。

（2）鉴于生物质原料的分散性，宜发展中小规模及分布式布局的加工厂，建议发挥民营中小企业的优势和给以足够的政策支持。大型央企国企拥有资金与技术优势，建议与国家绿色“三田”建设计划结合，总体规模与分布式布局相结合，原料生产与地方和农业部门结合。

（3）总结“十一五”期间生物质发电的成功经验和未能完成液体生物燃料的政策教训。建议“十二五”期间改变“发改工业〔2006〕2842号文件”的做法，政策放开，鼓励和支持民营中小企业参与燃料乙醇和生物柴油的发展。

（4）鉴于生物质能源亦工亦农的特点，建议借鉴国外做法，成立由国家能源局、农业部、国家林业局、环保部组成的协调领导小组和办公室。

27 中国生物质原料资源

【写作背景】

为了生物质能源在“十二五”有个好的开局，2011年3月在组织我国生物质成就汇报展、《决胜生物质》发行式和央视《对话》栏目的同时，中国工程院创办的《中国工程科学》杂志也为生物质能源出版了专刊。按专刊内容安排，作者撰写了《中国生物质原料资源》一文。此文是在过去多年工作基础上的最新版，部分内容与本卷前文有所重复，为保持文章的完整性，未做处理。部分数据有所修正。

【摘　要】本文对中国的有机废弃物（包括作物秸秆、林业剩余物、畜禽粪便、林业采伐及加工剩余物、育林剩余物、工业有机废弃物和城市有机垃圾）及可用于生物质原料植物生产的边际性土地（包括宜垦和宜林的荒地、现有的能源林地与农地）的相关资料进行了系统收集、整理与分析，分别提出了它们的资源量及可经济收集量。按2007年生物质产出现状与潜力，中国生物质资源的年产能为9.32亿吨标煤，其中有机废弃物和边际性土地分别占41.1%和58.9%；预测2030年的生物质原料资源的年产能为11.71亿吨标煤，其中有机废弃物与边际性土地分别占48.3%和51.7%。

【关键词】中国；生物质；原料资源

原料是生物质产业之本，一则生物质原料主要依靠本土，再则产品依原料而定和原料因地域而异。凡生物质皆为资源，而原料资源是指其中可以经济收集与利用的部分。生物质原料资源研究是个新领域，概念和边界不尽清晰，研究方法也不成熟，本文是一次研究尝试。

27.1 关于研究进展与方法

过去的一些研究比较零星，如 Lashof & Tirpak，1990；Hall, 1993；Sorensen，1999；Fisher & Schratten holzer，2001；Yamamoto，2001 以及 Hoowijk, 2003 等的文章多注重于某一国家或地区的退化土地和多余农田的生物质原料的产出潜力分析，估算结果相当悬殊。

2004 年荷兰乌德勒支大学 Edward Smeets 等对 2050 年全球生物质原料资源的预测是一项全球性和系统性的专门研究[1]。其选择的原料对象是专用能源作物、农业废弃物、农林加工剩余物、畜禽粪便及城市有机废弃物等，使用的是 IMAGE 模型。研究设计中根据不同土地利用类型和生产模式，并考虑到水分供应（雨养 / 灌溉）、技术水平、饲料转换效率等多种生产条件和要素，从低产出到高产出设计了四种情景。四种情景的全球 2050 年生物质原料的年产出潜力（按标煤计）分别为 93.26 亿吨、175.26 亿吨、401.76 亿吨和 502.54 亿吨，分别是 2005 年世界石油消费量（38.37 亿吨）的 1.7 ～ 9.1 倍。

2005 年美国能源部与农业部向美国国会提交了一份题为“作为生物能源和生物基产品行业原料的生物质，年供应 10 亿吨的技术可行性研究”的报告[2]。报告是为实现 2030 年以生物质燃料替代目前石油消费总量 30% 的目标，美国本土能否年提供 10 亿吨生物质原料的一次论证。研究结果是美国本土具有 13.7 亿吨生物质原料的年产出潜力，其结构以农林等有机废弃物及多年生纤维素能源植物为主，七成来自农业，三成来自林业，详见于图 1。

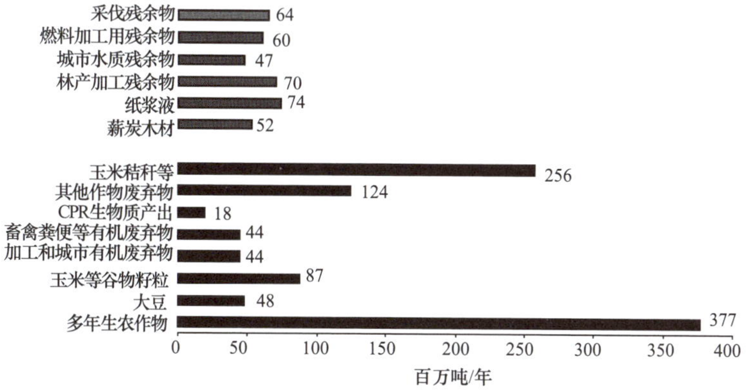

图 1　美国年产出 13.7 亿吨生物质原料的构成

注：CPR 指美国的休闲农地。

笔者于 2006 年主持中国工程院可再生能源重大咨询项目中的生物质能源专项的战略研究[3]，最近出版了《决胜生物质》[4]一书，本文是在此基础上撰写的。采取的研究方法是先选择原料，后确定其资源量和可经济收集量，再作资源整合及汇总。选择的原料资源一是有机废弃物，包括作物秸秆、林业剩余物、畜禽粪便、林业采伐及加工剩余物、育林剩余物、工业有机废弃物以及城市有机垃圾等 6 类；二是可能利用的边际性土地，包括宜垦和宜林的荒地、现有的能源林地与农地。边际性土地产能潜力估算是在不同类型土地与其相适应的原料植物整合后得出的。

研究中虽尽力收集整理了已有资料，但资料出处、年代、统计方法不尽相同，完整性也不够。此研究结果是初步的，但从中能够看出中国生物质原料资源的基本面貌。

27.2 有机废弃物的原料资源量

27.2.1 作物秸秆

用“谷草比”估算作物秸秆资源量可以做到相当准确。根据 2007 年全国九大作物产量得出的秸秆总量是 7.04 亿吨，总产能是 3.55 亿吨标煤（表 1）。排在前三位的是玉米、小麦和稻谷，分别为 3.05 亿吨、1.49 亿吨和 1.16 亿吨；其热值（标煤）分别为 1.61 亿吨、0.75 亿吨和 0.50 亿吨。作物秸秆的集中产区与主要粮食产区一致，按省份的前五名排序是河南、山东、黑龙江、河北和吉林。作物秸秆的现去向有还田、饲料、工业原料、薪柴和露地焚烧 5 项，所占份额的有关专项研究结果整理于表 2。本文所用的秸秆资源的能源利用系数是 0.6。

表 1　2007 年 9 大作物的秸秆产量及产热量

农作物	产量/万吨	谷草比	秸秆量		折标煤系数	折标煤	
			/万吨	/%		/万吨	/%
稻谷	18 603	1 ：0.623	11 590	16.5	0.429	4 972.0	14.0
小麦	10 929.8	1 ：1.366	14 930	21.2	0.5	7 465.1	21.0
玉米	15 230	1 ：2.0	30 460	43.3	0.529	16 113.3	45.4
杂粮	869.1	1 ：1	869	1.2	0.50	434.6	1.2
豆类	1 720.1	1 ：1.5	2 580	3.7	0.543	1 401.0	3.9
薯类	2 807.8	1 ：0.5	1 404	2.0	0.486	682.3	1.9
油料	2 568.7	1 ：2.0	5 137	7.3	0.529	2 717.7	7.6

续表 1

农作物	产量/万吨	谷草比	秸秆量		折标煤系数	折标煤	
			/万吨	/%		/万吨	/%
棉花	762.4	1 ∶ 3.0	2 287	3.2	0.543	1 241.9	3.5
甘蔗	11 295.1	1 ∶ 0.1	1 130	1.6	0.441	498.1	1.4
合计	—	—	70 387	100.0	—	35 526	100.0

资料来源：作物产量引自《中国农业年鉴，2008》；甘蔗秸秆仅为叶部；折标煤系数取自李京京等 1998 的“中国生物质资源可获得性评价”

表 2　关于农作物秸秆去处的资料汇集

出处	总量/亿吨	年份	还田/%	饲料/%	工业原料/%	薪柴/%	废弃与露地焚烧/%	可能源用途/%
农业部与美国能源部	7.2	—	15.1	15.7	3.9	—	—	65.3
农业部[5]	8.2	2009	15	31	4	19	31	50
石油规划院[6]	7.21	2004	15	20.1	2.2	47.1	15.6	62.7
王峰[7]	—	—	15	24	2.3	40	18.7	58.7
石元春[4]	7.04*	2007	15	20	4	45	16	60

27.2.2　林业剩余物

林业剩余物包括森林采伐剩余物、木材加工剩余物及育林剪枝剩余物。据第六次森林资源清查报告等资料，全国木材采伐和加工剩余物资源量实物量为 7 760 万吨，折标煤 4 423 万吨；薪炭林、用材林、防护林等的育林剩余物年产出为 4 813 万吨，折 2 743 万吨标煤，二者合计 12 514 万吨和折标煤 7 166 万吨。此数值稍低于袁振宏资料“薪材年合理采伐量约 1.58 亿吨，折 9 006 万吨标煤[8]”；远低于国家林业局提出的最新资料（2008）[9]提出的“采伐造林剩余物 1.1 亿吨，木材加工剩余物 3 000 万吨，废旧木材 6 000 万吨，‘三剩物’总量约 2 亿吨”。本文采用的是作者综合整理的，也是数值最低的年产出 12 514 万吨和折标煤 7 166 万吨。

27.2.3　畜禽粪便

畜禽粪便原料资源的来源主要是牛、猪和鸡，整理步骤是：饲养周期，每头排粪量—年出栏量—粪便资源量—可收集资源量—折标煤量，所得结果列入表 3。2007 年的畜禽粪便实物量为 12.47 亿吨，可开发量为 8.84 亿吨，其中牛、猪、鸡分别为 4.64 亿吨、3.39 亿吨和 0.80 亿吨；折算的年产能（标煤）分别为 3 934 万吨、2 909 万吨和 4 139 万吨，合计为 10 983 亿吨标煤。畜禽粪便资源量最丰富的六个省份的排序是河南、山东、河北、四川、湖南和云南。畜禽粪便的收集和利用方式对资源的可收集程度关系很大，猪多家庭圈养，无效资源可忽略不计，牛与鸡的可收集率与规模化饲养程度关系较大。

表 3　牛、猪、鸡排粪量及可开发资源量（2007 年）

项目	牛	猪	肉鸡	蛋鸡
1. 体重 / 千克	500	50	1.5	1.5
2. 饲养（出栏）周期 / 天	365	150	60	365
3. 一昼夜排粪量 /（千克 / 头）	20	4	0.1	0.1
4. 一年排粪量 /（吨 / 头）	7.3	0.6	0.006	0.036 5
5. 年饲养数量 /（万头 / 只）	*10 595	56 508	726 438	*248 046
6. 粪便资源量 /（万吨 / 年）	77 343	33 905	4 359	9 054
7. 粪便收集系数	0.60	1.00	0.60	0.60
8. 粪便可开发量 / 万吨	46 406	33 905	2 615	5 432
a. 干物质含量 /%	18	20	80	80
b. 标煤 # 折算系数 #	0.471	0.429	0.643	0.643
c. 标准量（标煤）/ 万吨	3 934.2	2 909.0	1 345.3	2 794.2
9. 标准量合计（标煤）/ 万吨		10 982.7		

* 为存栏量；# 折算系数根据《中国能源统计年鉴》中的《各种能源折标准煤参考系数》。

27.2.4　工业及城市有机废弃物

食品 / 农产品加工业的有机废水废渣和城市污水是重要的有机物污染源，也是生物质原料资源。轻工业中的谷类磨品、植物油加工、制糖、屠宰、水产加工、菜果加工、食品加工、淀粉、酒精、食用酒、造纸等 11 种行业的 2007 年工业产值为 2.97 万亿元，占同年轻工业产值的 39%。有资料估计，中国农产品加工产生的有机废弃物可生产 500 亿米 ^{3} 沼气，相当于 3 500 万吨标煤的产能（刘英，2005）[10]。全国生活垃圾清运量 1.52 亿吨（约含有机垃圾 30%），设可用率为 10%，可用资源量为 0.16 亿吨，折标煤 250 万吨。据程序资料，我国工业和城市污水每年排放总量 557 亿吨（2007 年），所含 COD（化学需氧量）总量接近 2 000 万吨，可产沼气 110 亿米 ^{3}；城市垃圾填埋量 1.2 亿吨（2000 年），可产填埋气约 90 亿米 ^{3}。

27.2.5　有机废弃物原料资源总汇

以上资料整理于表 4。全国有机废弃物的年实物产出量是 18.66 亿吨，可用实物量是 11.65 亿吨，折标煤 3.83 亿吨，相当于 2007 年全国一次性能源消费总量的 1/7。有机废弃物中 75.7%源自农业，16.1% 来自林业，工业加工和城市的产出占 8.2%。按年产能多少的排序是：作物秸秆—畜禽粪便—采伐及加工剩余物—工业有机废弃物—育林剩余物—城市有机垃圾。

表 4　中国主要有机废弃物的年产生量、可用量及按标煤折能（2007 年数据）

种类	年产生量 / 亿吨		可用率 /%	年产生量 / 亿吨		可用率 /%
	实物量	折标煤		实物量	折标煤	
1. 作物秸秆	7.04	3.55	60	4.22	2.13	55.6
2. 畜禽粪便	8.84	1.10	70	6.19	0.77	20.1
3. 林业采伐及加工剩余物	0.78	0.44	90	0.70	0.40	10.4
4. 育林剩余物	0.48	0.27	80	0.38	0.22	5.7
5. 工业有机废弃物	—	0.35	80	—	0.28	7.3
6. 城市有机垃圾	1.52	0.27	10	0.16	0.03	0.9
累计	18.66	5.75	—	11.65	3.83	100.0

27.3 可能源用的边际性土地资源

“边际性土地”原是经济学概念，在此是指不能用于粮食生产而可以种植抗逆性强的能源植物的荒地和低质农田。

27.3.1　荒地中的宜垦地

据国土资源部报告，“中国未被利用的土地为 24 509 万公顷，其中可利用而尚未利用的面积占 24.6%，其余为难利用的土地（李元，2000）[11]”。其后又给出了“可利用而尚未利用土地面积是 8 874 万公顷”和“8 874 万公顷的可利用后备土地中，自然条件相对较好的宜农后备土地面积为 734.4 万公顷”[12]。2009 年农业部针对可用于发展液体燃料的宜能荒地资源进行了一次以县级为单位的专项调查[13]，总面积 2 680 万公顷，比较集中和可列为重点开发对象的地区有 8 片，分别是Ⅰ.武陵山区，Ⅱ.西南岩溶地区，Ⅲ.桑巴山区，Ⅳ.大别山及 X. 周田赛地区，Ⅴ.蒙东及东北三省西部地区，Ⅵ.内蒙古中部地区，Ⅶ.新疆北疆地区，Ⅷ.北部沿海地区。本文采用的是最新数据 2 680 万公顷。

27.3.2　荒地中的宜林地

据国家林业局的报告，宜林地是指坡度在 25° 以下的“荒山荒坡”和沙荒地，面积为 5 704 万公顷[14]。区域分布上，西南区、蒙新区和黄土高原区分别占 24%、23% 和 18%。宜林后备土地多为土质丘陵和中低山地，面积大，分布广，开发潜力大，特别是在水热条件良好的西南、华北和黄土高原。在宜林后备土地中，将“宜林沙荒地”单独提出，是因为它不仅可以发展旱生灌木林，还可以与防风治沙的生态治理工程相结合。我国科尔沁沙地、毛乌素沙地、浑善达克沙地和呼伦贝尔沙地四大沙地的面积为 10.3 万千米^2[15]。国家林业局 1994—1998 年“全国森林资源调查”报告中提出的宜林沙荒地面积为 700.3 万公顷，其中内蒙古 377.4 万公顷，甘肃 119.6 万公顷，陕西 75.2 万公顷和宁夏 44.9 万公顷。

27.3.3　现林地中的能源林地

现林地中的能源林地主要是指薪炭林、木本油料林和灌木林。据 2009 年的第七次全国森林资源清查报告，天然薪炭林面积 145.33 万公顷，人工薪炭林面积 29.40 万公顷，合计 175 万公顷[15]。油料林面积 343 万公顷，灌木林面积 5 365 万公顷[16]。根据国家林业局 2009 年资料，至 2020 年全国能源林培育总规模可发展到 1 300 万公顷，木质能源林 890 万公顷，其中新造 450 万公顷，改造 440 万公顷；油料能源林 410 万公顷，其中新造 350 万公顷，改造 60 万公顷。每年可提供 5 400 万吨干物质，相当于 3 000 万吨标煤和年产出 670 万吨生物柴油。

27.3.4　现农地中的可能源用地

除粮棉油糖烟茶等主要农作物用地外的低质低产农田可作为发展能源作物的潜在边际性土地资源。

国土资源部的较早资料是：截至 1996 年 10 月，中国 13 004 万公顷耕地中有低产田 5024 万公顷，占耕地面积的 41%（2000 年）[11]。国土资源部 2009 年发布的最新资料中，将全国耕地分为 15 等，排在末三等，即 13 ～ 15 等地非粮地的面积为 2 091 万公顷。本文采用的是后者并简化为 2 000 万公顷。导致这些农田低产的原因，一是自然条件和土质差，如沙地、黏土地、盐碱地、瘠薄地、旱地、渍涝地等，二是因为产量低而不稳，农民不愿意投肥投工，管理粗放。薯类、高粱、菊芋等能源作物具有很强的抗逆性，新的能源用途可以大大提高其经济性和农民投工投肥的积极性。

27.3.5　现边际性土地资源总汇

以上资料可归纳为表 5，即可能源用的边际性土地面积为 16 374 万公顷，其中荒地型边际性土地面积 8 491 万公顷，占 51.9%；现有型边际性土地面积 7 883 万公顷，占 48.1%。其中宜农的边际性土地与宜林的边际性土地分别占 29.2% 和 70.8%。区域分布上北部和西部多，东部和南部少。图 2 形象地给出了全国农田、林地和荒地资源的总貌及可能源用边际性土地在其中的位置与比重。

表 5 中国可供生物质原料生产的边际性土地资源 万公顷

类型	面积	所占比例 /%	亚类型	面积	所占比例 /%
A．荒地型边际性土地（8 491/51.9%）					
宜农地	2 787	17.0	宜垦地	2 680	16.4
			滩涂地	107	0.6
宜林地	5 704	34.8	荒山荒坡	5 004	30.6
			沙荒地	700	4.3
B. 现有型边际性土地（7 883/48.1%）					
边际性农地	2 000	12.2	—	2 000	12.2
边际性林地	5 883	35.9	薪炭林	175	1.0
			油料林	343	2.1
			灌木林	5 365	32.8

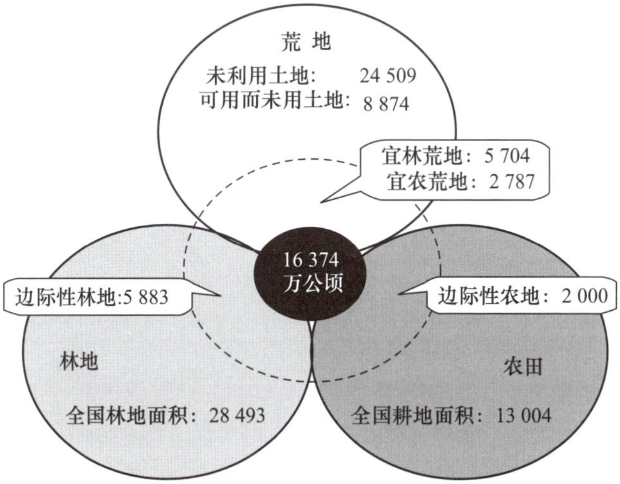

图 2 可供生物质原料生产的边际性荒地、林地和农地资源（单位：万公顷）

27.3.6 可能源用土地资源的产能潜力

不同类型土地适合发展不同原料植物，可粗略地提出如下 4 种组合：宜农边际性土地—甜高粱 / 薯类组合、宜林荒山荒坡—能源林组合、宜林沙荒地—能源灌木林组合，以及现能源林地—薪炭林 / 灌木林 / 油料林组合。中国主要能源植物的分布及单位产出整理于表 6，经整合后的资源潜力是在 16 374 万公顷边际性土地上种植相应能源植物的产能潜力为 54 974 万吨标煤，其中农业边际性土地产能 22 140 万吨标煤，占 40.3%，林业边际性土地产能 32 834 万吨标煤，占 59.7%，详见表 7。

表 6　中国主要能源植物的分布及单位产出

原料植物	主要分布区	原料产出 /（吨 / 公顷）	主产品产出 / 吨	产能（标煤）/（吨 / 公顷）
甜高粱	北方及全国	60 ～ 80（茎秆）	4 ～ 6（乙醇）	4 ～ 6
		3 ～ 5（籽粒）		
甘薯	全国	15 ～ 20（一般）	2 ～ 3（乙醇）	2 ～ 3
木薯	西南、华南	20 ～ 30（一般）	4 ～ 6（乙醇）	4 ～ 6
		45 ～ 75（高产）	10（乙醇）	10
甘蔗	西南、华南	60 ～ 70	4 ～ 6（乙醇）	4 ～ 6
木本油料	全国	4.0（籽粒）	1.5（油脂）	1.8
能源林	全国	6.5	6.5（成型燃料）	3.3
灌木林	西北及全国	4.0	4.0（成型燃料）	2.6

注：按燃料乙醇的低位发热量为 29 734 千焦 / 千克计，1 吨乙醇的发热量相当于 1 吨标煤。

表 7　中国边际性土地及相应原料植物资源及产能

边际性土地类型		面积 / 万公顷	适种的原料植物及面积比例	单位产能（标煤）/（吨 / 公顷）	产能潜力 / 万吨标煤	产能潜力 /%	主产品
宜农后备地		2 787	甜高粱 35% 甘薯 15%（北）	甘薯：2 ～ 3 其他：4 ～ 6	2 2140	40.3	燃料乙醇（不含生物柴油）
现边际性农地		2 000	木薯 35%（南） 甘蔗 15%（南）				
宜林后备地	荒山荒坡	5 004	能源林 60%	3.3	9 908	18.0	成型燃料
			油料林 20%	1.8	1 801	3.3	生物柴油
			能源作物 20%	3 ～ 5	4 003	7.3	燃料乙醇
	沙地	700	旱生灌木	2.6	1 820	3.3	成型燃料
现边际性林地	薪炭林	175	薪炭林	4.2	735	1.3	成型燃料
	油料林	343	油料林	1.8	617	1.1	生物柴油
	灌木林	5 365	灌木林	2.6	13 950	25.4	成型燃料
合计		16 374	—	—	54 974	100.0	—

注：适种能源植物中的比例分配是估计数；单位产出参数引自表 6；产能潜力取中间值。

27.4 生物质原料资源总汇

将以上6类有机废弃物资源与经整合后的6类边际性土地的产能总汇于表8，可从中看到中国生物质原料资源的全貌。即按2007年生物质产出现状与潜力，生物质资源的年产能潜力为9.32亿吨标煤，其中有机废弃物3.83亿吨标煤，边际性土地5.49亿吨标煤，分别占41.1%和58.9%。排在前5位的产能潜力大户依次是：宜农荒地（2.21亿吨标煤，占23.7%）、作物秸秆（2.13亿吨标煤，占22.9%）、宜林荒地（1.75亿吨标煤，占18.8%）、现灌木林（1.40亿吨标煤，占15.0%）和畜禽粪便（0.77亿吨标煤，占8.3%），五项合占产能潜力总量的88.7%。9.32亿吨产能中，其中61.2%来自农业，38.8%来自林业；有机废弃物产能的83.8%来自农业，边际性土地产能中60%来自林地。

表8　中国生物质原料资源总汇（按2007年产出量）

有机废弃物种类	产能/（万吨/年）			边际性土地类型	面积/万公顷	产能（亿吨/年）	
	实物量	折标煤	/%			折标煤/	/%
1. 作物秸秆	4.22	2.13	22.9	1. 宜农荒地	2 787	2.21	23.7
2. 畜禽粪便	6.19	0.77	8.3	2. 现边际农地	2 000		
3. 林业剩余物	0.70	0.40	4.3	3. 宜林荒地	5 704	1.75	18.8
4. 采集育林薪柴	0.38	0.22	2.4	4. 现薪炭林	175	0.07	0.8
5. 工业废弃物	—	0.28	3.0	5. 现油料林	343	0.06	0.6
6. 城市有机垃圾	0.16	0.03	0.3	6. 现灌木林	5 365	1.40	15.0
合计	11.65	3.83	41.2	合计	16 374	5.49	58.9

我们用国家权威部门对中国农林业发展的需求和产量预测指标（2030年）[17, 18]反推了作物秸秆、畜禽粪便和能源作物产量三项的增长量，三者分别新增产能1.37亿吨标煤、0.45亿吨标煤和0.57亿吨标煤，共计2.39亿吨标煤。即由2007年的年产能潜力9.32亿吨标煤提高到11.71亿吨标煤。图3是中国生物质原料的2007年现状和2030年资源潜力总汇。

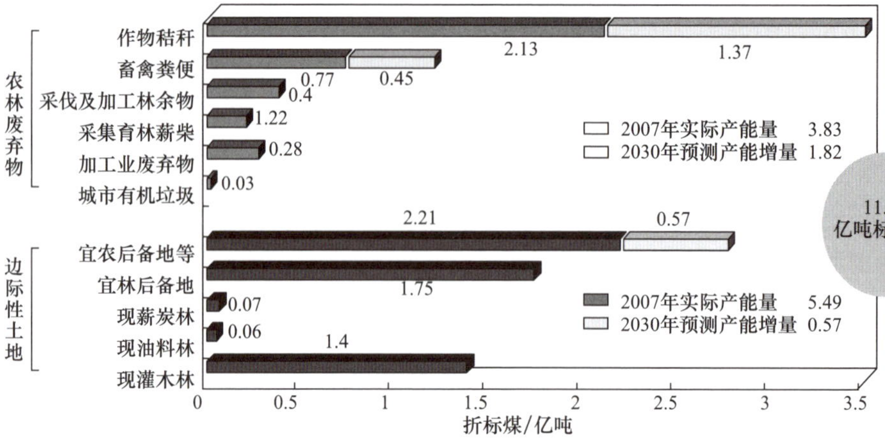

图 3　中国生物质原料资源的 2007 年现状与 2030 年增量

不同生物质原料适合转化加工为不同产品。经原料与产品间的搭配与组合，预计 11.71 亿吨标煤中的 39.2%，即具 4.59 亿吨标煤产能的生物质原料宜用于生产液体燃料以替代石油；47.7%，即具 5.59 亿吨标煤产能的生物质原料宜用于转化固体燃料供热发电以替代燃煤；13.1%，即具 1.53 亿吨标煤产能的生物质原料宜用于生产气体燃料以替代天然气。其中稍做处理的是将作物秸秆的一半用于转化纤维素乙醇，另一半用于固体燃料。整合的详情见于图 4。

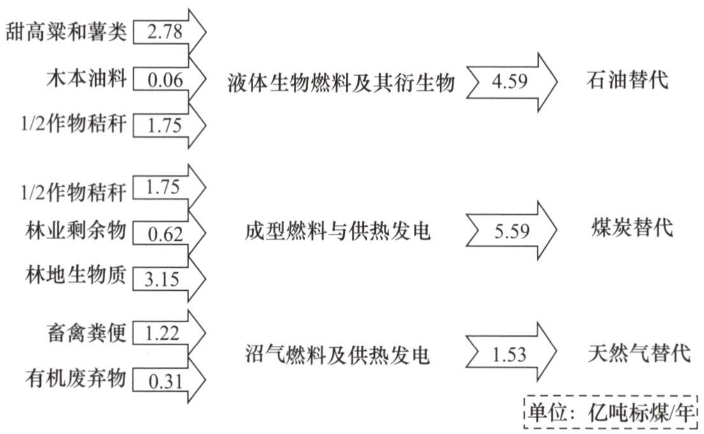

图 4　中国生物质原料资源与相应产品整合后对化石能源的替代能力

根据上述研究，可对中国生物质原料资源得到以下一些认识：

——中国生物质原料资源十分丰富，相当于现全国能源消费总量的 30%。

——按产能计，中国生物质原料的 48.3% 来自农林废弃物（5.65 亿吨标煤），51.7% 来自边际性土地上的能源植物（6.06 亿吨标煤），或 66.7% 来自农业，

33.3% 来自林业。

——农林废弃物是资源的循环和再利用，边际性土地是土地资源利用的延伸，二者都是新开发的资源，产品是新开发的产品，不存在与传统产业争夺原料与市场。

——根据不同生物质原料适合加工不同产品的原则，中国生物质原料可替代 4.59 亿吨标煤的石油，5.59 亿吨标煤的煤炭和 1.53 亿吨标煤的天然气，可年减排二氧化碳约 20 亿吨。

——中国幅员辽阔，自然条件复杂，生物质原料种类繁多和分散，宜形成以地域和原料为基础和导向的，原料多元化和产品多元化的发展战略；采取液体、固体和气体燃料并举，生物燃料与生物基产品并举的方针，在全国形成以中小型加工厂为主，分布式的生物质产业布局和网络。

参考文献

[1] Edward Smeets, Andre Faaij, Iris Lewandowski. A quickscan of global bio-energy potentials to 2050, Report NWS-E-2004-109,isbn 90-393-3909-0.

[2] U.S. Department of Energy & U.S. Department of Agriculture, Biomass as Feedstock for a Bioenergy and Bioproducts Industry : The Technical Feasibility of a Billion-Ton Annual Supply , April 2005.

[3] 中国工程院重大咨询项目：中国可再生能源发展战略研究丛书生物质能卷 [M] 北京：中国电力出版社，2008.

[4] 石元春 . 决胜生物质 [M] 北京：中国农业大学出版社，2010.

[5] 寇建平，赵立欣，郝先荣，田宜水 . 我国 2007 年农村可再生能源发展现状与趋势 . 可再生能源，2008，26（3）.

[6] 朱成章 . 秸秆是能源资源吗？大众用电，2009.1.

[7] 王峰 . 秸秆热电厂的发展前景 . 控制工程，2008，15.

[8] 袁振宏，等 . 生物质能利用原理与技术 . 北京：化学工业出版社，2005.

[9] 国家林业局 . 中国林业生物质能源发展战略报告 .2008.5.

[10] 刘英 . 沼气发展的现状、潜力与建议 . 香山会议报告，2005.

[11] 李元 . 中国土地资源 . 北京：中国大地出版社，2000.

[12] 温明炬，唐程杰 . 中国耕地后备资源 . 北京：中国大地出版社，2005.

[13] 寇建平，毕于运，赵立欣 . 中国宜能荒地资源调查与评价 . 可再生能源，2008,26（6）.

[14] 国家林业局 .“全国森林资源调查”报告 .

［15］王涛．中国沙漠与沙漠化．石家庄：河北科学技术出版社，2003.

［16］国家林业局．中国森林资源报告——第七次全国森林资源清查，2009.12.

［17］刘江．农产品供求总量平衡研究.21世纪初中国农业发展战略，北京：中国农业出版社，2000.

［18］吕飞杰．农产品中长期发展展望：预测模型与政策分析.21世纪初中国农业发展战略．北京：中国农业出版社，2000.

China's Resources of Biomass Feedstock

Shi Yuan-chun

This paper described the advances of researches about resources of biomass feedstock at home and abroad, as well as the methodology of the study. We collected systematically, sorted out and analyzed the data and literatures on China' s organic wastes (including residues of crops and forests, animal excretion, agricultural and forestry processing, industrial wastes and municipal organic wastes) and marginal land (including those which are fitted to reclamation and afforestation, existed woodland and arable land) that are suited to produce plants. And derived the correspond volumes of resource and economically available for harvesting. The potentials of marginal land were derived by integrating all kind of relevant plants feedstock into energy products. It was concluded that the total potentials of China' s biomass feedstock equals to 932 million tce. Of them, organic wastes and marginal land could provide 383 and 549 million tce separately, and account to 41.1% and 58.9%. It was projected that by the year 2030, the annual potentials of biomass feedstock will be increased to 117.1 million tce, and the share of organic wastes and marginal land will be 48.3% and 51.7%. Based on the different characteristics of processing for every kind of biomass feedstock, it was estimated that China' s biomass feedstock could substitute for 459 tce of oil, 559 tce of coal and 153 tce of natural gas separately. And the annual amount of reducing CO_2 emission would be 2 billion Mt.

Fig.1 Potentials of projected global potentials of bioenergy. See Ref.1

Fig.2 Composition of annual output of 1.37 billion tons of biomass feedstock in the U.S. See Ref.2

Fig.3 Eight focused areas of wasted land for tapping bioenergy in China. See Ref.13

Fig.4 Sizes of wasted land, woodland and arable land available for producing biomass feedstock (10 thousand hectare)

Fig.5 Current status of biomass resources of 2007 and the increment amount to 2030.

Fig.6 Overall situation of China' s biomass resources and the capability of replacing fossil fuels once they are integrated to relevant energy products.

Table 1. Nine crop’s straw/stock amount and the equivalent energy amount by the year 2007

Table 2. General view of collected date for utilization of crop residues

Table 3. Total volume and available volumes for excretion of cattle, swine and chicken (2007)

Table 4. Annual productions, shares of available for tapping and equivalent energy of major organic wastes (2007)

Table 5. Marginal land resource suited for producing biomass feedstock in China (10 thousand hectare)

Table 6. Distribution and the unit output of major biomass plants

Table 7. Potential energy output of biomass plants from China’s marginal land

Table 8. Overall amount of various biomass feedstock (based on output in 2007)

28 让可再生能源科学发展

【写作背景】

《紫光阁》是国务院创办的机关刊物，面对机关内部机构与人员，向作者就可再生能源约写一篇普及性和导向性文章。此文发表在该杂志2011年第6期。

能源转型和应对全球气候变化是21世纪的重大事件，每个国家和每个人都将面对。

28.1 能源转型是世界大趋势

化石能源支撑了工业社会，工业社会也耗尽了化石能源，给21世纪带来了化石能源资源渐趋枯竭和导致全球气候变暖的严峻挑战。根据世界权威组织（USGS2000、IEO2005）的资料，全球石油和天然气的剩余可采储量加上储量增长潜量及待发现资源量仅分别可用53年和63年，煤炭约90年。中国是个化石能源资源贫乏的国家，按2005年的采产比计，如无重大矿藏资源发现和不计进口，煤炭、石油和天然气只能分别使用57年、14年和45年。面对资源与需求间日益扩大的缺口，2010年我国石油进口依存度已达55%，天然气也近30%，而且还将持续扩大。国家能源安全形势十分严峻。

由化石能源逐渐向清洁能源转型是21世纪的世界大势。2003年美国可再生能源已占全国能源消费总量的6%，其中生物质能源占47%；2008年至2035年间石油消费量的增长部分将全部由液体生物燃料提供，以及发电量的增量中可再生能源占41%，其中生物质发电和风电分别占49.3%和37%（美国能源信息署EIA，2010）。2007年欧盟通过立法提出2020年的目标是能源消费总量中可再生能源占20%和交通部门燃料消费中生物质能源占10%。巴西以生物乙醇替代了56%的汽油（2009年），灵活燃料汽车超过了1 000万辆，有1.2万架小型及农用飞机使用生物燃料。加拿大、巴西、新西兰等国的水力发电已占本国发电总量一半以上。

我国国民经济“十二五”发展规划提出的目标是非化石能源占一次能源消费比重达到11.4%和计划2020年达到15%。如果按联合国惯例将核能和大水电列为传统能源，我国2020年可再生能源占能源总消费量仅5%左右，是个相当不先进的指标。

当前以至以后的二三十年里，化石能源仍将是主导性能源，但与可再生能源是一个此消彼长的渐进过程。许多国家，特别是能源消费和进口大国都积极推进可再生能源对化石能源的替代和强调国家的能源自主与安全。我国化石能源资源贫乏、对外依存度高，供需缺口大，以及对以煤为主的能源消费结构使二氧化碳排放量居世界首位，这些都使我国必须打出国家能源自主与安全的战略大旗，加快可再生能源对化石能源替代的进程。

28.2 我国的可再生能源资源非常丰富

清洁能源中除不可再生的核能外，主要是指水能、风能、太阳能、生物质能和海洋能等可再生能源。为什么它们可以再生？因其能量来自太阳辐射，太阳辐射是地球获得外源性能量的唯一来源。太阳辐射穿过大气层后，因地球不同部位接受的辐射量不等和不同地面物质的热反应差异而导致近地面大气流动和蓄动能于风；导致水在地面与大气间蒸散与凝降而蓄势能于江河；通过植物光合作用而蓄化学能于生物质，以及可以通过人工设施而集聚太阳辐射的热能和发电。所以，风能、水能、生物质能和太阳能乃太阳辐射赋存于不同载体所表现出不同能态，是一母所生的兄弟。

据中国工程院可再生能源发展战略咨询报告，我国水电的经济可开发量4.02亿千瓦，年发电量1.75万亿千瓦·时，开发程度32%；陆地风能（离地面10米高度）的技术可开发量2.97亿千瓦，可开发面积20万千米^2，离岸20千米海域范围内技术可开发量1.80亿千瓦，可开发面积3.7万千米^2，即我国能形成风电场的面积约为国土面积的1/40；可利用的生物质原料资源量为11.71亿吨标煤，其中48.2%来自农林有机废弃物，51.8%来自低质边际性土地上的能源植物；太阳能资源丰富，但目前尚无资源量的具体数据。

我国不含太阳能的清洁能源的年可开采资源量为21.48亿吨标煤，其中生物质占54.5%，大水电、小水电和风电分别占18.5%、8.7%和15.5%，核电为2.8%，生物质能的资源量是水能的 2 倍和风能的 3.5 倍。在区域分布上，水能资源集中于西南，风能和太阳能资源集中于西北和青藏高原，而生物质资源则富集于经济发达的东部与南方。风能与太阳能的资源富集区与终端市场的分离，使得如河西走廊的风电需经一两千公里的远距离传输，而生物质能源则可以就近消费。

不同生物质原料适合生产不同的能源产品，经原料与产品的匹配与整合，11.71 亿吨标煤的生物质原料中，约 4.59 亿吨标煤的产能（39%）适合于生产液体燃料以替代石油；约 5.59 亿吨标煤产能（48%）适合于生产固体燃料以替代燃煤；约 1.53 亿吨标煤产能（13%）的生物质原料适合于生产气体燃料以替代天然气。

28.3 生物质能源别具一格

风能、水能、太阳能、地热，以及核能、氢能和未来的核聚变、氦 3 等能源均为物理态能量，需要通过复杂的技术和装备才能转化为电与热的能源产品，风能和太阳能有不稳定和储能性差的弱点。生物质能别具一格，是太阳辐射经植物光合加工转化后形成的，是一种以生物质为载体的化学态能量；既稳定又储能；原料易得，产品多样，既有热与电，又有固、液、气三态能源产品，以及塑料、生物化工原料等众多的非能生物基产品；所有城乡和工农的有机废弃物（污染源）和利用低质土地种植的能源植物都可以成为生产生物质能源和生物基产品的原料，所以生物质能源产业可以与现代农业和环保产业一体化开发与发展，这些特质与功能是其他所有物理态能源所不具备的。我国最缺的是石油和天然气，唯有生物质能源可以替代，其他能源都不能。

我国每年产出 7 亿多吨农作物秸秆，其中有约 4 亿吨可用于能源（每年有 1 亿多吨被露地焚烧）；可收集的林业剩余物每年约有 2 亿吨。二者产生的热量约为 3 亿吨标煤，相当于 10 座神东煤矿，如用于发电，可相当于 10 座三峡电站，农民每年可增收 1 200 亿元。至 2008 年底，国家发改委已审批 170 余项生物质发电项目，总装机容量 460 万千瓦。如果将松散的秸秆和林业剩余物粉碎压缩为成型燃料，其容重与热值可接近于原煤，且干净、便于运输和市场流通，是替代中小锅炉燃煤供热和节能减排的绿色能源产品。随着科技进步，还可以转化为纤维素乙醇、生物燃气和各种生物基产品。

我国有可用于发展液体生物燃料的宜能荒地 2 680 万公顷（农业部，2008），如果加上少量低质农田用以种植薯类和甜高粱，可每年生产出 1 亿吨非粮乙醇和使农民增收 1 000 亿～1 500 亿元。如果开发养殖业每年产生的畜禽粪便及加工业和城市有机垃圾等可转化生产出 830 亿米 ^{3} 的生物天然气，接近于现全国天然气的全年消费量。工业化生产沼气既促进了资源循环利用和保护环境又增加了农民的收入。

生物质原料资源与生产主要在农村和农业，所以发展生物质能源可以增加农民收入，推进农村工业化、城镇化和农民富余劳动力就近转移，是解困“三农”的一剂良药和发展现代农业的重要途径；是“以工促农”“以城带乡”和“构建新型工农、城乡关系”的最佳“纽带”和“抓手”。

28.4 为什么风能、太阳能很火，生物质能源受冷遇

既然生物质能源有这么多好处，为什么发展势头远不及风能和太阳能？当然，这里说的是在中国，其他国家不是这样的。

国家《可再生能源中长期发展规划》的2020年可再生能源发展目标中生物质能源占43%，风能和太阳能分别占7%和13%。可是《规划》出台不久，时任能源局局长带头将风能和太阳能炒作起来，使风电装机容量三年翻两番，随之将“十一五”风电发展指标也由500万千瓦调高到2 000万千瓦。这是在许多技术问题未得解决（如核心技术和材料被外国大公司垄断、智能电网跟不上等）和条件不具备的情况下人为炒作起来的，当然很快就被国务院列入了“产能过剩”名单。相反，生物质能源却“门可罗雀车马稀”，非粮乙醇目标只完成了1/10，成型燃料完成了1/3。怎么会这样？

在产业背景上，风能和太阳能生产的工业化程度高，有强大制造业依托，而生物质能源的原料在农业，工业化程度低和缺少大产业依托。在目前国家的投资体制下，争取国家投资和补贴是企业的热追目标，以至设法影响国家相关政策的制订。在这场国家投资争夺战中，风能太阳能制造业利益集团处于明显强势，可以使国家《可再生能源中长期发展规划》目标中排位第一的生物质能源败下阵来。

生物质能源生产主要是利用农林有机废弃物和低质边际性土地，乙醇也可以用薯类、甜高粱、菊芋以至秸秆等非粮作物生产，可是“影响粮食安全”总被用来混淆视听；“原料分散不好收集”是个具体的和已经得到解决的技术问题也常用来说事；还有什么“技术不成熟”和“国家补贴高”等，实则这些方面比风能和太阳能要强得多。至于生物质能源可以增加农民收入，解困“三农”，促进农业现代化这些“全党工作的重中之重”却是不提不顾。

政府是国家利益的代表，部门和集团的利益应当服从国家利益。无论在生物质能源的特质上、惠及“三农”上和技术层面上，国家都不应该冷落生物质能源。遗憾的是，2010年成立的国家能源委员会的成员中有发改委、工信部、国土资源部、环保部、水利部、科技部、商务部、外交部，还有人民银行、解放军总参

等部门，唯独没有农业部和国家林业局。总书记一再强调科学发展观，在可再生能源的发展上不是也可以体现一下吗？

28.5 可再生能源需要科学发展观

中国有“龙生九子，不成龙，各有所好”的传说，故人依其所好，按其所长，分而供之。如赑屃能负重，供于石碑之下；鸱吻喜眺望，供于屋檐；狴犴疾恶如仇，供于监狱门楣；椒图忌它物入巢，供于门楣；蒲牢喜鸣，供于大钟等。以此比喻各种可再生能源的科学布局颇为贴切，即“依其所长，分而用之”。

水能、风能和太阳能的产品是电与热，生物质能源产品除热电外可重在对石油和天然气的替代，因唯生物燃料可以为也；水能、风能和太阳能可以提供清洁能源，生物质能在提供清洁能源的同时可以与有机废弃物无害化和资源化相结合，使能源产业与环保产业一体化发展；风能和太阳能可带动制造业，生物质能除带动制造业外更重要的是能带动现代农业和惠及“三农”，使能源产业与农业一体化发展；水能、风能和太阳能可提供商品能源，生物质能源在提供商品能源同时，在农村能源消费的广阔天地可以大有作为；水能重点开发区在西南，风能和太阳能在西北，生物质能源则在经济发达的东部和南方，可以做到并行不悖，科学布局。

我国水能资源丰富和集中于西南，开发程度 32%，虽有潜力但继续深度开发的工程难度和生态保护任务更加繁重，其中小水电的开发应当受到更大关注。我国具有开发风电的陆上面积约 20 万千米^2，集中于西北，要与电网建设、关键技术与设备的国产化有序开发，忌不具备条件地一哄而上。按现代技术状况，太阳能利用应以供热为主，光伏发电尚处试验示范阶段。生物质能源的原料资源量是水能的 2 倍和风能的 3.5 倍；原料集中在经济发达和接近产品消费市场的东部和南方；可以与现代农业和环保产业一体化发展；生物质发电、成型燃料、非粮乙醇、产业沼气等的一代技术成熟，设备可以全部国产，且已拥有一批取得成功的企业。

鉴于以上分析，我国可再生能源的发展战略应当是：多元发展，科学布局和以生物质能源为战略重点。

我国可再生能源的起步比美欧和巴西晚了二十多年，各国国情和资源状况不同，但在发展可再生能源中以生物质能源为主导是长期探索得到的共同路径和经验。如果查询一下美国 2007 年发布的《清洁能源安全法案》、2010 年能源信息署（EIA）发布的《能源展望》、2011 年 3 月发布的《能源安全未来蓝图》，以及 2007 年欧盟立法通过的可再生能源发展路线图及巴西的相关文件不难了解到，发展可再生能源以生物质能源为主导是个世界趋势。

包括生物质能源在内的可再生能源在我国尚处起步阶段，技术和装备体系、政策与市场体系、投资与金融体系均未形成，国家在推进可再生能源发展中，不宜只看重指标的提出和完成，要十分重视相关体系的建设达到事半功倍的效果。

29 我国的能源忧思

【写作背景】

2011年，国际上相继发生了利比亚战争、南苏丹动乱、霍尔木兹海峡陈兵等大事，均与石油资源和我国油气进口密切相关。作者于年末写下了《我国的能源忧思》一文，发表在2012年2月21日的《中国科学报》上。文中忧心忡忡地提出“中国何时才会提出‘自主与安全’能源战略?”并就此提出了做法等相关建议。

观察 3
我国的能源忧思
中国科学报
动物实验：科研和伦理能否两全

2011年是石油战事多发的一年。

3月，爆发了由“北约”直接军事干预的利比亚战争，法国、英国、意大利等几个欧洲国家不惜投入巨额军费而积极参与，重要原因是保护英国BP、法国道达尔、意大利埃尼等石油巨头在利比亚的利益和保障本国的石油供应。7月，南苏丹动乱，主要原因也在于石油。11月，东盟外长会议和东亚峰会上美国、日本、印度等国的介入也是因为石油。年底，伊朗在霍尔木兹海峡陈兵军演和美、伊剑拔弩张的背后更是中东石油问题；美欧针对伊朗石油产品的经济制裁使得中国总理紧急出访沙特等四国，也是为了“找油”。一年里发生这么多事，都直接涉及我国油气进口，因为油气越来越依赖国外并已成为“国之软肋”与受制于人的“七寸”了。美国战略重点向“亚太”转移，正在组织对中国的弧形包围圈，一旦需要施压，最简单和轻而易举的办法就是切断中国油气运输线，先把你的经济和社会搞乱再说。

以上种种，难道不该在战略层面上对国家能源安全问题，尤其是油气安全问题多一些思考，多一些忧患意识吗?

近10年美国能源战略与政策方面的资料中出现频率最多的用词是“自主”“安全”“替代”“生物燃料”以及“降低石油进口依存度”。

29.1 中国何时才会提“自主与安全”的能源战略

全球 70% 的石油资源集中于中东，而资本、先进技术和消费市场集中于美欧工业化国家，这就注定了双方在资源、经济、政治以至军事上的争斗与博弈。据《BP 世界能源统计报告 2011》，2010 年世界石油和天然气仅可分别满足世界 46.2 年和 58.6 年的开采。油气资源渐趋枯竭，开采难度与成本越来越高，价格上扬是必然趋势，在这盘油气残棋的博弈中，资源国与消费国之间的矛盾只会越来越尖锐，消费国之间利益的竞争只会更加激烈。

改革开放加速了中国工业化进程，能源需求激增，1993 年成为石油净进口国，成为一名晚了近百年的世界石油消费国俱乐部里的“新生”。俱乐部里那些雄踞百年和虎视眈眈的“老生”与一位腰缠万贯、咄咄逼人的“新生”之间能和谐相安和世界大同吗？中国不能过高估计自己的外汇储备的作用，也不能只盯在全球剩下的这“半桶”石油上，想想是不是还有其他途径。

看看石油消费国俱乐部里的那些“老生”在想什么和做什么，对我们会有好处。

石油消费国俱乐部里的那些“老生”除了给“新生”处处“使绊”和明争暗斗外，十多年前就已另辟蹊径地准备“立足本土”了。

作为世界第一大石油消费国的美国，为石油“立足国外”付出的代价太大了。经过多年准备，1999 年克林顿发布了以石油替代为目标的《开发和推进生物基产品和生物能源》总统令；2005 年布什在其签署的《国家能源政策法》中专设了“乙醇训令”，要求燃料制造商到 2012 年在汽油中必须加入 2 250 万吨生物乙醇，以每年减少 20 亿桶原油进口。布什在 2006 年《国情咨文》演讲中曾有段名言：美国在使用石油上像吸毒一样“上瘾”，而这些石油是从世界上不稳定地区进口的。最好的办法就是依靠美国人的才智和技术进步，打破对石油的过分依赖，改善我们的环境、摆脱石油经济。我们的一个伟大目标是到 2025 年，替代 75% 的中东石油进口。

经过 5 年准备，2007 年通过的《能源自主与安全法案》，向世界宣告了美国的自主与安全的能源战略，并规定到 2022 年全美必须生产和使用 1.08 亿吨生物燃料（其中包括 1.05 亿吨燃料乙醇）。当 2008 年世界粮食危机中美国生产玉米乙醇受到猛烈攻击时，布什对媒体说：问题的实质是我们的农民种植能源，并不再从不稳定地区购买石油，这是我们的国家利益所在。多么鲜明的态度和立场，“国家利益所在”！

奥巴马上任仅两三个月，就给农业部长下达总统令，要求农业部加大加快在生物燃料产业的投资和生产，在美国建立永久的生物燃料产业；2011 年 3 月奥巴马发布《确保未来能源安全的蓝图》。训令中把通过发展生物燃料以减少进口石油放在第一位，并宣称“美国不能把长久繁荣与安全建立在将会枯竭的能源基础上”，发誓要生产更多的本土生物燃油和提高燃油效率，在10年内使美国的石油进口规模（指每天1 100万桶）减少三分之一。

美国能源信息署（EIA）发布的《能源展望2010》描绘了2035年前美国能源发展的轮廓，提出2035年，即再过25年美国的石油消费量仍可维持在2008年水平，因为石油需求的增长部分可全部由生物燃料替代，届时燃料乙醇消费量将占石油消费量的17%，美国原油进口依存度将下降到45%以下。该报告还指出，未来的汽车中，以生物燃料和汽油为动力的灵活燃料汽车（FFVs）将占到40.9%，电动汽车占5.35%。

如果我们查阅近10年美国能源战略与政策方面的资料和文章，出现频率最多的用词是“自主”“安全”“替代”“生物燃料”以及“降低石油进口依存度”。经过十多年的努力，美国石油进口依存度终于由75%下降到47%，主要靠的是年产4 000万吨燃料乙醇，初步完成了由石油“立足国外”到“基于本土”的能源战略转变。美国能源部最近的数据显示，在过去的6年里能源自给率逐渐提高，2011年前10个月达到81%。这是美国积百年经验和对当今形势的高瞻远瞩，是一个成熟国家的表现。

2007年欧盟通过立法提出2020年能源消费总量中可再生能源要占到20%，其中交通部门燃料消费中生物质能源要占到10%的目标；瑞典能源消费结构中石油份额由1970年的77%下降到2008年的32%，首都斯德哥尔摩的公交车已全部使用生物乙醇和生物天然气。2004年印度开始石油/农业领域的“无声革命”，制订了从2011年开始全国运输燃料中必须添加10%乙醇的法令，违者将被起诉。日本经内阁会议审议通过的《日本生物质综合战略》提出由“石化日本”向“生物质日本”的战略转变，并制定了摆脱石油依赖的时间表。

无论从资源枯竭、争夺激烈、代价高昂、能源安全、保护环境、可以持续等任何方面考虑，从“立足国外”到“基于本土”的能源自主与安全战略的转变都是大势所趋。中国的能源问题比他们严重得多，对国家能源自主与安全的要求也迫切得多，我们何时才提“自主与安全”的国家能源战略呢？

“自主与安全”和“基于本土”是一种态度和指导思想，不是“不进口”，“不走出去”。也不要因为我们四处弄油买气而不好意思提“自主与安全”，正是因为我们资源匮乏和“四面出击”，才更要提“自主与安全”与“基于本土”。美国十多年前提出能源自主与安全战略时的石油进口依存度是75%，2010年不是还进口了5.85亿吨石油，占世界总量的21.8%吗？

与中国有诸多共同之处的巴西创造了一个生物燃料与农村经济互促双赢的局面，成为国家第一支柱产业的经济奇迹。

29.2 不仅是“替代”还在于发展农村经济

对石油与天然气替代的唯一选择是生物燃料，因而它总是与发展农村经济相辅相成的。克林顿的《开发和推进生物基产品和生物能源》总统令指出：“目前生物基产品和生物能源技术有潜力将可再生农林业资源转换成能满足人类需求的电能、燃料、化学物质、药物及其他物质的主要来源。这些领域的技术进步能在美国乡村给农民、林业者、牧场主和商人带来大量新的、鼓舞人心的商业和雇佣机会；为农林业废弃物建立新的市场；给未被充分利用的土地带来经济机会。”克林顿在签署此令时向媒体宣称：“到 2020 年美国农民可因此而每年新增收入 200 亿美元。”

奥巴马就职两三个月就给农业部长下达了关于在美国建立永久的生物燃料产业的总统令，强调“利用这个产业为美国加快发展农村经济提供唯一的机会”。2011 年 8 月，奥巴马在艾奥瓦州召开的“农村经济论坛”上动员私营企业积极参与到国家能源安全行动中来，并宣布拨款 5.1 亿美元，加上私企匹配共 10 亿美元，在今后 3 年中，由能源部、农业部、海军部及联邦航空署合作，推进用于航空 / 航海的第二代生物煤 / 柴油的研发和生产，产品由海军部全部包销。连美国海军的力量也动用了起来，奥巴马正在举全国之力发展石油替代与农村经济，并在白宫设立了农村事务委员会，以协调农村发展生物能源与能源、环保等有关部门的关系。克林顿、布什和奥巴马通过发展生物质能源在为美国“三农”做实事。

作为农业大国的巴西，奇迹般地将甘蔗乙醇产业发展成国家第一支柱产业，替代了全国 41.8% 的汽油。巴西已建成十大甘蔗乙醇生产基地和由甘蔗种植—乙醇加工—专用汽车 FFVs—国内市场—国际贸易的一套完善体系。2003 年启动的灵活燃料汽车市场，到 2010 年 2 月已超过 1 000 万辆，占汽车销售的 90%，且有 1.2 万架小型及农用飞机使用乙醇燃料。2008 年世界粮食危机中有人攻击生物燃料时，总统卢拉说：“巴西的经验表明，生物燃料不仅没有威胁到粮食安全，而且可以在农村地区增加就业，为农民带来了更多收入。”

美欧等工业化国家也十分重视通过发展生物燃料以促进农村经济，与中国有诸多共同之处的巴西也创造了一个生物燃料与农村经济互促双赢的局面，成为国家第一支柱产业的经济奇迹。中国的贫富差距越拉越大，主要是农民大群体的收入增长太慢，“三农”沉疴难除。党中央一再强调“三农”问题是全党工作的重中之重，下发了城乡统筹、现代农业、新农村建设、科技兴农等一个又一个“一号文件”，为什么不能改变一下传统农业的思维模式和落后的农业产业结构，想想“巴西奇迹”，想想中国“三农”问题的病根在哪里。

中国和印度过分依赖中东石油的“海湾石油瘾”将带来本国经济与政治风险，

如果这个地区有冲突与战争，中印将首当其冲地受到油价和供应中断的影响。

29.3 悬在头上的一柄“达摩克利斯剑”

《BP世界能源统计报告·2011》称，到2010年底，按世界石油、天然气和煤炭的探明储量及生产量，三者可分别供开采46.2年、58.6年和118年。中国差之远矣！石油探明储量20亿吨，年生产量2.04亿吨和消费量4.53亿吨，可供开采10年或消费4.4年；天然气探明储量28 000亿米^3，年生产量968亿米^{3}和消费量1 090亿米^3，可供开采29年或消费25.7年；煤炭探明储量1 145亿吨油当量，年生产量18亿吨油当量和消费量17.14亿吨油当量，可供开采63.6年或消费66.8年。中国是个化石能源资源匮乏，特别是石油和天然气资源极贫的国家。

中国经济的快速发展，能源消费激增，2010年的能源消费占全球能源消费总量的20.3%，超过美国成为世界最大能源消费国，其中煤炭消费量占全球消费总量的48.3%（《BP世界能源统计报告·2011》）。1993年中国成为石油净进口国后，2009年石油对外依存度攀升到53.6%，2011年接近60%；2010年天然气进口量200亿米^3，对外依存度20%。在雄厚外汇储备支撑下，十多年前开始的“走出去”战略发挥了重要作用，从中东到中亚，从俄罗斯到南美都有中国油气资本注入，运输船只的往来与管道铺设，解决了用能的燃眉之急。但吸毒般的“石油瘾”越来越大，对外依赖性越来越强，国家能源越来越不安全，隐患越来越令人担忧。

美国国防部《2007年中国军力报告》里有一幅“中国至关重要的海上通道”的附图，文字说明是：中国严重依赖关键性的海上通道来保证其能源进口，约80%的中国原油进口都要经过马六甲海峡，难怪美国军方曾扬言中国的石油咽喉掌握在他们手上。国际能源组织IEA发表的2007年度报告提醒说，中国和印度过分依赖中东石油的“海湾石油瘾”将带来本国经济与政治风险，短期风险是增加国内通胀率，长期风险是这个地区如有冲突与战争，中、印将首当其冲地受到油价和供应中断的影响。仅2011年在非洲和中东出现的上述种种迹象以及正在急剧恶化的形势，不正使中国“立足国外”这个“国之软肋”暴露无遗，到了IEA预言的边缘了吗？对手可以随时以此敲打、要挟和恐吓我们。我们已经为此付出了沉重代价，我们的经济和社会稳定已经受到了严重威胁，难道我们打算长期忍受而不从战略上考虑能源的自主与安全吗？

不要忘记，“油气立足国外”是悬在中国头上的一柄达摩克利斯剑。

中国缺电是事实，难道就不缺油吗？缺油少气靠什么？唯一的依靠就是生物燃料。

29.4 能源替代的战略重点应该是油气

中国文化深受儒家思想影响，讲究的是深谋远虑、未雨绸缪，预则立、不预则废等，不想竟是在能源这个国之命脉上受制于人，并且在这条险径上走得如此之远。令人困惑的是，2011 年 12 月国家能源局发布的可再生能源“十二五”规划中，风电（1 亿千瓦）和太阳能发电（1 500 万千瓦）十分突出，数倍或十数倍地增长，而唯一可以规模替代石油的燃料乙醇却在 2010 年 168 万吨基础上仅新增 300 万吨。即 2015 年的燃料乙醇发展指标只相当于 2010 年全国石油消费量的 0.7%，这对减少石油进口（2011 年进口石油 2.94 亿吨）有任何意义？也许规划制订者根本就没考虑减少石油进口问题。

中国缺电是事实，石油消费的 60% 靠进口，难道就不缺油吗？缺电可以用煤电、水电、核电、风能和太阳能发电缓解。缺油少气靠什么？唯一的依靠就是生物燃料。油气立足国外已经给国家造成了如此大的困难，难道在可再生能源规划中不该以油气替代作为战略重点吗？生物质能源边缘化的可再生能源规划符合中国国情和能情吗？

道理并不复杂，复杂的是中国为何如此漠视国家能源安全？在发展可再生能源中为何如此重风电而轻油气替代？有人说这与什么“利益集团”和“分蛋糕”有关，笔者说不清楚，还是说些技术层面上的问题为好。

我国有约 4 亿亩待垦荒地可用于种植非粮乙醇原料，如果加上部分不能种粮食的低质农田，可具年替代石油 1 亿吨以上的潜力。

29.5 1.5 代任主攻，2 代为第二梯队

替代石油可以有多种选择，经美欧等多项长期试验与实践证明，能规模地替代石油的主要对象是生物燃料，特别是燃料乙醇。2010 年全球燃料乙醇产量 8 300 万吨，替代了 5 500 万吨石油。中国 169 万吨，占全球产量的 2%，为何中国如此不待见燃料乙醇？

在中国，以粮食为原料的 1 代燃料乙醇决不可行，2006 年提出的非粮乙醇发展方向是众心所向的。问题是“十一五”期间为何毫无进展和“十二五”新增 300 万吨的“不死不活”局面是怎么回事？技术层面上的原因是 2 代纤维素乙醇技术不成熟，对 1.5 代非粮乙醇“看不准”，所以才踏步不前。其实根子是规划制订者没把减少石油进口当回事，也许担心发展生物燃料会多切“蛋糕”，以此为说辞而已。

2代纤维素乙醇代表着未来发展方向，美国等投巨资研发多年，但技术挑战比预想的要大，至今尚未实现商业化生产。据《能源自主与安全法案2007》制定的目标，2010年美国应生产9.5亿升纤维素乙醇，实际只生产了0.25亿升。中国的中石油、中粮、天冠、丰原集团等公司经多年努力也有了试验示范的小规模装置，但要进入商业化生产和对石油形成实质性替代还需一个较长的时间。

1.5代燃料乙醇是指以甜高粱秆和木薯等非粮作物为原料生产的燃料乙醇。甜高粱耐旱、耐涝、耐瘠薄、耐盐碱，从黑龙江到海南岛，从东海之滨到塔里木盆地都可以生长，特别适合于在北方的盐碱地和沙地等低质土地上种植。生长期4～6个月，茎秆高3～5米，每公顷产鲜茎45～70吨，汁液丰富，含糖量17%～21%，可与甘蔗媲美。甜高粱用种少，产量高，农田管理简单，生产成本低，在南方可一年两茬，海南岛一年三茬。除甜高粱外、木薯等薯类和菊芋等也是生产1.5代燃料乙醇的备选原料。据农业部2010年的专项调查，我国有约4亿亩待垦荒地可用于种植非粮乙醇原料，如果加上部分不能种粮食的低质农田，可具年替代石油1亿吨以上的潜力。

土地有了着落，非粮乙醇的原料问题就好解决了，问题是转化技术怎么样？经多年小试和中试，清华大学的甜高粱乙醇ASSF固体发酵技术于2011年在直径3.6米，长55米的固体发酵罐连续发酵试验取得了成功。发酵时间30个小时，可发酵糖转化率超过92%，实际乙醇收率达到理论值的94.48%，过程简捷能耗低，经济性和环保性好。此外，“中粮”在广西北海年产20万吨的木薯乙醇已经成功运行了4年，技术也趋成熟。笔者认为，对1.5代燃料乙醇还有什么看不准的可以赶紧去检验、去促进，观望、等待和压缩发展指标不是应对中国油气危机的办法。

再说，即使纤维素乙醇可以大规模生产了，仅靠每年的两三亿吨秸秆是远远不够的，必将与正在发展的生物质发电争夺原料。从长远看，必须利用垦殖边际性土地以扩大生物燃料的原料来源。秸秆和能源草用的是纤维素，甜高粱用的是茎秆中的糖，薯类用的是块根中的淀粉。1.5代和2代乙醇是多元化问题而不是先进与落后问题，更不是排他性的。

1.5代非粮乙醇产业化的基本条件已经具备了，当然实施中还会遇到一些问题，但都不会是实质性的，与风电相比就不是问题。当前国家能源形势那么紧张，绝不能因枝节问题而犹豫裹足，当断不断必有后患。正确的布局是1.5代非粮乙醇任主攻，2代纤维素乙醇作为第二梯队，立即备战出征。

生物天然气在德国、奥地利、意大利和法国等多用于热电联产，瑞典、瑞士等国多为车用，商业化都已十多年。

29.6 主动培育即将异军突起的生物天然气

继煤炭和石油，天然气时代正悄悄到来，它的自身优势和人们的开发使它日渐走到能源前台，从常规天然气到非常规天然气。当美国准备大力开发页岩气的时候，欧洲的生物天然气已成规模。德国 2010 年有近 5 000 多家沼气厂，发电产能 1 650 兆瓦，超过了水电，预计 2020 年将占全德总发电产能的 10%。2007 年瑞典生产 1.5 万辆以提纯后形成的生物天然气为驱动的汽车，加气站布网遍布全国；瑞士首都伯尔尼的公交车大部分使用提纯沼气与天然气混合的生物天然气。

所谓生物天然气就是我们熟知的沼气，它与天然气的主要有效成分都是甲烷。沼气中甲烷含量在 60% 左右，提纯到 90% 以上即同于一般的管道天然气，可用作燃料或发电；如净化到 97% 以上即等同于车用天然气，热值与性能无异，统称之为“生物天然气”。生物天然气在德国、奥地利、意大利和法国等多用于热电联产，瑞典、瑞士等国多为车用，商业化都已十多年了。

生物天然气不仅具有化石天然气的各种优点，还有化石天然气所不具备的许多长处。它可以再生，且原料来自能吸收空气中 CO_2 的植物，以及对畜禽粪便、植物茎秆、工业和城市高 COD 值有机废弃物（污染源）的循环利用，故按全生命周期（LCA）分析法计算，化石天然气的温室气体净排放量（每 1 千瓦时做功能量的 CO_2 排放克数）是 398 克，而生物天然气是 –414 克，它是最环保和最清洁的能源。如果与其他清洁能源相比，它不需要任何专门设施可共用天然气的管道和配送系统进入千家万户和交通工具。此外，它是生物质经厌氧发酵转化生成，在各种生物能源转化方式中厌氧发酵效率几乎是最高的。

我国农村户用沼气 4 000 多万户，单体（发酵罐）装置容积在 50 ～ 300 米 ^{3} 和 300 米 ^{3} 以上的中大型沼气工程有近 3 万处。在大型养殖场沼气发电中，山东民和牧业公司日处理 300 吨鸡粪及 500 吨废水，日产沼气 2.8 万米 ^{3}，发电厂装机容量 3 兆瓦，日发电 7 万千瓦 · 时；北京德青源鸡场日处理鸡粪 212 吨，日产沼气 1.9 万米 ^{3}，发电厂装机容量 2 兆瓦，德清源技术已正式签约转让美国养殖业。日产超过 1 万米 ^{3} 的车用生物天然气已于 2011 年 3 月开始在广西南宁市成功商业化运行，预计近一两年内，北京、河南、山东、海南、河北等地将陆续出现生产经纯化压缩的车用生物天然气的示范试点。

据程序教授估算，我国仅畜禽养殖场废水、工业有机废水和城市污水三项的 COD 年排放量超过 1 亿吨，到 2020 年可达 2 亿吨，可年产生物天然气 830 亿米 ^{3}，加上农作物秸秆和垃圾填埋气可年产 1 500 亿米 ^{3} 沼气，可替代近 900 亿米 ^{3} 的天然气，比 2008 年全国天然气实际消费量还多出 100 亿米 ^{3}。

我国天然气需求激增，缺口迅速扩大，近年斥巨资向澳大利亚、土库曼斯坦、卡塔尔、伊朗、俄罗斯等大规模引进天然气，并在沿海大规模设立 LNG 接收站。我们完全有条件开发国内丰富的沼气原料资源，减少天然气进口。发展生物天然气还可与环保产业和资源循环利用融为一体，与发展农村经济和新农村建设密切结合。

要像 20 世纪 50 年代抓“橡胶”，六七十年代抓“两弹一星”，七八十年代抓“粮食”一样地打一场绝地翻身战。

29.7 赶紧建设本土的绿色油田和绿色气田

我们面前有两种选择：一种是按目前突出风电、边缘化生物质能源和不考虑减少油气进口的可再生能源发展规划方案；一种是为了国家能源自主与安全，以非常举措，将减少油气进口作为战略突破口。后一方案的提出和实施是需要极大勇气与决心的，要像 20 世纪 50 年代抓“橡胶”，六七十年代抓“两弹一星”，七八十年代抓“粮食”一样地打一场绝地翻身战。

如以 2010 年我国进口石油 2 亿吨为基数，设置 2015 年减少石油进口 4% 和 2020 年 15% 的指标，折算燃料乙醇（1 吨乙醇约相当于 0.63 吨石油）后的指标分别为 1 300 万吨和 4 500 万吨。那么，2015 年燃料乙醇指标由现规划的 500 万吨上升到 1 300 万吨，2020 年由 1 000 万吨提高到 4 500 万吨，是不是太不靠谱，太冒进了？

恐怕并非如此。与风电规划指标的“大冒进”相比，上述构想实属“小巫见大巫”。2006 年风电发电能力是 260 万千瓦，2007 年发布的《可再生能源中长期发展规划》中 2010 年和 2020 年的发展指标分别是 500 万千瓦和 3 000 万千瓦。可是不到一年，就将 2010 年指标由 500 万千瓦猛调到 2 000 万千瓦，2015 年指标飙升到 1 亿千瓦。再与美国比，美国 2010 年液体生物燃料产量是 4 000 万吨，2022 年的规划指标是 1.08 亿吨。也就是说，即使 2020 年中国拿下了这场翻身战，还是比美国晚了 10 年。再看看印度，制订了一个 2020 年以 5 000 万吨乙醇代替 86% 进口石油的实施计划，比上述“冒进”设想还多了 500 万吨。真是“不比不知道，一比吓一跳”。

非常之事必有非常之举，像现在这样零敲碎打地搞油气替代是绝对不行的，必须赶快建设本土的绿色油田和绿色气田。所谓绿色油田就是根据乙醇发展指标，建设相应面积的甜高粱、薯类、能源草（芒草、柳枝）等非粮原料种植基地。按每吨乙醇需 3 亩土地计，1 300 万吨约需 4 000 万亩土地，4 500 万吨约需 1.35 亿亩土地。

占农田绝对不行，那么土地在哪里？根据农业部 2008 年的专项调查报告，全国有可用于发展液体生物燃料的宜能荒地4亿亩，按0.6的垦殖系数计算，可建2.4亿亩绿色能源农田，具有生产8 000万吨乙醇的潜力。在国家油气安全受到如此严重威胁的时候，启动这些长期沉睡的后备耕地，让它们为国分忧，有什么不好？

新中国成立后为发展生产于20世纪50年代开荒了2.4亿亩；“三年困难时期”后开荒6 000万亩；农村实行承包责任制后开荒5 400万亩，今日为了国家石油安全，开荒亿亩是十分必要的。以我国当前技术、资金、管理和政策水平，完全可以在垦殖后备荒地中做到生态、生产和经济三丰收，一些受损生态还能得以修复与重建。

科学垦殖可以使受损生态得以修复与重建，可以提升低质生态系统的品质。这片绿色油田还是国家粮田的后备，一旦急需粮食或其他农产品，绿色油田中条件较好者立即改种也就是了，当年见效，比临时开荒顺手得多。可藏粮于囤，也可藏粮于地，美国也有大面积退耕休闲地作为农田储备，政府给以奖励。发展生物燃料不仅不会影响粮食安全，更能深化国家粮食安全。

绿色气田是指生物天然气的原料生产基地。一是以大中型养殖场的畜禽粪便为基础，辅以作物秸秆和能源植物的“养殖场绿色气田”；二是动植物产品加工工业（制糖、造纸、淀粉、食品等）产生的废水废渣为原料的“加工业绿色气田”；三是以城市有机垃圾及污水等为原料的“城市区绿色气田”。据天然气业界预测，2020年我国天然气产量预计可达1 700亿米^3，但因赶不上消费量的增长，年缺口在1 000亿米^{3}左右。如果弥补20%的缺口即200亿米^3，原料资源和技术都不成问题。

当前我国发展经济中的第一要务是扩大内需，如果从每年约1.2万亿元（2011年进口石油款为1 966.7亿美元，比2010年增加了45.3%）购油款及在“不稳定地区”的万亿计投资中拿出一小部分用于建设本土绿色油气田以及转化加工业，即可培育出一个庞大的内需市场。从土地和农民，农林废弃物和非粮能源植物，原料生产和加工转化，到机械制造和储藏运输、科技研发和社会服务等，是多么长的一个产业链条，可以提供多少工作岗位，对国民经济有多大的带动啊！

“三农”更在翘首以待。

30 舍鸩酒而饮琼浆
——也谈中国雾霾及应对

【写作背景】

2012年冬，北京和我国中东部地区大面积和持续发生重度雾霾，震惊了世界，也使在海南过冬的作者十分不安，提笔作文。文中直指："工业化过程中，由于大量使用化石能源和排放到空气中的细颗粒物导致有毒雾霾。"以大量数据和有力的分析，提出治理措施应对是综合的，但从治本与长远上考虑，必须是"舍鸩酒（煤炭等化石能源）而饮琼浆（以生物质能源为主的清洁能源）"，并鲜明指出"主要障碍在决策层"。该文载于2013年2月28日《科技日报》。

科技改变生活
舍鸩酒而饮琼浆
——也谈中国雾霾及应对
科技日报
SCIENCE AND TECHNOLOGY DAILY
习近平等领导同志当选为十二届全国人大代表
破除障碍，释放企业创新活力
地下核试验不会危害人体健康

今冬雾霾肆虐北京和中东部上空，其范围之广，时间之长，污染之重，对人民健康、经济政治及社会心理影响之大，震惊了国人，震惊了世界。工业革命之都伦敦百年前的迷雾重现于北京上空，开了个历史玩笑。

30.1 雾霾也是一种化石能源病

工业化过程中，由于大量使用化石能源和排放到空气中的细颗粒物导致有毒雾霾，这不是什么新鲜事。1873年12月7—13日，一场雾霾笼罩伦敦，造成千余人死亡，1952年12月5—9日及其后两个月里，又夺走了1.2万人的生命，还有1930年比利时的马斯河谷，50年代美国的洛杉矶光化学烟雾等都曾震惊过世界，但与中国今冬雾霾相比，统统相形见绌了。

饮酒可以舒筋活血，祛湿御寒，提神醒脑，李白斗酒诗百篇，武松醉打蒋门神。但过量饮酒，先伤胃，次伤肝，再伤神经，进而血管与心脏。同样，没有化石能源就没有工业文明，如过量使用，对社会机体的种种伤害也会接踵而来。

中国工业化过程中的 1980 年、1990 年、2000 年、2010 年四年，能源消费量依次是 6 亿吨、10 亿吨、15 亿吨和 32 亿吨标煤，确实“饮酒”过急过量了。先是煤炭产地和火电厂周边的污染；次是 SO_2 积聚西南上空，形成面积 120 万千米 ^{2} 的酸雨区，跻身世界三大酸雨区之一；再则是 CO_2 排放量猛增，2007 年占到世界总排放量 1/5，居世界之首；现在又出现一种新病——工业雾霾缠身了，这种由燃煤粉尘和汽车尾气大量积聚而引发的环境病，面积已达 140 万千米 ^{2}。

气候变暖是全球性和长过程的，靠“京都议定书”和世界各国的减排行动；雾霾则是区域性和短时段的，“谁造孽，谁买单”，立竿见影，雾霾治理只能靠自己，谁也指望不上。也不像在 CO_2 排放上，还可以用中国过去排得不多和现在人均排放量不高来遮掩。

中国病情之险莫过于能源安全隐患。60% 的石油和 30% 的天然气靠进口，四面买油气，四面有楚歌。你想，平均每天有 70 多万吨石油要进到中国，而美国军舰在马六甲、印度军舰在印度洋、菲越在南海闹事、钓鱼岛形势吃紧，好不容易在缅甸建了一条陆上油气管道，奥巴马、麻生太郎立即访缅，这些都是与中国进口油气有关的。对中国崛起虎视眈眈的对手们很清楚，能源安全是中国的“国之软肋”与“七寸”。

看来，中国已不是一般饮酒，而是酗酒，已经成瘾和伤身至重了。

中国雾霾是近几年全国煤炭消费和汽车增量井喷式发展的直接结果，看看下面的数字。2005 年和 2010 年全国煤炭消费量分别是 23.5 亿吨和 32.4 亿吨，即每年新增 1.8 亿吨。2010 年中国煤炭消费量已占到全球消费总量的 48.3%（《BP 世界能源统计报告 · 2011》），即世界一半的煤炭是在中国烧掉的，当然，全球一半的燃煤粉尘也留在了中国，特别是经济发达的中东部地区。再看汽车，2005 年和 2011 年全国汽车生产量分别是 570 万辆和 1 827 万辆，即每年增加 200 万辆；民用汽车拥有量分别是 3 160 万辆和 9 356 万辆，即每年增加 1 032 万辆，主要集中在城市。

中国有一种“富煤情结”，一缺电就想挖煤。以年新增 1.8 亿吨的速度“竭泽而煤”，煤再多也禁不起这么个挖法。按 1950 年中国煤炭的储量和开采量之比，可供开采 3 816 年，可谓万世无忧；到 2000 年只够开采 88 年，2007 年就只够开采 45 年了（66 年，BP，2011）。中国人应当像扬弃“地大物博”一样地扬弃“中国富煤”的过时概念，否则贻害无穷。

燃煤是温室气体排放首犯，导致工业雾霾的元凶，如果近视采煤对当地生态环境破坏更是触目惊心。煤是用水换来的，中国的十四大煤炭基地和“十二五”的十三个煤电基地，除云、贵外，全部集中在极端缺水的西北以及北方冀、鲁、豫地区。"十二五"期末的2015年，煤电基地需用水99.75亿米^3（《电力工业'十二五'规划滚动研究报告》，2011），即三倍于宁夏回族自治区全区一年的引黄灌溉水量。"竭泽而煤"的同时，也带来了灌溉农田减少、草场退化沙化、沙尘暴加剧、黄河断流等生态灾难。

用煤不减，环保无望。"煤概念"不改，祸国殃民。

"竭泽而煤"的结果是，用光子孙煤炭，传下肮脏中国。

30.2 能源病要靠能源治

通过煤的清洁燃烧与除尘、提高汽车燃料品质和效率等措施可以减少排放物，是必要的，但是根本性治理在于改善能源消费结构。

先行工业化国家早期也是煤炭独大，20世纪开始大力发展石油与天然气发电、水电与核电，使煤炭在一次能源消费中降到了30%以下。随着70年代的世界石油危机，90年代的应对全球气候变暖，以及化石能源资源的渐趋枯竭，凭借可再生和清洁两大优势的可再生能源于20世纪后期兴起了，逐渐担起替代化石能源和世界能源转型大任，这已是世界大势了。

除传统的水能外，新兴的可再生能源中，一马当先的是生物质能。生物质能源的原料主要是作物秸秆、畜禽粪便、林业剩余物、加工业的有机废水废渣、城市的污水污泥，以及利用边际性土地种植的能源植物等所有的有机物质。能源产品有固态的直燃发电和成型燃料，液态的乙醇和生物柴油，气态的沼气和裂解气等。另外，它是唯一能大规模替代车用化石燃料的可再生清洁能源，非核能、水能、风能等可比拟。

2005年美国能源部给国会提交的一份报告说：生物质已经开始对美国的能源做出贡献，2003年提供了1亿吨标煤能量，占美国能源消费总量的3%，超过水电而成为可再生能源的最大来源。2003年，瑞典生物质能的工业用途达1 230亿千瓦·时，分别是天然气和煤炭的12.3倍和4.5倍；生物质供热发电1 030亿千瓦·时，占全国供热能源消费总量的71.6%。生物质能已是当今排在煤炭、石油和天然气之后的全球第四大能源。

美欧新一代车用燃料主要不是电力而是生物燃料，到2020年，美国车用燃料中生物燃料将占20%，欧盟占10%。车用生物燃料的一个重要效应是尾气排放远低于柴油和汽油，瑞典以乙醇和沼气提纯的生物天然气作为车用燃料，可减排90%的尾气颗粒物和CO_2。2010年斯德哥尔摩城区公交车全部使用生物乙醇和沼气提纯的生物天然气，减排了11.45吨颗粒物、114.5吨NO_x和4.58万吨CO_2，该市空气质量可经常保持在PM2.5颗粒在每立方米10微克左右水平。

风能和太阳能是近几年兴起的，但一定要在具备风力发电场、日辐射度等资源条件的地方才能发展，产品主要是电力，是替代煤电的一种可再生清洁能源。

21 世纪是化石能源逐渐向可再生清洁能源转型的世纪。

30.3 中东部雾霾之应对策

中东部约 140 万千米 ^{2} 的雾霾区，正是我国经济快速发展，煤炭与汽车消费增速最大的地区。

美国煤炭储量世界第一，国土面积与中国相仿，年消费煤炭 11 亿吨，而面积仅为 1/50 的京、津、冀、鲁、豫地区的年煤炭消费量是 10 亿吨，加以有燕山和太行山环绕阻隔，怎能不产生雾霾?

本地区除压减高煤耗企业和提高能效外，一不可能以石油和天然气大规模替代煤炭；二是地区水电资源开发殆尽；三因地处政治经济中心和人口密集而核电发展受限；四除海上风电外，陆上风电与太阳能发电潜力极小。然而天无绝人之路，这里的生物质资源却十分富饶。

这里每年 6 月自南而北露地焚烧掉的小麦秸秆和秋天焚烧掉的玉米秸秆就有 1 亿多吨，既是资源浪费，又造成夏秋两季雾霾，如能转化为生物质能源，可相当于两个三峡电站每年所发的电力。建议制订一个以作物秸秆和林业剩余物为原料的生物质发电（热电联产）与成型燃料供热的“减霾压煤”计划。

我国生物质发电技术成熟，装机容量已达 550 万千瓦，多在此地区，可顺势加大其推进力度，减少煤电。此外，这里的数十万个中小燃煤供热锅炉，是难以清洁燃烧的排放散户大户，是城市雾霾颗粒的主要贡献者。在这些地方，生物质成型燃料是最佳替代能源形式，吉林辉南宏日新能源公司自吉林到山东已实现 100 余万米 ^{2} 供热面积，全国成型燃料年产约 300 万吨。

又如利用环渤海地区约 200 万亩盐碱地种植甜高粱等能源植物，可具年产 60 万吨乙醇和 1 亿米 ^{3} 车用生物天然气的潜力。具有国际领先水平的，清华大学的甜高粱连续固体发酵生产乙醇技术（ASSF 技术）将会有效推动我国非粮乙醇燃料发展。

此外，本地区还有大量养殖业、加工业和城市的有机废弃物可用于转化生物质能源。

30.4 北京雾霾也可以慢病快治

雾霾对北京人和住在北京的外国人的心理伤害太大，有人说这个吞噬人们健康与心灵的恶魔 20 年也驱走不了；有人想逃离首都，影响太坏了。

根据中科院关于京津冀雾霾天气产生过程的最新研究，2013 年 1 月北京地区的雾霾形成中，机动车是城市 PM2.5 颗粒的最大来源，约为 1/4；其次是燃煤和外来输送，各占 1/5。

为降低 PM2.5，北京已经启动“压煤”“换车”“降尘”计划。因占首都之利，将部分用煤大户外迁到天津等周边地区，并以“特供”的天然气替代煤炭发电与锅炉供热，将煤炭消费量压减到 2012 年的 2 635 万吨，进而压减到 2015 年的 1 500 万吨。但是，天津的煤炭消费量是 7 000 万吨，河北 3 亿吨、河南 2 亿吨、山东 4 亿吨，北京与周边地区间能有雾霾“隔火墙”而独善其身吗？因此还需周边地区的燃煤排放量也要降下来。

换车！电动车吗？当前中国 80% 以上的电力是煤电，两份煤能量才能换一份电能量，CO_2 与粉尘的排放当然也是双倍的，仍会以雾霾等形式部分回流到城里，岂非是“掩耳盗铃”和“自欺欺人”之举吗？除非是用清洁燃料发电。何不制订一个计划，用 5 年左右时间，让北京一半以上的汽车，首先是公交车，换用乙醇和生物天然气，必见大效。这在瑞典首都斯德哥尔摩、瑞士首都伯尔尼，巴西最大城市和工业中心圣保罗已是屡试不爽了，北京何妨一试。

北京德清源和山东民和两大养鸡场以鸡粪为原料生产沼气和发电上网供电已有 5 年，德清源的大型养殖场沼气发电技术去年转让美国，项目金额 17 亿美元。如将用于发电的沼气净化压缩为甲烷含量在 95% 以上的生物燃气即可作为车用，广西南宁市数百辆出租车近两年用的就是这种燃料，很受欢迎。车用生物天然气的资源和技术潜力很大。

燃料乙醇可以抓紧在环渤海及其他边际性土地建设“绿色油田”，近期不妨先从巴西进口乙醇救急，反正石油也是进口的。

北京在不长时间实现汽车燃料转型并不难，关键在于观念与决策。可以通过座谈会、听证会等形式集思广益嘛。

30.5 主要障碍在决策层

“九五”期间就提出了不能以牺牲生态环境换取经济发展的高速度，要改善能源消费结构。十多年过去了，以煤为主的能源消费结构没有改善，煤炭消费量与油气进口量反而成倍激增。2008 年出台了以生物质能源为主导的“可再生能源发展规划”，可惜《规划》刚一出台就不按规划而按领导意图办事，自上而下地刮起一阵发展风能和太阳能的旋风，什么“风电三峡”等。发展风能太阳能本是好事，可惜采取了拔苗助长、盲目冒进政策，仅两三年就全线崩溃，损失数千亿元。一脚踩空，大伤元气，替代化石能源、减排温室气体和防治雾霾的主力生物质能源却被冷落一旁。

中国是个生物质资源的大国富国，年可开采量9.32亿吨标煤，是水能的2倍和风能的3.5倍（中国工程院咨询报告，2007），且生物质原料富集区紧接产品市场，集中于我国经济发达的中东部与南方，不存在长途输送与调峰问题。生物质能源技术成熟，可与农业现代化、绿色城市化、生态环保建设和发展循环经济，减少油气对外依存度等协同推进，其综合和长远效益之巨可想而知。

生物质能源在许多国家发展得很好，唯独在急切需要和既不缺资源、又不缺技术的中国不受待见，存在诸多误解与偏见，特别是在政府决策层。

一说怕影响粮食安全。中国有那么丰富和多样的农林牧业，加工业和城市的有机废弃物资源，为什么非要扯到粮食上去呢？这不是用一个本不存在的事实去吓唬自己，扼杀一件于国于民有利的好事吗？不顾生态灾难，在西北“竭泽而煤”的“十二五”煤电计划都能轻易获得批准，而发展生物质能源就这般困难？

二说生物质原料分散不好收集，难道摆在地面上的东西会比埋在几百几千米以下的东西更难收集吗？

三说作物秸秆不收集不值钱，一收集就涨价，这本是按市场规律和做好市场管理的事，农民也该拿到他们应得的一份利益。

四说和农民不好打交道，难道比在苏丹开发油气田，在缅甸铺设油气管道，与俄罗斯讨价还价更困难吗？

2010年中国成立了由温总理兼任主任的国家能源委员会，成员中含税务总局、安监局、银监会、电监会等，唯独没有农业部和国家林业局，对生物质能源误解与偏见之深可见一斑。

非不能也，是不为也。

为何煤炭等化石能源的消费与进口就是压不下来，一提风能太阳能就能“大跃进”，而对利国利民的生物质能源却充满误解和偏见，是否还有什么更深层次原因？

30.6 期待

生物质能源“十一五”规划的多项指标完成得很差，没有任何解释。为此曾提出过不少意见和建议，如“实行国家能源独立自主战略，加大改善能源结构力度”“将发展以生物质能源为主体的可再生能源作为国家重要能源战略”“用20年时间建设我国本土的绿色煤田、绿色油田和绿色气田”“发展生物质能源的战略重点是油和气”“液体生物燃料近期以发展1.5代燃料乙醇为主”等。意见不尽妥当，遗憾的是如泥牛入海，无人理会。

很高兴，不久前看到国家能源局发布的“生物质能发展‘十二五’规划”，于是又勾起许多话想说，到哪里去说？有没有人听？希望新一届政府先“微改革”一下，在技术性较强和意见有争议问题的决策上建立一个听取意见的机制。如能以生物质能源为试点，也是一种不错选择。

“政通人和”，要上下通，也要下上通才好。

31 当前我国生物质能源产业发展形势

【写作背景】

2013年9月，全国工商联新能源商会生物质专业委员会与中国低碳经济促进会共同在长春举行了“生物质产业发展长春论坛”。作者在大会上做了题为“当前我国生物质能源产业发展形势”的主题讲演，从历史的轨迹分析了我国生物质能源当前的发展形势。提出抓住发展战略机遇期和打好几个大战役的设想。以下是据讲演用PPT写成的文字稿。

感谢全国工商联新能源商会和低碳经济促进会举办和吉林省发展改革委员会承办了这次重要的“生物质产业发展长春论坛”。我想借此机会谈一点个人对当前我国生物质产业发展形势的体会，与大家交流。

31.1 生物质产业的科学定位

中国有个神话，说的是“龙生九子，不成龙，各有所好”，人分别供之的故事。老大喜负重，人们供之于石碑下，老二喜远眺，人们供之于屋檐上；老三贪吃喝，人们供之于鼎盖；老四好斗，人们供之于兵刃；老五疾恶如仇，人们供之于监狱门楣；老六好烟火，人们供之于香炉；老七喜水，人们供之于桥栏；老八忌它物入巢，人们供之于门楣；老九喜引吭高歌，人们供之于大钟。

以此神话故事比喻可再生能源颇为贴切。

地球形成后，能给地球持续提供能量的唯一来源是太阳辐射，太阳辐射如同龙一般。由于地球表面接受太阳辐射多寡不同及不同地面物质的不同热反应，导致近地面大气流动而生风，藏有风能；由于近地面大气温度的温差导致水分的蒸发与凝结为雨，从而保持了永续不断和自高而低的川河水势，藏有水能；由于通过专用器材可集聚太阳辐射的热量，俗称之“太阳能”；而成因特别的是，地面植物通过自身的神奇功能——光合作用可以将太阳辐射的光能转化为有物质载体的化学态能量。

水能、风能和太阳能，以至海洋能、地热和核能等均为物理态能量，只能转化为供人们使用的电能和热能，而以生物质为载体的化学态能量则不仅可以转化为电能与热能，还可以转化为种类繁多的固态、液态和气态能源，以及非能的生物质化工产品。凡化石能源能办到的，生物质能源也能办到，因为化石能源本就是亿万年前的生物质经复杂地质过程而生成的。一个是碳水化合物，一个是碳氢化合物，含氢氧元素多寡不同而已。

请看此示意图（图 1），可再生能源是不是很像“龙生九子，九子不同”啊！

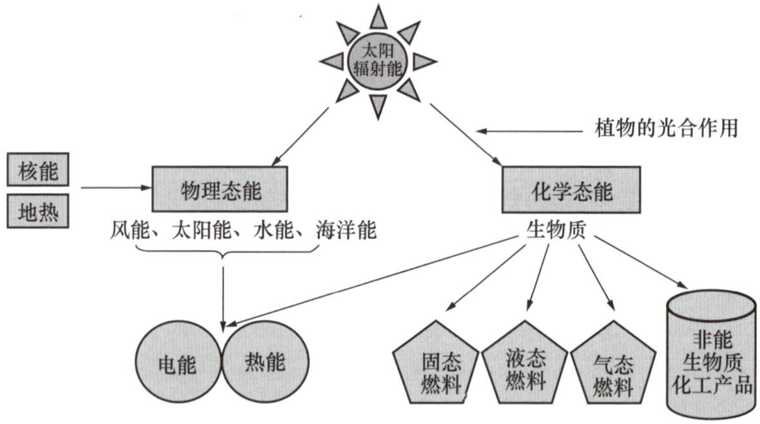

图 1　可再生能源

在中国，风能和太阳能富集于西北部和青藏高原，水能富集于西南，生物质能则富集在水热条件最好、经济最发达和人口密集的东部和南方。所以要像对待龙之九子一样，分别供于不同地方。不含太阳能（无资料）的我国清洁能源的年可用资源量是 21.5 亿吨标煤，其中生物质能占 54.5%，是水能的 2 倍，风能的 3.5 倍（《中国可再生能源发展战略研究丛书，中国工程院，2008》），生物质能可称是老大。

不像风能和太阳能般的单纯，生物质能要复杂得多，人们正在不断地加深对它的认识。作为一种可再生的清洁能源，它可以替代化石能源、可以减少国家化石能源的对外依存度、可以减排温室气体、可以推进农民增收和现代农业发展，可谓是“老四论”（替代论、安全论、减排论和增收论）。近年，人们对生物质能源又有了新的认识，发现它是治理雾霾的有力武器，是发展城镇化的清洁能源和就业岗位的提供者、是一种资源可循环利用和保护环境的绿色产业，可称是“新四论”。生物质能源对当今中国社会发展的潜在价值十分巨大。

生物质产业的链条很长，涉及原料与收集、转化与装备、科学与技术、资本与劳力、产品与市场、服务与消费，由此又带动着农业、生物化工、机械制造、科研院所与高校、商业、金融、服务、就业等多种行业的发展。巴西的甘蔗乙醇已成为国家支柱产业，GDP 贡献超过了信息产业。

马克思曾经说过：社会上一旦有了技术需要，这种需要就会比十所大学，更能把科学推向前进。社会发展对生物质能源的需求是客观存在和不依人们意志为转移的时代大势，挡是挡不住的，只有知行之先后与早晚而已。早知行早受益，晚知行晚受益。

因生物质能有物质载体，原料多样而丰富、易储运、转化途径及产品多元化，还可以生产种类繁多的非能生物质化工产品，故为唯一能全面替代化石能源的物质性资源。随着化石能源和非能源矿产资源的渐趋枯竭，生物质必将是未来人类社会物质性生产原料的主要来源。所以，生物质产业既是今日之新兴产业，更是明日之未来产业。

我们可以相信，生物质能、水能、风能、太阳能等清洁能源将各得其所，各尽所长地共襄对化石能源替代之时代盛举。由于生物质自身的特质与优势而必将成为替代化石能源之主力。

31.2 我国生物质能源产业发展之轨迹

十年余间，我国生物质能源产业就经历了跌宕起伏的过程。

“十五”期间（2001—2005 年），由于国家有大量积存陈化粮而将发展粮食乙醇列入了“十五”规划的十项重点建设工程。仅三四年，河南天冠、安徽丰源、黑龙江华润和吉林燃料酒精四个厂建成投产，合计年产达 130 万吨，一举而为世界第三。此时有十多项配套政策陆续出台，支持与推进生物乙醇发展。一时间，燃料乙醇要风有风，想雨得雨。可以说，“十五”是燃料乙醇一路高歌猛进的“政府主导型快速发展期”。

“十一五”（2006—2010 年）之初，生物质能源发展形势尚好，业界摩拳擦掌，跃跃欲试。在 2006 年 6 月的一次“中国生物燃料乙醇产业化发展战略研讨会”上，中粮集团总裁于旭波讲演中提出中粮将成为中国生物质能源的主要提供者和领导者，2010 年燃料乙醇将达到 310 万吨，占全国产量的 60% 以上。

不料，某公司一纸报告国务院，误将陈化粮乙醇与整个生物质能源混为一谈地指责生物质能源影响国家粮食安全，制造了好大的一起冤案。尽管国务院下达停止审批粮食乙醇的同时鼓励发展非粮乙醇，却已使刚刚起来的生物质能源发展势头严重受挫。后来见到中粮集团的岳国军总经理谈及此事时他说道：不是中粮不想干，是不让干。

尚好，2007 年发布的《中国可再生能源中长期发展规划》中生物质能源仍占主位，据半壁江山。不料墨迹未干，突然刮起一股风能太阳能旋风，将生物质能源彻底打入了冷宫。“十一五”是我国生物质能源被边缘化和坐冷板凳的低谷期。

可惜的是，因领导操之过急，在条件不具备的情况下对风能太阳能“拔苗助长”，反使之出师未捷而折戟沙场。发展生物质能源可要汲取这个教训，要沉得住气，不能头脑发热。

经过一番努力，在制订《国民经济发展‘十二五’规划》中，生物质能源终于被列为国家战略新兴产业之一。随之，2011 年 7 月国家能源局在召开的农村能源工作会议上宣布了“十二五”生物质能源发展目标和建 200 个绿色能源示范县的计划；2012 年 7 月，国家能源局又发布了《生物质能发展“十二五”规划》，这可是风能和太阳能也未来得及享受的待遇。重要的是，该规划表达了决策层对生物质能源的一种认识境界，《规划》中是这样写的：

“生物质能是重要的可再生能源，具有资源广泛、利用方式多样化、能源产品多元化、综合效益显著的特点。开发利用生物质能，是发展循环经济的重要内容，是促进农村发展和农民增收的重要措施，是培育和发展战略性新兴产业的重要任务。在替代化石能源和促进环境保护等方面生物质能源将发挥积极作用。”《规划》还提出了“到 2015 年生物质能年利用量超过 5 000 万吨标准煤，预算新增投资 1 400 亿元”。以至引起当时与生物质能源有关产业的股市一片飘红。

2013 年开年，国家能源局为发展生物质能源产业设置了四个“重大专项”。科技部部长万钢于 7 月在北京德清源公司召开了发展生物天然气现场会，讲话中指出：“大力发展以生物质能源为代表的清洁能源已经成为国家战略选择。”随之，《科技日报》为此连发了三篇专门报告。

8 月间，科技部向国务院递交了《科技部关于加快发展清洁燃气的报告》，据知，还另有三份关于发展生物质能源的报告和信件也先后呈到了李克强总理、张高丽和汪洋副总理那里。根据他们的批示，国家发改委、能源局、财政部、国家林业局等有关部门正在进一步调研和研究制订加快生物质能源发展的措施。

31.3 逆境中成长的中国生物质能源企业

上面说到的是影响我国生物质能源发展的，强大的“政府之手”，而另一只手，凯恩斯的“市场之手”也仍在发挥作用。出于对这个事业的热爱和寻求新的商机，一批幼弱的生物质能源企业在困难条件下出生了。这些年里过得很不容易，有的无奈转产，有的苦苦坚持，有的事业初成，有的“十年一剑”，正欲亮剑出鞘，大展宏图。

生物质发电业发展得最早最好，百余家生物质电厂到2010年底装机容量达550万千瓦，年发电量超过200亿千瓦·时，相当于1/4的三峡发电量。武汉凯迪新能源、国能生物质发电、毛乌苏生物质发电、光大国际等是佼佼者。

在国家多年大力扶持下的农村户用沼气举步维艰的时候，生物天然气异军突起。北京德清源、山东民和、河南天冠、广西安宁等已日产气1万～3万米^3，在我国开拓出一个全新领域。山东百川同创等在生物热解燃气上做得也是有声有色。

成型燃料产业发展得较早，吉林辉南宏日、广州迪森、北京奥科瑞丰等皆成绩斐然，势头甚好。令人惋惜的是自2006年至今，燃料乙醇的发展一蹶不振，中粮集团和山东龙力的非粮乙醇正在艰难前行，纤维素乙醇的技术制约至今难除，甜高粱乙醇正在寻求突破，此时传来了武汉阳光凯迪的生物合成液体燃料取得了重大进展的喜讯，令人为之一振。

高兴的是，生物质能的装备业也有喜人发展，杭州新能源、山东百川同创、北京盈和瑞、北京奥科瑞丰、青岛天人、霸州利华、无锡明燕等越做越大。

近十年的现实是，逆境中发展和做出重大贡献的主要是民营企业。不像央企国企那样家大业众和可进可退，他们多是倾囊以赴，置之死地而后生，反倒能拼杀出一条血路，取得骄人业绩。逆境的磨砺，使我国民营生物质能源企业更能抗逆与坚强。

31.4 透过雾霾案例看形势

近年我国暴发雾霾，京津冀鲁豫和长江三角洲等大片地区被浓浓的雾霾笼罩，四川盆地与湘鄂，南昌与广州等地区也未能幸免，受影响面积占国土面积1/4，受影响人口约6亿。图2是国家环保部8月初发布的2013年上半年我国74城市空气质量状况图示，超标天数比例达到45.2%，京津冀地区达69%，即一年中有252天超标。雾霾已经成为当前中央和国务院极度关切的一件国家大事，令人揪心的大事。

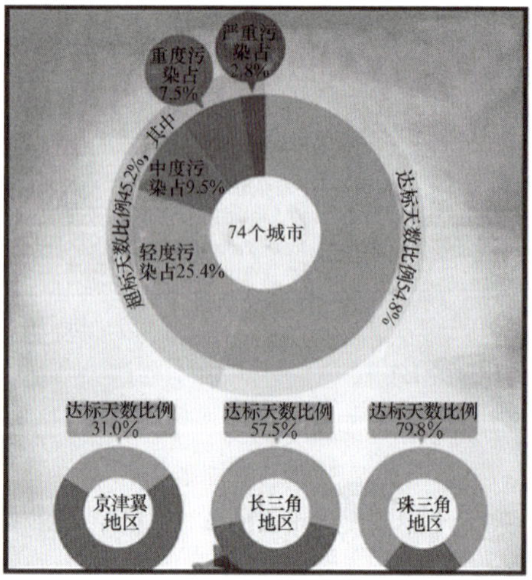

图 2　2013 年上半年我国 74 个城市空气质量状况图

（国家环保部，2013.8）

显然，雾霾骤增必是与燃煤和汽车的骤增密切相关，为此我查找了全国和京津冀鲁豫等地 1990—2010 年煤炭的年消费增长资料。果不出所料，2002 年是个拐点，1990—2002 年全国煤炭年消费量不到 15 亿吨，年均增长率 2.9%；而 2002—2010 年年消费量骤增到 30 亿吨以上，年均增长率 15.1%。冀鲁豫三省的煤炭年消费量在全国增长最快，2002—2010 年间分别增长了 3.6 倍、19.9 倍和 6.6 倍。全国汽车产量，也是从 2002 年的 449.7 万辆剧增到 2011 年的 1 841 万辆，一、二线城市汽车行驶量剧增和堵车已是人所共知的常态了。有了这两条，只要气象条件具备，雾霾定然而生。这两幅曲线图（图 3）和柱形图（图 4）上的资料是很好的说明。

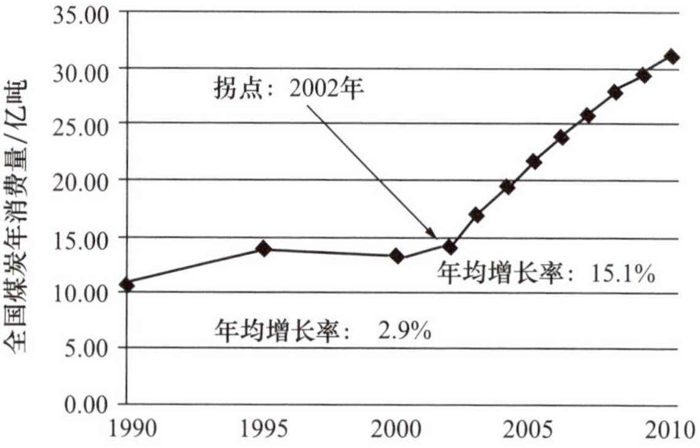

图 3　我国煤炭消费增长状况（1990—2010 年）

（资料来源：《中国能源统计年鉴》）

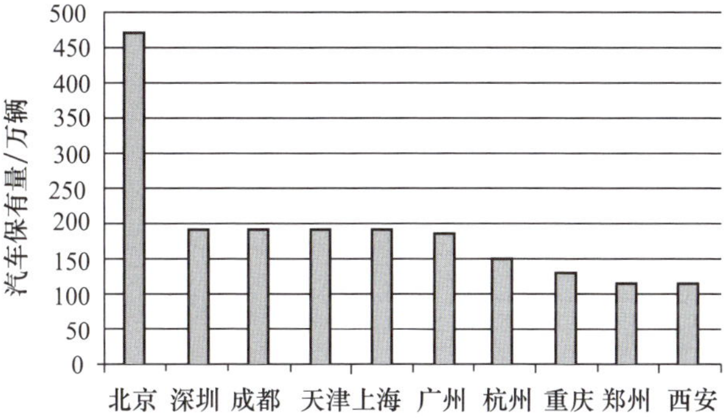

图 4　2011 年我国汽车保有量排名前十的城市（引自网络）

于是，我写了一篇题为“舍鸩酒而饮琼浆”的文章，发表在今年 2 月 28 日的《科技日报》上，论述了雾霾是一种化石能源病，能源病要靠能源治，应舍鸩酒（减化石能源）而饮琼浆（清洁能源）。文中还分析了京津冀鲁豫高发区的水能开发殆尽、风能与太阳能开发价值不大且人口稠密和经济发达而核能不宜，其最佳选择是以生物质能源对煤炭供热发电和车用化石燃料的替代。程序教授也于 4 月 8 日在《科技日报》发表了题为“治霾和减排呼唤生物天然气”的文章。当然，仅凭报上几篇小文，作用能有几何？

7 月 29 日，我与程序教授联名上书李克强总理，力呈克霾对策和发展生物天然气之意义，在提出 5 项具体建议后还捎上一句：如您能在日理万机中抽出半天时间到京郊德青源公司视察，可以了解到更多实情。高兴的是，李克强总理已将此信批示到发改委、财政部、环保部等业务主管部门，他们正在进一步调研和提出落实方案。在上呈此信的前后，另有三份关于发展生物质能源的报告和信件也到了国务院。

可是，9 月 13 日国务院发布的《大气污染防治行动计划》中，35 条行动计划主要是采取关停堵截和清洁燃烧措施（很重要），能源替代主要是“煤改气”和“煤制气”（需斟酌），涉及生物质能源的仅有两条，轻描淡写的。

通过以上事例可以看到对待生物质能源的三方表现是，社会方需要迫切、职能部门方缺乏意愿，以及产业 / 科技方的积极推进。为什么政府职能方缺乏意愿？一直以来，对生物质能源了解少于误解，具不看好成见者大有人在，故目前缺乏意愿是正常和可以理解的。社会需求是大势所趋与必将继续走强的确定性因素；职能部门的不了解和误解是正在改善中的不确定性要素，如产业 / 科技方加大推进力度，必将加快生物质能源发展的转暖和贡献国家的进程。

31.5 抓住发展的战略机遇期

我们可用气候学上的二十四节气作比这些年我国生物质能源的发展过程，“十一五”是“大寒”；“十二五”是“惊蛰”；如形势无大变故，“十三五”将是“清明”和“十四五”可能进入“夏至”。我想说的是，“惊蛰”与“清明”这七年，是生物质能源发展的战略机遇期，因为前面说到的“老四论”和“新四论”在继续发酵走强，风能和太阳能尚在复苏中。抓住战略机遇期，生物质能源就能突出重围，打开一片新天地。

怎样抓住机遇期？我以为要做好两件事。

一件事是抓紧练好“内功”。

我们要认识到，生物质能源在我国尚处发展初期，资源和原料家底及区域性分布状况还不很清楚；技术基础尚差（液体燃料不如美、巴，气体燃料不如德国，固体燃料不如瑞典）；产业链条和商业模式不健全；缺乏有实力的大型产业的力挺作用（远不如水能、风能、太阳能，更不如化石能源这个“百年老店”的无比强大和影响力），以及职能部门对生物质能源的认知及政策环境远未到位等。这些都需要我们奋发地工作与积累。

第二件事是要集中力量打好几个大战役。

只有生物质能源在产业化和商业化上做出几件具有高显示度和震撼力的业绩，用事实说服政府职能部门和部分公众，生物质能源不是“开胃小菜”，而是能成大器的国之栋梁，解除他们的疑虑，这点很重要。

我以为苗头初现的有三个大战役可打。一是生物天然气战役，其资源、技术和产业化基础较好，国务院及有关业务部门认同度较高，希望生物天然气行业有志气和有能力与“煤制气”PK一下。二是木质纤维素合成生物液体燃料战役，武汉阳光凯迪已经破局和准备起航，可应势而加快整体化推进。三是针对雾霾，蓄势待发的成型燃料（生物煤）供热与中小燃煤锅炉替代要主动请缨出击，打开局面，周所长和他的团队定能发挥引领与推动作用。

我们也期待甜高粱乙醇、纤维素乙醇、热解汽化、醇电热联产等取得重要突破与进展，及时助推，形成“众人拾柴火焰高”之势。

除了围绕产品与市场组织三大战役外，另一个重要战场是希望能成就若干个生物质产业发展示范省、示范市和示范县。此次能在长春开会的一个重要原因是吉林省是我国生物质原料资源最丰富的省份之一、生物质化工发展上的深厚基础，以及省领导的重视。

正如刚才姚主任在讲话中介绍的：“吉林省正以生物质资源替代化石资源，玉米秸秆替代粮食资源，以两个替代为方向，在满足农业、农村发展需求的基础上，通过构建生物质资源多联产，高端化利用现代产业体系，创新发展方式，突破关键技术，重点发展生物质能源和生物及化工两大产业。”吉林省向国务院上报的《生物质资源高端化利用产业发展规划（2013—2020）》，是一份鼓舞人心的计划。吉林省是最有条件作为全国生物质产业发展示范省的省份，它必将带动全国生物质产业的发展。

31.6 对生物质专委会的一点希望

最后，谈一点对生物质专委会的希望。

2003 年我参加“国家中长期科技发展规划”，研究制订农业科技发展战略的时候，看到了克林顿发布的《开发和推进生物基产品和生物能源》总统令，给我带来像发现“新大陆”般的欣喜。我相信生物质产业一定会在世界范围内大放异彩；相信一定会造福中国；相信一定会成为现代农业中的一枝奇葩。这十年里，对生物质产业了解越多，越被它的魅力所吸引，以至不能自已。

当时，我意识到在中国发展生物质产业不仅要有“笔杆子”，更需要“枪杆子”（企业），因为“枪杆子”出产品，“枪杆子里头出政权”。我开始与企业界接触，朋友越来越多，感情越来越深。从中也感到，由于中国生物质产业尚在襁褓中，每一个企业生存不易，发展更难，如“散兵游勇”般地“各自为战”。于是产生了成立组织的想法，与毛乌苏生物质发电公司李京陆董事长、陆诗雷博士等的一番商议，一个“生物质专业委员会”终于 2011 年在全国工商联新能源商会下成立了，有了第一批生物质企业会员参加。这两年，生物质专委会做了大量和有意义的工作，这次会议就是他们出面组织的。

值此生物质能源产业发展的重要战略机遇期，专委会应当成为一个战斗性组织，应当有她的共同信念与宗旨。我想到的信念与宗旨是：“坚信在世界范围兴起的生物质产业一定会大发展，一定能造福中国，吾等一定要为之殚精竭虑，使之报国为民。”

建议专委会建造“四座桥”和搭好“四个平台”。“四座桥”是指在企业与政府、企业与公众、企业与科技界，以及企业与企业之间建造四座畅通无阻的“大桥”。“四个平台”是指建一个网站、一个刊物、一个会议制度和举办多种多样、实用有效的培训班，搭好“四个平台”也是为“四座桥”铺路服务的。

专委会应以优质服务为目标，发展会员要注重质量和在巩固基础上发展。

最后，用孟老夫子的一句话作为给专委会的赠言：

“故天将降大任于斯人也，必先苦其心志，劳其筋骨，饿其体肤，空乏其身。”

谢谢大家！

32 发展煤制油气无异饮鸩止渴

【写作背景】

自长春开会回京，作者刚整理完会议讲演文字稿，不经意地在《中国科学报》上看到一篇来自美国杜克大学的关于我国“煤制气”的报道时，一股无名的愤懑和忧虑涌上心头。当前“煤老板”日子不好过和寻求摆脱困境是可以理解的，但也不能置国家利益和制造地区生态灾难而不顾啊！随即放下手头其他工作，很快形成如下短文，送中国科学报报社两天后即见报。可谓是“不吐不快”和“吐则快矣！”

发展煤制油气无异饮鸩止渴

中国科学报

CHINA SCIENCE DAILY

癌症防控打响化学预防阻击战

前几年“煤制油”很是热闹，近来“煤制气”消息频传，日前又见贵刊10月16日能源版报道了一份来自大洋彼岸，美国杜克大学对中国“煤制气”的研究报告。笔者深感今日中国能源囧境之深重，但也不该走上饮鸩止渴之路啊！

2008年《中国科学院院士建议》第20期上，笔者曾就煤基甲醇问题发表过与几位院士的商榷文章。文中提出按热值计，生产煤基甲醇的能量投入产出比是4.2 ∶ 1，即投4.2返1，且每吨标煤的二氧化碳排放量增加3.3倍。文中还引用了当时神华集团网站关于“煤制油”项目转化1吨燃油需耗煤4吨，用水10吨，和二氧化碳排放量是原油精炼的7～10倍的报道。

2012年，中科院地理所发布了关于“十二五”我国煤电基地与水资源的研究报告《噬水之煤》，谓“十二五”煤电基地到2015年的总需水量99.75亿米^3，(比“南水北调”东线方案2030年才能实现的调水量93亿米^{3}还多)，且每产3吨原煤就要排放1吨污水。在水资源本已极缺，生态用水被挤占殆尽的我国西北和新疆，水从哪里来？污水哪里排？能承受得了这么大的水资源压力吗？

不久前见诸报端，一份关于神华鄂尔多斯煤制油项目与民争水和导致生态恶化的报告指出，目前抽取地下水规模已达 1 440 万吨 / 年，二期工程建成后的取水规模将达到 5 363 万吨 / 年。神华取水工程已造成当地地下水位下降 15 米、2 163 眼深井不能正常取水；农田无水浇灌；当地 458 户农牧民和 8 万多头牲畜饮水困难，以及利用渗坑、暗渠、蒸发塘等排放高浓度工业污水，导致草场与沙地污水漫流，已经呈现一派悲惨的生态灾难景象。十多位鄂尔多斯人大代表发出紧急呼吁并多次提案均未果。

美国杜克大学最近发布的研究报告指出，中国政府已批准建设 9 座大型煤制气工厂，年产超过 370 亿米^{3}合成天然气、年耗水 2 亿吨、二氧化碳排放量是传统天然气工厂的 7 倍，以及作车用燃料的温室气体排放量将是传统汽油燃料的 2 倍等，建议中国政府在发展煤制气上应持谨慎态度。

在生态脆弱地带，人为自毁生态系统，几乎无法修复，后果极其严重。近期煤制油项目审批松绑，煤制气项目“开闸放水”，鄂尔多斯的生态灾难正在迅速向新疆等地扩散。不是不该开采煤炭，而是要量水而行，在不破坏当地生态环境的前提下，步子慢些，细水长流，做到科学和可持续发展，何必非要竭泽而渔和焚林求猎？

中国有个危险的过时观念——“中国富煤”。

业界将当年煤炭剩余可开采储量与开采量之比称“储采比”，可估计此水平上煤炭还能开采多少年。中国 1950 年的储采比是 3 816，即可开采 3 816 年，堪称“富煤”之国。可是随着开采量激增和剩余可采量迅减而储采比相应下降，据权威的《BP 世界能源统计》公布的 2006 年世界煤炭探明储量排行榜，中国煤炭储量是 1 145 亿吨，可以用 48 年，而印度是 207 年、美国 234 年、俄罗斯大于 500 年，中国“富煤”吗？早已风光不再，是个可怜的“贫煤”国家，21 世纪中叶就无煤可挖了。多么可怕！

所谓煤制油气，不过是以投 4 得 1 的高资源投入、5 ～ 7 倍温室气体的增排以及高耗水地引发当地生态灾难为代价，将尚存不多和不可再生的煤炭资源由固态能量转换为液态或气态而已，太不合算了。这不是多此一举地“换汤不换药”和“拆东墙补西墙”的国家大蚀本，煤企大盈利的买卖吗？更严重的是，这笔巨大的生态成本与亏损由谁来买单，无疑是 13 亿中国人和他们的子孙。

更可怕和令人担忧的是，浑浑噩噩和毫无忧患意识地“拿穷日子当富日子过”，穷追猛打地“竭泽而煤”的现况何时才能得到收敛。煤炭资源是地球给华夏子孙的恩赐，只剩下这么一点点了，该积德和发些善心地给下代人多留一点了。政府更应多些责任心，不能只考虑眼前利益和利益集团追求，应以国家利益为重，对子孙负责。

中国能源，特别是油和气需求旺盛，对外依存度节节攀升，能源自主与安全堪忧，这是事实。但是，非要不惜惨重资源与环境代价地去搞煤制油气，而无他途了吗?

今年7月21日习近平主席在武汉视察，对凯迪集团的“生物合成油”项目给予肯定和很高评价。“生物合成油”是以农林废弃物中数量最大和最难利用的木质纤维素为原料，经汽化和合成为高品质的轻质油、柴油和石蜡油等，其多项技术指标以至成本皆优于石化产品，这是一项我国拥有自主知识产权和世界领先的重要技术创新成果。数日前马来西亚前首相巴达维与凯迪董事长签署了合作协议，越南等东盟国家政府领导人也纷纷到凯迪考察与寻求合作。难道我国只会任凭“墙里开花墙外香”地一门心思搞煤制油气吗?

最近批准的9个“煤制气”项目建成后的年产气量370亿米^3，约相当于3 700万吨原油。如果得到国家必要支持，2020年前后凯迪等照样能拿出三五千万吨生物合成油，而我国的木质纤维素类农林废弃物资源足以支撑年产2亿吨以上的生物合成油。重要的是，生物合成油的原料是可再生的农林废弃物、资源可以循环利用、可以做到零碳排放和每生产1吨生物合成油农民可增收3 000元。仅此四项，煤制油气是不可能做到的。

再说生物质经厌氧发酵和净化压缩而制成的生物天然气。截止到2010年，欧盟各国已有近8 000家大型沼气工厂，年产气200亿米^{3}以上（其中生物天然气10亿米^3)。德国政府提出了2020年年产生物天然气40亿米^{3}的目标。生物天然气在我国也已开始商业化生产，不存在技术障碍，且原料资源丰富，具年产约2 000亿米^{3}的可实现潜力，是现“煤制气”项目的5.4倍。

满身优点的生物合成油和生物天然气，还有成型燃料“生物煤”等在我国均已具大规模商业化开发条件。大力推进生物合成油和生物天然气等清洁能源，必将改善目前国家缺油少气困境和能源消费结构；减少国家能源对外依赖和提高国家能源的自主与安全。神华等强大的煤化工，如能将你们的部分资金、技术、管理和市场转移到生物油、生物气、生物煤上来，由不可再生黑色能源开发逐步转些到可再生绿色能源开发上来，不仅驾轻就熟，也是时代趋势，国之大幸，民之福祉也！何乐而不为。

就国家层面而言，既举“生态文明”大旗，就不宜批准如此毒害生态与环境的大项目；既要建设“美丽中国”，就不宜在伤痕累累的中华面庞上新添伤疤；既要转变经济发展方式，就不宜如此大规模上这种高资源消耗和高环境污染的重化工项目；既要“改善能源消费结构”和“控制煤炭消费量”，就不宜上煤消费大幅攀升的煤制油气；既倡导“科学发展观”，首先要体现在科学决策上。

中国的事，关键在领导，也只能寄希望于领导了。

33 发展煤制油气代价巨大，生物质能源大有可为

——访两院院士、原国家能源领导小组专家组成员石元春

【写作背景】

《发展煤制油气无异饮鸩止渴》文刊出仅一周，《中国电力报》能源周刊主编颜新华与作者取得了联系，在电话里惴惴不安地说："十多个项目和上百亿资金已经投进去了，可您在文章中一无是处地否定了煤制油气，业内反响可大了，您能接受我们一次采访吗？""当然可以。"第二天两人以电话采访的形式占用电话线近两个小时。这是难得的一次坦诚而无客套，直接而无顾忌的采访，时而唇枪舌剑，针锋相对。颜记者本想在四天后的周刊上发表，后因内容影响重大和需请示上级而推迟了一周。文中小标题是记者加的，他还客观和理性地写了千字按语。感谢他在按语的最后说："对于上天赋予我们的这种宝贵的可再生能源，何不在这上面多花一点心思、多倾注一点关心、多付出一些行动？"

中国电力报 能源周刊

《能源周刊》欢迎投稿

发展煤制油气代价巨大 生物质能源大有可为

——访两院院士、原国家能源领导小组专家组成员石元春

秉承更科学理性的能源发展观

生物质能源未来可成为主力能源之一

据中国电力报《能源周刊》报道：

对于"富煤少油缺气"的中国而言，在近年来石油、天然气对外依存度日益高企的大背景下，将"家底"稍显丰厚的煤炭转化石油、天然气，正成为煤炭清洁利用的一大趋势。据本报记者不完全统计，包括神华集团、五大发电央企在内的多家能源企业，其规划、在建、已建成的煤制油气项目已突破个位数。保障能源安全、解决油气短缺问题，实现煤炭清洁利用、提高煤炭产业附加值，成为这一产业发展的主要推动力。

但在两院院士、原国家能源领导小组专家组成员石元春看来，煤制油气产业从发展基础到发展根据，不慎重不科学的地方很多：我国已非富煤国家；煤炭转换过程中浪费大量能源；对水资源的大量消耗造成的环境损害无法弥补……“以更高效、更环保的技术将煤炭规模化燃烧发电，目前来说，应该是煤炭利用最为科学的方法。而解决油气短缺的问题，快速、大规模地发展、推广生物基燃料不容忽视，而且在不远的未来可以成为能源供应的有力补充。”石元春院士 11 月 15 日在接受本报记者专访时表示。

33.1 应控制煤炭的开采速度和消费总量

《中国电力报》：从公众的印象，到各种公开的宣传，一直都说我国是一个富煤国家。但您对此有不同的观点，认为中国现在已经是个贫煤国家了，这好像和我们传统的观点不太一样。可否将您的研究成果与我们分享一下？

石元春：我国是一个富煤国家，这是一个使用了几十年的概念，但现在，这个观点已经过时了，而且如果继续再抱着这样一个观点来开发利用煤炭，是很危险的。我国煤炭储量有不同口径数字，一般探明储量较大，可经济开采的实际储量要低得多。正式公开和常用的我国煤炭可经济开采储量为 1 145 亿吨，世界排位第三。计算煤炭可利用年限，通常采用“储采比”方法，即当年煤炭剩余可开采储量与开采量之比，以此来估算煤炭还能开采多少年。按此，1950 年中国煤炭的储采比是 3 816，即可开采 3 816 年，那时候的中国，的确可称是“富煤”之国，因为当时的煤炭开采量和消费量都不高。

可是，随着可经济开采储量缓慢增长而开采量激增，我国煤炭储采比大幅下降，特别是在近 10 年。根据《BP 世界能源统计年鉴》公布的数据，2006 年我国煤炭储采比是 48 年，而印度是 207 年、美国 234 年、俄罗斯超过 500 年；2011 年这一数据则变为：中国储采比下降到 33 年，同期印度为 103 年，美国反而上升了，为 239 年，俄罗斯为 471 年。

中国人均占有煤炭不到 100 吨，储采比如此之低，与世界主要国家相比，中国到底是富煤还是贫煤，我想大家看了这些数据，应该一目了然了。

为什么中国煤炭储采比下降得这么快？原因很简单，煤炭开采量和消费量增长得太快了。根据国土资源部公布的数据，2006 年我国煤炭产量是 26.1 亿吨，到 2011 年增长到 31.8 亿吨，2012 年又攀升到 33.3 亿吨。这些年虽然有一些新的煤矿发现，增加了一些煤炭资源储量，但与这样快速而又高强度的煤炭开采相比，显然是极大地入不敷出。我国经济还在快速发展，如果在没有超级大型煤矿发现的情况下，继续按照现在这种煤炭的开采速度和消费总量运转，储采比只会越来越低。

所以一定要纠正我国是一个富煤国家的过时观点，正视现实，算清家底，“拿穷日子当富日子过”、穷追猛打地“竭泽而煤”这种现状一定要扭转过来。

不能只考虑眼前利益和利益集团的追求，而应以国家利益为重，对子孙负责。

33.2 发展煤制油气项目要“量水而行”

《中国电力报》：面对日益严重的雾霾天气，当前能源界的主流观点，是要加强煤炭的清洁高效利用。煤炭界更是提出了要推动煤炭由燃料向原料转化，也就是说，发展新型煤化工，包括煤制油气是应该大力发展的方向。但您有一个很著名的观点，就是认为发展煤制油气无异饮鸩止渴，主要理由能否向我们重点阐述一下？

石元春：煤炭的确要清洁高效利用，但把煤转制成油或气，是不是清洁高效的利用形式？我看不见。几年前我在一篇文章中就曾论述，按热值计算，生产煤基甲醇的能量投入产出比是 4.2 ：1，即投 4.2 返 1，且每吨标煤的二氧化碳排放量增加 3.3 倍。神华集团自己官方网站上也有关于“煤制油”项目相关数据的报道，即转化 1 吨燃油需耗煤 4 吨、用水 10 吨，二氧化碳排放量是原油精炼的 7 ～ 10 倍。

用 4 吨煤、10 吨水，换 1 吨燃油，单从能源的科学利用上来说，这种投入产出比科学吗？高效吗？如果再说清洁，转换过程中高达 3.3 倍的二氧化碳以及大量污水排放符合节能减排的要求吗？我们不能因为最终结果是清洁的，就忽视了过程的不清洁。何况转化为油和气以后，利用起来也还是会有一些大气污染物排放的。

这些还不是煤制油气最大的问题，最大的问题在于高耗水。2012 年，中科院地理所发布了关于“十二五”我国煤电基地与水资源的研究报告——《噬水之煤》。这份报告指出，煤电基地到 2015 年的总需水量将达到 99.75 亿米^3，比“南水北调”东线方案 2030 年才能实现的调水量 93 亿米^{3}还多。在水资源本已极其匮乏且生态用水已被挤占殆尽的我国西北和新疆地区，水从哪里来？污水哪里排？用卫星遥感拍下来的鄂尔多斯露天煤矿导致水土资源的严重破坏和生态恶化，令人触目惊心，这里已经从水危机演变为严重的水生态危机了。

国家已经批准的煤制油气项目，大多处于生态脆弱地带，生态系统一旦毁坏几乎很难修复。近期煤制油项目审批松绑，煤制气项目“开闸放水”，鄂尔多斯的生态灾难正在迅速向新疆等地扩散。我的意思当然不是不开发利用这些地区的煤炭资源，而是要量水而行，在不破坏和有修复生态预案的前提下，把步子放慢些，细水长流，而不是掠夺式地“竭泽而煤”。

33.3 应全面评估煤制油气产业的经济性和环境影响

《中国电力报》：赞成发展煤制油气的群体，主要理由是基于我国的能源资源禀赋，以及当前对石油天然气的巨大需求和油气产业越来越高的对外依存度，认为这有利于保障我国能源安全。相对于对环境的影响，以及能源转换比，认为是利大于弊。您怎么看待这一观点？

石元春：我国石油的对外依存度超过60%，天然气的对外依存度马上要到30%，未来油和气的需求依然旺盛，对外依存度还会继续攀升，能源自主与安全堪忧，这些都是事实。于是就有人认为，“既然缺油少气，煤目前来说还比较多，那就拿煤来制油气吧”。问题是，煤制油气会带来多大的资源环境代价和严重后果。如上面说到的，以投4得1的高资源投入、5～7倍温室气体增排、高耗水引发当地生态灾难为代价，还“竭泽而渔”地大量消耗所剩不多和不可再生的宝贵煤炭资源，只是将固态能量转换为液态和气态而已，这样拆东墙补西墙实在太不合算，是利大于弊，还是弊大于利，难道还不清楚吗？如果说利大于弊，那只能是个别能源企业可以获得高额利润，但惨重的生态灾难都由当地农牧民去承受了，巨大的生态成本与环境伤害都要由13亿中国人和他们的子孙去买单。

再说，除了用煤来转化油和气外，解决油气短缺问题就别无他途了吗？完全不是这么回事。

33.4 更高效环保地发电才是煤炭的科学利用形式

《中国电力报》：回到最开始的问题上，您不赞成把煤制成油气，那在您看来，煤炭资源应该怎么利用才算科学呢？

石元春：我认为在当前和以后的一段时间里，煤炭仍将是我国能源的主要来源，但是当前国家一定要严格控制消费总量，不能再大量增加而要逐渐减少，发达国家走的都是这条路。中国对煤炭要有序开发，清洁利用，不能成为一个挖煤大国、烧煤大国，转化为油气无异于饮鸩止渴，绝对是不合算的。从现有的技术水平和利用形式上来看，利用煤炭来发电，是高效和科学利用的主要形式，可以做到清洁燃烧利用，尤其是现在的大容量、高参数的大型火电机组，在规模化利用煤炭上，效率和环保指标都非常高，而且电厂本身节能环保工作这几年国家抓得紧，成效也是明显的。

33.5 生物质能源未来可称为主力能源之一

《中国电力报》：那您认为应该如何解决当前的油气高对外依存度问题？您一贯主张应该大力发展生物质能源，什么原因？

石元春：我一直认为，解决油气高对外依存度问题，应该开源节流。节流的意思很清楚，就是控制消费总量；开源就是要实现能源多元化和多种途径地推进。一直以来，我都认为国家应该大力发展生物质燃料，首先因为这是一块巨大的可再生能源宝藏，不用的话就要被浪费，而且现在正在大范围、大规模地被浪费。这对于我们这样一个能源进口大国来说，是不可原谅的。

其次，通过发展可再生和清洁的生物质能源，可以部分替代化石能源，减少进口，降低排放。如以不同的生物质原料可以做成生物天然气、生物煤和生物油。所谓生物天然气就是以畜禽粪便、农作物秸秆、加工业的有机废水废渣等有机废弃物为原料，经厌氧发酵生成沼气，将其中的有效成分甲烷提纯到 80% 以至 95% 上，与化石天然气无异。生物煤就是把秸秆等生物质经过粉碎、压缩而成的固态燃料，发热量可以达到 3 000 ～ 4 000 大卡，接近于煤炭，业内叫“成型燃料”。 生物油是以农林废弃物中数量最大和最难利用的木质纤维素为原料，经汽化和合成转变为高品质的轻质油、柴油和石蜡油等，武汉阳光凯迪公司的万吨级汽化合成生物油，多项技术指标及成本皆优于石化产品，这是一项我国拥有自主知识产权和世界领先的重要技术创新成果。

现在这三种形态的生物质能源技术上基本成熟，多已实现规模化生产。我国应该从战略层面的高度来重视发展生物质能源，出台一些措施推动这一产业大发展。

《中国电力报》：但现在很多人认为，生物质能源产业一是体量太小，与巨大的油气需求相比，解决不了大问题；二是规模化发展也存在一些制约因素，只能是补充能源。对此，您怎么看？

石元春：这是目前包括政府有关部门和能源行业在内相当一部分人的代表性观点，具有普遍性。我认为，随着这些年技术的变革和能源形势的变化，这个观点都过时了。关于体量大小的问题，首先我认为，体量的大小是相对的，看处于什么发展阶段，跟什么能源形态去比。风电刚发展的时候，规模也很小，现在装机已经超过 6 000 万千瓦。生物质能源产业体量小，一般是指单个项目的体量小，但一旦在全国规模化发展起来，就会是个大体量。

作为生物质利用形态之一的生物煤，现在我国用之来发电的生物质发电装机容量就超过 800 万千瓦，而这几年有多项政策支持的太阳能发电，装机容量也不过 650 万千瓦，孰大孰小？至于生物天然气，截至 2010 年，欧盟已有近

8 000 家大型沼气厂，年产沼气 200 亿米^{3}以上。德国政府提出 2020 年年产生物天然气 40 亿米^{3}的目标。我国生物天然气也已开始商业化生产，不存在技术障碍，且原料资源丰富，具备年产约 2 000 亿米^{3}的资源潜力。最近国家批准的 9 个煤制气项目，建成后的年产气量也不过 370 亿米^3，如果把生物天然气潜力全部挖掘出来，那将是这批煤制气项目产气量的 5.4 倍。这说明生物天然气是可以成为主力气源的。

生物油是我想重点阐述的。今年，武汉阳光凯迪的“生物合成油”项目获国家领导人好评。前段时间马来西亚前首相巴达维与凯迪签署了合作协议，越南等东盟国家领导人也纷纷到凯迪考察寻求合作。如果国家给予必要的政策性扶持，2020 年前后，凯迪等企业也能拿出数千万吨生物合成油，并且我国的木质纤维素类农林废弃物资源足以支撑年产 2 亿吨以上的生物合成油。重要的是，生物合成油的原料是可再生农林废弃物，资源可以循环利用，并做到零碳排放和每生产 1 吨生物合成油农民可增收 3 000 元。

其次，根据生物质原料的特点，生物质能源适合于分布式发展，做到原料资源与终端市场的距离最小化，减少资源及转化与终端市场之间输送能耗与成本。现在我国有 60 多万个中小燃煤锅炉，年消费煤炭约 10 亿吨，由于燃煤难以高效清洁利用，成为当前一线城市产生雾霾的 PM2.5 的重要贡献源。用化石油气替代如此大量的中小锅炉不现实，生物煤是最佳的替代选择，生物煤必将形成一个亿吨计的大市场。

至于目前生物质能源发展过程中遇到的一些制约因素，如原料分散，规模化工业生产中原料收集和稳定供应困难；转化技术与装备还不成熟；产品标准、市场准入、价格等市场要素尚未形成等。我认为这是任何一个新兴产业都会遇到的问题，是可以克服的。关键是从国家到企业，得有一个长远发展的眼光，得认识到这一能源富矿的价值所在。像神华、电力央企这样强大的能源企业，如能将部分资金、技术、管理和市场转移到生物燃料上来，由开发不可再生黑色能源转移到可再生绿色能源，由污染转到清洁上来，由转化碳氢化合物转到转化碳水化合物上来，不仅驾轻就熟，也是时代趋势，何乐而不为？

附：秉承更科学理性的能源发展观——颜新华

石元春院士 1987 年开始担任中国农业大学校长，如今已至耄耋之年。这些年石老一直非常关心、关注中国能源事业的发展，并做了非常充分的功课和非常深入的研究，提出了一些发人深省的观点，包括这次接受我采访时石老对煤制油气、我国煤炭产储情况、煤炭如何利用、生物质能源发展等方面做出的重要阐述。

在此次采访中，石老对我说过的一句话颇让人感动：“我今年 82 岁了，不为名也不图利，更不会为任何利益主体去代言，我说这些只是想为国家能源事业的科学健康发展做点事情。”回到本次探讨的主题上来，这里面其实包含着如今能源行业的五个重大问题：我国是不是已经属于贫煤国家了？到底应不应该发展煤制油气项目？煤炭如何利用才更加高效环保？如何才能保障油气供应安全，减少对外依存度？生物质能源能否挑起大梁？这五个问题，石院士都做了回答。在这里，有三个问题，我觉得还应该再细说一下。

第一，到底应不应该发展煤制油气项目。在采访石老之后，我与多位能源央企煤化工部门的负责人进行过交流。作为正在从事这一项目的群体，他们自然是赞成发展煤制油气的。当然，对于石院士提出的能耗和水耗以及环境影响问题，他们也是认可的，这是事实，但更多地认为从国家能源战略层面来说，煤制油气是提供了另一种油气生产途径，对于解决部分国内油气需求，减少对外依存度，进而保障我国能源供应安全，是有重要意义的。双方都有自己的理由，孰是孰非，很难来个黑白分明的判定。

但在我看来，石院士从生态环境保护、控制煤炭消耗速度出发，提出控制煤制油气产业发展速度和规模的观点，值得高度重视。

第二，煤炭如何利用才更加高效环保。除了制造各种生产生活必需的化学用品，作为能源利用，将煤炭规模化清洁发电目前来看是最高效环保的途径。这一点应该形成共识。目前超超临界的百万千瓦火电机组，度电耗煤已经突破 280 克，利用效率相当之高；环保方面，燃煤发电目前脱硫脱硝除尘等方面技术已经相当成熟、先进，排放浓度完全可做到远低于国家限值，且有利于环保部门实现可控、在控、能控。当务之急，是尽可能全部取消分散式燃煤这种不科学不合理不环保的利用形式。目前，全国的分散式燃煤规模还是相当大的。

第三，生物质能源能否挑起大梁。生物质原料是一种相当规模的、现成的、可再生的，但又未被有效利用的能源形态，对于这一块能源富矿，应该也必须好好加以利用。而且从本质上说，对生物质的深层次开发，实际上也是对太阳能的一种间接利用。

对于上天赋予我们的这种宝贵的可再生能源，何不在这上面多花一点心思、多倾注一点关心、多付出一些行动？

34 迎接生物质能源发展的春天

【写作背景】

低碳经济促进会和广州迪森热能技术股份有限公司联合在广州举行了“首届生物质供热高峰论坛”。会上给参会人转发了9月10日国务院发布的《大气污染防治行动计划》、国家能源局发布的《生物质能供热项目建设技术导则》等7个文件。时隔长春会议仅3个月，形势发生不小变化，故本作者的会议主题讲演题目是“迎接大发展——生物质能源的春天”。以下是PPT的文字稿。

作为战略新兴产业的清洁和可再生的生物质能源，虽有替代化石能源、保护环境、促进现代农业和农民增收等社会需求和《可再生能源法案》《可再生能源发展规划》等法规条例的推动，但发展一直不尽如人意。近年雾霾暴发和国家采取的紧急行动，对我国生物质能源的发展将会起到更大的推动作用。生物质能源行业要抓住机遇，展示实力，多做贡献。

34.1 雾霾暴发与《行动计划》

PM2.5颗粒的来源多种，而导致雾霾高强度和大范围暴发的主因无疑是近年煤炭消费与汽车保有量激增致使污染物排放超越阈值的结果。1990年到2003年全国煤炭消费量年均增长0.49亿吨，而2003年到2010年跃为1.82亿吨；汽车年产也由不足100万辆到2003年的449.7万辆和2010年的1 841万辆，“堵车”已是大中城市的常态。暴发式的煤炭消费和汽车增长的转折点是2003年。

国务院2013年9月发布的《大气污染防治行动计划》提出：大气环境保护事关人民群众根本利益，事关经济持续健康发展，事关全面建成小康社会，事关实现中华民族伟大复兴中国梦。习近平主席在河北视察工作时指示，河北省的GDP可以掉下几个点，但必须完成压减4 000万吨燃煤消耗及1 400万吨钢铁产能的任务，以确保首都空气质量的改善。2013年9月的夏季达沃斯论坛上，李克强总理也指出：今年年初中国北京发生严重雾霾。经过认真研究，决定要打一场攻坚战。今后一段时间内，要在京津冀鲁地区减少8 000万吨煤炭的消耗。国家发改委、环保部、能源局等部门正雷厉风行地组织实施《行动计划》，一场意义深远的"克霾战役"已经在全国打响！

《大气污染防治行动计划》有砍落后与过剩产能、黄标车等；有严控"两高"行业、煤炭消费量、中小燃煤锅炉、机动车保有量和提高油品质量等；有严管节能环保准入及指标约束、完善环境经济政策、健全法律法规体系等；有发展环保产业和循环经济、推进技术创新和煤炭清洁燃烧等；有加快清洁能源对煤炭和化石燃油的替代等，《行动计划》的内容全面而具体，指导性和操作性很强。

34.2 谏言《行动计划》

坚决而严格的砍控和监管措施是十分必要和能立竿见影的，而治本则在于可再生清洁燃料对煤炭与化石燃油的替代。《行动计划》对此的表述是："加大天然气、煤制天然气、煤层气供应；有序发展水电，开发利用地热能、风能、太阳能、生物质能，安全高效发展核电。"即采取的是以"煤改气"为中心的多种清洁能源并举做法，谨对此谈一些不成熟想法。

实施中首先遇到的问题可能是，有那么多气来代煤吗？

我国天然气资源极缺，现年产约1 000亿米^3。需求急剧增长情况下，2012年表观消费量1 471亿米^3，对外依存度24%。《行动计划》提出"到2015年，新增天然气干线管输能力1 500亿米^{3}以上"，即消费量将达3 000亿米^{3}左右，对外依存度也会激增到50%左右。

在污染物排放上，天然气较煤炭与石油清洁许多，但是《行动计划》提出的"煤制气"则不是那么回事了。按热值计，4份煤换1份煤制天然气，是资源的严重浪费；二氧化碳排放量是化石天然气生产的7倍，是污染物排放的剧增和转移；每生产1米^{3}煤制气约耗水10米^3，是我国煤炭主要产区，水资源极缺的西北无法承受之痛，正在与当地农业争水，与民争粮和带来严重生态灾难。如此惨重代价不过是"拆东墙补西墙"地将煤由固态能源转化为气态能源而已，太不值得了。《行动计划》要求"5年内将煤炭占能源消费总量比重降低到65%以下"，而又要每年以亿万吨煤炭去“制气”，岂非自相矛盾。煤制气方案是不科学和贻害无穷的。

以生物质为原料生成的非常规天然气叫生物天然气，与化石天然气的组分和性能无异，却没有煤制气的上述种种弊端。生物天然气在欧洲已实现商业化多年，我国近年也已开始商业化生产，正在进行的“成都项目”和“南宁项目”规模都在 10 亿米 ^{3} 级。我国生产生物天然气的资源具年产 2 330 亿米 ^{3} 的可实现潜力，何不取生物天然气而舍煤制气呢?

其二，全国有 50 余万台 20 吨位以下的中小燃煤锅炉，年消耗标煤 2.7 亿吨，排放烟尘 60 万吨、二氧化硫 226 万吨和氮氧化物 100 万吨，由于量大分散，多为城市和乡镇民用，难以清洁燃烧，是整治中的重点和难点。中小燃煤锅炉能“煤改气”和“煤改电”虽好，但“大材小用”，价格高昂，恐只能用于少数条件较好的地方，对多数而言，生物质成型燃料则是最佳选择。可就近取材、资源量足、便宜效优，何乐不为。

其三，机动车尾气是产生雾霾和导致二次污染的重要来源，特别是柴油汽车。而生物合成汽油和柴油的温室气体排放量分别较化石源汽柴油降低 104% 和 108%（Novem），是治理城市大气污染的车用新能源。2013 年 7 月习近平主席视察的武汉凯迪公司在木质纤维素汽化合成生物燃油上取得重大技术突破，正在实施一项 3 ～ 5 年完成年产千万吨的雄心勃勃的计划，值得关注。

固体成型燃料、生物天然气和液体生物燃料等生物质能源都是替代煤炭和化石燃油，减少进口压力，治理大气污染的有力武器，且我国原料资源丰富和已具大规模生产能力，政府与业界不能再等闲视之了。

34.3 关于生物质能供热

继《行动计划》后，相应出台了多种实施细则与条例，特别在生物质能供热方面。大发展局势已经形成，行业如何应对与把握?南迪森的工业生物质供热和北宏日的民用生物质供热等代表性企业已是成绩卓著和经验丰富，但是，如果出现一百个或几百个迪森和宏日又会怎样?原料资源供应、项目布局、商业运行模式等势将影响到行业的健康与快速扩张。

最近我们在河北曲周县王庄村做了一个“原料—加工—自用—销售”一体化的村镇型商业模式小试验。将小麦、玉米、棉花等作物秸秆的生产与收集纳入当地农作制，按可能源用的原料量建了一个年产 1 500 吨的成型燃料块生产厂，产品一半自用，一半销售到附近乡镇和县城。

农民说这种成型块上火快、火劲大、无熏烟、无煤气中毒、节能环保，比煤便宜2～3成。该厂的设备投资33万元，年产1 500吨，净利润12万～15万元。这种模式的优点是原料供应稳定、收集储运成本低、原料－市场距离短、可扶持村镇企业，增加农民收入和就业岗位、可提高农村能源消费质量和为城镇化发展就近提供清洁燃料。存在的问题是高度分散，技术与产品质量不易控制，以及缺乏资金与金融支持。

第一家肯德基餐厅1987年在北京开业，1992年10家，1996年100家，2004年1 000家，2007年2 000家，出现了“哪里有需要和市场，哪里就有肯德基”现象。原料是发展生物质供热的基础，市场是社会资源配置的主力。哪里有稳定原料支持，成型燃料加工厂和流通交易市场就会在哪里出现的原料型“生物质成型燃料麦当劳模式”将呼之欲出。在政府指导、规范和扶持下，以企业为主体地积极推行将有助于推动生物质能供热产业平稳快速发展。

在王庄试点基础上，又对曲周县做了相关调研。全县可能源用作物秸秆82万吨、畜禽粪便70万吨、林业剩余物2万吨，可支持200多个类似王庄的成型燃料厂，年生产固体成型燃料40万吨及生物天然气1 500万米^3，折算为24万吨标煤的生物质产能潜力，是2011年全县化石能源总消费量的98%以上。也就是按现生产水平，曲周县可依靠生物质能源基本实现能源自给自足和告别化石能源，并建成年产值约5亿元的生物质能源产业链，创造直接就业岗位2 000个，减排60万吨CO_2、1 200吨SO_2、3 000吨氮氧化物。

这是一个北方典型农业县的案例调查，可供我国类似地区大气污染治理及城镇化能源应对参考。

34.4 一种思考

曲周县是京津冀鲁雾霾重污染区200多个县中的一个，诸县的农业生产与能源消费情况相近，实现生物质能源对煤炭等化石能源的大部分替代是可能的。如果加上夏收和秋收两季露地焚烧秸秆现象的基本消除，将会为该地区减少多少PM2.5的贡献源？将会为城镇化贡献多少清洁能源？将会对提高该地区农村能源消费质量和农民增收、推进乡镇企业发展和农业现代化产生多大影响？重要的是做这件短平快的事所需投资不多、无技术与装备障碍、风险很小。

期待政府有更加积极的反应，也期待更多企业与资金的进入，把握机遇，共襄盛举，迎接生物质能源发展的春天！

35 迎接种植绿色能源新时代

【写作背景】

武汉凯迪新能源公司以木质性生物质原料生产生物柴油等高品质生物燃料的技术突破引起了联合国开发署（UNDP）的关注。2014 年 1 月 17 日在武汉举行了“走进种植能源的新时代——生物质能源在可持续发展中的作用论坛”。以下是本文作者与程序教授联合讲演的文字稿。讲演和 PPT 是程序教授作的。

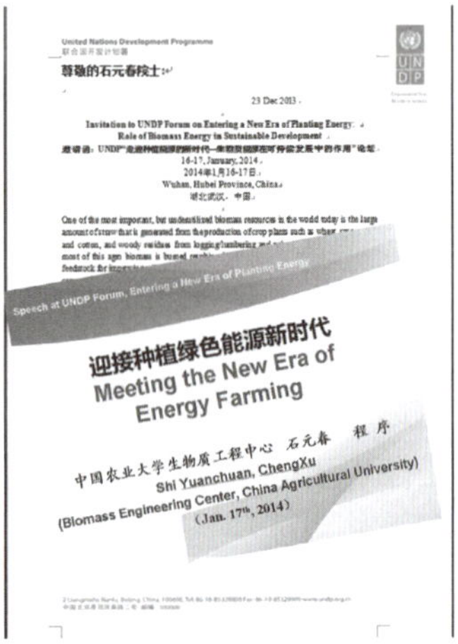

太阳辐射是太阳为地球持续提供能量的主要形式，而地球上的植物体则以光合作用将其转化为化学能态储存于生物质载体，成为一种可再生的能量来源。

中国是个化石能源资源贫乏的国家。按《BP 世界能源统计报告 ·2011》资料，煤炭、石油和天然气分别可供开采 64 年、10 年和 29 年。然而，中国是个生物质资源丰富的大国，按《中国工程院咨询报告 2007》，年可开采量是水能的 2 倍和风能的 3.5 倍。生物质能源产业在中国，基本上不存在资源与技术障碍，最需要的是政府积极推动。

2004 年，我们参与制定国家中长期科技规划时，向最高决策层正式提出中国应发展生物质能源的建议。迄今为止，生物质能源在中国取得了一定进展，但不尽如人意。有决策者等的认识问题，如误以为玉米乙醇和大豆 / 棕榈油生物柴油这两类“第一代生物燃油”就是生物质能源的全部；而能源主管部门寄予很大希望的所谓“第二代生物乙醇”即纤维素乙醇，又迟迟不能突破成本过高的障碍；其次，也有中国的生物质能源自身尚处发展初期、缺乏有很强说服力的产业化案例的问题。

很多人对某些发达国家中正在兴起的以木质纤维类为原料、通过热化学途径转化出“先进生物燃料”或“直接使用”生物燃料的“热”等方面取得的重大进展，知之甚少或完全不了解。即便知道了，也还必须有真正站得住脚的、商业化的、能赢利的示范工程，才能说服人（“眼见为实”）。阳光凯迪的生物质汽化合成燃油项目正是这样一种有说服力和震撼力的案例，尽管它还要经受进一步工业化放大的验证。

事实一再证明，中国的生物质能源产业化发展要十分注意原料供应和生物质能源品种 / 技术路线 / 市场进入策略的优选问题。以生物质直燃发电为例，目前虽然已建起了近百个工厂，但绝大多数在秸秆原料的合理收购价和稳定的质量及供应上没有保证。倘若没有国家每千瓦 · 时电 0.75 元的优惠上网收购价，连生存都会有问题。生物质成型燃料、生物质裂解粗油等企业，都是在很差的市场环境中艰难地发展。农户沼气的发展局限性越来越大，大、中型沼气工程亟待摆脱难以可持续发展的困境……

就生物能源原料的总量而言，障碍是不存在的。中国虽然耕地面积有限，但边际土地面积是耕地面积的三倍多。其中，宜林荒地加上宜林沙荒地分别为 7 661 万公顷和 557 万公顷，合计达 8 218 万公顷（“中国林业用地各类土地面积统计数据库”，http: // www.data.ac.cn/zrzy/BD06.htm）。在中国的北方，适合此类边际土地种植的能源灌木有柠条、沙柳等；而在华中和华南的荒山荒坡，则适宜种植刺槐、桤木、铁刀木等。它们绝大多数属豆科，高度耐瘠、耐旱，生物量可观。速生乔木则有在华南已广为种植的桉树等。在草本方面，如南、北方都适应的菌草，属狼尾草属的象草，王草一类多年生灌状草，在一般的土地上年生物量可超过 300 吨 / 公顷。种植前景极为广阔。

尽管从理论上分析，中国的生物质能源资源十分丰富，种植能源作物 / 植物 / 灌木的潜力巨大。但事实证明，如果没有强有力的、有高度社会责任感的企业家及其企业“领军”，加上科研院所和大专院校的技术支持，带领、引导和组织起数量巨大但高度分散的农民，是不可能挖掘出这些潜力真正走上“能源农业”之路的。近年来，在这类土地上，已出现种植能源灌木与治沙 / 水土保持“双赢”的可喜苗头。内蒙古毛乌素生物电厂董事长李京陆和阳光凯迪新能源集团董事长陈义龙就是这方面的典范。

毛乌素生物热电厂创造了一种开发生物质能源、经济效益和生态效益“双赢”的“三碳”模式（即减碳、捕碳和生物封存碳）。方法就是在沙荒地上种植沙柳（*Salix psammophila*），利用平茬产生的枝条（属“短轮伐期灌木”，short-rotation coppice, SRC）发电，用发电产生的 CO_2 养殖螺旋藻（Arthrospira，*Spirulina platensis*）。有望彻底改变以往由政府主导和组织，政府出钱种树，多年不见沙地治理成效的被动局面。2003 年至今的 10 年间，该模式实现绿化沙漠 240 千米 ^{2}，生产绿色电能逾 4 亿千瓦 · 时，吸收、减排、捕集 CO_2 超过 100 万吨，形成年产螺旋藻 400 吨的生产能力。李京陆董事长因此受到联合国的邀请，2012 年 3 月在可持续发展国际会议上做了介绍。内蒙古金骄集团自行研究开发出“糖基乙酯 / 二甲氧基烷烃类生物柴油”，水平优于国际上的糖基甲酯生物柴油（ethyl levulinate，EL 生物柴油），在包头市和赤峰市已于 2009 年和 2012 年分别建成两座产能为 10 万吨 / 年和 8 万吨 / 年的生产厂。还在鄂尔多斯建起了 30 万公顷的灌木能源林原料基地。

今天，阳光凯迪的陈义龙董事长和他的同事们也在从事着同样的宏伟事业。所不同的是，能源产品更为先进，有更多方面的效益，规模更大，影响更为深远。它正在为复制多个生物质汽化合成燃油生产厂做准备，已建立了数十万公顷的能源林的原料种植基地。

在生物质能源的原料与产品多元化中，当前最主要的是对化石油气的替代，对生物质原料组分中近半（四成）的纤维木质类原料的利用是技术的制高点，凯迪等为之打开了一扇希望之窗。我们相信，联合国开发计划署举办这次国际性的研讨凯迪经验的论坛，必定会推进木质纤维类生物质先进能源产业在全球的发展，助成能源农 / 林业的成长，意义深远。

当前，虽然全球纤维素乙醇的研发严重受挫，但先进生物燃料和新型“直接使用”生物燃油的品种在一些发达国家相继问世，特别是基于热化学平台的新型液体生物燃料产业化取得重大突破。世界现代生物能源正在迎来第二波研发和产业化高潮。阳光凯迪依靠自主研发，在木质纤维类生物质汽化 – 合成燃料上取得令人振奋的突破，表明中国并没有在这场新的竞争中落后。不仅如此，它所设计的在农村利用边际性土地种植能源灌木和就地初加工，通过收购原料向农民大量转移支付，以及针对广阔的农村柴油市场销售产品的模式，对于发展农村经济，增加农民收入，减轻雾霾污染和改善国家能源安全都有很重大的意义，也为广大发展中国家提供了可资借鉴的重要技术和经验。

利用人类尚不能有效垦殖为农田的边际性土地种植能源植物，这是地球给人类的再一次机会，人类社会要好自为之。

让我们张开双臂，迎接种植绿色能源的时代的到来！

36 生物质能源四十年

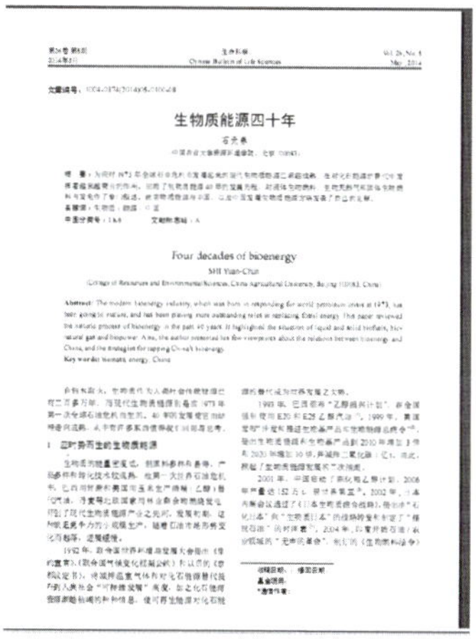
生物质能源四十年

Four decades of bioenergy

SHI Yuan-Chun

【写作背景】

《生命科学》杂志是中国科学院办的综合性学术期刊，计划出版一期“生物质能源”专刊，约作者撰写一篇介绍生物质能源发展的综合性文章。想到是 1973 年发生世界石油危机催生了现代生物质能源产业与科技的发展，故以“生物质能源四十年”为题成文。这是本书的最后，也是最新发表的文章。

【摘　要】为应对 1973 年全球石油危机而发展起来的现代生物质能源已渐趋成熟，在对化石能源的替代中发挥着越来越突出的作用。本文回顾了生物质能源 40 年的发展历程，对液体生物燃料、生物天然气和固体生物燃料与发电做了专门叙述。作者对生物质能源与中国，以及中国发展生物质能源方略发表了自己的见解。

【关键词】生物质；能源；中国

Four decades of bioenergy

SHI Yuan-Chun

(College of Resources and Environmental Sciences, China Agricultural University, beijing 100083,China)

Abstract　The modern bioenergy industry which was born in responding for world petroleum crisis at 1973 has going to mature, and has been playing more outstanding roles in replacing fossil energy. This paper reviewed the historic process of bioenergy in the past 40 years. It highlighted the situation of liquid and solid biofuels, bio-natural gas and biopower. Also, the author presented his few viewpoints about the relations between bioenergy and China, and the strategies for tapping China's bioenergy.

Key words: biomass; energy; china

自钻木取火，生物质作为人类社会传统能源已有 200 多万年，而现代生物质能源则是应 1973 年第一次全球石油危机而生的。40 年的发展使它由幼稚走向成熟，从中有许多东西值得我们回顾与思考。

36.1 应时势而生的生物质能源

生物质的能量密度低，但原料多样和易得，产品多样和转化技术较成熟，故第一次世界石油危机中，巴西用甘蔗和美国用玉米生产酒精（乙醇）替代汽油，丹麦等北欧国家用林业剩余物燃烧发电，开创了现代生物质能源产业之先河。发展初期，这种缺乏竞争力的小规模生产，随着石油市场形势变化而起落，进展缓慢。

1992 年联合国世界环境与发展大会提出《里约宣言》《联合国气候变化框架公约》和以后的《京都议定书》，将减排温室气体和对化石能源替代提升到人类社会“可持续发展”高度，加之化石能源资源渐趋枯竭的种种信息，使可再生能源对化石能源的替代成为世界发展之大势。

1993 年巴西颁布“乙醇振兴计划”，在全国强制使用 E20 和 E25 乙醇汽油[1]；1999 年美国发布“开发和推进生物基产品和生物能源总统令”[2]，提出生物质能源和生物基产品到 2010 年增加 3 倍和 2020 年增加 10 倍，并减排二氧化碳 1 亿吨。由此，掀起了生物质能源发展的二次浪潮。

2001 年中国启动了陈化粮乙醇计划，2006 年产量达 152 万吨，居世界第三[3]；2002 年日本内阁会议通过了《日本生物质综合战略》，提出由“石化日本”向“生物质日本”的战略转变和制定了“摆脱石油”的时间表[4]；2004 年印度开始石油 / 农业领域的“无声的革命”，制订的《生物燃料法令》规定到 2011 全国使用的汽油中燃料乙醇比例必须达到 10%[5]；2007 年欧盟通过立法提出 2020 年可再生能源在能源消费总量中占到 20%，交通部门燃料消费中生物质能源占到 10% 的目标[6]。

生物质能源发展的二次浪潮中出现了“国家能源自主”趋向。伊拉克战争和伊朗崛起促使美国于 2007 年通过了《能源自主与安全法案》[7]，布什在 2006 年的国情咨文中说：“美国要保持领先地位就必须有足够的能源。但是，美国在使用石油上，像吸毒一样地‘上瘾’，而这些石油是从世界上不稳定地区进口的。最好的办法就是依靠美国人的才智和技术进步，打破对石油的过分依赖，使美国对中东石油的依赖成为过去。”

2011 年奥巴马总统发布《确保未来能源安全的蓝图》训令中将通过发展生物燃料以减少进口石油放在首位，以生产更多的本土生物燃油和提高燃油效率，在未来十年内使美国的石油进口规模（指每天 1 100 万桶）减少三分之一[8]，并宣称“美国不能把长久繁荣与安全建立在将会枯竭的能源基础上”。

积十余年之努力，美国石油进口依存度已由 20 世纪末的 70% 下降到 53.5%，初步完成了石油由“立足国外”到“基于本土”的能源战略转变。

俄乌“斗气”也促使能源依赖进口的欧洲不断强化“能源自主”意识。瑞典能源消费结构中的石油份额由 1970 年的 77% 下降到 2008 年的 32%；生物质能的工业用途分别是天然气和煤炭的 12.3 倍和 4.5 倍。总理佩尔松 2006 年宣布，“生物能源已能满足目前瑞典 25% 的能源需求，2020 年瑞典将成为世界上第一个不依赖石油的国家”。[9]

36.2 一种农工联合型的能源 – 环保产业

40 年的发展实践加深了人们对生物质能源产业的认识。

生物质能源不是基于开采的化石能源矿藏而是基于土地上生长出的生物质；加工转化的不是碳氢化合物而是碳水化合物，是一种不同于传统化石能源产业的一种农工联合型的新型产业。

克林顿在总统令中指出：目前生物基产品和生物能源技术有潜力将可再生农林业资源转换成能满足人类需要的电能、燃料、化学物质、药物及其他物质的主要来源。这些领域的技术进步能在美国乡村给农民、林业者、牧场主和商人带来大量新的、鼓舞人心的商业和雇佣机会；为农林业废弃物建立新的市场；给未被充分利用的土地带来经济机会；减少我国对进口石油的依赖和温室气体的排放，改善空气和水的质量。[2] 在签署总统令的记者招待会上还宣布，每年可为农民新增 200 亿美元收入。

奥巴马上任不久即下达总统令，要求农业部大力加快生物燃料产业的投资和生产，在美国建立永久的生物燃料基地，这是为美国加快发展农村经济提供的唯一机会[10]。

“到 2010 年，德国可再生能源在总能源消费量的比例将提高两倍，2050 年要占到 50% 左右，一个最快最廉价的办法就是生物燃料，并以此提高农民和乡村的收入。”（德国农业部长 Renate Kuenast 2004）[10] 如是说。

巴西建成了 10 个大型甘蔗乙醇生产基地，以及基于甘蔗生产的甘蔗种植—乙醇加工—专用汽车 FFVs—国内市场—国际贸易的一套完善产业体系[1]。计划

2008—2020 年，甘蔗播种面积由 780 万公顷增加到 1 390 万公顷，产量由 4.87 亿吨增加到 10.38 亿吨，乙醇产量由 1 749 万吨增加到 5 191 万吨，联产生物质发电由 1 800 兆瓦增加到 14 400 兆瓦[11]。

传统农林业生产只利用了植物的籽实和林材，而占生物量一半有余的作物秸秆、林业剩余物和畜禽粪便等废弃物未被利用，生物质能源产业则开创了一个生物质可全量利用的“能源农林业”，连加工业和城市排放的有机废水废渣和污水污泥等环境污染物也能使之无害化和资源化地成为加工生物质能源的原料。

生物质能源生产过程本身也是资源循环利用和无害化过程。如将淀粉和六碳糖转化乙醇后的纤维素和半纤维素糟渣用作饲料，并以畜禽粪便生产沼气，所余沼渣沼液再加工为优质有机肥料还田，重新进入农作物生命物质的再循环。生物质能源是以太阳辐射能和植物光合作用为原动力的一种高效、高品质和绿色的物质循环和能量循环系统。

随着生物质能源发展规模的扩大，美欧兴起利用边际性土地种植专用能源作物，既可扩大原料来源，又是一项良好的生态与环境建设。“如设计正确，生物能源作物系统可以带来重大的环境和社会效益。选对生物质作物和生产方法能导致喜人的碳与能源平衡，以及温室气体排放的净减。”[12]天然高多样性草地（LIHD）可较单一种植能源作物的生物量增加 238% 并表现为负碳排放[13]。

生物质能源有很强的产业带动性。巴西甘蔗生产已成功带动农业、糖、乙醇、电力、机械制造、化工、汽车、交通、市政建设等 13 种行业。每 100 万吨甘蔗可生产 6.34 万吨乙醇，带动相关产业创造产值 1.73 亿美元、经济增加值 8 550 万美元和提供 5 681 个就业岗位[10]。2012 年美国生产玉米乙醇 4 000 万吨，提供就业岗位 38.326 万个、创造 GDP 434 亿美元和税收 85 亿美元、减少石油进口量 12%（4.65 亿桶）和节省进口石油款 472 亿美元[14]。

生物质能源具有其他清洁能源所不具备的农业性、环保性、循环性和可再生性，使它成为生态文明和绿色社会的一颗新星，一种资源循环型的能源 – 环保产业。

36.3 能源世纪转型的引领者

21 世纪是全球能源替代与转型的世纪，生物质能源一直是引领者。

2005 年美国能源部给国会提交的一份报告说：生物质已开始对美国能源做出贡献，2003 年提供了 1 亿吨标煤能量，占美国能源消费总量的 3%，超过水电而成为可再生能源的最大来源。[15]EIA《能源展望 2010》预测，2008—2035 年间美国石油消费量的增长部分将全部由液体生物燃料提供，燃料乙醇的消费量可占到石油消费量的 17%，以及使原油进口依存度由 70% 以上降低到 45%；另发电量的增量中可再生能源占 41%，其中生物质发电占 49.3%，风电占 37%，光伏发电占 4.2%[16]。

近两年，美国和有关国际组织进一步强化了生物质能源在可再生能源中的主导地位。

2012 年美国环保署（EPA）通过一项计划，将美国汽油中乙醇调和比由目前的 10% 提高到 15%[17]。2013 年 3 月 14 日美国能源部发布的“未来运输能源”报告指出，目前，美国运输能耗占总石油消耗的 71%，总碳排放的 33%，到 2050 年将通过减少运输量、提高车辆燃油经济性等措施减少石油消耗，并最终依靠生物燃料及其他新能源汽车减少 80% 石油消耗和温室气体排放[18]。

2012 年全球生物燃料产量 9 420 万吨，销售额 952 亿美元，风电销售额为 738 亿美元、光伏发电 797 亿美元。《清洁能源发展趋势 2013》报告称，到 2022 年生物燃料销售额将达 1 777 亿美元，风电和光伏发电分别为 1 247 亿美元和 1237 亿美元[19]。

2013 年 4 月 17 日，国际能源组织 IEA 发布报告《清洁能源进展报告 2013》，指出最近 20 年来吨油当量排放的 CO_2 仅减少了 0.02 吨，IEA 建议为实现 2020 年控制大气温升 2℃的目标，需提高生物燃料产量 1 倍以上，先进生物燃料要达到 6 倍于现在的产量[20]。

2013 年 6 月 7 日，世界经合组织（OECD）和联合国粮农组织（FAO）在北京发布的《2013—2022 年农业展望》报告预测，未来十年生物质能产量将翻番，到 2022 年世界乙醇产量年均增幅为 4%，总产达 1 680 亿升，生物柴油为 4.8%，总产 410 亿升。燃料乙醇将占美国生物燃料的 48%，生物柴油将占欧盟生物燃料的 45%。[21]

生物质能源的这种主体地位可惜在中国政府与媒体面前未能得到应有的认同与反映。

36.4 液体生物燃料的发展与换代

液体生物燃料是替代化石燃料的主战场。燃料乙醇 1975 年在巴西和美国以 40 万吨起步，2011 年两国乙醇产量达到 5 900 万吨，占世界总量的 88%[22]。

1 代乙醇主要是以糖（如甘蔗）和淀粉（如玉米）为底物发酵生产的，随着生产规模的扩大而对玉米价格和市场冲击增大，原料成本提高。人们开始将目光注意到基于植物组分中数量最多，获取容易，与食物和农田无争，以及减排效果更好的木质纤维素原料生产的 2 代乙醇。

2007 年，美国《能源自主与安全法案》中将玉米、大豆等食物基原料称“常规生物燃料”，将非食物基及纤维素基生物燃料称“先进生物燃料”，三者的温室气体减排指标分别为 20%、50% 和 60% 以上。2022 年的生物燃料发展目标是 1.08 亿吨，其中常规生物燃料自 2009 年的 2 700 万吨增加至 2015 年的 4 500 万吨后不再增加，而先进生物燃料则由 2009 年的 180 万吨持续增长到 2022 年的 6 300 万吨。[7]

木质纤维素是由葡萄糖单体相连接，形成相互平行排列而不分枝的长链分子，是上千个这种纤维素分子由氢键相互连接起来的一种生物大分子，抗微生物水解和稳定性强。目前自然界中高效乙醇发酵菌株几乎都无法利用其中的木糖，以基因工程技术获得的微生物菌株的五六碳糖的共代谢效率仍然较低[23]。为维持高糖化效率而需投入大量纤维素酶和大幅增加生产成本，至 2011 年各国尚未实现纤维素乙醇的商业化生产[22]，其技术难度比预想的要大。

2011 年美国能源部可再生能源实验室 NREL 发表了纤维素乙醇的 6 种不同预处理工艺的生产成本在 2.74 ～ 4.07 美元 / 加仑，与预期的 1.1 美元 / 加仑相去甚远[24]。以致 2012 年 3 月美国环保署 EPA 不得不将美国预计的 2012 年纤维素乙醇生产目标由 150 万吨下调到 2.6 万吨[25]。看来，美国的 2022 年可再生燃料标准（RFS）目标很难实现，缺乏高效共代谢五六碳糖的微生物菌株和具有高效低成本的预处理方法是主要原因。

中石油、中粮、天冠、丰原集团等中国公司亦组织攻关多年，但实现商业化生产尚需时日。清华大学以甜高粱为原料生产乙醇的 ASSF 固体发酵技术于 2011 年在直径 3.6 米、长 55 米的固体发酵罐连续发酵试验取得了成功。发酵时间 30 小时，可发酵糖转化率超过 92%，实际乙醇收率达到理论值的 94.48%，过程简捷能耗低，经济性和环保性好。

考虑到甜高粱耐旱涝盐碱与瘠薄，生长期短，每公顷产鲜茎 45 ～ 70 吨，汁液丰富，含糖量 17% ～ 21%，全国大部分地区可以种植，以及我国有丰富边际性土地资源等因素，李十中教授与笔者曾多次提出在我国发展 1.5 代的甜高粱乙醇的建议[26]。所谓 1.5 代是因为利用的不是籽粒而是茎秆中的糖，占用的不是主要农田而是边际性土地。

近年美国、印度、南非、菲律宾等国也开始重视甜高粱乙醇研发工作。美国 2010 年已将高粱列入生物燃料原料和给予政策性补贴[27]；孟山都等公司正积极研发能源用甜高粱新品种；菲律宾用 30 公顷甜高粱茎秆生产了 15 231 升乙醇[28]。相信甜高粱乙醇会有一个较大发展。

生物柴油的良好燃烧性能和环保性使它成为欧盟国家发展的重点，巴西在发展甘蔗乙醇的同时也大力发展了生物柴油。2010 年世界生物柴油产量 1 615 万吨，欧洲、巴西和美国分别为 957 万吨、183 万吨和 97 万吨。欧洲主要原料是油菜籽油脂、美国是大豆油脂、马来西亚是棕榈油脂、澳大利亚是动物脂肪、日本是厨余垃圾油脂。动植物油脂的来源不足和原料价格高企限制了生物柴油的发展。

为了利用非动植物油脂生物质原料，通过 FT 合成技术（Fischer-Tropsch）和 TDP 热解技术（Thermal Depolymerization）制备生物燃油已有十多年的研发，但至今尚未实现规模的商业化生产。中国科技大学等的生物油研发有出色工作，武汉阳光凯迪公司最近取得不俗进展。近年航空生物柴油的重大市场需求亦将推进生物柴油的发展。

尚处实验室阶段的，以藻类为原料的三代生物燃料不断取得进展。

寻求更为丰富和廉价生物质原料利用技术的突破，为生物燃料产业带来了诱人和美好的前景。

36.5 生物天然气异军突起

1973 年的全球石油危机中，德国以屠宰和肉品加工厂废弃物为原料建起了世界第一座工业化沼气工厂，随之美国依托大型养殖场生产沼气供热发电，瑞典将净化压缩的沼气驱动汽车，而与石油危机无关的中国也于此时发展起了农村户用沼气。由于原料与规模所限，早期工业化沼气多为自用，发展缓慢。

沼气含甲烷约 60%，净化提纯后可同质于天然气，故称生物天然气或生物甲烷。生物质能源发展的二次浪潮中，生物天然气的商业化在欧洲异军突起。德国自 1999 年到 2009 年的十年间，沼气工厂由 850 个增加到 4 780 个，装机容量由 49 MW 发展到 1 600 MW，超过了水电。2007 年瑞典有沼气驱动汽车 1.5 万辆，加气站网遍布全国；瑞士首都伯尔尼的公交车大部分使用的也是生物天然气。

生物天然气具有诸多优点。厌氧发酵是生物质能源转化方式中能量和物质转化效率最高，且原料广泛受地域限制小；二是最为环保与清洁，化石天然气全生命周期（LCA）的温室气体净排放量是 398 克，而用厩粪制取的生物天然气是 –414 克[29]；三是车用生物燃料是雾霾克星，可较柴油和汽油汽车减排 90% 的尾气颗粒物和 CO_2[29]；四是可与化石天然气管道和配送系统共用。

斯德哥尔摩城区由于公交车全部使用生物乙醇和生物天然气，2009 年 450 辆乙醇公交车和 101 辆生物天然气公交车减排了 10 吨颗粒物、100 吨 NO_x 和 4 万吨 CO_2[30]，空气质量经常保持 PM2.5 颗粒在 10 毫克 / 米 ^{3} 左右水平[31]。

近十年发展中，沼气由早先的环保功能发展成为替代化石天然气的一种商业化生产的优质清洁能源。其规模一般是由数个容积各约 1 000 米 ^{3} 的单体厌氧发酵罐与后发酵罐组成的模块，再由若干模块与一定面积的农地、畜禽养殖舍、贮料罐、CHP 发电厂或沼气纯化车间、有机肥加工厂等构成一体。

近十年发展中，由畜禽粪便和有机废弃物的传统原料发展到利用边际性土地甚至部分农田种植专用的一年生或多年生能源作物；由传统发酵罐发展到密封性好、内壁敷设加热管和连续搅拌装置的钢质厌氧反应罐，以及厌氧反应罐与小规模贮气囊一体化池型。欧洲出现了一批专业承建大型沼气工程的公司、提供沼气提纯设备和发电机组的公司，提供技术咨询、工程设计和建造承包的公司等社会化服务系统。

截止到 2010 年，欧盟各国已有近 8 000 家大型沼气厂，主要是近十年建的，产能规模一般是 0.5 兆～ 25 兆瓦。2007 年欧盟产生物天然气 177 亿米^3，2009 年为 200 亿米^3[32]。

我国天然气需求缺口和对外依存度迅增，而以本土生产和更加环保的生物天然气的替代可减少对进口化石天然气的依赖。程序教授提出，我国具有年产 2 330 亿米^{3}生物天然气的可实现潜力，是 2012 年化石天然气进口量的 3.8 倍，其基本建设一次性投资是进口化石天然气的 37% 和“川气东送”工程的 40%，经济性亦佳[33]。

正当生物天然气在欧洲发展如火如荼的时候，中国政府专注于发展农村户用沼气，靠一些民营企业在艰难中探索生物天然气的工业化生产。山东民和牧业、北京德清源蛋鸡厂、河南天冠集团、上海白龙港污水处理厂、广西安宁淀粉厂等以加工业和城市排放的有机污水污泥为原料，可日产沼气 2 万～ 9 万米^3，用于发电或车用。北京德清源的大型养殖场沼气生产与利用技术与美国签订了 17 亿美元的转让合同。几个更大规模的生物天然气工程正在孕育建设中。

中国发展生物天然气不存在资源与技术障碍，主要是缺少国家引导和政策扶持。

36.6 生物质供热发电方兴未艾

较之液化与汽化，生物质成型固化或燃烧供热发电则是能源利用的另一途径。通过成型固化能较好地克服生物质原料分散、能量密度低，运输和交易成本高的缺点，其容重与热值可近于中质煤炭。这种经初加工的成型原料可直接用作固体燃料，也可作为转化其他能源或生物基产品的原料，利于产业化和商品化。

20 世纪 70 年代初，北欧的丹麦和瑞典，以及美国开始以生物质替代化石能源供热与发电。2004 年美国有 300 多家生物质与煤炭混燃的发电厂，装机容量 9 800 兆瓦，发电 370 亿千瓦 · 时[10]。2003 年瑞典全国生物能源集中供热 38.5 太千瓦·时，占消费总量的 68.5%；生物质燃料的工业用途为 51.2 太千瓦·时，远高于石油（22.4 太千瓦·时）和煤炭（16.6 太千瓦·时）。成型燃料集中供热中，每产生 1 千瓦 · 时热量的费用是燃烧轻油供热的 42%，是燃烧重油供热的 58%，以家庭为单位的小型锅炉供热每产生 1 千瓦 · 时热量的费用是电热的 62%，燃油供热的 57%。[9]

在欧洲，固体成型燃料产业已形成从原料收集、加工、终端用户设备、配送服务等完整的生产和商业服务系统。2010 年有生产厂 847 家，生产能力约 714.2 万吨（PIR.2009）[34]。成型燃料和生物质供热发电技术成熟，当前主要是向热电联产或热电醇联产方向发展，瑞典生物质发电的多联产已将热利用效率提高到 97%。

中国近年生物质能源发展以生物质发电为先驱，到 2010 年底，装机容量 550 万千瓦，主要是农林生物质、垃圾和蔗渣发电[35]。当前的问题主要是做好原料市场、发展多联产和加大政策支持力度。

我国生物质原料多样和分散，每年有亿吨计作物秸秆被露地焚烧以及大量林业剩余物可初加工为成型燃料；50 多万台高度分散于城乡的中小型燃煤锅炉是排放温室气体和生成雾霾颗粒大户和治理的难点，唯灵活的成型燃料可为其他燃料之所难为；再则，成型燃料也是减少农村生活用能对化石燃料的依赖和日益扩大的城镇冬季供热需求的一种重要能源选择。

按中国国情，成型燃料应有一个大的发展和形成一个大的市场。但“十一五”的 100 万吨指标因指导不力和缺乏政策支持仅完成了 1/3，希望“十二五”的 1 000 万吨指标[35]能够实现。

36.7 生物质能源与中国

作为工业文明支柱的世界石油、天然气和煤炭，到 2010 年底只够开采 46.2 年、58.6 年和 118 年（《BP 世界能源统计报告 · 2011》）[34]。化石能源的开采难度将越来越大，成本与价格会越来越高，加以是温室气体排放的主要来源，故寻求清洁和可再生能源对化石能源的替代已是世界大势。21 世纪是能源替代与转型的世纪。

能为国之本，特别是中美这样的大国，能源战略是国之大战略。

自尼克松提出“能源自主”以后的几任美国总统，越来越强调国家能源自主与安全，2007 年正式通过了《能源自主与安全法案》。经十多年努力，美国石油进口由 75% 左右减少到 2011 年的 53.5%；能源消费结构中的化石能源降到 80%，以生物质能源为主的可再生能源上升到 9.1%，一降一升趋势正在迅速扩大。

化石能源资源贫乏的中国（煤炭、石油和天然气 2010 年末的储采比分别为 9.9 年、29 年和 35 年[36]）却走着相反的道路。近十年，化石能源年消费总量、煤炭和石油消费量三翻番，天然气翻了两番；石油进口依存度由40%上升到58%；化石能源在能源消费结构中稳居93%和煤炭在70%上下，可再生能源徘徊不前；二氧化碳排放量占全球总量的1/4，这种势态仍在迅速扩大。这种态势使中国能源安全度越来越低，与世界能源格局的矛盾越来越大。我们寄希望于新一届政府能改变目前这种“竭泽而渔”和“受制于人”的能源政策，积极推行可再生能源对化石能源的替代，逐渐走上能源独立自主之路。

可再生的水能、风能、太阳能和生物质能皆源于太阳辐射能，可各显其长，各处一方地共襄替代化石能源之盛举。我国清洁能源资源（不含太阳能）的年产能为21.48亿吨标煤，其构成中生物质能、水能、风能和核能的份额分别是54.5%、17.2%、15.5%和2.7%[37]，我国是生物质能源资源丰富的国家。水能、风能和太阳能资源富集于西部北方，能源产品是电与热，而生物质能源资源富集于东部南方，原料多样易得，能源产品多态多种，我国清洁能源的这种资源特征决定了生物质能源在能源替代转型中的战略主体地位，这也是世界发展之大势。

当前推进的农业现代化绝非单一初级农产品生产的传统农业，而是基于生物性生产和向工业和服务业延伸的现代产业。生物质产业是现代农业中的一个新兴生长点，尚可为农村劳动力向二三产业转移和城镇化提供大量就业岗位。

当前推进的新型“城镇化”的大量新兴城镇多接近于农村，其能源战略支撑不可能立于加剧化石能源的消费与污染，而应着眼于可再生清洁能源的开发。现实和首选的是就地取材地发展生物质能源产业，与发展现代农业协同共进。

中国雾霾问题源于燃煤与汽车的过快发展，以火电之电力发展电动汽车，如同“饮鸩止渴”和“掩耳盗铃”。能减少火电和大量分散燃煤中小锅炉的首选是生物质能源；减少城市汽车排放污染的首选也是燃料乙醇和生物天然气[38, 29]。

生物质能源理应成为中国改善能源结构和能源转型的希望之星，美欧等已成功地这样做了。中国政府却一门心思放在化石能源的进口上，放在风能和太阳能上，却边缘化了生物质能源。一个新兴产业的发展需要政府的远见和扶持，生物质能源产业也是这样，且不存在资源和技术方面的实质性障碍。美欧能做到的，中国为什么做不到？非不能也，是不为也。令人欣慰的是2012年底国家能源局发布了《生物质能发展“十二五”规划》，这是个相当不错的规划，但愿能够成功实施。

36.8 中国发展生物质能源方略

• 在全球能源替代与转型、国家能源自主与安全、转变经济增长方式与改善能源消费结构、减排与治理雾霾、发展现代农业与农民增收、环境保护与循环经济、城镇化建设与增加就业岗位等重大国家战略与事务中，发展生物质能源产业都具有重要意义和位置。早抓早主动，晚抓国受损。

• 替代的首要对象是交通运输化石燃料，其消费量大，需求增长快，又是致霾要犯，替代能源的主力是液体与气体生物燃料。中近期燃料乙醇的替代战略宜停产 1 代，快上 1.5 代，积极准备 2 代和储备 3 代，1.5 代与 2 代相辅而不悖。当前在突破生物柴油原料制约中应注意厨余油脂和小规模油脂原料的分布式自产自销模式，以及对生物油制备技术的突破。

• 天然气的良好环保性能使它成为我国需求和对外依存度增长最快的化石能源品种。为了减少对化石天然气的依赖，宜大力发展本土的、环保性更佳和更经济的生物天然气，将过时的“农村能源观”换成“商品能源观”。根据我国生物天然气原料资源丰富多样的特点，可制订和实施一项建设若干个年产百亿立方米的分布式生物天然气田计划[33]。

• 大力发展创新燃料，加快对中小燃煤供热锅炉的替代，是减排放二氧化碳与缓解城市雾霾的重要措施。小城镇供热取暖、替代农村生活用能都需要成型燃料。注意培育我国成型燃料市场。

• 物质与能量的循环利用是生物质能源产业的一大特点与优势，产业化开发中一定要用好“多联产”这个法宝。特别是在当前技术、市场和政策环境还不成熟，成本居高的情况下，形式多样的“多联产”是取得生物质能源综合效益的一条成功之道。

• 虽有《生物质能发展“十二五”规划》，如政府的正确引导和政策 / 资金支持不到位，仍是一场空，希望增加《规划》实施的决策科学化和透明度。生物质能源产业涉及农业、能源、生物化工、生态环保、制造装备、交通运输、城镇建设等领域和行业，目前政府主管部门职能分立，协调不易，甚至相互掣肘，建议在国务院下设一个强有力的生物质产业发展办公室。

• 加大国家对生物质能源和生物基产品的产业化技术研发及生物技术应用研究的投入力度，特别是对 2 代和 3 代液体生物燃料。建议在部分高校成立生物质工程与技术的院系和专业，积极培养人才。

• 能源世纪替代与转型需要十年、二十年、三十年和更长时间。笔者曾多次提出及早建设我国的绿色油田、绿色气田和绿色煤田[26]，这是需要时间的百年大计。人无远虑必有近忧，望政府深谋远虑而勿临渴掘井。

“一万年太久，只争朝夕”。

参考文献

[1] Ildo Sauer，生物燃料在巴西的发展：销售与物流，《生物燃料在巴西的发展》，2008，巴西外交部驻华大使馆.

[2] The White House, Offiice of the Press Secretary, Executive Order of Developing and Promoting Biobased Products and Bioenergy, Augest 12,1999.

[3] 熊必琳，中国生物燃料乙醇发展现状与十一五规划，中国生物燃料乙醇产业化发展战略研讨会讲演文集，中国工程院，2007.

[4] 小宫山宏，等，日本生物质综合战略，李大寅，译，中国环境科学出版社，2005.

[5] Keya Acharya，ENERGY-INDIA: Biofuelling Confusion，Zaheerabad, Andhra Pradesh , Mar 3,2009 (IPS/IFEJ).

[6] COMMISSION OF THE EUROPEAN COMMUNITES, Renewable Energy Road Map, Renewable energy in the 21st century: building a more sustainable future, Brussels,10.1.2007.

[7] UNITE STATE AMERICA,《The Energy Independence and Security Act》，2007.

[8] http: // www.reuters com/article/GCA-GreenBusiness/idUSTRE566668Q20090707.

[9] 中国工程院.瑞典、丹麦、德国和意大利生物质能开发和利用考察报告，(http: // www.newenergy.com.cn 2006-8-17).

[10] 石元春,《决胜生物质》，中国农业大学出版社，2011.

[11] Marcia Azanha Ferraz Dias de Moraes，对巴西乙醇工业的思考,《生物燃料在巴西的发展》，2008，巴西外交部驻华大使馆.

[12] Sivan Kartha, Promises and Challenges Environmental Effects of Bioenergy, International Food Policy Research Institute, Focus 14，Brief of 12. December, 2006.

[13] David Tilman，Jason Hill，Clarence Lehman, Carbon-Negative Biofuels from Low-Input High-Diversity Grassland Biomass, Science 314,1598(2006).

[14] Renewable Fuels Association (RFA), CONTRIBUTION OF THE ETHANOL INDUSTRY TO THE ECONOMY OF THE UNITED STATES, Updated January 31, 2013.

[15] USDE & USDA, Biomass as Feedstock for a Bioenergy and Bioproducts Industry:The Technical Feasibility of a Billion-Ton Annual Supply, April.2005.

[16] EIA《Annual Energy Outlook 2010》.

[17] EPA. EPA Announces E15 Partial Waiver Decision and Fuel Pump Labeling Proposal. 2012; Available from: http: // www.epa.gov/otaq/regs/fuels/additive/e15/420f10054.htm.

[18] The US Department of Energy, Transportation Energy Future, available online: eere.energy.gov/analysis/transportationenergyfutures.

［19］Ron Pernick, etc., Clean Energy Trends 2013, March, 2013, Clean Edge, Inc., http: // www. cleanedge.com.

［20］International Energy Agency, Tracking Clean Energy Progress 2013, available online: www.iea.org/etp/tracking.

［21］李惠钰 . 未来十年全球生物质能源产量将翻番 . 中国科学报 ,2013.6.12. 第 8 版 .

［22］RFA, Accelerating industry innovation: 2012 ethanol outlook. 2012.

［23］Cai, Z., B. Zhang, and Y. Li. Engineering Saccharomyces cerevisiae for efficient anaerobic xylose fermentation: reflections and perspectives. Biotechnol J, 2012. 7(1): p. 34-46.

［24］Tao, L., et al. Process and technoeconomic analysis of leading pretreatment technologies for lignocellulosic ethanol production using switchgrass. Bioresour Technol, 2011. 102(24): p. 11105-11114.

［25］Schnoor, J.L. Cellulosic biofuels disappoint. Environ Sci Technol, 2011. 45(17): p. 7099.

［26］石元春 . 生物质能源主导论 . 科学时报，2010.12.9. 第 1 版 .

［27］Bittleman, S.,et al., A Regional Roadmap to Meeting the Biofuels Goals of the Renewable Fuels Standard by 2022, in The USDA Biofuels Strategic Production Report 2010.

［28］GOMEZ, C. Negros hits breakthrough with ethanol from sorghum IT'S A FIRST IN SOUTHEAST 2012; Available from: http: // www.visayandailystar.com/2012/May/28/topstory1.htm.

［29］程序，崔宗均，朱万斌 . 治霾和减排呼唤生物天然气 . 科技日报，2013-4-8.

［30］Stefan Wallin，Towards a sustainable public transport system，Stockholm Public Transport Authority, Sweden，2010.8.18.

［31］Department of Public Health and Environment, World Health Organization, Urban outdoor air pollution database, September 2011, Geneva, Switzerland.

［32］AEBIOM，A Biogas Road Map for Europe［EB/OL］. (2009). http: // kecubung. webfactional. com/ebook/ a-biogas-road-map-for-europe.pdf.

［33］程序 , 朱万斌 . 创建若干个 10×10^8 m 3 级生物天然气“气田”的可行性分析 . 中外能源，2012,17（7）：24-28.

［34］洪浩 . 中国生物质成型燃料产业发展模式探究，北京：中国农业出版社，2011.

［35］中国国家能源局 . 生物质能发展“十二五”规划，2012.12.

［36］英国石油公司 .BP 世界能源统计报告 · 2011，2011.

［37］中国工程院重大咨询项目：中国可再生能源发展战略研究丛书生物质能卷，北京：中国电力出版社，2008.

［38］石元春 . 舍鸩酒而饮琼浆——也谈中国雾霾及应对，科技日报，2013.2.28. 第 4 版 .

（2013 年 6 月交稿）

37 当前中国生物质能源发展的若干战略思考

【摘　要】国际能源署《2018 可再生能源年度报告》首次指称生物能源是"被忽视的巨人"，预测在未来 5 年内，以供热 / 暖和车用生物燃料为主的生物能源将引领全球范围可再生能源的发展。结合中国生物质能源近年发展实践，对生物质能源的再定位、发展生物天然气的战略意义、开发生物质"二代原料"、以多联产提高竞争力，以及建设国家生物质油气田等战略提出思考。
【关键词】生物质能源；可再生能源；能源产品

2018 年 10 月，国际能源署（IEA）发布的《2018 可再生能源年度报告》[1] 首次指称生物能源是"被忽视的巨人"（overlooked giant of the renewable energy field），并且预测未来 5 年内，生物能源将在全球范围内引领可再生能源的发展。

37.1 生物质能源的再定位

生物质能源何以是"被忽视的巨人"？

《2018 可再生能源年度报告》指出："2017 年，全球可再生能源的一半来自现代生物质能源；现代生物质能源提供的数量，是风能加太阳能之和的 4 倍。"2016 年全球能源消费量中，可再生能源占比 20.1%；可再生能源中，现代生物质能源约占比 5.1%（生物质发电、生物质取暖供热和车用生物质能源的占比分别为 0.5%、3.7% 和 0.9%）。预测未来 5 年，可再生能源增量的 40% 将来自现代生物质能源。"巨人"之称当之无愧。

生物质能源何以"被忽视"和即将跃进为可再生能源之主导？

《2018 可再生能源年度报告》指出，生物质能源在能源分析体系中一直有个"盲区"（blind spot），即对减排温室气体、车用燃料减排污染物、减少石化工业对原油的消费等能源进化转型的意义未受到应有的重视。简而言之：生物质能源具有清洁能源、保护环境和振兴农村三重功能，而保护环境与振兴农村功能一直被忽视。

生物质能源始于玉米 / 甘蔗乙醇。在中国，因原料触及“食粮安全”而在公众中产生误解，又有原料分散、产业化规模小和“不成气候”等偏见，政策重视程度和支持力度一直不大。

中国大幅度“压煤”的最大难点是高度分散和难以清洁燃烧的、年消费约 5 亿吨散煤的 60 多万个中小燃煤锅炉以及农村取暖用煤。进入 21 世纪，中国工业化提速，煤炭消费和汽车生产量骤增，导致 2013 年的雾霾大爆发，国务院紧急发布《大气污染防治行动计划》。在大规模“压煤”和降低机动车尾气污染中，生物质能源的环保功能凸显。自国务院 2013 年 8 月颁发《行动计划》后的 15 个月里，国家能源主管部门推动生物质成型燃料供热和生物质发电连续颁发 8 个文件。实践说明，最佳选择不是“煤改气”或“煤改电”，而是烟气排放能达到甚至超过化石天然气标准的生物质成型燃料（配专用锅炉）供热。此外，为减少机动车尾气污染物的排放，燃料乙醇、生物天然气以及其他减排添加剂都将成为重要选项。

正如国际能源署 2016 年的资料所指出，2014 年全球一次能源消费量中，可再生能源贡献占到 18.3%，其中 3/4 是生物质能源（含传统燃料），而生物质能源消费总量中，供热约占 90%。资料还指出：“现代生物质能源取暖 / 供热和交通运输所用新一代生物燃料，是当前的薄弱环节，市场潜力很大。”

电力是最重要的能源形态，中国主要是煤电，是碳排放的最大“贡献者”，而替代煤炭发电的主力将是生物质。

为实现 21 世纪末全球温升不超过 1.5℃的目标，联合国政府间气候变化专门委员会 2018 年 10 月发布的《IPCC 全球升温 1.5℃特别报告》[2] 指出，唯一有效的方案是推行生物质能源，碳负排放（negative emission）和碳捕获封存（CCS）。

中国《“十三五”控制温室气体排放工作方案》规定，大型发电集团单位供电 CO_2 排放强度须控制在 550 克 /（千瓦·时）内，但难度很大。清华大学热能工程系毛健雄指出，用全煤发电，即便应用全球技术最先进的超超临界机组，CO_2 排放强度仍为 763 克 /（千克·时），远高于国家规定的上限 [3]。他提出，尽可能采用燃煤耦合生物质混烧发电和高效煤电 + 生物质混烧 + 碳捕获封存 =CO_2 接近零排放。

倪维斗院士也在 2018 年 11 月 27 日的国际会议上指出：“煤炭仍然是中国的主要能源，中国火电容量已超过 10 亿千瓦，世界第一，火电占比超过 60%。‘去煤化’现在对中国是不现实的，关闭全部燃煤电厂也是不可能的。”但是中国电力必须走从“减煤”向最终“去煤”的方向发展。他也提出煤与生物质耦合混烧发电并逐步提高生物质混烧比，争取一部分有条件的现有大型高效燃煤电厂，特别是循环流化床（CFB）电厂，转换成 100% 生物质燃烧 [4]。

在新形势下，生物质能源的生态环境功能越来越突出。“既是能源，胜似能源”，是对它的再认识和再定位。

37.2 发展生物天然气的战略意义

2016 年 9 月 3 日，中国向联合国递交了《巴黎协定》批准文书，做出了低碳承诺。要求 CO_2 排放于 2030 年达到峰值；单位国内生产总值 CO_2 排放 2030 年比 2005 年下降 60% ～ 65%，以及非化石能源 2020 年占一次能源消费比例达到 15%，2030 年达到 20%。实现这些承诺，任务十分艰巨。

占碳总排放量 50% 的发电部门，即便全面推广当前最先进的工艺和设备，碳排放水平仍然与中国的减排承诺指标相差很远；其他如工业、交通运输业和建筑业等碳减排难度更大；靠植树来汇集碳是远远不够的，还须由大气中大量“吸出”（sucking）[5]。

沼气 - 生物天然气（产沼气后做提纯，将甲烷含量提高到 90% 以上，达到与化石天然气一样的品质）是典型的碳负排放燃料（表 1[6]、图 1[7]）又有突出的防治农业面源污染和振兴农村功能，沼渣还可以作为有机肥料还田。2013 年，笔者曾致信李克强总理，建议大力发展沼气 - 生物天然气。

2016 年，习近平总书记在中央财经领导小组第十四次会议讲话中指出：加快推进畜禽养殖废弃物处理和资源化，关系 6 亿多农村居民生产生活环境，关系农村能源革命，关系能不能不断改善土壤地力、治理好农业面源污染，是一件利国利民利长远的大好事。要坚持政府支持、企业主体、市场化运作的方针，以沼气和生物天然气为主要处理方向，以就地就近用于农村能源和农用有机肥为主要使用方向，力争在“十三五”时期，基本解决大规模畜禽养殖场粪污处理和资源化问题。习近平总书记将清洁能源、保护环境和乡村振兴融入沼气 - 生物天然气一体。国际气候变化界的共识，也是要大力推行生物能源和碳负排放（BECCS）。

表 1　主要化石燃料与生物天然气碳排放强度对比

品种	碳排放强度 / 克（CO_2/ 兆焦）
泥炭	106
煤	91 ～ 94
原油	73
天然气	51
生物天然气	–254.9

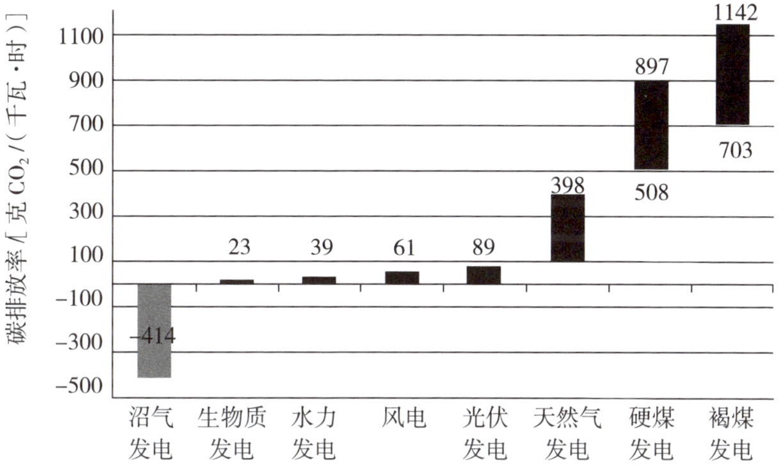

图 1　沼气与其他能源温室气体排放率对比

沼气 – 生物天然气产业在中国起步时间不长，主要是由企业经营的沼气生产与提纯一体化模式，乡村只是提供原料。鉴于中国集约化规模养殖与农户养殖（专业户、养殖小区）将长期并存，为了推进乡村工业的发展，分布式生产模式具有重要意义。即提倡在中小规模养殖户 / 厂基础上分散、就地生产沼气，与集中提纯相结合的分布式（decentralization）生产模式。为了便于分散沼气的运输，需要解决的技术瓶颈是大幅提高沼气的能量密度与安全性。

沼气 – 生物天然气集清洁能源、负碳排放、防治农业面源污染、有机废弃物资源化利用、生产有机肥以及发展乡村工业于一身，是一种具有重要战略意义的新能源。

37.3 开发生物质能源的“二代原料”

生物质体的组分主要是淀粉、纤维素 / 半纤维素和木质素，3 者占比约为 3∶3∶4。20 世纪 70 年代，生物质能源的开发始于燃料乙醇，即对玉米籽实中淀粉组分进行酒精发酵，方法易却诟病多。随之研发以纤维素 / 半纤维素代替淀粉生产燃料乙醇，但至今攻关未果。生物质组分中占比最多的是木质素与纤维素，集中于作物秸秆和林木草丛，原料易得而量大，但受技术所限，目前只能通过高温燃烧转化为热与电，不能生产其他能态和高品位能源产品。

热化学转化技术的突破，打破了这个僵局。中国武汉凯迪集团公司经过 8 年的研发，于 2013 年 1 月建成了国内首条用热化学转化技术的年产 1 万 t 的生物质汽化合成燃油（BTL）生产线，运行至今，处于世界同领域前列。

所谓生物质热化学转化，一是指生物质原料所含的纤维素、半纤维素和木质素，在一定的温度（300～1200℃）和催化条件下发生化学变化，改变物理、化学特性，而转化形成新的生物质能源的过程。能够通过非直燃方式转化，成为成分相对均一的液体和气体中间体，能量密度数十倍提高，从而便于经济运输，克服了生物质能源利用的最大障碍；二是可以利用几乎所有的有机物质作原料。中间体经进一步大规模地合成或精炼，可商业化地生产多种高品位和高附加值的生物能源 / 材料。技术的突破带来原料资源的突破，木质纤维类生物质被国际能源界称为生物能源的“二代原料”（second generation feedstock）[8]。以木质纤维类为主要成分的林木生物质将是生物质资源的“主力”[9]。

当前，最具活力和有明确商业化前景，并在几个发达国家已初步实现商业化的生物质热化学转化技术有 4 类[10]：①生物质多种方式热解（purolysis）得到生物粗油（bio-oil），经粗加工如脱硫后，直接替代锅炉用石油基燃料油；②热解生物粗油以及造纸黑液制取得塔尔油，经多种加氢提质方法（catalytic hydro processing）如催化加氢脱氧、加氢裂解；以及与石油炼制的中间产物混合精炼等，制取生物柴油和石脑油；③生物质汽化后，合成气（syngas）经费托合成（F-T synthesis）后，制取生物合成柴油，航空煤油等；④生物质汽化后，合成气经甲烷化合成（methanization）后，制取生物天然气。

中国拥有丰富的，不适于农作而能种植能源林灌草类的边际性土地，约 1.44 亿公顷，可以产出大量“二代原料”。基于 1 千米 ×1 千米格栅，900 多万个数据，计算和绘制出净初级生产力（NPP）及相关图幅，以全国 11 类边际性土地地类中条件较好的 4 类作为种植能源灌草的原料产地。又以已经实现初步商业化的生物质汽化－费托合成企业的实践，即每 4.0～4.5 吨干物质重的木质纤维类生物质可转化出 1 吨生物合成柴油测算。一般人工干预条件（对边际性土地种植稍加管理）下的年生物量产出为 6.3 亿吨，可合成生物燃油约 1 亿吨。较好人工干预条件下的年生物量产出为 8.7 亿吨，可合成生物燃油约 1.78 亿吨。

中国的刺槐、芒草、沙柳、柠条（*Caragana korshinskii*）和能源柳等对中国边际性土地皆有很好的适应性和生物量产出，还有国内外多种速生高产的能源植物有待于开发。种植能源植物还有利于保护水土和改善当地生态环境。

37.4 以多联产提高能源产品竞争力

在当下油价低迷以及政策、技术和商业模式尚不成熟的情况下，仅靠能源产品，企业的赢利空间很窄，以至亏损，多联产则是提高综合效益和竞争力的重要途径。当前中国生物天然气生产中，利用沼渣生产有机肥料等副产品，其营业收入多高于能源产品。生物质能源转化生产过程中，尚可生产多种高附加值的其他化工产品。

如几百年也难降解的石化基塑料导致全球性的“白色污染”，解决的主要途径是可生产出全生物降解的塑料。当前生产全生物降解塑料的原料是淀粉和糖类，成本高而缺乏竞争力。最近，美国一家公司取得了通过微生物转化途径，从污水处理厂产生的沼气直接制成聚羟基烷酸酯（PHA）的专利技术[11]。产品成本与竞争力可与常规石油基塑料相抗衡。

又如利用热化学法生物合成燃油，在费托反应过程中产生的非柴油 / 汽油 / 煤油类产物 α– 烯烃，可以生产中国紧缺的 1– 己烯、1– 辛烯等烯烃，以及聚 –α 烯烃合成油（PAO）等多种高附加值产品。常规 PAO 具有良好的粘温性能和低温流动性，是配制高档、专用润滑油的基础油，如使用费托反应副产物 α– 烯烃，则可大幅度降低成本[12]。

此外，政策性争取也有很大空间。发达国家早已普遍实行废弃物 / 污染物的处理中，废弃物 / 污染物的制造者要向生物能源企业缴纳相当数目的“入门费”（gate fee）。而在中国，情况却颠倒过来，废弃物 / 污染物的接受—转化者反而向制造者付出原料费，造成生物能源企业经营成本普遍过高。这种局面只有通过全社会环保意识的增强、对废弃物、垃圾处理的观念更新，以及政府有关部门出台相应的政策及规定才能得到解决。

37.5 建设国家生物质油气田

不论是常规能源还是新型能源，中国能源的“短板”都是燃油与燃气。2018 年，中国石油和天然气的进口依存度分别达到 70% 和 45%；预测 2030 年前后将分别超过 80%[13] 和 50%[14]。这是中国能源安全的极大隐患。

中国拥有丰富的、能生长能源林草的边际性土地；中国又是农业大国，拥有丰富的作物秸秆和畜禽粪便等有机废弃物资源，依此建设绿色的国家生物质油气田，既可弥补能源“短板”，又有不可替代的改善生态环境与振兴乡村经济的多重功能。

“生物天然气田”是指以畜禽粪便与作物秸秆为主，辅以城镇有机废弃物和垃圾为原料，在畜禽和粮食作物的集中地生产沼气（甲烷含量 50% ～ 70%），继而提纯为与常规天然气完全同质的生物天然气（甲烷含量 >90%）。每个日产数万至数十万立方米的生物天然气厂，可视为一口“气井”，由数百个生物气井群构成“气田”。按畜禽和粮食生产集中的区域，有中原、两湖、川渝、东北、苏皖和冀东 6 大“生物天然气田”，合计年产约 1 千亿米 ^{3} 生物天然气。

"生物质油田"主要是指开发边际性土地种植能源林灌草类，转化生产生物合成燃油。每个年产 20 万～ 80 万吨生物合成燃油厂，可视为一口"油井"，每个"生物油田"由约百个"生物油井"组成。按边际土地集中化程度，有西南、长城沿线、东北、东南和新疆五大生物合成"油田"，合计年产约 1 亿吨生物合成燃油。

用 20 ～ 30 年或更长些时间，建设起中国年产千亿立方米和亿吨级的"生物油气田"将是一项利国利民的战略之举。

37.6 结论

由于大气污染防治、农业面源污染防治，以及天然气缺口急剧扩大，生物能源，特别是成型燃料供热、生物天然气与生物质发电受到前所未有的重视，产业正面临高速发展期。国家发改委能源研究所与国际能源署联合发表的《中国可再生能源展望 2018》预测，到 2030 年，中国生物质能源产业市场将达 2.5 万亿元以上的规模；生物天然气市场达每年 500 亿米 ^{3} 规模，占国内天然气年消费总量的 10%，产值 1.5 万亿元。国际能源署《中国可再生能源产业发展报告 2018》也预言未来 5 年，中国将引领全球可再生能源的发展，2023 年超过欧盟，成为可再生能源使用量全球最大的国家。形势大好，更需要冷静和科学的战略性思考。我们愿以生物质能源的再定位、大力发展生物天然气、开发"二代原料"、发展多联产以及建设国家生物质油气田就教于方家。

参考文献

[1] International Energy Agency. Renewables 2018, market analysis and forecast from 2018 to 2013 on renewable energy and technologies, 2018[EB/OL]. (2019-05-11). http://www.iea.org/renewables2018/.

[2] Global warming of 1.5℃, an IPCC special report on the impacts of global warming of 1.5℃ above pre-industrial levels and related global greenhouse gas emission pathways[EB/OL]. (2018-12-16). https://www.ipcc.ch/2018/10/08/summary for policymakers of ipcc special report on global warming of 1 5c approved by governments/.

[3] 毛健雄，毛健全．当前中国燃煤火电机组降低 CO_2 排放的途径 [J]. 电力建设，2011, 32(11): 5-10.

[4] 倪维斗．《巴黎协定》与煤电低碳转型之路，煤炭和生物质耦合发电——煤炭和生物

质转换发电”[R]. 长春：长春生物能源国际会议，2018.

[5] Chris M. Countries just adopted a historic climate change accord. Here’s what happens next[N]. Washington DC: The Washington Post, 2018.

[6] Ecofy. Potential for biomethane production with carbon dioxide capture and storage[EB/OL]. (2012-04-30). https://www.ecofys.com.

[7] Cuellar A D, Webber M E. Cow power: The energy and emissions benefits of converting manure to biogas[J]. Envi- ronmental Research Letters, 2008, 3(3): 034002

[8] Simon A.The future of second biomass[EB/OL]. (2012-12-17). https://www.mckinsey.com/business-functions/sustainability/our insights/the future of second generation biomass.

[9] World Boxing Association. Global bioenergy statistics 2017[EB/OL].(2018-12-23). www.worldbioenergy.org.

[10] 程序 . 对中国液体生物能源产业化的反思 [J]. 中外能源，2016, 21(8): 23-30.

[11] Marianna Limas.Methane to Bioplastics: The Mango Materials Story[EB/OL]. (2017-09-08). https://synbiobeta.com/from methane to bioplastics the mango materials story/

[12] 高端化：“十三五” 聚烯烃产业升级重点方向 [EB/OL].(2017-06-23). www.sohu.com/a/151427446_478771.

[13] Ruhl C. BP Global Energy Outlook 2030[J]. Voprosy Economiki, 2013, 5.

[14] 中国天然气进口的现状与未来 [N]. 北京：经济日报 . 2017.

Strategic thinking about China’s bioenergy development

SHI Yuanchun. CHENG Xu.ZHU Wanbin

Center of Biomass Engineering, College of Agronomy and Biotechnology, China Agricultural University, Beijing 100193, China

Abstract According to the International Energy Agency’s Report, the Renewable Energy 2018, it is indicated in the first time that the bioenergy is an overlooked giant in the renewable energy field, and it is predicted that in the incoming 5 years, the bioenergy application in the transport and heat areas will lead the global renewable energies. This paper reviews the development of Chinas bioenergy in recent years, makes some suggestions about the re-orientation, the strategic significance, the way to explore the second generation feedstock of the bioenergy and to raise the challenge level of the bioenergy industry, as well as the strategy of constructing state's bio-oilfield and bionatural gas field

Keywords bioenergy; renewable energy: energy product

38 生物质能在我国发展的二次浪潮

【写作背景】

2015 年 4 月 15 日全国工商联新能源商会在北京举办“第九届中国新能源国际高峰论坛”。作者做了如下讲演。这是作者就当时生物质能源在我国发展形势做出了“二次浪潮”的判断。

各位嘉宾，同志们：

早上好！

借此机会，谈一点我国生物质能源的发展近况。

到去年末，我国生物质发电并网容量已达 1000 万千瓦和发电量超过 500 亿千瓦·时，超过三峡电站发电量的一半，生物质发电在我国已经开始形成气候。

减少燃煤是防治雾霾的重要措施，而减少燃煤的最大难点和死角是全国高度分散的 50 多万个供热的燃煤中小锅炉，其替代燃料的最佳选择是“生物质成型燃料”。因此，近一年多时间里，国家有关行政部门连续 6 次出台推进“生物质成型燃料”供热的政策和规章。2014 年全国成型燃料总产已经超过 1 000 万吨。成型燃料供热遇上了大好的商机，2014年全国成型燃料总产已经超过1 000万吨。

说说生物天然气。在昨晚新闻联播节目里，国务院新闻发布会发布了全国的农业污染已超过工业污染。工业是点源污染，农业是面源污染，除化肥农药外，作物秸秆露地焚烧的畜禽粪便的面源污染已刻不容缓。还有工业有机废水废渣、城市污水污泥等这些有机污染源都是可以通过厌氧发酵产生沼气，变害为宝的。十多年前，欧洲就已经用工业化方法规模化生产沼气，然后将沼气中的有效成分甲烷的含量由 60% 提纯到 95% 以上，这就和大家十分熟悉的天然气一样了，它叫“生物天然气”。欧盟国家 2012 年就有了 13 800 多家生产沼气和生物天然气工厂，年产生物天然气 120 亿米 ^{3}。

中国的第一个日产 1 万立方米以上的生物天然气厂是 2011 年在广西投产运

营至今的，现在全国已有数十个生物天然气项目将陆续投产，国务院已制订发展生物天然气的计划。既防治污染又能缓解对化石天然气的需求压力，一举两得，何乐不为。相信生物天然气近期会有个大的发展。

液体生物燃料在我国发展得不好，一代燃料乙醇不能发展，二代燃料乙醇久攻不克，一代生物柴油又深受原料所限，可说是一路坎坷，十年踏步不前。但是，我想告诉大家的是一个好消息，一个“另辟蹊径”和“柳暗花明又一村”的好消息。

近三五年，不是用生物法，而是用热化学法，通过汽化与费托合成生物柴油上取得了重大技术突破。它首先引发的是原料革命，即不是利用油脂、淀粉、糖和纤维素为原料，而是可以用木质性的，或任何的生物质为原料，皆可生产出高品位的生物柴油、轻质油和航空用燃料。原料革命大大拓展了原料来源，以致可以使相当于我国现有耕地面积的上亿公顷的、目前无任何经济产出的、沉睡了千百年的边际性土地有可能变成一片绿色油田。

此项技术突破也引发了产品革命，就是它不需要像一二代乙醇和一代生物柴油那样只能以 10% 左右比例掺混到化石燃料里才能使用，而是可以和化石油品一样，百分百地直接加入车辆作为燃料。其品质可以达到欧Ⅴ标准；其动力性能优于国Ⅴ标准柴油，燃油消耗率还低 3.0%。更重要的是它的 CO、HC 和 PM 颗粒的排放量远低于国Ⅴ、欧Ⅴ和欧Ⅵ柴油的排放标准。因为它是绿色的而不是黑色的，是可以再生的而不是不可再生的。

此项技术突破的第三个革命意义在于其产品，生物柴油在防治雾霾上的特殊重要性。根据国家环保部编制的《2012 机动车污染防治年报》，仅占全国机动车总量 17% 的柴油车，贡献了汽车尾气排放的近 70% 的氮氧化物和 99% 以上的颗粒物。这就更显得生物柴油对化石柴油的替代在雾霾防治上的重要性和紧迫性了。轻型汽车可以电动，重型柴油车就不容易电动了。

我更想告诉大家的好消息是，在这场液体生物燃料的科技革命和科技竞赛中，中国走在了世界前列。今年初见端倪，明后年可见分晓，让我们共同期待。

国际可再生能源署（IRENA）在 2014 年的一份报告中预测，到 2030 年，生物质能源将占全球可再生能源总量的 60%，在全球一次能源总量中的份额从目前的 10% 提高到 20%。

根据以上所述，给我的总体印象是，生物质能源在中国将进入快车道，全球将掀起生物质能源发展的二次浪潮。

谢谢大家！

39 绿色发展中的一枝奇葩

——生物质产业

生物质产业是以农林等有机废弃物和边际性土地种植的能源植物为原料，生产绿色能源与材料，兼有环保和发展现代农业功能的一种新兴的绿色产业。

（一）

露地焚烧秸秆屡禁不止，成为当今季节性雾霾的主要来源；养殖业发展导致畜禽粪便为患，成为水体与大气的重要污染源；城镇化进程加快而垃圾与污水已成围城之势；林业“三剩物”大量积存，成为森林火灾与病虫害之隐患。生物质产业可以使这些有机“废弃物”和“污染源”在无害化和资源化过程中，转化生产出高端绿色能源与材料，还为现代农业和农民增收开辟了一片新天地。

当今环保，以减煤、减排和克霾为重。生物质固体燃料低灰低硫，且氮氧化物、二氧化硫、二氧化碳以及烟尘颗粒的排放远低于火力发电。据《2013 中国生物质发电建设统计报告》，截至 2013 年底，全国已有 28 个省市自治区开发了生物质发电项目，累计核准容量 1.2 万兆瓦，其中 63.72% 上网，上网电量 356 亿千瓦时。生物质发电集中于我国农业和经济发达的东部地区，苏、鲁、粤、浙四省上网电量即占全国的 48%。原料紧接消费市场，减少了输电成本与损失。

减煤克霾中的难点是全国的 50 余万台 20 吨位以下的中小燃煤锅炉。它们难以清洁燃烧，高度分散于城镇，体小量大，年耗煤 2.7 亿吨标煤和排放烟尘 60 万吨、二氧化硫 226 万吨、氮氧化物 100 万吨。“煤改气”虽好，但“气”源极缺，成本又高，而生物质成型燃料则质优价廉，2014 年产量已上 1000 万吨。生物质成型燃料供热的烟尘、二氧化硫和氮氧化物的排放浓度分别小于 30 毫克 / 米 ^{3}、50 毫克 / 米 ^{3} 和 200 毫克 / 米 ^{3}，基本同于天然气排放标准，供热价格稍高于当前煤炭，仅为天然气的 60% 和重油的 70%。按以上生物质发电与成型燃料供热两项，相当于 2014 年消耗作物秸秆 1 亿吨、减排二氧化碳 5 500 万吨、农民新增收入 200 亿元和获得约 50 万个工作岗位。

畜禽粪便、城市垃圾和污水以及加工业的有机废水废渣等高含水量有机污染源是环保治理的重点，最好办法就是沼气化，转污为能。即在厌氧条件下经微生物作用使之无害化和产生含甲烷约 60% 的沼气，也可净化提纯为甲烷含量达 80% 或 95% 以上，品质同于普通天然气的生物天然气 BNG。生物质诸能源品种的生产和消费过程都是低碳的，唯沼气与生物天然气更为负碳，且能使植物营养物质最大限度地回归土壤，其环境效应与经济效益极佳。

生物天然气可并入普通天然气管网，也可生成压缩态的车用燃料。据欧洲资料，每立方米生物天然气比 1 升汽油可多驱动汽车行驶 15% 的里程，售价仅为汽油的 85% ～ 90%；燃料抗爆性相当于 120# 汽油；尾气中的有害气体排放量仅为汽油的 10% ～ 50%。2012 年，欧洲各国有沼气工厂 13 800 家，产生物天然气（折合）140 亿米 ^{3}。德国自 1999 年到 2009 年的 10 年间，生物燃气工厂由 850 个增加到 4 780 个，装机容量由 49 兆瓦发展到 1 600 兆瓦，超过了水电。

我国一直重视发展农村户用沼气而产业化沼气发展很晚，2011 年 3 月才在广西以淀粉厂高浓度有机废水为原料完成了国内第一个日产 1 万米 ^{3} 以上的生物天然气生产。北京德清源和山东民和两家大型养殖场分别日产 2 万和 3 万米 ^{3} 沼气，已发电上网多年和开始生物天然气生产；河南天冠酒精厂日产沼气 30 万米 ^{3}，主要用于农村供热。2015 年 5 月环保部和国家能源局下文在内蒙古设生物天然气示范区。我国生物天然气迎来了发展的春天。

据中国工程院 2014 年资料，2009 年我国规模化养殖畜禽粪便排放总量约 8.37 亿吨，具有 472 亿米 ^{3} 的沼气生产潜力。如以 1：2 的比例配以秸秆等其他有机废弃物，即具年产 1 000 亿米 ^{3} 以上的生物天然气生产潜力，相当于 2018 年开始由俄罗斯进口天然气量（380 亿米 ^{3}/ 年）的 3 倍。同此资料，我国 8 类农林等有机废弃物的可收集作能源用的资源总量为 4.25 亿吨标煤 / 年，相当于 8 个大庆油田。这是一个多么巨大的污染源和艰巨治理任务，多么丰富和珍贵的宝藏，又可为“三农”带来多么大的变化和好处啊！

（二）

水能、风能、太阳能以至核能等只能产生电与热产品，而生物质既产电与热，更有固、气、液三态绿色能源以及绿色材料与有机化工产品，举凡石化基产品多能以生物基原料替代。在对化石能源的替代中，液态清洁燃料仍占主导地位。20 世纪 70 年代全球石油危机期间，美欧和巴西在寻求替代能源中首先开发了以玉米和甘蔗等为原料的燃料乙醇，现全球年产达 8 000 万吨。但随生产规模的扩大而与粮食供应矛盾加深，在 2008 年的全球粮食危机中倍受质疑。

随后，美欧等国开始研究以生物质的纤维素为原料，用酶法生产纤维素乙醇，但久攻不克，至今生产成本未能达到商业化要求。近年在热化学法上，即以木质纤维素为原料，合成优质生物燃油、航空煤油和润滑油等烃类产品和天然气取得了重要进展。此法大大拓展了生物质能源的原料来源和减低原料成本，也避免了燃料乙醇的原料制约与小掺比（10%）局限性，是生物质科技上的一项里程碑式革命。令人高兴的是，我国已有企业在此技术创新的制高点上走在了世界前列。

武汉阳光凯迪集团经10年研发，一座以木质纤维素为原料的年产1万吨级的半工业化的汽化合成，生产高端生物燃油的示范生产线已连续运行3年，另两座年产30万吨规模的生产厂在建中，其技术水平居世界前列。此外，内蒙古金骄集团也以木质纤维素为原料，成功转化出乙酰丙酸等重要的平台化合物中间体，可衍生出生物柴油、汽油、航空煤油等高端生物液体燃料，以及联产多种生物基精细化工产品，于2009年和2012年建成两座年产能分别为10万吨和8万吨的生产厂。此项目投资额低、加工工序简捷、生产过程绿色，是我国的一项独创性成果。

技术革命带来原料革命。

此二项技术突破，使得可以用非粮的木质纤维素为原料，替代淀粉类和油脂类原料生产高端生物液体燃料，从而使我国大片没有经济产出的边际性土地可以成为生物质油气田。据国家林业局资料（2013年），我国有灌木林地、宜林荒山荒坡和沙荒地等10504万公顷。又据国土资源部基于县级的土地调查资料（2014年），有宜林宜草的边际性土地16 553万公顷。也就是说，这是一片比全国总耕地面积还大的，具有年产约4亿吨潜力的，永不枯竭的绿色油气田。大庆油田50年累计产油20亿吨，而这片永续的“中华生物质油田”必将为我国发展清洁能源做出更大贡献。

此二项技术突破的环保意义在于热化学合成的生物燃料具有突出的减排与克霾功能。

近日国家环保部公布了全国9城市PM2.5来源的资料，其中北京等3城市PH2.5的主要来源是汽车尾气。又据国家环保部资料（2012年），全国机动车中“保有量占17%的柴油车贡献了机动车PM排放总量的99%”，国外也有柴油车的尾气污染物为汽油车15倍的资料。我国主要用于运输行业的柴油年消费量1.7亿吨，是汽油的1倍（2012年）。显然，机动车，特别是柴油车和大量使用低质柴油的轮船是雾霾治理的重点。

美国学者在20世纪80年代开始了减少柴油车尾气PM排放量的柴油增氧添加剂的研究，证明在普通柴油中添加15%～20%的乙酰丙酸酯可使尾气烟雾粒子减少50%～60%（R.Brown2011），欧洲国家则将乙酰丙酸酯作为柴油的混配组分以形成“洁净燃油”。但因乙酰丙酸酯主要由葡萄糖或石油基产物转化生产，量少价高，至今未能广泛使用。而金骄集团的技术突破则在于以木质纤维素为原料，可做到量大价廉和以任何比例与普通柴油混配。此成果在北京柴油车试用中对改善尾气污染效果很好，应广而用之。

此外，由于石油基塑料给地球带来“白色污染”而使全生物降解塑料的研发风靡于世。我国是塑料生产和消费大国，每年有 2 亿亩以上农田覆盖地膜。据新疆资料，这些百年不能降解的地膜残片积留于土壤达 4 千克 / 亩，即可造成农作物减产，而覆膜 20 年的棉田亩残留量达 47 ～ 50 千克。当前以玉米淀粉为原料的 PLA 和 PHA 全生物降解塑料价格比石油基产品高一倍以上，缺乏竞争力。而金骄集团正在研发的，以木质类原料生产的全生物降解塑料则有望突破此成本瓶颈。据美国科学院资料（1999 年），“生物基产品行业最终能满足 90% 以上的美国有机化学品消费量和 50% 的液体燃料需要”。

雾霾治理与清洁柴油！白色污染治理与全生物降解塑料！有望于第二代的木质纤维素和热化学法，有望于中国引领世界。

症结趋明，良药现身，亿吨级“生物质油田”有待开发。

（三）

十八届五中全会在“绿色发展”中提出，“树立节约集约循环利用的资源观”和“建立绿色低碳循环发展产业体系”。生物质产业是在有机废弃物和重大污染源的无害化和循环利用中保护环境和生产绿色能源与材料，又是开发亿公顷级边际性土地以建亿吨级“绿色油气田”。生物质产业是资源高度集约循环利用与开发新资源相结合的新型的，环保型绿色低碳产业。

十八届五中全会在“创新发展”中提出，“塑造更多依靠创新驱动、更多发挥先发优势的引领型发展。培育发展新动力，优化劳动力、资本、土地、技术、管理等要素配置，激发创新创业活力，推动大众创业、万众创新，释放新需求，创造新供给，推动新技术、新产业、新业态蓬勃发展。”生物质产业是以科技创新驱动，具有先发优势的战略新兴产业，是在现农林业基础上优化劳动力、资本、土地、技术、管理等要素的配置，以释放新需求和创造新供给的新产业。

生物质产业是“创新发展”和“绿色发展”中的一枝奇葩和明珠。

面对我国石油与天然气资源极贫；面对我国大气与水体污染与生态环境形势如此的严峻；面对我国经济转型使命之艰苦卓绝，我们需要有非常的思维与作为，需要有“奇兵”与“绝招”。生物质产业为之提供了一种选择，期待的是政府的远见与卓识，作为与担当。

据国际能源组织 IEA 报告（2012 年），生物质能源是世界第四大能源，占世界可再生能源消费量的 78%；提出为实现 2020 年控制大气温升 2℃的目标，需提高生物燃料产量 1 倍以上，其中先进生物燃料要求达到现产量的 6 倍。生物质产业在发达国家如火如荼，在中国如老牛破车。非资源不丰，非技术不行，非企业不精，是政府有关业务部门观念落后，决策失当，各自为政。韩愈在论“千里马”时道，“策之不以其道，食之不能尽其材，鸣之而不能通其意，执策而临之，曰‘天下无马！’呜呼！其真无马耶？其真不知马也！”

在十八届五中全会的“创新发展”和“绿色发展”理念指引下，相信政府有关业务部门能以国家利益为重，大局为重，协同作为，成为“知马”者“伯乐”。